中国电子学会物联网专家委员会推荐
高职高专物联网应用技术专业系列教材

无线数据通信技术基础

主　编　杨　槐
副主编　董　灿　庞雪莲

西安电子科技大学出版社

内容简介

全书共10章，内容分别为无线数据通信基础、无线通信信道、信源与编码、数字信号的基带传输、数字信号的频带传输、无线接入方法和多址技术、无线数据通信协议、无线数据通信组网技术、短距离无线通信技术、移动通信系统。

本书力求简明扼要，深入浅出，注重内容提炼，以避免抽象的理论表述和复杂的公式推导。

本书可作为高职高专院校通信、电子、物联网等相关专业的教材，还可作为无线数据通信领域从事科研、教学的工程技术人员的参考书。

图书在版编目(CIP)数据

无线数据通信技术基础/杨槐主编. —西安：西安电子科技大学出版社，2016.12
(2024.1重印)
ISBN 978-7-5606-4297-0

Ⅰ.①无… Ⅱ.①杨… Ⅲ.①无线电通信—数据通信—高等职业教育—教材
Ⅳ.①TN919.72

中国版本图书馆CIP数据核字(2016)第277647号

策　　划　刘玉芳
责任编辑　宁晓蓉
出版发行　西安电子科技大学出版社(西安市太白南路2号)
电　　话　(029)88202421　88201467　　邮　　编　710071
网　　址　www.xduph.com　　电子邮箱　xdupfxb001@163.com
经　　销　新华书店
印刷单位　陕西博文印务有限责任公司
版　　次　2016年12月第1版　2024年1月第3次印刷
开　　本　787毫米×1092毫米　1/16　印张　17
字　　数　399千字
定　　价　36.00元
ISBN 978-7-5606-4297-0/TN

XDUP 4589001-3

高职高专物联网应用技术专业系列教材编委会

前言

无线数据通信是一种利用电磁波信号可以在自由空间中传播的特性进行信息交换的数据通信方式。近年来，无线数据通信技术的发展十分迅速，从蜂窝电话网发展到无线接入Internet和无线家庭网络等，无线数据通信技术影响了人们的生活，这一点是无可争议的。在经过呈指数级的增长后，今天的无线数据通信技术已经成为世界上最大的产业之一。

无线数据通信与网络是以能够在世界的任何地点传输和交换诸如文本、音频和图像之类的数据为发展目标的。人们希望能够无限制地获取和交互信息，所以“5W”(Whoever、Whenever、Wherever、Whomever、Whatever，无论何人、(在)任何时间、(在)任何地点、与任何人、(以)任何方式)自然成为无线数据通信发展的最终目标，而现代通信技术的发展事实上就是围绕“5W”这一目标逐步向前推进的过程。无线数据通信将个人化的通信模式、宽带的通信能力以及丰富的通信内容进行融合，是当前通信技术朝着宽带化、智能化和个人化发展的必然趋势，是迈向“5W”的必然途径。

本书主要介绍了无线数据通信领域的一些基本知识，包括无线数据通信系统的组成、数字信号的传输、常用的无线数据通信技术和常用的无线数据通信系统。

全书共10章。

第1章概论，介绍了无线数据通信的基本概念，包括模拟信号与数字信号、无线数据通信系统的基本组成、无线数据通信方式与类型、无线数据通信系统的主要性能指标等，为后面各章的学习做准备。

第2章无线通信信道，介绍了无线信道的概念、分类，无线电波的传播方式与无线通信信道的特性，恒参信道与变参信道对所传输信号的影响，对系统带宽、信号带宽、信道带宽和信道容量等概念进行了说明。

第3章信源与编码，介绍了信息码的概念、信源的数字化过程、差错控制编码技术和时分多路复用技术。

第4章数字信号的基带传输，介绍了信号在信道中的传输以及基带信号在信道中的传输。

第5章数字信号的频带传输，介绍了数字信号的调制与解调、频分多路复用技术和扩频技术。

第6章无线接入方法与多址技术，介绍了无线双工通信方式、频分多址技术、时分多址技术、码分多址技术、扩频及混合多址技术、正交频分复用多址技术和空分多址技术。

第7章无线数据通信协议，介绍了数据通信协议的概念及功能、数据链路传输控制规程、无线数据通信网中的信道接入协议、无线局域网协议和无线宽带数据通信协议。

第8章无线数据通信组网技术，介绍了无线数据组网的发展、无线数据网络体系结构、蜂窝网络拓扑结构、移动 Ad Hoc 网络技术、无线 Mesh 网络技术等，最后用无线多点组网实验和基于物联网的智能家居系统对组网技术的应用进行了介绍。

第9章短距离无线通信技术，介绍了短距离无线通信的概念和目前主流的一些短距离无线通信技术，如无线局域网、蓝牙技术、Wi-Fi 技术、ZigBee 技术、超宽带(UWB)技术等。

第10章移动通信系统，介绍了能远距离传输无线信号的移动通信系统，包括 GSM 蜂窝移动通信系统、3G 移动通信系统、4G 移动通信系统以及卫星移动通信系统等。

本书是编者多年从事无线通信教学与科研工作的经验和体会的总结。为了适应教学需求，本书在编写过程中力求循序渐进，尽量保证叙述内容的完整性和实用性。

本书由重庆城市管理职业学院的杨槐任主编，董灿与天津电子信息职业技术学院的庞雪莲任副主编，王小平教授主审；王建勇、彭勇、谭锋、吴畏、杨埙、蔡川、张建碧、王万刚、任琪、康亚、王来志以及重庆市工业高级技工学校的徐玲利、重庆普天普科通信技术有限公司的刘显文等老师参编。在编写过程中，编者采纳了多位专家的意见与建议，并引用了相关参考文献。在此，向各位专家及参考文献的原作者表示衷心的感谢，同时，向为本书的出版工作做出贡献的所有人员深表感谢！

由于本书涉及的内容广泛，加之编者水平有限，书中难免存在不足之处，恳请读者批评指正。

编　者

2016年9月

目 录

第1章　概　　论

本章教学目标

- 了解无线数据通信的发展。
- 掌握无线数据通信中信号的分类。
- 掌握无线数据通信的工作方式。
- 掌握无线数据通信的业务类型。
- 熟悉无线数据通信系统的主要性能指标。
- 了解无线数据通信研究的主要内容与发展目标。

本章重点及难点

- 模拟信号与数字信号。
- 无线通信系统的基本组成。
- 无线信道带宽。

1.1　无线数据通信基础

无线通信(Wireless Communication)是一种利用电磁波信号可以在自由空间中传播的特性进行信息交换的通信方式。近些年无线通信技术在信息通信领域中发展最快、应用最广。无线通信如果在移动中实现就称为无线移动通信。无线通信由最初的电报开始，经过150多年的发展，通过来自各界的成千上万名工程师、研究人员和科学家的辛勤劳动，终于取得了今天的成果。

1.1.1　无线数据通信的发展

无线技术影响着人们生活的各个方面，这一点是无可争议的，每一天都有人成为新的无线用户，目前全球范围内已经有超过71亿的无线用户。

人们从20世纪70年代开始就对无线网进行研究。在整个80年代，以太局域网迅猛发展的同时，无线网因为具有不用架线、灵活性强等优点，以己之长补“有线”所短，赢得了特定市场的认可。但当时的无线网还只是作为有线以太网的一种补充，遵循的是IEEE 802.3标准，导致直接架构于其上的无线网络产品易受其他微波噪声的干扰，性能不稳定，传输速率低且不易升级，这些问题使得不同厂商的产品相互不兼容，无线网的进一步应用受到限制。这就迫使人们不得不制定一个有利于无线网自身发展的标准，即无线局域网标准。

1997年6月，802.11标准终于被IEEE通过。它是IEEE制定的无线局域网标准，用来规定网络的物理(PH)层和媒质访问控制(MAC)层，其中对MAC层的规定是重点。各厂商的产品在同一物理层上可以相互操作，在逻辑链路控制(LLC)层上也是一致的，即对网络应用方面MAC层以下是透明的。这样更容易质优价廉地实现无线网的两种主要用途——“(同网段内)多点接入”和“多网段互连”。但是对应用来说，一定程度上的“兼容”就意味着竞争开始出现。802.11在MAC层以下规定了三种发送及接收技术：扩频(Spread Spectrum)技术、红外(Infrared)技术、窄带(Narrow Band)技术。其中，扩频技术由直接序列(Direct Sequence，DS)扩频技术(简称直扩)和跳频(Frequency Hopping，FH)扩频技术组成，直接序列扩频技术通常又会与码分多址(CDMA)技术相结合。

无线数据通信是在有线数据通信的基础上发展起来的，能实现移动状态下的数据通信。数据通信是计算机与通信相结合而产生的一种通信方式，主要用来实现人与计算机以及计算机与计算机之间的通信。原来的数据通信是固定式计算机通过电信传输线路实现的。近年来，随着移动电话通信的迅速发展，个人计算机的迅速普及，多种便携式计算机例如膝上型计算机、笔记本计算机、手持式计算机等迅速增多，固定计算机之间的数据通信已不能满足需要。人们希望能随时随地进行数据信息的传送和交换，于是数据通信传输媒体开始从有线扩展到无线，出现了无线移动数据通信。

1.1.2 信息与信息量

在日常生活中，人们通过对话、书信、表演等多种形式进行思想的交流和现象的描述，这些过程都可以称为消息(message)的传递。消息中所包含的对接收者有意义的内容称为信息(information)，消息是信息的载体。信息的多少用信息量表示。信号(signal)是信息的表现形式，它可以是声音、图像、电压、电流或光等。

例如，当两个人进行面对面的谈话时，谈话的内容就是消息，其中有一部分对听者来说是有意义的，这部分称为信息，而声音的表现形式是声波，这个声波就是信号；如果这两个人是通过电话交谈的，则声音以电流的形式被传送到对方，这时信号的形式就是电流。

在各种形式的信号中，电信号由于具有传递速度快(接近于光速)、传输距离远、能承载的信息量大并且处理方便等优点，成为通信信号的主要形式。近年来，随着光纤的大量应用，光信号也越来越多地用于通信中。本书主要讨论的是电信号，或者是由其他形式转换以后的电信号，如话音信号和图像信号。

1.1.3 模拟信号与数字信号

电信号按其波形特征可分为两大类：一类是模拟信号，另一类是数字信号。

1. 模拟信号

自然界存在的信号大多是模拟信号，其主要的特征有两个，即时间上的连续与状态上的连续。所谓时间上连续，指的是在任何时刻信号的电量(电压或电流)对信号都是有意义的，而状态上连续则说明信号的电量可能是某一个有限范围内的任意值，具体反映在模拟信号经过传输后如果与传输前的信号不一致，信号所携带的信息就会部分丢失。图1-1(a)是一个模拟的话音信号的波形。如果该波形在t_1时刻受到干扰，如图1-1(b)所示，则喇叭上会发出异常的“咔嚓”声。常见的模拟信号有话音信号、电视图像信号以及来自于各种传感器的检测信号等。

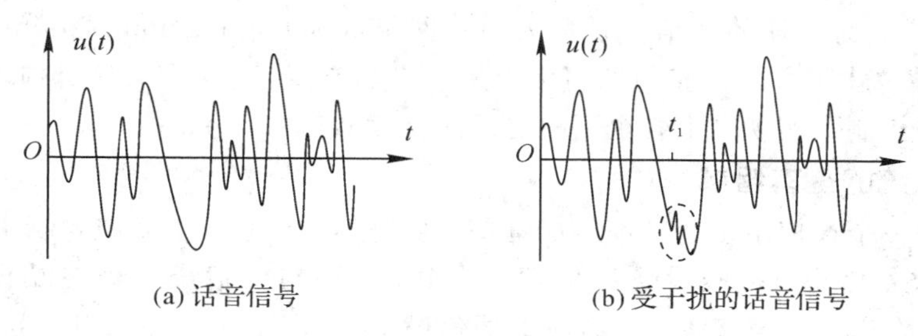

图 1-1 话音信号的波形

2. 数字信号

数字信号是用特定时刻的有限状态来表示信息的。图 1-2(a)是一个二进制信号的波形，它的状态只有两个，分别用"1"和"0"表示，如果传输过程中信号的电平发生了变化，接收端可能通过比较判断将所有电平归为两个状态(将所有大于 0 V 的电平判别为高电平，将所有小于 0 V 的电平判别为低电平)，因此，数字信号在传输过程中如果电平发生了变化，只要变化量不是足够大，不影响接收端的正确判断，信息就不会丢失。例如，当接收端收到图 1-2(b)所示的波形时，可以恢复成与发端一样的矩形波；如果接收端只在 t_1，t_2，…，t_n 时刻(即"特定时刻")进行判别，则在其他时刻信号发生变化，如变成图 1-2(c)所示的波形时，仍然可以恢复成与发端一样的波形。

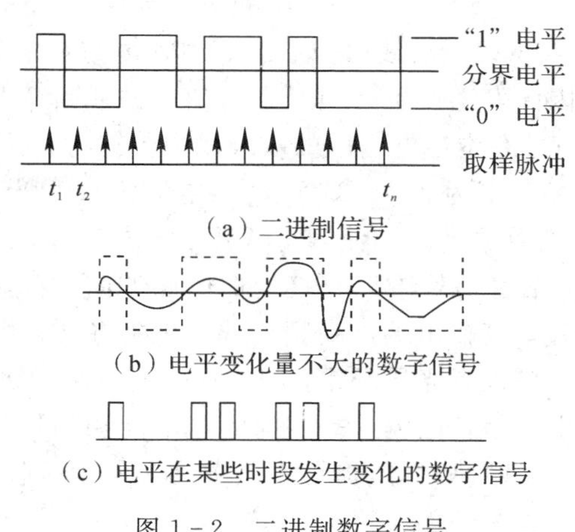

图 1-2 二进制数字信号

数字信号处理相对于模拟信号处理具有电路体积小、功能强等许多模拟处理所不能比拟的优点，因此随着数字信号处理技术的发展，数字信号越来越多地被用于通信中。

模拟信号与数字信号是可以相互转换的。模拟信号可以通过 A/D 转换变为数字信号，而数字信号通过 D/A 转换又可以变为模拟信号。在通信中常见的 A/D 转换方式有脉冲编码调制、增量调制以及在此基础上改进的各种方式。

1.1.4 无线数据通信系统与网络

通信是将信号从一个地方向另一个地方传输的过程。用于完成信号的传递与处理的系统称为通信系统(Communication System)。现代通信要实现多个用户之间的相互连接，这种由多用户通信系统互连的通信体系称为通信网络(Communication Network)。通信网络以转接交换设备为核心，由通信链路将多个用户终端连接起来，在管理机构(包含各种通信与网络协议)的控制下实现网上各个用户之间的相互通信。

1. 通信系统的基本组成

图 1-3 是一个通信系统的基本组成框图。从总体上看，通信系统包括五个组成部分：信源、发送设备、信道、接收设备和信宿。其中，信源与信宿统称为终端设备(Terminal Equipments)，发送设备与接收设备统称为通信设备(Communication Equipments)。信源将原始信号转换成电信号，即基带信号，常见的信源有话筒、摄像机、计算机等。发送设备将该信号进行适当的处理，如进行放大、调制等，使其适合于在信道中传输。信道是信号传递的通道，在这个通道中信号以电流、电磁波或光波的形式传播到接收端。接收设备的作用是将收到的高频信号(或光信号)经过放大、滤波选择和解调后恢复为原来的基带信号。信宿将来自于接收设备的基带信号恢复成原始信号。如果信源是话筒，要传输的信号是话音信号，则信宿就应是扬声器(或耳机)，它将话音电信号转换成能为人耳所感觉的声音。

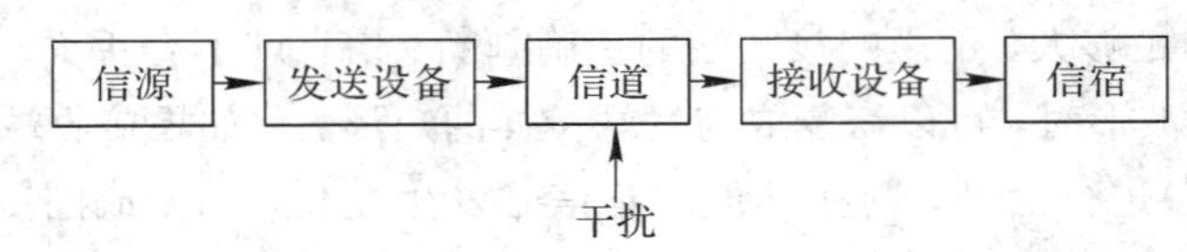

图 1-3　通信系统的基本组成

目前广泛使用的信道主要有双绞线(电话线)、同轴电缆、光导纤维和无线信道。这些信道有各自的传输特性，因此发送设备必须对来自信源的基带信号进行处理，使之适合在信道中传输。例如，话音信号在本地电话网的双绞线中传输时，可以不经过调制，因为本地电话网的双绞线的传输频率范围为 300～3400 Hz，电话信号可以直接通过，但在传输计算机数据时，则需要对计算机数据进行调制，使已调信号的频率限制在 300～3400 Hz 范围内；在进行无线电通信时，话音信号难以直接变成电磁波向空间辐射，因此发送设备要将话音信号进行高频载波调制，其输出端接高频天线，它能将高频电信号转换成电磁波而有效地向空间辐射。如果传输信道是光导纤维，则发送设备就必须将基带信号转换成光信号。

一般来说，信源的输出与信宿的输入是相同的，两个终端的设备也是对应的。例如，发端如果是话筒，则接收端就是喇叭或耳机；发端是摄像机，则接收端是显示器；发端是计算机，则接收端也是计算机。

发送设备与信源、接收设备与信宿往往是合二为一的。在双向通信时，终端设备中既有信源又有信宿，如计算机既可以产生信号，又可以接收信号。通信设备中既有发送设备又有接收设备，如调制解调器，它对要发送的信号进行调制，又对接收的信号进行解调。图 1-4 是一个双向通信系统的组成框图。

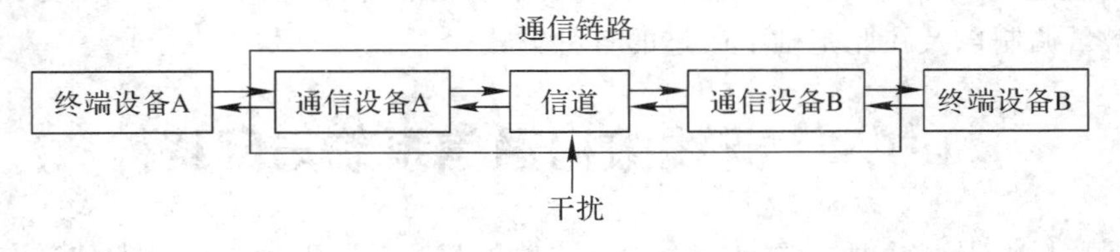

图 1-4　双向通信系统组成

从通信网络的角度看，通信设备 A、信道和通信设备 B 构成了连接终端设备 A 与终端设备 B 的通道，这条通道也被称为链路(Link)。

2. 无线通信系统的组成及分类

无线通信系统同样由五个部分组成：信号源、发射设备、传输媒质、接收设备、受信人，如图 1－5 所示。

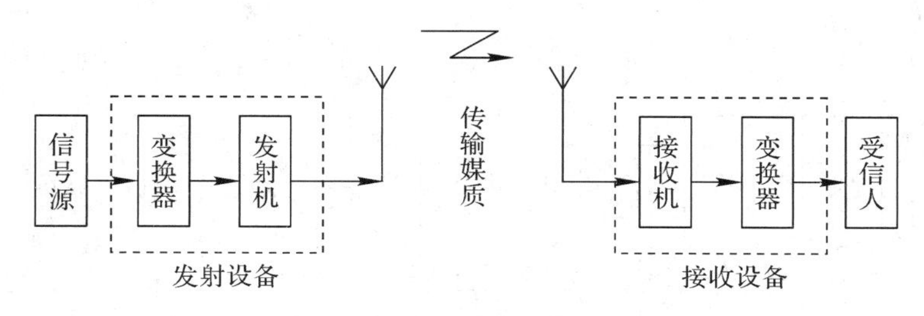

图 1－5　无线通信系统组成

信号源提供需要传送的信息；发射设备由变换器和发射机组成，变换器完成待发送的信号(图像、声音等)与电信号之间的转换，发射机将电信号转换成高频振荡信号并由天线发射出去；传输媒质指信息的传输通道，对于无线通信系统来说，传输媒质指自由空间；接收设备由接收机和变换器组成，接收机将接收到的高频振荡信号转换成原始电信号以方便受信人接收；受信人指信息的最终接收者。

按照关键部分的不同特性，无线通信系统可分为以下类型：

(1) 按照工作频段或传输手段分类，有中波通信、短波通信、超短波通信、微波通信和卫星通信等。所谓工作频率，主要指发射与接收的射频(RF)频率。射频实际上就是“高频”的广义语，它是指适合无线电发射和传播的频率。无线通信的一个发展方向就是开辟更高的频段。

(2) 按照通信方式分类，有(全)双工、半双工和单工方式。

(3) 按照调制方式分类，有调幅、调频、调相以及混合调制等。

(4) 按照传送的消息的类型分类，有模拟通信和数字通信，也可以分为话音通信、图像通信、数据通信和多媒体通信等。

各种不同类型的通信系统其组成和设备的复杂程度都有很大不同，但是组成设备的基本电路及其原理都是相同的，遵从同样的规律。

1) 数据通信系统

数据通信是在计算机或其他数据终端之间进行存储、处理、传输和交换数字化编码信息的通信技术。数据通信系统有两种类型：一种是模拟数据通信系统，另一种是数字数据通信系统。“数据”一词表明信息的类型，“数字”一词表明信息传递与处理的方式。数据信号可以以模拟的方式进行通信，也可以以数字的方式进行通信。计算机数据用一个调制解调器在电话网中传输是数据信号的模拟传输，而在校园网中，计算机数据都是以数字方式传输的，相应的传输系统称为数字数据通信系统。

一个简单的从 A 点到 B 点的数据通信系统的构成如图 1－6 所示。从 A 点到 B 点的通信系统可以分为以下七个部分：

(1) A 点的数据终端设备(DTE)；

(2) A 点的 DTE 与数据通信设备(DCE)之间的接口；

(3) A 点的 DCE；

(4) A 点与 B 点的数据传输信道；

(5) B 点的 DCE；

(6) B 点的 DCE 与 DTE 之间的接口；

(7) B 点的 DTE。

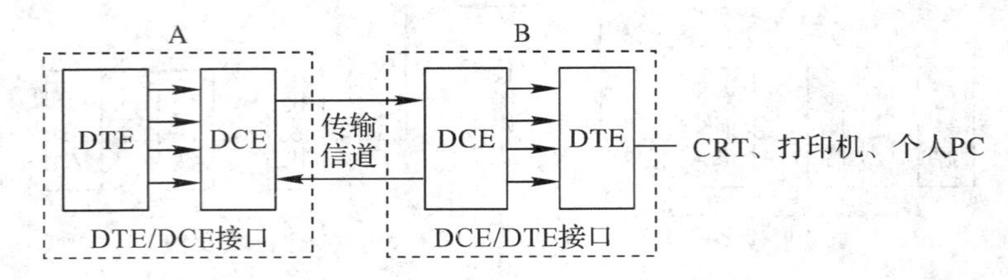

图 1-6　数据通信系统的组成

DTE 是数据通信系统中的终端设备或终端系统，是一个数据源或数据库，或两者兼而有之，常见的有微型计算机、打印机、传真机等。DTE 通常只能进行短距离的通信，通信能力很有限，但它有较强的数据功能，包括与 DCE 的连接以实现数据的收和发、串行与并行的转换、数据线路的控制、与新连接的数据网相对应的网络功能以及为在两端的 DTE 之间进行数据连接所必需的其他各功能。DTE 可以是一台单独的设备，也可以由两台以上的设备组成。

DCE 具有将数据以模拟或数字方式在通信网络中传输的功能。在发送端，DCE 接收来自于 DTE 的串行或并行数据，并将它转换成适合于信道传输特性的信号送入信道；在接收端，DCE 接收来自信道的信号并将其转换成串行或并行的数据流送给 DTE。DCE 的主要作用是实现信号的变换与编解码。它将来自 DTE 的信号进行变换使之变成适合信道传输的线路码，并通过编码使之具有抗干扰能力，在有些系统中 DCE 还要对信号进行调制，使信号能在具有带通特性的信道中传输；信号到达接收端后，接收端的 DCE 要对收到的信号进行相反的变换与解码。DCE 还有向 DTE 传送时钟信号的功能及其他功能。Modem 是一种 DCE，常用的调制方式是 FSK、PSK 或 QAM。

如果连接 DTE、DCE 的电缆和信号电平要求不同，就会造成连接困难。为此 EIA 制定了 RS-232C 作为 DTE 和 Modem 之间的标准接口。

分组交换数据网中的 DCE 还要包括与用户相连的分组交换节点。

在物理结构上，DCE 可以是一台单独的设备，也可以与 DTE 合二为一，如传真机等。在计算机网络中，计算机就是一种 DTE，而 DCE 则可能是以网卡的形式安装在计算机的扩展槽中。现有的 DTE/DCE 接口标准有多个，虽然它们的方案有所不同，但每个标准都提供了连接的机械、电气及功能参数。EIA 的有关标准是 EIA-232、EIA-442 和 EIA-449，ITU-T 的相关标准有 V 系列和 X 系列。

2) 无线数据通信系统

无线数据通信系统是地面有线数据通信网的延伸和补充。系统以蜂窝小区组网方式为主，由基站和无线终端组成，无线终端可以是便携电脑或是专为移动性操作设计的设备。无线移动数据通信网通过与有线数据通信网的互连，使数据通信网的应用扩展到无线移动数据通信。

无线数据通信网的拓扑结构主要有如下几种形式：直接连接、星状网络、树状网络、网状网络和蜂窝状网络。

（1）无线数据通信的方式。现在，无线移动数据的通信方式迅速增多，已经有电路交换蜂窝移动通信、蜂窝数字分组数据(CDPD)通信、微蜂窝扩频通信、专用分组无线通信、双向卫星数据通信等多种方式的移动数据通信开通使用。最为常用的有：

① 电路交换蜂窝移动通信。这是利用蜂窝移动电话电路提供数据通信业务的一种方式。用户通过调制解调器(Modem)与网络相连，通常是把蜂窝调制解调器插入蜂窝移动电话机，或是装在便携式计算机内，就可以发送数据信息。数据信息通过蜂窝移动电话网接入公用电话网。

② 蜂窝数字分组数据通信。这种方式是把数字数据信息按分组方式在蜂窝网的空闲话音信道上发送，简称 CDPD 方式。由于它是重叠业务，所以比其他技术方式便宜。CDPD 通信在性能上优于电路交换蜂窝移动数据通信，在覆盖范围上又优于专用分组网，因此较有发展前途。

③ 专用分组无线数据通信。该方式与 CDPD 方式相似，但是通过专用网络传送数据分组，用户可通过膝上型电脑经过调制解调器接入网络。

（2）无线数据通信的特点。无线移动数据通信与有线数据通信相比，有如下独特之处。

① 可以随时随地进行通信，快速方便。例如，新闻记者携带一台便携式电脑，即可在现场通过移动电话机将新闻稿件及时发出。

② 可以追踪移动资源。例如汽车公司可以随时掌握车辆情况，进行调度，提高运营效率。

③ 在移动数据终端内均可存储信息。例如，当接收数据的人暂时离开或不便当时接收时，可将信息存储在数据终端，待人回来后或方便时随时提取、不会丢失。此外，随时可访问中心数据库、因特网，商业人员可在现场接订单、开发票、当场结算用户信用卡等，都是无线移动数据通信所具有的独特功能。

1.2　无线数据通信的工作方式、信号传输方式与业务类型

1.2.1　无线数据通信与计算机通信、数字通信

在两个数据终端设备(DTE)之间进行的通信称为数据通信。在两个数据终端设备之间进行的无线通信称为无线数据通信。因为计算机属于智能化程度较高的数据终端，故计算机通信属于数据通信的范畴。

由于目前应用最普遍的数据终端是计算机，因此有许多人又将计算机通信与数据通信等同起来。狭义地讲，计算机通信着重于数据信息的交互，即更侧重于计算机内部进程之间的通信。数据通信是计算机通信中的通信子网，它实现通信协议中的下三层功能，主要完成两个数据终端之间的通信传输任务。

数据通信具有许多新的思想和概念，是一种新的通信技术，完全不同于电话通信。数据通信简单地说是计算机应用开发的产物。计算机得到普遍使用后，由于单个计算机在应

用方面不能充分地发挥其潜力，因此人们自然地想到把计算机用通信线路连接起来进行远程通信，实现资源共享，这样数据通信就出现了。

数字通信一般而言并不针对某种用户业务，故不会涉及用户终端。但数据通信却是针对数据业务的，它既可以在模拟通信系统上通过调制技术传输数据，也可以在数字通信系统上传输数据。简言之，无线数据通信既可以使用模拟信道，也可以使用数字信道。

由“0”和“1”组成的数字码流是数字通信中的电信号，既可以表示成数据信息，也可以代表语音和图像信息等，这些码流对应于模拟通信中模拟信号数字化后的信号。

1.2.2 无线数据通信的工作方式

与有线数据通信一样，无线数据通信的工作方式可分为单工通信、半双工通信及全双工通信。

1. 单工通信方式

单工通信是指数据消息只能单方向进行传输的一种通信工作方式，如图 1－7(a)所示，发送端只管发送，接收端只管接收。

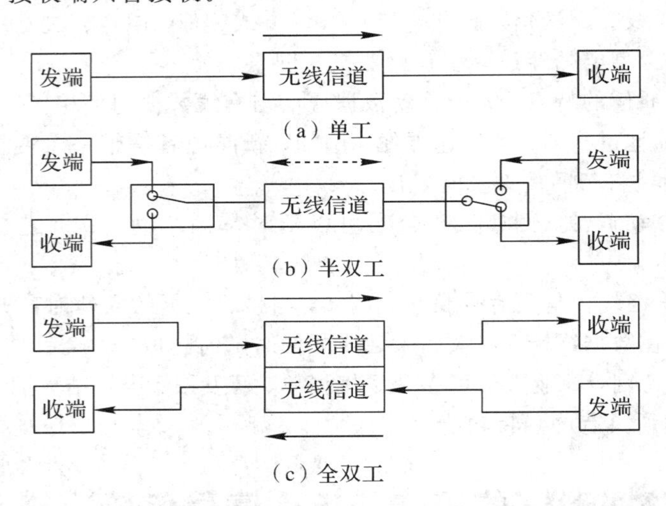

图 1－7 无线数据通信的工作方式示意图

2. 半双工通信方式

半双工通信是指通信双方使用同一个信道进行通信的工作方式。通信双方既作为输入端又作为输出端，虽然可以在两个方向上传送数据，但通信双方不能同时收发数据，如图 1－7(b)所示。采用这种工作方式，通信系统中每一端的发送器和接收器通过收/发开关接到通信线路上，因电子开关的切换由软件控制，所以会产生时间延迟。

由于大多数串行接口和终端都为半双工工作方式提供了换向功能，也为全双工模式提供了两条独立的引脚，所以在实际使用时，一般并不需要通信双方同时既发送又接收，像打印机这类的单向传送设备，半双工就能胜任，无须采用全双工方式。

3. 全双工通信方式

全双工通信是指通信双方可同时进行双向传输的工作方式，如图 1－7(c)所示。

数据的发送和接收分流，分别用不同的信道传输，例如采用频分复用或时分复用技术，通信双方都能同时进行发送和接收操作，此传送方式就是全双工方式。

在全双工方式下，通信系统的每一端都设置了发送器和接收器，因此，能控制数据同时在两个方向上传送，即向对方发送数据的同时，也可以接收对方送来的数据。全双工方式无须进行方向的切换，因此这种传送方式对那些不能有时间延迟的交互式应用(如远程监测和控制系统)十分有利。

1.2.3 无线数据通信的信号传输方式

数据信号在信道上传输时所采取的方式称为无线数据通信的信号传输方式。信号传输方式根据一次传输数据的多少分为并行传输和串行传输，根据收发两端信号的同步状态分为同步传输与异步传输。

1. 数据信号并行传输方式

并行传输方式中多个数据位同时在通信设备间的多条通道(信道)上传送，并且每个数据位都拥有自己专用的传输通道。图1-8描述了通信设备之间具有多条传输通道时的并行传输情况。例如，在用8条信道并行传输7单位代码字符时，可以另加1条“选通”线，用以通知接收器各条信道上已出现某一字符的数据信息。

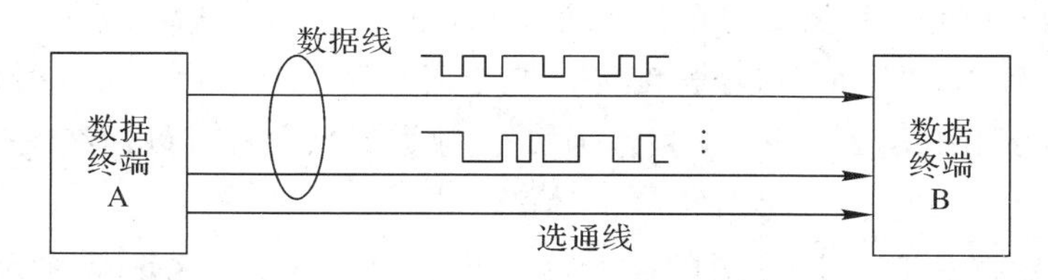

图1-8 数据信号并行传输方式

并行传输方式的优点是数据传输速率相对较高，不需要额外措施就实现了收发双方的字符同步；其缺点是需要的传输线路(信道)多，设备复杂，成本高，故无线数据通信较少采用此方式，一般适用于计算机内部和其他高速数据的近距离传输。在计算机中，CPU和RAM之间、计算机和打印机之间都是并行传输的应用。

2. 数据信号串行传输方式

串行传输是数据码流在一条信道上以串行方式传送，在通信设备之间按照顺序一位一位地传输，如图1-9所示。

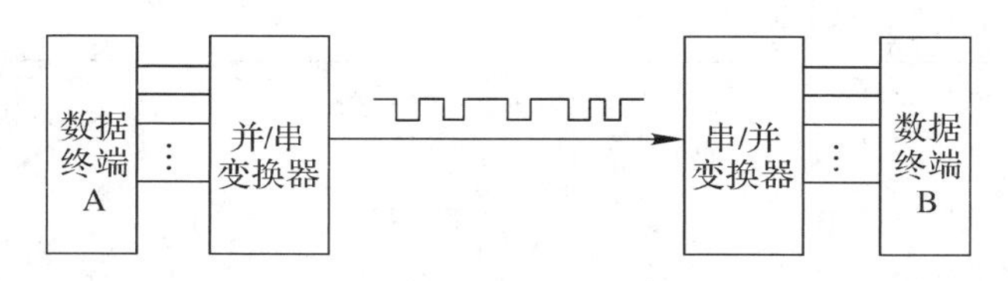

图1-9 数据信号串行传输方式

串行传输的优点是需要的传输线路(信道)少，易于实现；其缺点是为解决收、发端双方码组或字符同步，需外加同步措施。通常，无线数据通信和远距离有线数据传输时采用此方式较多。例如GPRS、计算机RS-232串行接口输入/输出、USB通用串行总线输入/输出等，均采用串行传输方式。

数据传送至传输线路之前，需要先送入发送端的并/串变换器中，这是因为数据在数据终端内部各个部件之间一般以并行方式传输。这样通过并/串变换器并行传输之后，数据逐位到达接收端，然后数据经过接收端的串/并变换器从串行变成并行。

3. 数据信号同步传输与异步传输

由以上分析可知，数据并行传输的同步问题较为简单，通过在收、发两端之间多加一根控制线就可完成数据的同步(步调一致)。

在串行传输时，收发两端只有一条线路(信道)，在此信道上完成一位一位的数据流传输的同时，还要确定数据字符的步调问题，所以为了准确地传送信息，还需采取特殊措施。

数据传输根据串行传输实现字符同步方式的不同，分为异步传输和同步传输两种方式。

1）异步传输

异步传输方式是指收、发两端各自有相互独立的位(码元)定时时钟，数据率由收发双方约定，接收端利用数据本身来进行同步的传输方式。

异步传输方式中，每次传送一个数据信息字符代码，在发送的每一个字符代码的前面均加上1个“起始”信号，其长度规定为1个码元，极性为“0”，后面均加1个“停止”信号。对于国际电报2号码，“停止”信号长度为1.5个码元；对于国际电报5号码或其他代码，“停止”信号长度为1个或2个码元，极性为“1”。数据信息字符可以连续发送，也可以单独发送；不发送信息字符时，连续发送“停止”信号。

因此，每一数据信息字符发送的起始时刻可以是任意的(这正是称为异步传输的含义)，但在同一个字符内各码元长度相等。这样，接收端可根据字符之间的从“停止”信号到“起始”信号的跳变(“1”—“0”)来检测识别一个新数据信息字符的“起始”信号，从而正确地区分一个个数据信息字符。这样的数据信息字符同步方法又称为起止式同步。

异步传输方式的优点是实现简单，不需要收、发两端之间的同步专线，即收发双方的时钟信号不需要精确同步。缺点是每个数据信息字符都增加了起始、停止的比特位，降低了传输效率，所以异步方式常用于低速率数据传输。图1-10表示了异步传输的情形。

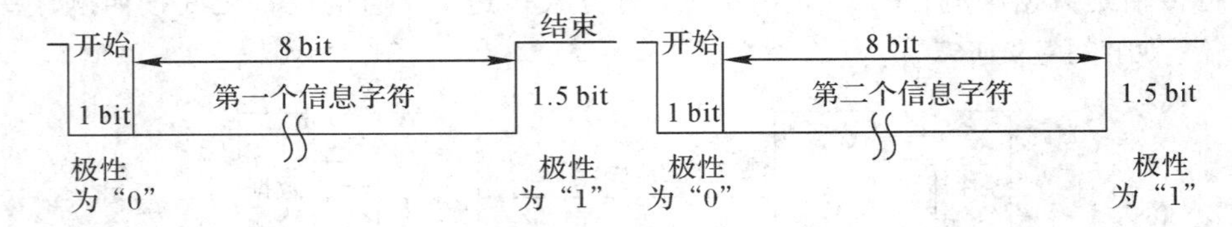

图1-10　数据信号异步传输方式示意图

2）同步传输

同步传输是指收发双方采用统一的时钟节拍来完成码元同步，实现数据信息字符传送的传输方式，是相对于异步传输而言的。在数据传输中，同步传输必须建立位定时同步和帧同步。

位定时同步又称比特(bit)同步，其作用是将数据电路终端设备接收端的位定时时钟信号与DCE收到的输入信号两者之间同步，使DCE从接收的信息流中正确识别一个个信号码元，从而产生接收数据序列。

帧同步又称群同步，一群或一串数据信息为一帧，其中每帧的开头和结束加上预先规定的起始序列和终止序列(序列的形式决定于所采用的传输控制规程)作为标志。

在ASCII代码中，用SYN(码型为"0010110")作为"同步(Synchronize)字符"，通知接收设备一帧的开始，用EOT(码型为"0000100")作为"传输结束(End of Transmission)"字符，以表示一帧的结束。同步传输的数据格式如图1-11所示。

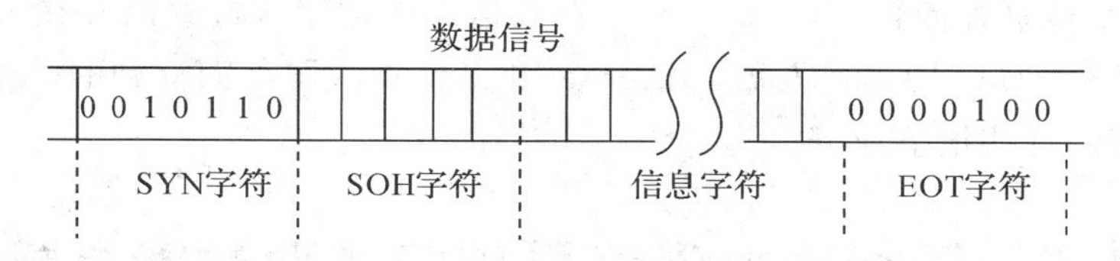

图1-11 数据信号同步传输格式示意图

同步传输在技术上比异步传输要复杂一些，但它不需要单独地对每个数据字符加起始码和终止码，只需将标志序列加在一群数据信息字符的前后，这样提高了传输效率。

同步传输常用于高速率数据传输。

1.2.4 无线数据通信的业务类型

无线数据通信技术的发展与它所支持和提供的业务是分不开的。从信息载体的角度来说，无线数据业务可以有许多种分类，参见表1-1。

表1-1 无线数据通信的业务类型

分类依据	无线数据通信业务类型
传送速率	低速、中速和高速
提供的带宽	窄带、宽带和超宽带
是否增值	基础数据业务和增值数据业务

1. 基础数据业务

基础数据业务主要指公共数据传送业务和移动数据业务。

公共数据传送业务是利用电路交换、分组交换或租用电路组成的固定公共数据通信网开发的以传送数据为目的的业务。

按照所用技术的不同，公共数据传送业务包括分组交换、数字数据网(DDN)、综合业务数字网(ISDN)、帧中继、异步传送方式(ATM)和IP业务等，其中分组交换、帧中继和ATM业务都采用面向连接的分组交换技术，具有统计复用、用户共享网络带宽等功能，它们的通信协议、能提供的接入速率、控制能力和综合能力有所不同。公共数据传送业务包括基本业务和用户选用的业务。基本业务是指向所有网上的用户提供的基本服务功能，包括永久虚电路(PVC)和交换虚电路(SVC)业务。用户选用业务是为了满足用户特殊要求而向用户提供的特殊业务功能。

移动数据业务是指利用公用陆地移动蜂窝通信网作为承载网提供的数据业务，具体可以包括短消息业务、速率可达 64 kb/s 的中速移动数据业务、速率在 128 kb/s 以上的移动多媒体业务。移动数据业务也可以采用电路交换和分组交换方式来实现。

2. 增值数据业务

增值数据业务是指在原基础网络设施的基础上增加必要的设备构成增值网后，向用户提供的新业务，这些新业务大大提高了原基础网络设施的使用价值。在公共数据网(不包括互联网)上开发的增值业务很多，主要有电子邮件(E-mail)、可视图文(Video Text)、电子数据交换(EDI)、传真存储转发(S/F Fax)、在线信息库存储和检索以及在线数据处理和交易处理等。随着 Internet 的迅速发展，Internet 逐渐地取代了上面提到的电子邮件、可视图文和电子数据交换这些增值业务。

1.3 无线数据通信系统的主要性能指标

与模拟通信系统、数字通信系统一样，无线数据通信系统也具有一些技术性能指标，其中的有些概念与前两种通信系统非常类似。为了完整、系统地学习这些知识，以下对无线数据通信系统的主要技术性能指标进行具体介绍。

1. 无线信道带宽

信道带宽是指一个信道能够传送电磁波的有效频率范围，主要由信道的特性决定。注意：带宽有信道带宽和信号带宽之分，而信号带宽是指信号所占据的频率范围。

无线信道带宽除了与信道的特性有关外，还与国际频管组织的频段划分和通信体制有关。通常要求信号带宽小于信道带宽，但对于无线数据通信来说，奈奎斯特信道容量定理决定了数据信号的最大带宽。

2. 信号传播速度

信号传播速度是指信号在信道上每秒钟传送的距离，单位是 m/s。具体地，通信系统中传输的信号都是以电磁波的形式出现的，信号传播速度略低于光在真空中的速度，通常认为是 3×10^8 m/s。

信号传播速度 v 与信号波长 λ 和频率 f 的关系是：$v=\lambda f$。随着传输介质的不同，可能会有少许变化。实际上，信号传播速度一般是常量，介绍它的目的主要是和“数据传输速率”的概念加以对比。

3. 数据传输速率

1) 数据码元传输速率(波特率)

数据码元传输速率简称传码率，用来表示单位时间(每秒)内传输的数据码元(符号)个数，其单位为波特(Baud，简写为 B)，也称波特率。

例如周期为 T_0 的四电平脉冲数据信号(如图 1-12 所示)，码元出现的频率为 $f_0=f_b=1/T_0$，则传码率为

$$R_B=f_b=1/T_0 \tag{1-1}$$

R_B 只与码元宽度有关，与进位制无关。

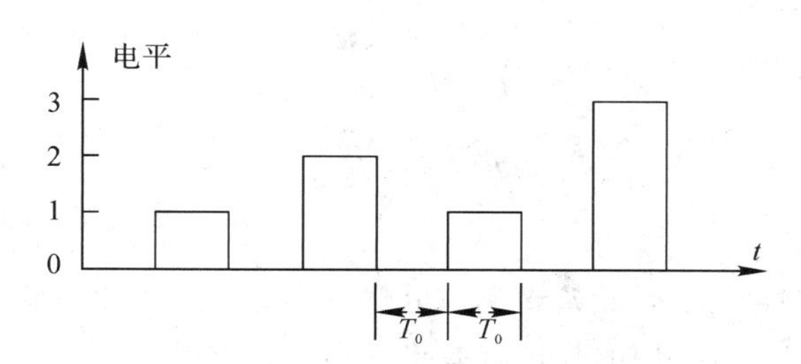

图 1-12　四电平脉冲数据信号波形示意图

2）数据信息传输速率（比特率）

数据信息传输速率简称传信率，也称比特传输速率，表示单位时间（每秒）内传送数据信息的比特数，单位为 b/s。

传输二进制数据时，码元传输速率和信息传输速率一致。

传输 N 进制数据时，其传码率 R_B 和传信率 R_b 可以通过式（1-2）来换算：

$$R_b = R_B \mathrm{lb} N \tag{1-2}$$

在描述数据传输能力时，通常使用传信率这一指标。

3）最大传输速率

每个信道传输数据的速率有一个上限，这个速率上限叫做信道的最大传输速率，也就是信道容量。

4. 吞吐量

吞吐量是信道在单位时间内成功传输的信息量，单位一般为 b/s。

例如某信道 10 min 内成功传输了 8.4 Mb 的数据，那么它的吞吐量为

$$\frac{8.4\ \text{Mb}}{600\ \text{s}} = 14\ \text{kb/s} \tag{1-3}$$

注意，由于传输过程中出错或丢失数据而造成的重传信息量，不计在成功传输的信息量之内。

5. 数据延迟

数据延迟是指从发送者发送第一位数据开始，到接收者成功地收到最后一位数据为止所经历的时间，其主要分为传输延迟和传播延迟两种。传输延迟与数据传输速率和发送机/接收机以及中继和交换设备的处理速度有关；传播延迟与传播距离有关。

6. 频带利用率

数据信号的传输需要一定的频带。数据传输系统占用的频带越宽，传输数据信息的能力越强。因此，在比较不同数据传输系统的效率时，只考虑它们的数据传信率是不充分的。因为，即使两个数据传输系统的传信率相同，它们的通信效率也可能不同，这还要看传输相同信息所占的频带宽度。故真正衡量数据传输系统有效性的指标是单位频带内的传输速率，即频带利用率。

数据通信系统频带利用率 η 有两种表示方法：一是在传码率意义下的频带利用率，如式（1-4），一是在传信率意义下的频带利用率，如式（1-5），常用的是传码率意义下的频带利用率，其单位为（b/s）/Hz（或为 Baud/Hz）。

$$\eta=\frac{\text{传码率}}{\text{频带宽度}} \tag{1-4}$$

$$\eta=\frac{\text{传信率}}{\text{频带宽度}} \tag{1-5}$$

7. 差错率

差错率包括比特差错率、码元差错率与分组差错率。差错率是衡量通信信道可靠性的重要指标，在数据通信中最常用的是比特差错率和分组差错率。

1）比特差错率（误信率）

在传输过程中发生的错误信息比特数与传输的总信息比特数之比叫比特差错率，或称误信率，即

$$P_b=\frac{\text{错误信息数}}{\text{传输的总信息数}} \tag{1-6}$$

2）码元差错率（误码率）

在传输过程中发生误码的码元个数与传输的总码元数之比叫码元差错率，或称误码率，即

$$P_e=\frac{\text{发生误码的个数}}{\text{传输的总码数}} \tag{1-7}$$

3）分组差错率

在传输过程中发生误码的分组个数与传输的总分组数之比称为分组差错率。

1.4 无线数据通信研究的主要内容与发展目标

1. 无线数据通信研究的主要内容

无线数据通信研究的主要内容包括数据在无线信道上的传输、数据的计算机处理、数据集中、数据交换、差错控制和传输规程等，其目的在于更有效、更可靠地传输数据。

无线数据通信与其他通信方式所包含的基本内容有很大的区别，特别是它所具有的信道特点、不同的信息载体和复杂的协议，使我们研究无线数据通信的内容也大不相同。同时还会有一些全新的概念出现，对此在学习中要足够重视。

1）无线数据传输

无线数据传输主要承担为数据提供一个可靠而有效的无线传输通路的任务，包括数据压缩编码与译码、加密与解密、调制与解调、干扰与抗干扰、多路复用等技术。另外，构成传输媒体和用来控制电信号的各种传输设备也是无线数据传输要涉及的。

2）通信接口

通信接口把发送端产生的信号转换为适合在信道中传输的信号，同时把传送到接收端的信号变换为终端可接收的形式。

数据通信系统根据不同的应用要求，规定了不同类型的接口标准，有国际标准、国家标准，也有公司自己制定的标准。开放性的用户接口通常采用国际标准或国家标准，以利于互联互通。

3）数据交换

数据交换是指信息在网络中各节点之间的交互方式，用于解决传输的资源共享问题。

数据交换的主要方式有电路交换、报文交换、分组交换、帧中继、ATM等，其中分组交换在实际的数据通信网中较多采用。

在分组交换的数据通信网中，需要完成以下两个方面的功能：

(1) 在相邻交换节点之间实现数据传输与数据链路控制规程所要求的各项功能；

(2) 在每个交换节点上完成分组的存储与转发、路由选择、流量控制、拥塞控制、用户入网连接以及网络维护、管理等多方面的工作。

4）通信处理

通信处理涉及数据的差错控制、格式化处理、速度转换、码型转换、流量控制、寻址、路由选择等内容，是数据通信中最复杂的部分。

5）通信协议

通信协议是数据通信规则的集合，数据通信协议即传输控制规程，是双方为准备有效地进行通信所必须遵循的规程和约定，它与网络操作系统、网络管理软件共同控制和管理着数据网络的运行。

数据通信协议可以分为两类：一类是与数据通信网有关的协议，包括网内节点与节点间以及网络与端系统间的协议；另一类是端系统与端系统之间的协议，它们是在前一类协议所实现的基础上，为了实现端系统间的互通与达到一定的应用目的所必需的协议。

6）多路复用

多路复用是把多路信号组合起来在一条物理信道上同时传输，以提高通信效率的技术。常见的复用方式有频分复用、时分复用、波分复用、码分复用等。

7）同步

同步是数字化信息正确传输的前提，可分为载波同步、位同步、群同步、网同步等。

2. 无线数据通信技术的发展目标

任何人(Whoever)在任何时间(Whenever)和任何地点(Wherever)都可以和世界上的任何人(Whomever)进行任何方式(Whatever)的通信的理想境界是无线数据通信追求的目标，即“5W”。

无线数据通信技术的发展目标主要有以下几个方面：

(1) 现代无线数据通信技术应能为用户提供更大的吞吐量、更高的传输速率、更低的延迟，以实现更快的通信网络的运行。

(2) 现代无线数据通信技术要能够提供网络硬件与软件之间的“无缝”连接，以及网络之间的“无缝”连接。这样，通信的最终用户将意识不到用户业务是通过不同网络上的不同供应商提供的设备传送的。

(3) 现代无线数据通信技术应能为用户提供更具安全性和保密性、环境适应能力与抗干扰能力更强的数据通信服务。

(4) 现代无线数据通信技术要支持任意类型的应用，它不仅能支持现有的各种数据通信业务，而且也能支持未来可能出现的通信新业务。

(5) 现代无线数据通信技术向着数字处理技术的开发应用方向发展，使无线和有线通信实现数字化，通信设备实现小型化、智能化。

(6) 从网络供应商的角度看，现代无线数据通信技术必须提供更多更好的网络管理工具。这些工具可以使网络营运商能实时、详细地监控网络设施，以便为用户提供可靠的服务。

(7) 开发一系列技术规程和标准，并保证它们能在不同通信设备与网络上运行。现代无线数据通信技术都必须支持大容量的网络，而现有的一些网络都包含有不同商家的不同产品，且网络运行的软件大都工作在不同的载体上。因此，制定一个统一的规程和标准已是无线数据通信界共同的目标。

当然，以上无疑是无线数据通信的极高目标，一些具体通信技术不可能同时满足。

本章小结

本章介绍了移动状态下的数据通信方式，即无线数据通信。人们之间的思想交流称为消息的传递。有意义的消息是信息，信息量是信息的多少。电信号按波形特征可分为模拟信号和数字信号。时间上和状态上连续的信号称为模拟信号，而用特定时刻的有限状态来表示的信号称为数字信号。

无线数据通信是指两个数据终端之间的无线通信，数字通信是传输由“0”和“1”组成的数字码流，这些码流既可以表示成数据信息，也可以代表语音和图像信息等。无线数据通信的工作方式可分为单工通信、半双工通信及全双工通信。根据一次传输数据的多少可将数据传输方式分为并行传输和串行传输，按照收发两端信号同步状态分为同步传输与异步传输。

无线数据通信系统的主要性能指标包括无线信道带宽、信号传播速度、数据传输速率、吞吐量、数据延迟、频带利用率和差错率等。

衡量数字传输系统有效性的指标是传码率或传信率，它反映的是系统单位时间内传送的码元数目或信息量；衡量数字传输系统可靠性的指标是误码率或误信率，它反映的是系统在传输信号的过程中码元错误或信息丢失的概率。

无线数据通信研究的主要内容包括数据在无线信道上的传输、数据的计算机处理、数据集中、数据交换、差错控制和传输规程等。其目的是为了使数据更有效、更可靠地传输。实现任何人在任何时间和任何地点都可以和世界上的任何人进行任何方式的通信，是无线数据通信追求的目标。

习题与思考题

1. 试说明模拟信号和数字信号的区别。

2. 衡量数据通信系统的主要性能指标有哪些？

3. 设数据传输系统传送二进制信号，码元传输速率 $R_B=2400$ B，该系统的信息传输速率为多少？若该系统改为十六进制信号，码元传输速率不变，此时的信息传输速率为多少？

4. 在强干扰环境下，某电台在 5 min 内共收到正确信息量为 355 B，假定系统信息速率为 1200 kb/s，系统误信率为多少？

5．某系统经长期测定，其误码率 $P_e = 10^{-1}$，系统码元速率为 1200 B，那么该系统在多长时间内可收到 360 个错误码元？

6．数字信号处理的优点有哪些？

7．试简述码元传输速率、信息量、信息传输速率的定义、单位和符号。

8．数据通信的频带利用率的高低如何衡量？

9．简要说明单工、半双工、全双工数据传输。

10．试说明信号带宽、系统带宽、信道带宽三者的大小关系。

第2章 无线通信信道

本章教学目标

- 了解无线信道的概念与分类。
- 熟悉电波传播方式与无线信道的特性。
- 了解信道对信号的具体影响。
- 掌握信道带宽、系统带宽与信号带宽的概念。
- 掌握信道容量的计算。

本章重点及难点

- 无线信道的概念。
- 无线电波的传播方式。
- 信道带宽、系统带宽与信号带宽的概念。
- 信道容量的计算。

任何一个通信系统与网络，从大的方面均可视为由发送端、信道和接收端三大部分组成，由此可知，无线信道是无线数据通信系统与网络必不可少的组成部分，无线信道特性的优劣直接影响系统与网络的总特性。

2.1 无线信道的概念与分类

2.1.1 无线信道的概念

信道的应用参考点不同，信道的概念及定义就不同。狭义的无线信道概念，是指以电磁波、红外线、可见光波等为载体，在空间或宇宙中构成的信号物理通路，或者说，是指空间或宇宙中电波通过的一段频带。

无线信道是非导向传输信道，无线电波在空间或宇宙中以自由直线方式传播，传播速度为 3×10^8 m/s，同时具有折射、反射、绕射和干涉等波的特性。（对于导向传输信道，如光缆、电缆、双绞线等，光波或电磁波被导向沿此固体信道传播。）

无线信道为开放性信道，时时刻刻受到人为因素或自然现象的影响与干扰，其传输特性不如有线信道稳定和可靠，但无线信道具有方便、灵活，通信者可移动等优点，在现代生活中越来越受到人们的重视。

2.1.2　无线信道的分类

无线信道的分类方法很多，依照无线电传输特性不同，无线信道可分为近地空间信道、对流层散射信道、电离层折射信道、流星余迹反射信道、卫星通信信道等。对应的通信方式为近地空超视距通信、对流层散射通信、电离层反射通信、地面视距通信、卫星通信等。

依照无线信道中传输的电波频率或波长不同，可分为极低频、超低频、特低频……、至高频、光波频段等，对应的波长为极长波、超长波、特长波……、丝米波、光波等，具体如表 2-1 所示。不同频率范围对应的传输媒质与用途如表 2-2 所示。

表 2-1　频段名称与频率范围

序号	频段名称	频率范围（含上限，不含下限）	波段名称		波长范围（含下限，不含上限）
1	极低频	3～30 Hz	极长波		100～1 Mm
2	超低频	30～300 Hz	超长波		10～1 Mm
3	特低频	300～3000 Hz	特长波		1000～100 km
4	甚低频(VLF)	3～30 kHz	甚长波		100～10 km
5	低频(LF)	30～300 kHz	长　波		10～1 km
6	中频(MF)	300～3000 kHz	中　波		1000～100 m
7	高频(HF)	3～30 MHz	短　波		100～10 m
8	甚高频(VHF)	30～300 MHz	米　波		10～1 m
9	特高频(SHF)	300～3000 MHz	分米波	微波	10～1 dm
10	超高频(SHF)	3～30 GHz	厘米波		10～1 cm
11	极高频(EHF)	30～300 GHz	毫米波		10～1 mm
12	至高频(THF)	300～3000 GHz	丝米波		1～0.1 mm
13	光波频段	10^5～10^7 GHz	光　波		0.03～3 μm

表 2-2　频率范围、传输媒质与用途

频率范围	传输媒质	用　途
3～30 kHz	对称型电话线(缆)、地面、水下等	音频、电话、数据终端、长距离导航等
30～300 kHz	对称型电话线(缆)、地面等	导航、信标频率标准、电力线通信等
300～3000 kHz	对称型电话线(缆)、同轴电缆、地面视距等	导航、中波调幅广播、移动陆地通信、业余无线电等
3～30 MHz	双绞型线(缆)、同轴电缆、电离层反射等	导航、移动无线电话、短波广播、短波军事通信、业余无线电等
30～300 MHz	双绞型线(缆)、同轴电缆、波导、地面视距、空中超视距等	导航、电视、调频广播、空中管制、车辆通信、导航、集群通信、无线寻呼等

续表

频率范围	传输媒质	用途
300～3000 MHz	波导、地面视距、空中超视距等	电视、空间遥测、导航、点对点通信、移动通信等
3～30 GHz	波导、地面视距、空中超视距、宇宙空间等	微波接力、卫星和空间通信、导航等
30～300 GHz	波导、空中超视距、宇宙空间等	导航、微波接力、射电天文学等
300～3000 GHz	波导、宇宙空间等	导航、射电天文学等
10^5～10^7 GHz	波导、宇宙空间等	光纤(缆)通信、宇宙空间激光通信、空中激光通信等

2.2 电波传播方式与无线信道的特性

无线电波的传播方式有直射、反射、透射、折射、绕射和散射，传输信道则分为近地空间信道、对流层散射信道、电离层折射信道、卫星通信信道等。不同信道的电波直射、反射、折射、绕射和散射特性不同。下面先介绍无线电波的传播方式，然后介绍不同无线信道的传输特性。

2.2.1 无线电波的传播方式

无线电波的传播分直射、反射、透射、折射、绕射、散射等方式(现象)。

1. 直射

根据无线电波的特性，无线电波在无遮挡的均匀大气媒质中传播时，应以恒定的速度沿直线传播，由于能量的扩散与大气媒质的吸收作用，传输距离越远信号强度越小，并且大气媒质的吸收衰减作用又与电波频率有关，频率越高，衰减越大，如图 2-1 所示。

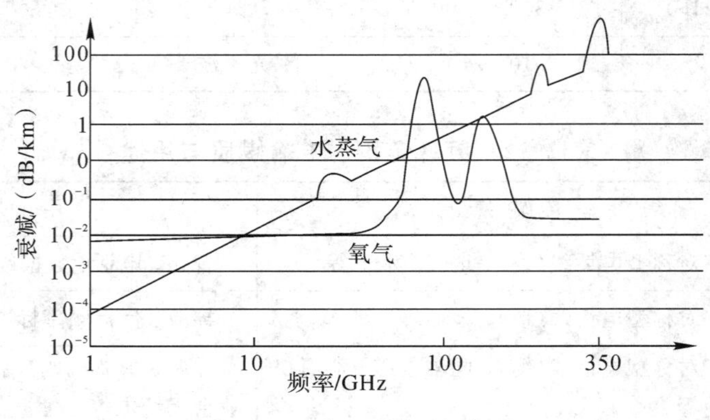

图 2-1 大气吸收损耗(衰减)

无线电波在非均匀的大气媒质中传播时，速度会发生变化，同时还会产生反射、透射、折射、绕射、散射的现象，其传播能量一般会小于直射波。

2. 反射

当电波碰到的建筑物或其他障碍物的尺寸大于其波长时，会发生反射，如图 2-2 所示。反射波的强度低于直射波，但多重反射会形成多条到达接收端的传播路径，即形成多径反射波，并会造成多径衰落。

3. 折射与透射

当电波由一种媒质进入到另一种媒质，例如电波进入水下、地下、大气层或墙壁等时，由于媒质的密度、介电常数等的不同，传播速度与路径偏转将不同，这种现象称为无线电波折射，如图 2-3 所示。电波由一种媒质穿过另一种媒质，例如电波穿过墙壁、地板、家具，或电波穿过大气层进入外侧空间等时，称为无线电波透射。

电波的折射强度与入射波的波长、强度、角度和障碍物的透射率等因素有关，并且一般折射强度比直射波的差。

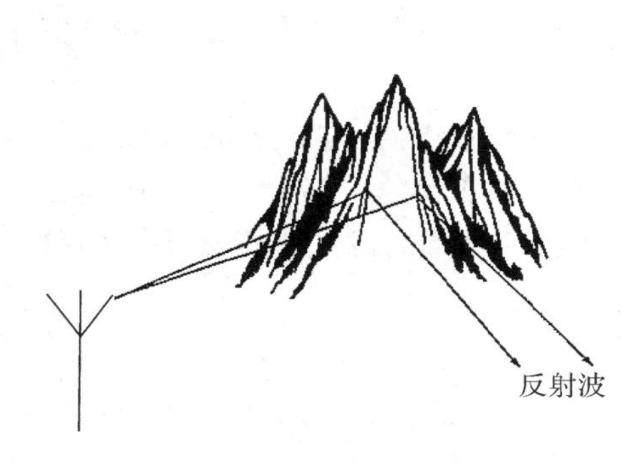

图 2-2　无线电波反射

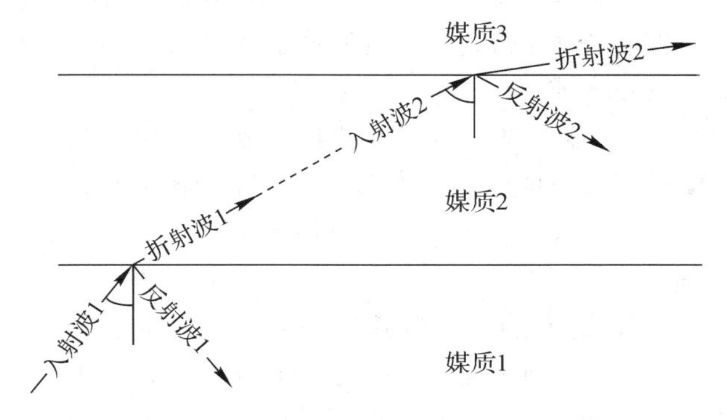

图 2-3　无线电波折射与透射

4. 绕射

当电波遇到较大的障碍物(如山丘、建筑物等)时，会通过边缘绕到其背后继续传播，这种现象称为无线电波绕射，如图 2-4 所示。绕射后到达接收点的传播信号，其强度与反射波相当，并且波长越长，其绕射能力越强，但是当障碍物尺寸远大于电波波长时，绕射就会变得微弱。

5. 散射

当电波遇到粗糙障碍物或小物体，如雨点、树叶、微尘等时，会产生大量杂乱无章的反射，即漫反射，称为无线电波散射，如图 2-5 所示。散射造成能量的分散，加大了电波的损耗，使到达接收点的传播信号强度减弱。

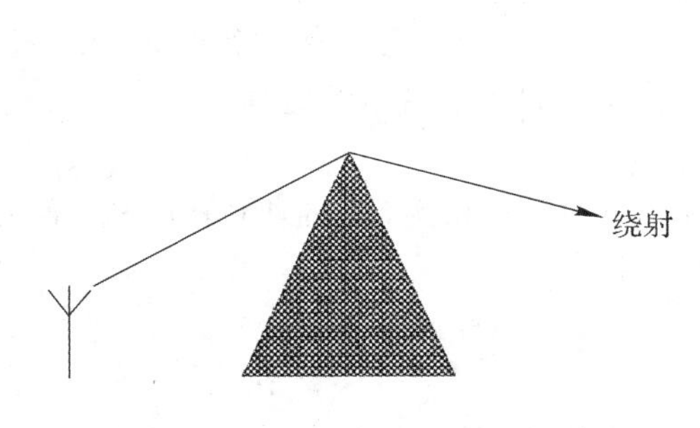

图 2-4　无线电波绕射

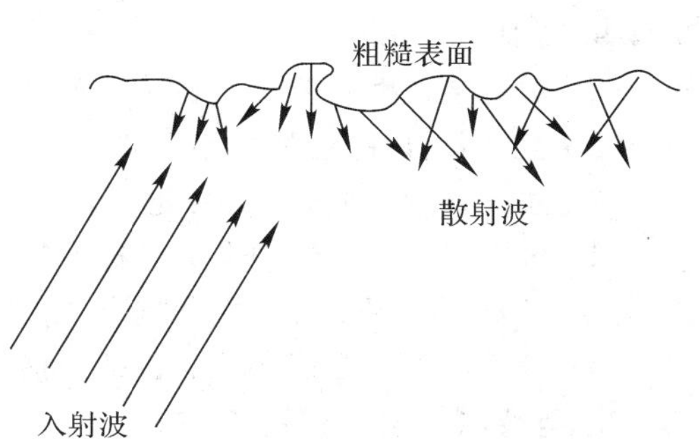

图 2-5　无线电波散射

2.2.2 无线通信信道的特性

1. 近地空间信道的特性

无线电波近地空间信道中会产生电波地表绕射、近地空间直射和地面反射，地面反射又可分为地表反射与地面物体反射。近地空间传播信道的主要特性如下：

(1) 大地对绕射波的吸收损耗很大，这个损耗与地表的导电性和电波频率等有关。导电性越好，吸收越少，电波传播损耗越小；电波频率越低，损耗越小，绕射能力越强。

(2) 受地球曲率和天线高度的影响，地面上两点间的直线通信距离一般小于 60 km 的视距范围。若想在近地空间实现超视距直线通信，只能在地面与空中、空中与空中之间完成，工作频率一般在 30 MHz 以上。

(3) 地表反射波与地面物体反射波是近地空间传播存在的主要问题之一，其信号强度比直射波弱，带来的多径衰落会直接影响通信的正常进行，所以要采取抗多径衰落的分集接收技术或尽量避免其存在。

(4) 无线电波在近地空间传播时，如果在传播路径中遇到障碍物，就会在障碍物的后面形成电波的阴影。接收机在移动到阴影区时，电波会发生非常大的阴影衰落，造成通信中断，所以要采取衰落储备措施，例如增加发射功率、增加发射天线或减小无线小区的覆盖尺寸等。

2. 对流层散射信道的特性

地球表面覆盖着一层稠密的大气，根据 ITU 的最新定义，大气层分为五层，由地面向上分别为对流层、平流层(同温层)、中间层、电离层和外层。

对流层距离地球表面大约 10 km(8～17 km)的高度，冷暖空气团对流，有风、雨、雷、电等气象现象，如图 2－6 所示。在对流层中会不断产生大气涡流(湍流)，使温度、湿度和气压产生随机变化，引起大气折射指数发生变化。这种折射指数不断起伏的区域构成了散射体。

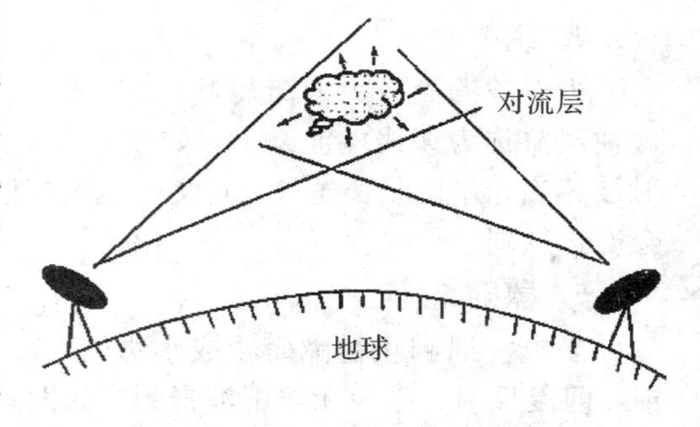

图 2－6 对流层散射传播示意图

对流层中散射波传播主要特性如下：

(1) 对流层散射传播不受核爆炸以及太阳黑子、电离层扰动、极光、磁暴等自然现象的影响，在军事通信中不可或缺。

(2) 对流层散射主要应用在 100 MHz～10 GHz 的频段，传播距离为 300～800 km，适用于无法建立微波中继站的地区(如海岛之间，跨越湖泊、沙漠、雪山的地区)。

(3) 通信容量、质量比短波通信高。

(4) 对流层散射信道中电波传播的特点和散射通信为窄波束定向通信的特性决定了这种通信方式的保密性、抗毁性和抗干扰性能均比卫星通信好。

(5) 对流层散射通信的缺点包括传播损耗较大、存在多径传输等。

3. 电离层折射信道的特性

大气分子由于受太阳紫外线和高能粒子辐射，而产生游离，分裂为带电电子和离子，由这些带电电子和离子组成的大气层称为电离层，通常距地面 50～500 km。

另外，地球周围的大气层并不是一种均匀媒质。因为大气的密度、压力、温度与湿度都是随着高度而变化的，所以，电波在大气层中的传播，实际上就是一个电波在不均匀媒质中的传播问题。电波在传播过程中会产生大气折射现象。

在电离层折射信道中电波的传播满足几何光学近似条件，电波的折射角度、强度与入射波的角度、波长、强度以及电离层的高度和浓度等因素有关。

电离层的高度和浓度随地区、季节、时间、太阳黑子活动等因素的变化而变化，会对通信的临界频率产生影响。电离层的浓度高时折射的频率高，浓度低时折射的频率低。总之，影响电离层折射传播媒质的主要因素包括地球的纬度、太阳黑子、核爆炸、季节和气候的变化等。

在利用电离层折射通信时，通信距离越近，要求电波的入射角越小，其最高可用频率将越低。

4. 卫星通信信道的特性

卫星通信是利用人造地球卫星作为中继站转发无线电信号。根据卫星距离地面的高度，卫星系统可分为 20 000 km 以上的高轨道卫星系统、5000～20 000 km 的中轨道卫星系统和 500～5000 km 的低轨道卫星系统。卫星通信实现了地面与电离层以外空间的电波传输，如图 2-7 所示，所以其信道特性不同于其他无线信道。

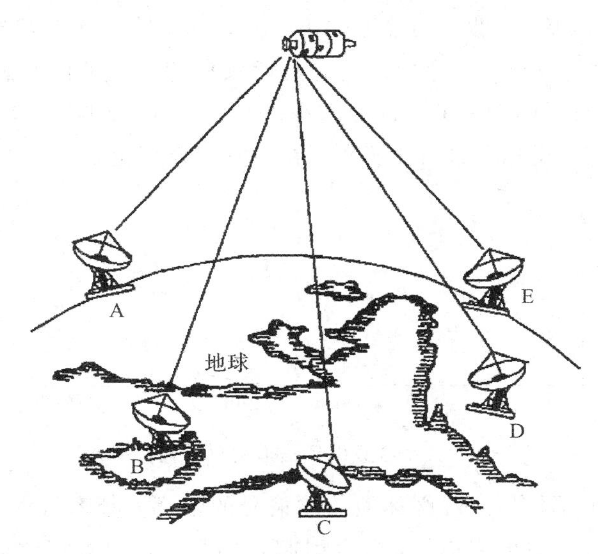

图 2-7　卫星通信示意图

首先，卫星通信的电波要穿透大气层，进入外层空间，本身通信距离长，信号在传输过程中损耗和延时就大。

其次，电波将受到电离层中自由电子、离子以及对流层中的氧分子、水蒸气分子和云、雾、雨、雪等的吸收而产生损耗，衰减在 10^{20} 倍以上，故对电波的穿透能力提出了较高要求。一般工作频段选择在 1～10 GHz；最理想的频率为 4～6 GHz。

另外，宇宙噪声、太阳黑子、核爆炸等因素对卫星通信影响较大。卫星与地球的相对运动也会产生多普勒效应，但静止卫星除外。

2.3 信道对信号的影响

广义信道中的调制信道分为恒参信道与变参信道两类。

2.3.1 恒参信道对信号的影响

1. 线性畸变与改善措施

通常，恒参信道产生的畸变叫线性畸变，它主要是因为恒参信道的幅度—频率特性和相位—频率特性不理想造成的。线性畸变和非线性畸变的区别是线性畸变不会产生新的频率成分。

现在我们以典型有线电话电缆信道为例，来说明恒参信道的线性畸变。

1）幅度—频率特性及畸变

幅度—频率畸变是由于信道的幅度—频率特性不理想引起的，这种畸变又称为频率失真。

在通常的电话信道中可能存在各种滤波器，尤其是带通滤波器，还可能存在混合线圈、串联电容器和分路电感等，因此电话信道的幅度—频率特性总是不理想。

例如，图 2-8 为典型音频电话信道的总衰耗频率特性，其低频截止频率约从 300 Hz 开始，300 Hz 以下的衰耗随频率的升高而减小；在 300～1100 Hz 范围内衰耗比较平坦；在 1100～2900 Hz 内，衰耗通常是线性上升的；在 2900 Hz 以上，衰耗增加很快。

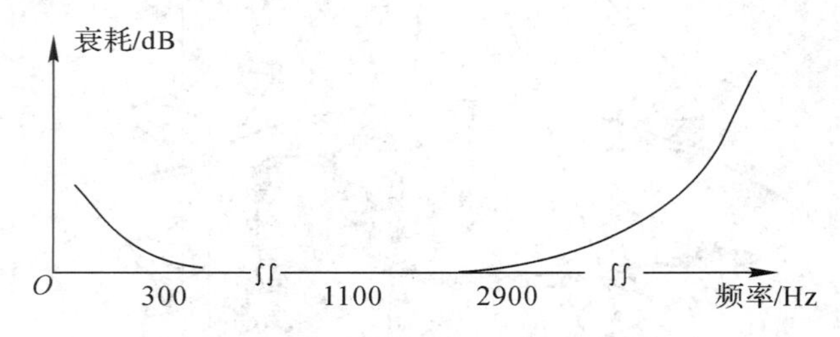

图 2-8 典型音频电话信道的总衰耗频率特性

显然，如上所述的不均匀衰耗必然使传输信号的幅度—频率特性发生畸变，引起信号波形的失真。此时若要传输数字信号，还会引起相邻数字信号波形之间在时间上的相互重叠，造成码间串扰。

2）相位—频率特性及畸变

所谓相位—频率畸变，是指信道的相位—频率特性偏离线性关系所引起的畸变，如图 2-9 中偏离虚线的部分。

电话信道的相位—频率畸变主要来源于信道中的各种滤波器及感应线圈，在信道频带的边缘，相位—频率畸变更加严重。

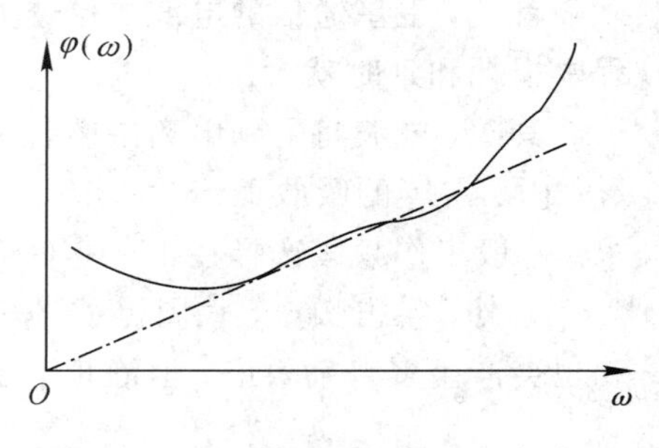

图 2-9 电话信道的相位—频率特性

信道的相位—频率特性经常采用群迟延—频率特性来衡量，所谓群迟延—频率特性，定义为相位—频率特性的导数，即

$$\tau(\omega)=\mathrm{d}\varphi(\omega)/\mathrm{d}\omega \tag{2-1}$$

可以看出，如果 $\varphi(\omega)\sim\omega$ 呈现线性关系（图 2－9 中的虚线），则 $\tau(\omega)\sim\omega$ 将是一条水平直线，即信道不发生相位—频率畸变时，不同频率的信号将有相同的迟延。

但实际的信道特性总是偏离理想特性的，为了减小幅度—频率和相位—频率线性畸变，可采取以下措施：

（1）严格限制已调制信号的频谱，使它保持在信道的线性范围内传输。

（2）设计总的信道传输特性时，注意改善信道中的滤波性能，把幅度—频率畸变和相位—频率畸变控制在一个允许的范围内。

（3）通过增加线性补偿网络，使衰耗特性曲线变得平坦，这一措施通常称为“均衡”。均衡的方式有频域均衡和时域均衡。

2. 非线性畸变和其他影响

线性畸变是恒参信道对信号的主要影响。除此以外，信道对信号的损害还有非线性畸变、频率偏移、相位抖动、回波干扰等。

非线性畸变主要是由信道中的元器件（如磁芯、电子器件等）的非线性特性引起的，会造成信号失真或产生寄生频率等。

频率偏移通常是由于通信系统中接收端解调载波与发送端调制载波之间的频率有偏差（例如解调载波可能没有锁定在调制载波上），而造成信道传输的信号的每个分量可能产生的频率变化。

相位抖动也是由调制和解调载波发生器的不稳定性造成的，这种抖动的结果相当于发送信号附加上了一个小指数的调频。

回波干扰是混合线圈不平衡所导致的。

以上的非线性畸变一旦产生，一般均难以排除，因而需要在进行系统设计时从技术上加以重视。

3. 噪声干扰

恒参信道的传输函数 $K(\omega)$ 不随时间而变，或变化极为缓慢，所以噪声干扰主要是加性噪声 $n(t)$。

加性噪声 $n(t)$ 分为高斯白噪声和脉冲噪声两类。

高斯白噪声是指噪声的概率密度函数服从高斯分布，功率谱服从均匀分布的一类噪声，通信系统中的传输媒质热噪声、设备热噪声和散弹噪声以及由接收天线收到的辐射等均为高斯白噪声，它是较稳定的、不可避免的背景噪声。

脉冲噪声是指重复出现的持续时间很短的脉冲波形，这种噪声可能是人为产生的，也可能是自然产生的，大部分脉冲噪声是因电气切换和通信设备开关的瞬态引起的。另外，微波衰落和维护工作中的偶然碰撞也会产生较长的突发脉冲噪声；天然雷电也会引起脉冲噪声。这些噪声均为随机性影响，无法彻底消除，只能增加抗干扰能力来减弱它的影响。

2.3.2 变参信道对信号的影响

卫星通信信道、短波电离层反射信道、对流层散射信道、地面移动通信信道等无线信道都为变参信道。

变参信道的特性比恒参信道要复杂得多，对信号的影响也要严重得多，其根本原因在于它包含一个非常复杂的传输媒质。

变参信道传输媒质通常具有以下特点：

(1) 存在多径传播现象，造成多径衰落。

(2) 当发送端和接收端相对快速移动时，将产生多普勒效应。

(3) 传输特性随环境与位置的不同而不同。

1. 多径传播、频率弥散和选择性衰落

卫星通信、微波移动通信、电离层反射和散射、对流层散射等无线通信过程中，始终存在着可能不断变化的反射和散射物体，使直射波、反射波、散射波经多条路径传播到达接收端，这种现象称为多径传播，如图 2-10 所示。由于到达接收天线的信号幅度、相位、时延以及入射角度不同，造成接收到的信号合成后起伏很大，使信号产生严重且快速的衰落，这就是多径衰落。

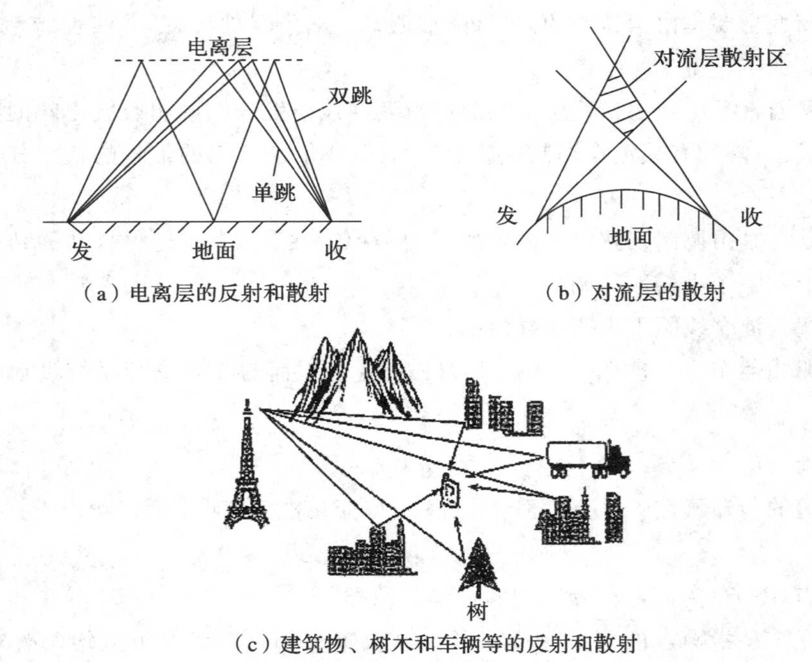

(a) 电离层的反射和散射　　(b) 对流层的散射

(c) 建筑物、树木和车辆等的反射和散射

图 2-10　多径传播示意图

多径传播会引起以下情况：

(1) 使单一载频信号变成了包络和相位均发生变化(实际上受到调制)的窄带信号，也就是说，多径传播引起了频率弥散，使单个频率变成了一个窄带频谱。

(2) 引起频率选择性衰落。所谓频率选择性衰落，是指信号频谱中某一些分量衰耗特别大(传输增益为 0)，而另一些频谱分量衰耗却比较小，经过传输后信号出现畸变。

（3）引起时间选择性衰落。所谓时间选择性衰落，是指时延不同，造成衰落不同。

（4）引起空间选择性衰落。所谓空间选择性衰落，是指空间环境的不同，造成衰落不同。

由于信号在无线信道传播时，其所经历的衰落取决于发送信号和信道的特性，也就是信号参数与信道参数决定了不同的发送信号将经历不同类型的衰落，所以在不同的空间、频率和时间上其衰落特性是不一样的。

根据发送信号的周期（频率）与信道变化快慢程度的比较，可以将信道分为快衰落信道和慢衰落信道。快衰落信道的冲激响应在信号周期内变化很快，也就是信道的相干时间比发送信号的周期短（注：相干时间就是信道保持恒定的最大时间差范围。如果发射端的信号在相干时间之内到达接收端，则信号的衰落特性相似，接收端认为是一个信号）。慢衰落信道的冲激响应变化率大大小于发送的基带信号的周期，因此，可以认为在一个或几个信号周期内，信道为非时变的。

通常，多径效应引起的选择性衰落为快衰落，电离层浓度变化等因素所引起的信号衰落为慢衰落，亦称为平坦性衰落。

2. 多普勒频移与多普勒衰落

当运动的物体达到一定的速度时（如急速行驶的汽车、超音速飞机，人造卫星发射等），固定点接收到的从运动体发来的载波频率将随物体运动速度的不同产生不同的频移，导致信号频率扩展，通常把这种现象称为多普勒频移（或扩散、扩展）。

例如，人造卫星在发射前，其发射机的载频 f_0 是预知的。发射后，地面接收站收到的载波信号频率已不是 f_0 了，而是 f_0+f_d。

根据电磁学的基本理论得知，由于多普勒扩展与相干时间成反比，而相干时间是信道随时间变化的度量，所以多普勒扩展引起的衰落与时间有关，是时间选择性衰落。

只要物体运动，多普勒频移将一定存在，导致接收端产生附加的随机调频噪声。当物体运动速度较慢时，多普勒频移较小，影响不大，可忽略不计。当物体运动速度较快时，必须采用具有“锁相技术”的接收机。

3. 阴影效应与衰落

当电波在传播路径上遇到建筑物、树木、森林等的阻挡时，会形成电磁场的阴影。

阴影效应主要表现为树木和建筑物对直射波的吸收、散射或绕射引起直射波的衰减变化，以及相关多径分量对直射波的干涉作用。衰减量取决于树叶和枝干的浓密度、电波穿越树冠的路径以及建筑物的大小。

当移动用户通过不同障碍物的阴影时，会造成接收场强中值的变化。这种由于阴影效应导致接收场强中值随着地理位置改变而出现缓慢变化的现象称为阴影衰落。这种衰落是一种慢衰落，衰落率与移动物的速度以及阻挡物的分布有关。

4. 变参信道特性的改善

变参信道特性的改善措施可以在发送端或接收端进行，或者在两端共同进行。前者作为预防，后者作为补救，具体方案有冗余法与均衡法。

1）冗余法

冗余法是指采用一个以上的链路来传输信号，以减少传输失败的概率，包括分集技术、纠错编码、重发技术等。例如发送分集是同一个信号由若干个天线向同一个接收机发送，接收分集是若干接收天线接收同一个信号。

2）均衡法

均衡法是指通过频域均衡、时域均衡、信源的适应等技术改善信道特性。冗余法和均衡法这两种方法互不排斥，在实际使用时可以组合。对于平坦性衰落（慢衰落），主要采用加大发射功率和在接收机内增加自动增益控制的技术；对于快衰落，通常可采用多种措施，例如各种抗衰落的调制/解调技术及接收技术等，其中较为有效且常用的抗衰落措施是分集接收技术。

3）分集接收技术

按照广义信道的含义，分集接收可看作是变参信道中的一个组成部分或一种改造形式，而改造后的变参信道，其衰落特性将能够得到明显改善。下面简单介绍分集接收的原理。

前文提到，快衰落信道中接收的信号是由到达接收机的各路径分量合成的。在接收端同时获得几个不同的信号，将这些信号采取适当技术合并后使选择性衰落的影响大大减小，这就是分集接收的基本思想。分集两字就是分散得到几个信号并集中（合并）这些信号的意思。只要被分集的几个信号之间是独立的，那么经适当合并后就能使系统性能大为改善。

互相独立或基本独立的一些信号，一般可利用不同路径、不同频率、不同角度、不同极化等接收手段来获取，大致有如下几种分集方式。

（1）空间位置分集（多天线）。在接收端架设几副天线，天线的相对位置要求有足够的间距（一般在100个信号波长左右），以保证各天线上获得的信号彼此基本独立。

（2）空间角度分集（智能天线）。这是利用天线波束指向不同方向上的信号（有不同相关性）的原理形成的一种分集方法，例如在微波天线上设置若干个反射器，产生相关性很小的几个波束。

（3）频率分集。用多个不同频率信号传送同一个信息，如果各载频的频差相隔比较大，则各分散信号彼此间也基本不相关。

（4）时间分集。对于随机衰落信号，如果对其振幅进行顺序取样，那么时间间隔大于相干时间的两个采样点是互不相关的。时间分集就是根据这一特点进行的。将信号按间隔一定的时隙重复传输 L 次，只要时间间隔大于相干时间，就可得到 L 条独立的分集支路。

（5）极化分集。这是分别接收两种不同极化信号（水平极化和垂直极化）而构成的一种分集方法，一般这两种波在信道中的相关性极小。

（6）场分集。场分集是利用电场和磁场信号分别传输信号的，以取得互不相关的信号副本。这是由于任一点的电场和磁场分量是互不相关的。

当然，还有其他分集方法，这里不再赘述。需要指出的是，分集方法均不是互相排斥的，在实际使用时可以相互组合。例如由二重空间分集和二重频率分集组成四重分集系统等。

从总的分集效果来说，分集接收除能提高接收信号的电平外，主要是改善了衰落特性，使信道的衰落更加平滑、更小了。例如，无分集时，若误码率为 10^{-2}，则在用四重分集时，误码率可降低至 10^{-7} 左右。由此可见，用分集接收方法对变参信道进行改善是非常有效和必要的。

2.4　信号带宽、系统带宽与信道带宽

带宽(bandwidth)即通频带宽度，指波长、频率或能量带的范围。

所有带宽均用符号 B 表示，单位为 Hz。不同带宽的计算方法类似，而表示的概念不同，所以用到带宽时都需要说明是哪种带宽。

对通信系统信号传输的分析中，经常会遇到信号带宽、系统带宽、信道带宽；实际带宽与理想带宽；绝对带宽与相对带宽；窄带、宽带、超宽带等不同种类带宽的概念。

下面分别说明这些带宽的概念。

1. 信号带宽、系统带宽、信道带宽

(1) 信号带宽：表示信号能量谱密度或功率谱密度在频域的分布规律，由信号的特点决定。

(2) 系统带宽：表示电路系统的频率传输特性。若信号在系统带宽内，则能较好地通过；若信号在系统带宽外，则被抑制。系统带宽特性主要由构成系统的电路、电子器件等决定。

(3) 信道带宽：任何实际的信道所能传输的信号频率有一定的范围，这一范围称为该信道频带的宽度，即信道带宽。

(4) 实际带宽的大小关系。

在模拟信号通信过程中，要求信号不失真传输，一般要求实际带宽的大小关系满足下式：

$$\text{信号带宽} \leqslant \text{系统带宽} \leqslant \text{信道带宽} \tag{2-2}$$

在数字信号通信过程中，不考虑信号失真问题，仅考虑无码间串扰，要求实际带宽的大小关系满足下式：

$$\text{信号带宽} \leqslant \text{系统带宽}/2 \leqslant \text{信道带宽} \tag{2-3}$$

2. 实际带宽与理想带宽

图 2-11 所示为系统实际带宽与系统理想带宽示意图。在信号与系统理论分析中，信号和系统的频率取值域为(−∞，+∞)，但负频率实际不存在，所以把实际存在的正频率区域带宽称为实际带宽，例如，信号实际带宽、系统实际带宽、信道实际带宽等。

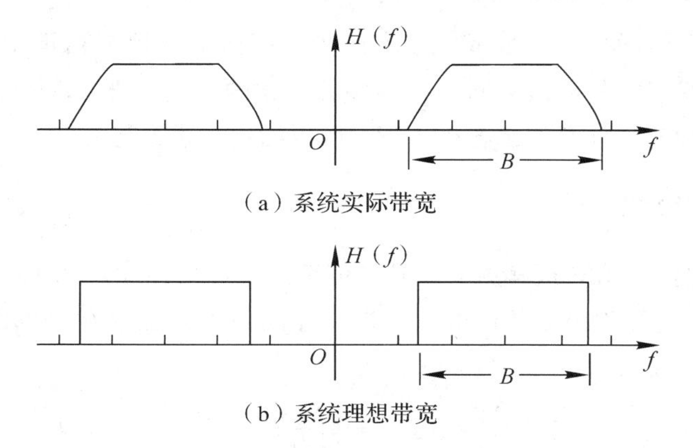

图 2-11　系统实际带宽与系统理想带宽示意图

理想带宽是指在通信系统分析中，假设信道或系统分析对象为理想情况下呈现的频带宽度。例如，假设通信系统为理想低通滤波器时，对外呈现出的带宽就是理想带宽，这样可简化系统的数学理论分析。

3. 绝对带宽与相对带宽

下面以系统带宽为分析对象，说明绝对带宽与相对带宽的概念。设通信系统的传递函数为 $H(f)$，在中心频率为 f_0 的 Δf 宽度内的信号可以完全通过本系统，则称 Δf 为系统的绝对带宽，$\Delta f/f_0$ 为相对带宽，如图 2－12 所示。

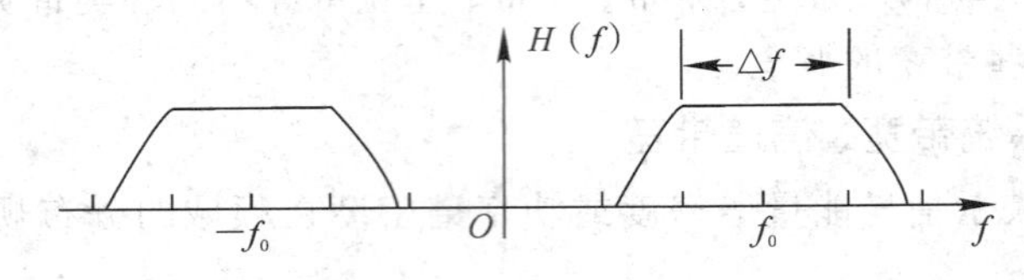

图 2－12　绝对带宽与相对带宽示意图

4. 窄带、宽带与超宽带

依据带宽的大小可将其分为窄带、宽带与超宽带，但窄带、宽带与超宽带之间没有严格界限，不同通信系统和国家对此的规定不同。下面给出一个常见的数值，仅供大家参考。

窄带：$\Delta f/f_0 < 1\%$；

宽带：$1\% < \Delta f/f_0 < 25\%$；

超宽带：$\Delta f/f_0 > 25\%$（美国的定义）；

超宽带：$\Delta f/f_0 \rightarrow 100\%$（俄罗斯的定义）。

2.5 信道容量

信道能传输信息的最大能力称为信道容量或最大数据速率。通常以信道每秒所能传输的比特数为单位，记为“b/s”、“比特/秒”或“位/秒”。

信道容量越大，信道的传输能力就越强。实际应用中，信道容量应大于传输速率，否则高的传输速率得不到充分发挥和利用。

另外，数据信号一般都是以数字信号形式在数字信道或模拟信道中传输的，传输速率受到信道噪声、信道带宽和信道码间串扰等多种因素的影响，故信道容量的分析比较复杂。这里依据线性叠加原理，分开考虑各个因素，所得结论可供参考。

2.5.1 香农信道容量

在假设信道（或系统）无码间串扰，信号与信道加性高斯白噪声的平均功率给定时，信道的理想带宽为 B(Hz)，理论上单位时间内可能传输的最大信息量 C 可以由香农（Shannon）定理确定，香农定理公式为

$$C = B\mathrm{lb}\left(1 + \frac{S}{n_0 B}\right)(\mathrm{b/s}) \tag{2-4}$$

其中信号功率为 S(W)，加性高斯白噪声单边功率谱密度为 n_0(W/Hz)，令信道的噪声功率

$N=n_0B=\sigma^2$，则得到香农定理的另一表达式为

$$C=B\mathrm{lb}\left(1+\frac{S}{N}\right)(\mathrm{b/s}) \tag{2-5}$$

根据式(2-5)得出以下结论：

(1) 提高 S/N 或 B，则信道容量增加。

(2) 在给定 B、S/N 的情况下，信道的极限传输能力为 C，且此时能做到无差错传输。实际传输速率(一般地)要求不能大于 C，除非允许存在一定的差错率。

(3) 在给定 B，$n_0\to 0$ 的情况下，则 $C\to\infty$，这意味着不考虑系统码间串扰时，无干扰信道容量为无穷大。

(4) C 可以通过 B 及 S/N 的互换而保持不变。香农定理又告诉我们，要维持同样大小的信道容量，可以通过调整信道的 B 及 S/N 来实现，即信道容量可以通过系统带宽与信噪比的互换而保持不变。

(5) 如果 S、n_0 一定，则无限增大 B 并不能使 C 值也趋于无限大，这是因为这时的噪声功率 n_0B 也趋向于无限大。

香农定理给出了通信系统所能达到的极限信息传输速率，达到极限信息传输速率的通信系统称为理想通信系统。

香农定理描述了无码间串扰时，在有限带宽、有随机热噪声的情况下，信道的最大传输速率与信道带宽、信噪比之间的关系。

由于实际信道上存在损耗、延迟、噪声，所以会引起信号强度减弱，导致信噪比 S/N 降低。延迟会使接收端的信号产生畸变，噪声会破坏信号，产生误码。香农定理指出，传输带宽和信噪比确定了信息传输速率的最大值。

要想提高信息的传输速率，或者提高传输线路的带宽，或者提高所传输信号的信噪比，此外没有任何其他办法。但是，香农定理只证明了理想通信系统的“存在性”，却没有指出这种通信系统的实现方法。

2.5.2　奈奎斯特信道容量

奈奎斯特(Nyquist)定理也称为抽样定理，它指的是一个频带限制在(0，f_h)内的时间连续信号 $x(t)$，如果以不大于 $1/(2f_h)$的间隔对它进行等间隔抽样，则 $x(t)$将被得到的抽样值完全确定。也就是说，如果对上述信号以 $f_s\geqslant 2f_h$ 的速率均匀抽样，$x(t)$可以被抽样所得后的抽样值完全确定。最小抽样速率 $f_s=2f_h$ 被称为奈奎斯特速率，最大抽样时间间隔 $1/(2f_h)$被称为奈奎斯特间隔。

奈奎斯特定理给出了理想信道无噪声时信道带宽对最大数据速率的限制，可表示为

$$C=2B\mathrm{lb}N(\mathrm{b/s}) \tag{2-6}$$

其中 B 为理想信道带宽(单位为 Hz)，N 为数字符号所采取的进制数或基本符号的个数，C 为该信道最大的数据速率。

奈奎斯特定理说明，如果对某一带宽有限的时间连续信号进行抽样，且抽样速率达到一定数值，那么根据这些抽样值就能准确地确定原信号。该定理为模拟信号的数字传输奠定了理论基础。

本章小结

无线信道是非导向传输信道，在空间或宇宙中以自由直线方式传播，传播速度为 3×10^{8} m/s，同时具有折射、反射、绕射和干涉等波的特性，可分为无线电波近地空间信道、对流层散射信道、电离层折射信道和卫星通信信道等。

因为恒参信道的幅度—频率特性和相位—频率特性不理想，造成恒参信道对所传播信号有影响，产生线性畸变和非线性畸变。线性畸变不会产生新的频率成分，而非线性畸变则会产生新的频率成分。

变参信道如卫星通信信道、短波电离层反射信道、对流层散射信道、地面移动通信信道等无线信道，其特性要比恒参信道复杂得多，对信号的影响包括多径传播、频率弥散和选择性衰落、多普勒频移与多普勒衰落、阴影效应与衰落。

在模拟信号通信过程中，要求信号不失真传输，一般要求实际带宽的大小关系满足：

信号带宽≤系统带宽≤信道带宽

在数字信号通信过程中，不考虑信号失真问题，仅考虑无码间串扰，要求实际带宽的大小关系满足：

信号带宽≤系统带宽/2≤信道带宽

单位时间内可能传输的最大信息量 C 可以由香农定理确定。奈奎斯特定理为模拟信号的数字传输奠定了理论基础。

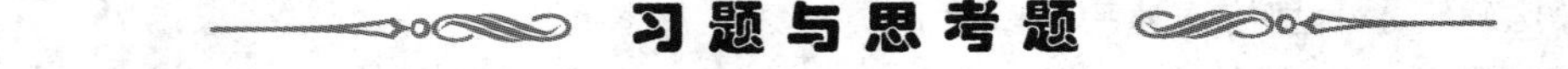

习题与思考题

1. 说明常用传输媒质的工作频率范围与用途。
2. 变参信道传输媒质具有哪些特点？
3. 何谓分集接收？分集接收有几种分集方式？
4. 说明信号带宽、系统带宽与信道带宽的区别，这三者的大小关系如何？
5. 说明香农信道容量与奈奎斯特信道容量的区别。

第3章　信源与编码

本章教学目标

- 了解信息码的概念。
- 掌握信源数字化的过程。
- 熟悉差错控制编码技术。
- 掌握时分多路复用技术。

本章重点及难点

- 模拟信号的数字化过程。
- 常用纠错检错码型。
- 30/32 路 PCM 通信系统的帧结构。

3.1　信　息　码

所有数字代码在表征数字信息时都有一定的格式，并且在各个通信层面上可能有不同的格式。例如，我们可以用一段文字表达一种想法，这段文字有规定的语法结构，这是一种格式；这段文字可能通过计算机键盘输入到计算机中，它必须用计算机能接受的格式，如 ASCII 码；如果要将这段文字从互联网上传出去，还必须用适合网络传输的数据格式，而且可能有许多种。各种数据的格式通常由协议所规定，但有时也仅仅由通信双方约定，如对数据的加密。数据格式的形成或转换通过数字编码与解码来实现。

数字编码有两种类型：

(1) 第一类是信源编码。信源编码可以被定义为将信息或信号按一定的规则进行数字化的过程。自然界中的信号有两种形式，一种信号本身具有离散的特点，如文字、符号等，这种信号可以用一组一定长度的二进制代码来表示，这一类的码统称为信息码；另一种是连续信号，如语音、图像等，对这种信号的数字编码与解码过程，实际上就是模数转换(ADC)和数模转换(DAC)过程，在通信中常用于语音编码的 ADC 有脉冲编码调制(PCM)以及它们的各种改进型。

(2) 第二类是信道编码，也称差错控制编码。信道编码是为了让误码所产生的影响降至最低所进行的编码。

下面就这两类编码的原理与方法做一些介绍。图 3－1 表明了数字编码器与数字解码器在整个数字通信系统中所处的位置。

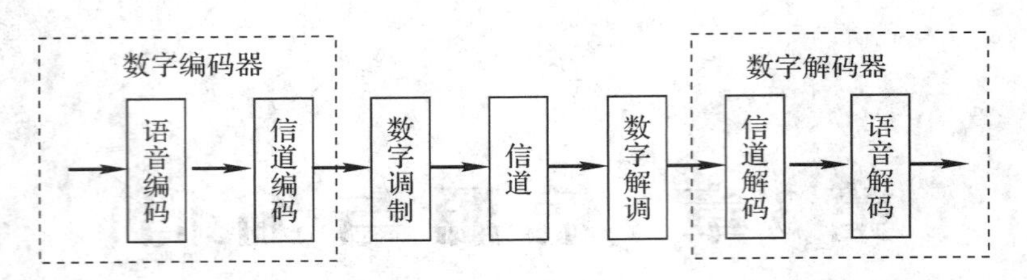

图 3-1 数字通信系统中的编码与解码

文字或符号之类的信息本身有数字特性，可以用一个等长的码组表示，这种码组称为信息码。信息码的码组长度与符号的总数有关。设符号的总数为 N，码组的长度为 B，则有

$$B \geqslant \text{lb} N \tag{3-1}$$

这里的 B 应是整数。从提高编码效率的角度出发，B 的取值应尽量小。例如，对 26 个英文字母进行二进制编码时，$B_{\min}=\text{lb}26=4.7$，因此可取 $B=5$。

ASCII 码是最常用的信息码之一，它被大量地用在表示英文字母和各种符号的场合。当你在计算机键盘上敲一个键时，一组 ASCII 码就发送给计算机。ASCII 码是码组长度为 7 位的二进制码，可以表示 128 个不同的字符。尽管 ASCII 码是一种 7 位码，但实际上编码的每个字符用 8 位即一个字节(byte)进行存储和传输。在多数情况下，第 8 位作为校验码用来检测错误。

除了 ASCII 码以外，通信中有时也会用到莫尔斯码、博多码、BCD 码等，其码表可以在有关资料中查到。

3.2 信源数字化

一般来说，来自自然界的信息主要是模拟信号，如话音、图像和各种测量信号。由于数字通信在信号的传输质量、信号的处理等方面具有模拟通信系统所不可比拟的优势，因此模拟信号的数字传输已成为现代通信的重要组成部分。例如，第一代移动电话的语音传输部分是模拟方式，而现在 GSM 系统和 CDMA 系统则采用了全数字传输；固定电话系统中各交换机之间的信号传输已全部数字化；数字电视信号的传输也已数字化。

3.2.1 模拟信号的数字化

模拟信号从波形上看是时间上连续、状态(电压值)上连续的信号，而数字信号则是时间上离散、状态上离散且用数字代码表示的信号。模拟信源的数字编码通过取样、量化和编码三个步骤实现。

1. 取样

波形编码的第一个步骤是将时间上连续的模拟信号转换成时间上离散的模拟信号。这个过程可以通过对模拟信号的取样来实现。图 3-2 是取样电路原理及其工作波形。取样电路实际上是一个电子开关，取样脉冲是一个周期性的矩形脉冲。在取样脉冲高电平出现期间电子开关导通，输出模拟信号，其余时间电子开关关闭，输出零电平。这样，随着电子开关的周期性的导通与关闭，模拟信号被转换成了样值脉冲序列。样值脉冲序列也称为脉冲幅度调制(PAM)信号。

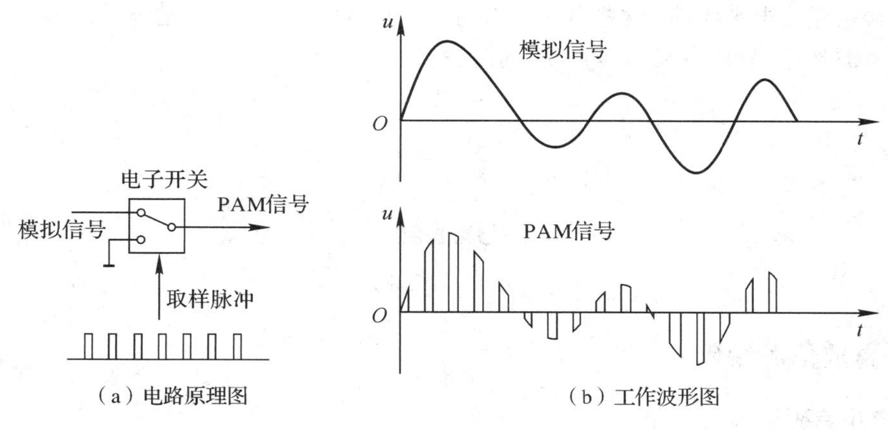

（a）电路原理图　　（b）工作波形图

图 3-2　取样电路及波形

取样脉冲的重复频率必须满足取样定理的要求，否则就无法将 PAM 信号恢复成原来的模拟信号。如果一个模拟信号的最高频率为 F_H，取样定理要求取样速率必须不小于 $2F_H$。$2F_H$ 称为奈奎斯特速率或奈奎斯特带宽，$1/2F_H$ 被称为奈奎斯特间隔。

2. 量化

波形编码的第二个步骤是将每一个样值进行量化。量化是将每一个样值用有限个规定值替代的过程，这些规定的值称为量化电平。例如，设模拟信号的电压范围为－1.0～＋1.0 V，如果规定量化电平为－1.0、－0.9、…、＋0.9、＋1.0 V，则当信号样值在＋0.85～＋0.95 V 范围内时，就用规定的量化电平＋0.9 V 去代替。图 3-3 是对样值脉冲进行量化的示意图。根据量化分层的方法不同，即根据被量化的输出信号和输入信号之间的关系，可以分为均匀量化和非均匀量化。

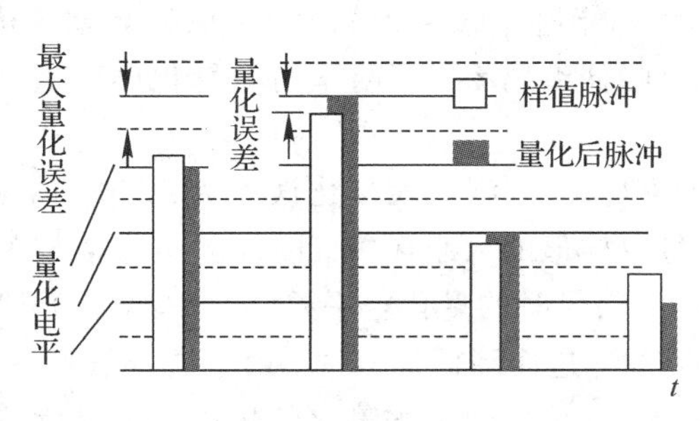

图 3-3　量化及量化误差

样值脉冲一旦进行了量化，以后不管如何处理，只能恢复成量化电平，无法再精确地恢复到原来的值，这样量化前的信号脉冲与量化后的脉冲值之间出现了误差，这个误差称为量化误差，在通信中表现为一种加性噪声，所以也称为量化噪声。信号功率与量化噪声功率之比称为量化信噪比，它是衡量编码器性能优劣的重要指标之一。量化信噪比一般用分贝值表示，计算公式为

$$\frac{S}{N}=10\lg\frac{\text{信号功率}}{\text{量化噪声功率}}(\text{dB}) \tag{3-2}$$

3. 编码

波形编码的第三个步骤是用一组代码来表示每一个量化后的样值。量化以后每一个样

值都被有限个量化电平代替，这些电平可以用一定长度的码组表示，这就是编码，如图 3-4 所示。通常波形编码过程中量化与编码同时进行。

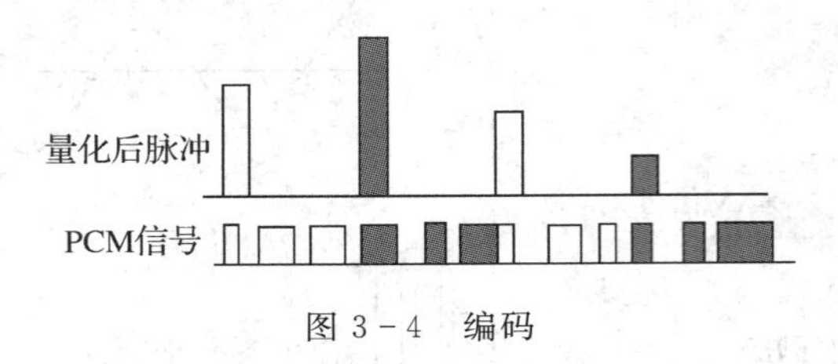

图 3-4　编码

3.2.2　离散信源编码

1. 脉冲编码调制

脉冲编码调制(PCM)是一种在通信领域用得较为普遍的波形编码方式，相应的标准是 CCITTG.711。电信系统中各交换机之间的数字话音信号均以 PCM 进行编码。话音信号的频率范围被限制在 300～3400 Hz 内，根据取样定理，它的最低取样频率应为 2×3400 Hz=6800 Hz，CCITT 建议的取样频率为 8 kHz。每一个样值用 8 位的二进制代码表示，因此每一路话音信号的编码率为 8 kb/s×8=64 kb/s。

1) 非均匀量化与 A 律压扩特性

为了保证语音信号经过数字化编码及解码之后有一个令人接受的清晰度，平均量化信噪比应达到 26 dB。根据对语音信号的统计与计算，如果将整个语音信号电压范围均匀地分成 2^{11} 个量化电平(称为均匀量化)，量化信噪比可以达到 26 dB。因此，均匀量化时每一个量化电平需要用 11 位的二进制码组表示。

通信系统要求编码率尽可能地降低，而编码率=取样频率×码组长度。在取样频率已确定时，减小码组长度可以降低编码率。采用非均匀量化可以做到在满足量化信噪比要求的前提下减小码组的长度。

如果两个相邻量化电平差为 δ，则最大量化误差为 0.5δ。均匀量化时任意两个相邻量化电平差是恒定的，与信号取样值的大小无关。因此当信号取样值较大时量化信噪比可能远远超过 26 dB。如果保持小信号时的量化电平差(或略有减小)，增大大信号时的量化电平差，就可以使量化电平数减少，进而降低编码率。由于语音信号在大多数情况下为小信号，只要选择合适的量化电平差，就可以使平均量化信噪比基本保持不变。

图 3-5 是均匀量化与非均匀量化的量化电平对照示意图。

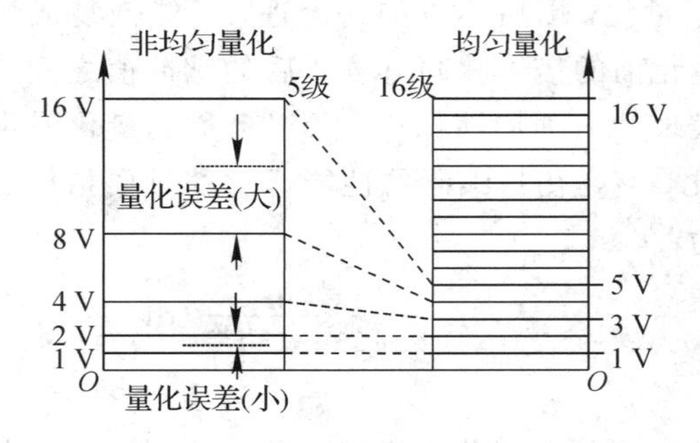

图 3-5　均匀量化与非均匀量化的量化电平对照示意图

假定信号的电平范围为 0～16 V，均匀量化时，量化电平差为 1 V，则共有 16 个量化电平，每一个量化电平需要用 lb16＝4 个二进制代码表示，最大量化误差为 0.5 V。当信号为 1 V 时量化信噪比为 4(6 dB)，当信号为 8 V 时量化信噪比为 256(24 dB)。

非均匀量化时，量化电平差随信号大小而变化，分别为 0 V(0～1 V)、1 V(1～2 V)、2 V(2～4 V)、4 V(4～8 V)和 8 V(8～16 V)。最大量化误差也随之发生变化，当信号为 1 V时，最大量化误差为 0.5 V，量化信噪比为 4(6 dB)；当信号为 8 V 时，最大量化误差为 4 V，量化信噪比仍为 4(6 dB)。可见非均匀量化使大信号的量化信噪比下降，但由于只有 5 个量化电平，只需 3 位二进制代码就可以表示每一个量化电平，编码率低于均匀量化。

图 3-5 中的虚线表示了非均匀量化与均匀量化的量化电平的对应关系，可以将这种关系用图 3-6 的曲线表示。图中，Y 轴代表均匀量化的量化电平，X 轴代表非均匀量化的量化电平，得到的是一条非线性曲线，它反映了量化的非均匀程度。如果对 X 轴的信号进行不等比例的压缩，如将 8～16 V 压缩到 4～5 V，将 4～8 V 压缩到 3～4 V…，就可得到一条线性的直线，因此这条曲线也称为压缩特性曲线。图 3-7 是采用非均匀量化的 PCM 系统框图。输入的 PAM 信号首先经过压缩器，大信号有较大的压缩，小信号有较小的压缩，然后进行均匀量化、编码、传输…。在接收端，解码后的波形与发送端压缩后的波形是相同的，但并不是原来的 PAM 信号，因此要有一个扩张器进行扩张。扩张特性与压缩特性是严格对称的，对大信号有较大的扩张，对小信号有较小的扩张。最终得到的重建信号与原来的 PAM 信号相似，两者之间相差一个量化误差。压缩特性与扩张特性统称为压扩特性。

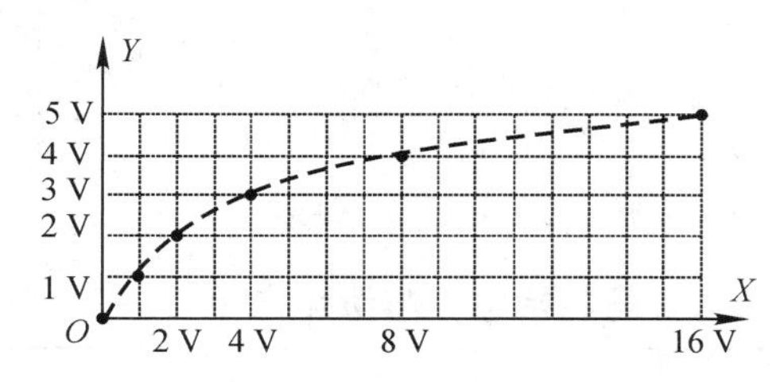

图 3-6　压缩特性曲线

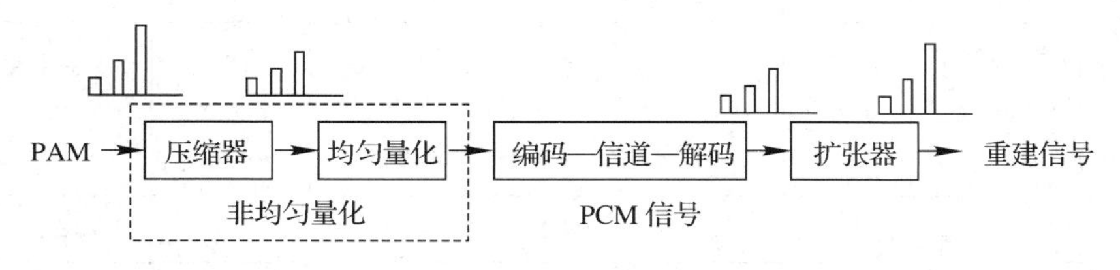

图 3-7　非均匀量化的实现

CCITT G.711 对 PCM 的压扩特性有两种建议，分别称为 A 律压扩和 μ 律压扩。我国采用的是 A 律压扩。A 律压扩的数字表达式为

$$y=\begin{cases}\dfrac{Ax}{1+\ln A} & 0\leqslant x\leqslant\dfrac{1}{A}\\[2ex]\dfrac{1+\ln Ax}{1+\ln A} & \dfrac{1}{A}\leqslant x\leqslant 1\end{cases}\tag{3-3}$$

这里，x 为压缩器的归一化输入值，y 为压缩器的归一化输出值，A 为常数。当 $A=0$ 时，无压缩效果，通常取 $A=87.6$。

2）13 折线 A 律压扩特性

从图 3－7 中可以看到，压缩＋均匀量化＝非均匀量化。实际应用时，利用数字电路的特点，用折线来逼近压扩特性，压缩在量化过程中实现。设在直角坐标系中 X 轴与 Y 轴分别表示压缩器的输入信号与输出信号的取值域，并假定输入信号与输出信号的最大范围是 $-E$～$+E$。将 X 轴的信号正向取值区间(0，$+E$)不均匀地分为 8 段，各段的起始电平是：第 8 段 $E/2$、第 7 段 $E/4$…。

以此类推，前面一段的起始电平是后一段的 1/2，如图 3－8 所示。然后将每一段均匀地分为 16 个量化级，这样，在(0，$+E$)范围内共有 $8\times16=128$ 个量化级，各段之间量化电平差是不相同的，而同一段内各量化级的量化电平差是相同的。第 8 段的量化电平差最大，$\delta_8=E/2\div16=E/32$，第 1、2 段的量化电平差最小，$\delta_{1,2}=E/128\div16=E/2048$，设 $\Delta=E/2048$，则 X 轴上各量化电平值如表 3－1 所示。

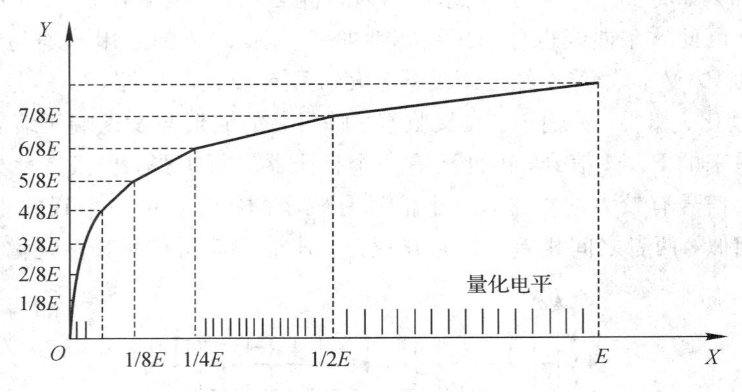

图 3－8　13 折线 A 律压扩特性

表 3－1　各段起始电平与量化电平差(基本单位Δ)

段落	1	2	3	4	5	6	7	8
起始电平	0	16	32	64	128	256	512	1024
量化电平	0、1…、15	16、17…、31	32、34…、62	64、68…、124	128、136…、248	256、272…、496	512、544…、992	1024、1088…、1984
量化电平差	1	1	2	4	8	16	32	64

然后，把 Y 轴的信号取值区间均匀地分为 8 段，每段再均匀地分为 16 等份，这样也得到了均匀的 128 个量化级。如果将 X 轴上各段的起始电平作为横坐标，将 Y 轴上对应段的起始电平作为纵坐标，则可在坐标系的第一象限上得到 9 个点(包括第 8 段终点)。将两个相邻的点用直线连接起来，得到 8 条折线。实际上第一、二条折线的斜率是相同的，再考虑到($-E$，0)区间，总共可得到 13 条折线。由这 13 条折线构成的压扩特性具有如式(3－3)所表示的 A 律压扩特性，故称为 13 折线 A 律压扩特性。

13 折线 A 律压扩 PCM 编码器是我国规定采用的一种 PCM 编码器，常用的编解码集成电路有 Intel 公司的 12911A、2913 和 Motorola 公司的 MC145557、MC145567 等。

3）编码码型

采用 13 折线 A 律压扩特性的 PCM 编码，每一个样值脉冲用 8 位二进制码表示。8 位二进制码共有 256 种组合，分别代表 256 个量化电平。采用的码型是折叠二进制码，信号电平与码组的对应关系如表 3－2 所示。

表 3－2　PCM 码型

量化电平	电平范围	码组	量化电平	电平范围	码组	量化电平	电平范围	码组	量化电平	电平范围	码组
		P_1 P_2 P_3 P_4 P_5 P_6 P_7 P_8			P_1 P_2 P_3 P_4 P_5 P_6 P_7 P_8			P_1 P_2 P_3 P_4 P_5 P_6 P_7 P_8			P_1 P_2 P_3 P_4 P_5 P_6 P_7 P_8
			96	512	1 1 1 0 0 0 0 0	64	128	1 1 0 0 0 0 0 0	32	32	1 0 1 0 0 0 0 0
127	1984	1 1 1 1 1 1 1 1	95	496	1 1 0 1 1 1 1 1	63	124	1 0 1 1 1 1 1 1	31	31	1 0 0 1 1 1 1 1
126	1920	1 1 1 1 1 1 1 0	94	480	1 1 0 1 1 1 1 0	62	120	1 0 1 1 1 1 1 0	30	30	1 0 0 1 1 1 1 0
125	1856	1 1 1 1 1 1 0 1	93	464	1 1 0 1 1 1 0 1	61	116	1 0 1 1 1 1 0 1	29	29	1 0 0 1 1 1 0 1
124	1792	1 1 1 1 1 1 0 0	92	448	1 1 0 1 1 1 0 0	60	112	1 0 1 1 1 1 0 0	28	28	1 0 0 1 1 1 0 0
123	1728	1 1 1 1 1 0 1 1	91	432	1 1 0 1 1 0 1 1	59	108	1 0 1 1 1 0 1 1	27	27	1 0 0 1 1 0 1 1
122	1664	1 1 1 1 1 0 1 0	90	416	1 1 0 1 1 0 1 0	58	104	1 0 1 1 1 0 1 0	26	26	1 0 0 1 1 0 1 0
121	1600	1 1 1 1 1 0 0 1	89	400	1 1 0 1 1 0 0 1	57	100	1 0 1 1 1 0 0 1	25	25	1 0 0 1 1 0 0 1
120	1536	1 1 1 1 1 0 0 0	88	384	1 1 0 1 1 0 0 0	56	96	1 0 1 1 1 0 0 0	24	24	1 0 0 1 1 0 0 0
119	1472	1 1 1 1 0 1 1 1	87	368	1 1 0 1 0 1 1 1	55	92	1 0 1 1 0 1 1 1	23	23	1 0 0 1 0 1 1 1
118	1408	1 1 1 1 0 1 1 0	86	352	1 1 0 1 0 1 1 0	54	88	1 0 1 1 0 1 1 0	22	22	1 0 0 1 0 1 1 0
117	1344	1 1 1 1 0 1 0 1	85	336	1 1 0 1 0 1 0 1	53	84	1 0 1 1 0 1 0 1	21	21	1 0 0 1 0 1 0 1
116	1280	1 1 1 1 0 1 0 0	84	320	1 1 0 1 0 1 0 0	52	80	1 0 1 1 0 1 0 0	20	20	1 0 0 1 0 1 0 0
115	1216	1 1 1 1 0 0 1 1	83	304	1 1 0 1 0 0 1 1	51	76	1 0 1 1 0 0 1 1	19	19	1 0 0 1 0 0 1 1
114	1152	1 1 1 1 0 0 1 0	82	288	1 1 0 1 0 0 1 0	50	72	1 0 1 1 0 0 1 0	18	18	1 0 0 1 0 0 1 0
113	1088	1 1 1 1 0 0 0 1	81	272	1 1 0 1 0 0 0 1	49	68	1 0 1 1 0 0 0 1	17	17	1 0 0 1 0 0 0 1
112	1024	1 1 1 1 0 0 0 0	80	256	1 1 0 1 0 0 0 0	48	64	1 0 1 1 0 0 0 0	16	16	1 0 0 1 0 0 0 0
111	992	1 1 1 0 1 1 1 1	79	248	1 1 0 0 1 1 1 1	47	62	1 0 1 0 1 1 1 1	15	15	1 0 0 0 1 1 1 1
110	960	1 1 1 0 1 1 1 0	78	240	1 1 0 0 1 1 1 0	46	60	1 0 1 0 1 1 1 0	14	14	1 0 0 0 1 1 1 0
109	928	1 1 1 0 1 1 0 1	77	232	1 1 0 0 1 1 0 1	45	58	1 0 1 0 1 1 0 1	13	13	1 0 0 0 1 1 0 1
108	896	1 1 1 0 1 1 0 0	76	224	1 1 0 0 1 1 0 0	44	56	1 0 1 0 1 1 0 0	12	12	1 0 0 0 1 1 0 0
107	864	1 1 1 0 1 0 1 1	75	216	1 1 0 0 1 0 1 1	43	54	1 0 1 0 1 0 1 1	11	11	1 0 0 0 1 0 1 1
106	832	1 1 1 0 1 0 1 0	74	208	1 1 0 0 1 0 1 0	42	52	1 0 1 0 1 0 1 0	10	10	1 0 0 0 1 0 1 0
105	800	1 1 1 0 1 0 0 1	73	200	1 1 0 0 1 0 0 1	41	50	1 0 1 0 1 0 0 1	9	9	1 0 0 0 1 0 0 1
104	768	1 1 1 0 1 0 0 0	72	192	1 1 0 0 1 0 0 0	40	48	1 0 1 0 1 0 0 0	8	8	1 0 0 0 1 0 0 0
103	736	1 1 1 0 0 1 1 1	71	184	1 1 0 0 0 1 1 1	39	46	1 0 1 0 0 1 1 1	7	7	1 0 0 0 0 1 1 1
102	704	1 1 1 0 0 1 1 0	70	176	1 1 0 0 0 1 1 0	38	44	1 0 1 0 0 1 1 0	6	6	1 0 0 0 0 1 1 0
101	672	1 1 1 0 0 1 0 1	69	168	1 1 0 0 0 1 0 1	37	42	1 0 1 0 0 1 0 1	5	5	1 0 0 0 0 1 0 1
100	640	1 1 1 0 0 1 0 0	68	160	1 1 0 0 0 1 0 0	36	40	1 0 1 0 0 1 0 0	4	4	1 0 0 0 0 1 0 0
99	608	1 1 1 0 0 0 1 1	67	152	1 1 0 0 0 0 1 1	35	38	1 0 1 0 0 0 1 1	3	3	1 0 0 0 0 0 1 1
98	576	1 1 1 0 0 0 1 0	66	144	1 1 0 0 0 0 1 0	34	36	1 0 1 0 0 0 1 0	2	2	1 0 0 0 0 0 1 0
97	544	1 1 1 0 0 0 0 1	65	136	1 1 0 0 0 0 0 1	33	34	1 0 1 0 0 0 0 1	1	1	1 0 0 0 0 0 0 1
									0	0	1 0 0 0 0 0 0 0

表 3-2 中每一个码组中的第一位码 P_1 代表极性，其余七位码 $P_2 \sim P_8$ 代表幅度。表中所列的信号电平在 0～2048 范围内，因此 P_1 均为“1”。如果信号电平在 -2048～0 范围内，则 P_1 均为“0”。采用折叠码的好处是，无论信号电平是正是负，当第一位码（极性码）确定后，后面其余七位码的编码方式是相同的，因此可以简化编码器。

除了第一位码以外，后面七位码是按自然码规律编排的。这种码型有利于采用逐次反馈比较型编码。

表 3-2 中与量化级对应的码组表示相应的信号电平范围。

4）编码过程

图 3-9 是逐次反馈比较型编码器的组成框图，它由取样器、整流器、保持电路、比较器和本地译码器等组成。

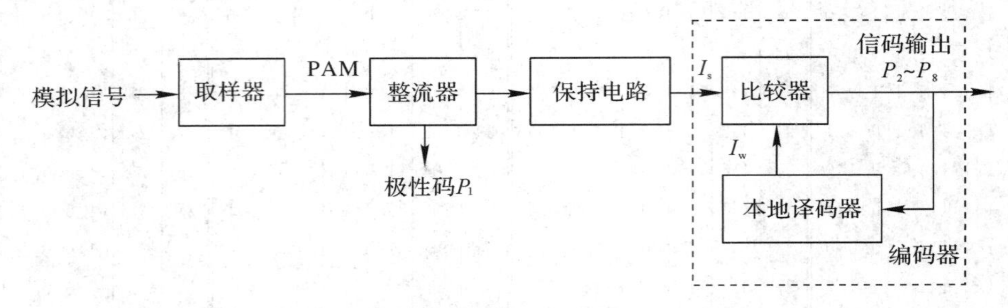

图 3-9 逐次反馈比较型 PCM 编码器方框图

设信号波形如图 3-10(a)所示，当该信号通过一个电子开关电路（取样门）时，受取样脉冲（图 3-10(b)所示波形）控制，可以得到如图 3-10(c)所示的 PAM 波形。由于在取样门开启时间内信号的幅度在变化，因此要求取样时间尽量短，也就是取样脉冲要很窄。如果是对单路话音信号进行取样，取样频率为 8 kHz，取样脉冲的间隔为 125 μs。

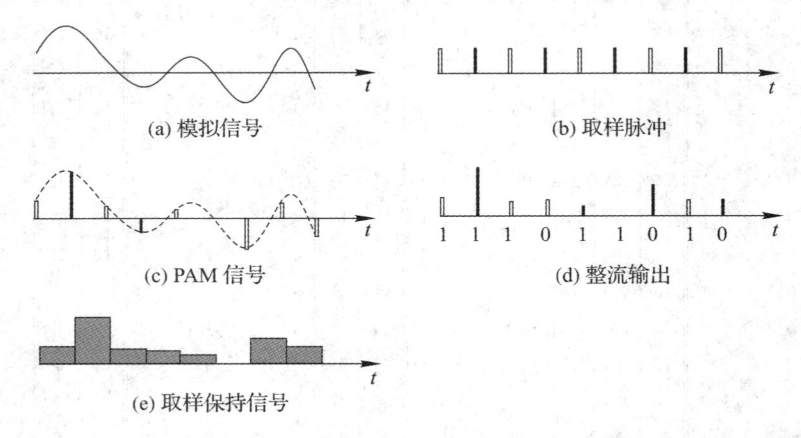

图 3-10 取样保持电路输出波形

比较器和本地译码器构成了编码电路，按顺序通过逐次比较完成对 $P_2 \sim P_8$ 的编码。

从表 3-2 中可以看到，如果信号的幅度大于 128，$P_2=1$，小于 128，$P_2=0$；当 $P_2=1$ 时，如果信号幅度大于 512，$P_3=1$，小于 512，$P_3=0$…，依此类推，可以画出编码流程图（图 3-11）。图 3-11 中，圆圈内的数字是本地译码器输出的比较电平，直线指明在比较结

果确定后(信号大于比较电平为 1，小于比较电平为 0)下一个比较电平的取值路径。本地译码器只要根据前面若干位的码就可按程序确定比较电平，经比较确定下一位码，直到对七位编码完成为止。

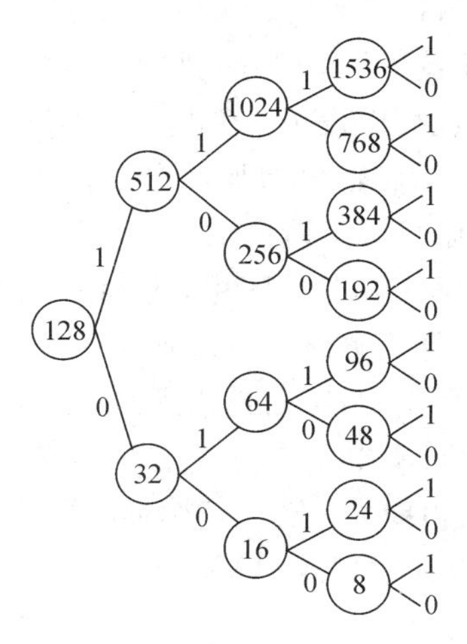

图 3-11　编码流程图

例 3-1　设一脉冲编码调制器的最大输入信号范围为−2048～+2048 mV，试对一电平为+1270 mV 的取样脉冲进行编码。

解： 设取样脉冲电平为 I_s，且 $I_s=+1270$ mV。

$\because I_s>0$，　$\therefore P_1=1$；　$\because I_s>128$ mV，　$\therefore P_2=1$；

$\because I_s>512$ mV，　$\therefore P_3=1$；　$\because I_s>1024$ mV，　$\therefore P_4=1$；

$\because I_s<1536$ mV，　$\therefore P_5=0$；　$\because I_s<1280$ mV，　$\therefore P_6=0$；

$\because I_s>1152$ mV，　$\therefore P_7=1$；　$\because I_s>1216$ mV，　$\therefore P_8=1$。

因此，编码器的输出为 11110011。编码过程如图 3-12 所示，其中两个阴影方块分别表示取样值为 1270 mV 和 881 mV 的取样脉冲，粗线波形表示本地译码器的输出波形，最左边的波形为编码器输出波形。

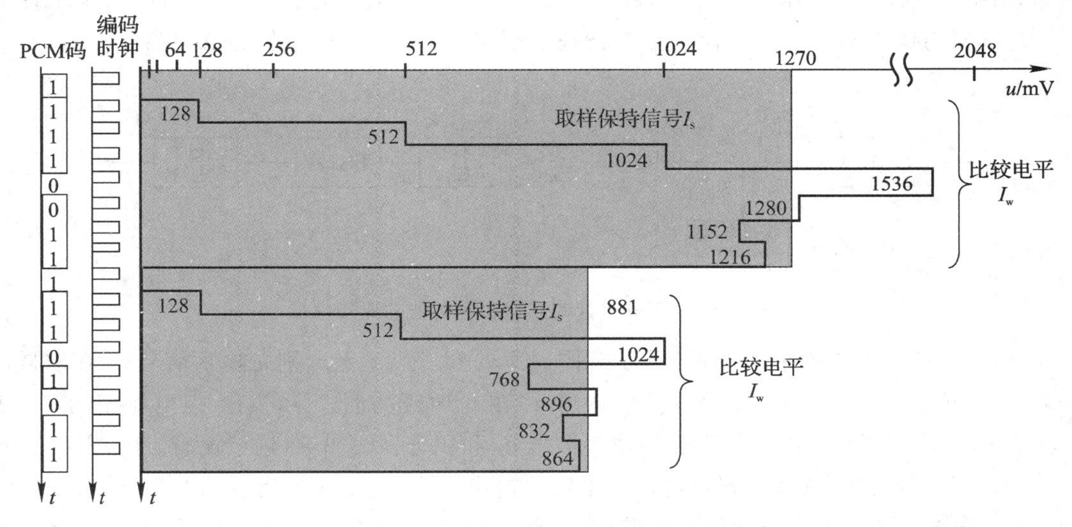

图 3-12　逐次反馈比较型编码器工作过程

5）PCM 译码

本地译码器在确定 P_8 时输出的比较电平(1216 mV)已经接近信号的取样值，它是根据 $P_2 \sim P_7$ 的结果而得到的，对于编码器来说，编码完就可以结束一个取样脉冲的编码，本地译码器的输出回到 128 mV，准备下一个取样脉冲的编码。而 $P_8=1$ 说明信号取样值在 1280 mV 和 1216 mV 之间，因此可以设想，在 PCM 解调器内也采用与本地译码器类似的电路，并且译码器在收到 $P_8=1$ 后将输出增加半个量化电平差(32 mV)，这样可使译码输出与原信号取样值的差别减小到 32 mV 范围内。

图 3-13 是 PCM 译码器的原理框图。图中，极性控制器从 8 位二进制码组中取出 P_1(极性码)去控制极性转换电路。译码电路在写入脉冲(与码元周期相同的时钟脉冲)的作用下依次将后七位输入码元进行译码，当第七位码元进入译码器后，在控制脉冲的作用下将译码结果输出。控制脉冲由帧同步电路产生，它的周期与编码器取样脉冲相同，都是 125 μs。当 $P_1=1$ 时，放大器同相放大，输出正脉冲；$P_1=0$ 时则反相放大，输出负脉冲。译码输出信号经过同相或反相放大后变成 PAM 信号，由低通滤波器滤除高频分量后即可得到恢复的模拟信号。

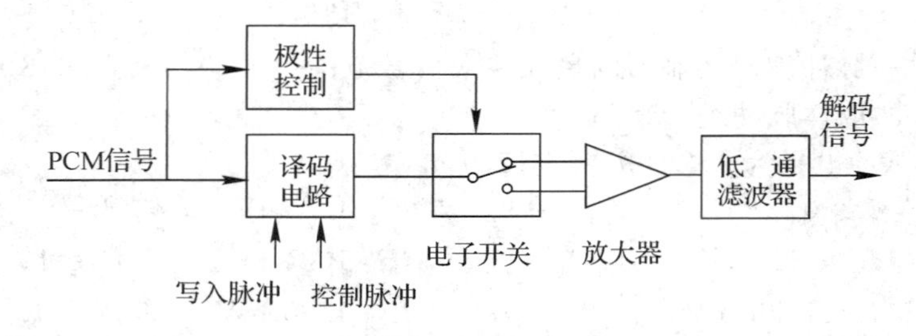

图 3-13　PCM 译码器原理图

2. 增量调制

增量调制(ΔM)用一位二进制代码表示相邻两个取样脉冲的电平高低。图 3-14 是一个增量调制器和解调器的组成框图。图中，调制器中的极性转换电路和积分器称为本地译码器，解调器与调制器中的本地译码器电路基本相同，只是多了一个低通滤波器。

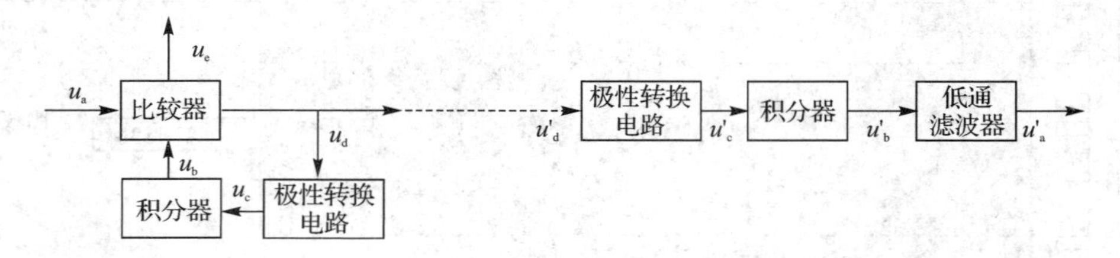

图 3-14　简单增量调制器和解调器的原理框图

图 3-15 是增量调制的原理波形示意图。设 a、b、…、e 点分别是输入信号 u_a 在取样时刻 t_1、t_2、…、t_5 的取样值，a'是积分器输出 u_b 在 t_2 时刻的值，且它与 a 点电压相同，代表 u_a 在 t_1 时刻的取样值。比较器用于将输入信号 u_a 和积分器输出 u_b 进行比较。在 t_2 时刻(很短一段时间)，b 点电压高于 a′点电压，比较器输出 u_d 为高电平，代表码“1”。t_2 时刻结束后，比较器输出零电平。极性转换电路将 u_d 的窄脉冲转换成双极性 NRZ 波形 u_c，且幅度

远大于信号的电平范围。积分器对 u_c 进行积分，其输出线性增加，经过一段时间 T 后(在 t_3 时刻)，积分器增加了一个固定的增量 σ，达到 b′点的电压。b′点的电压被近似地看作 b 点的电压，两者的误差为 $\delta=\sigma-\Delta u_a$，这就是量化误差。

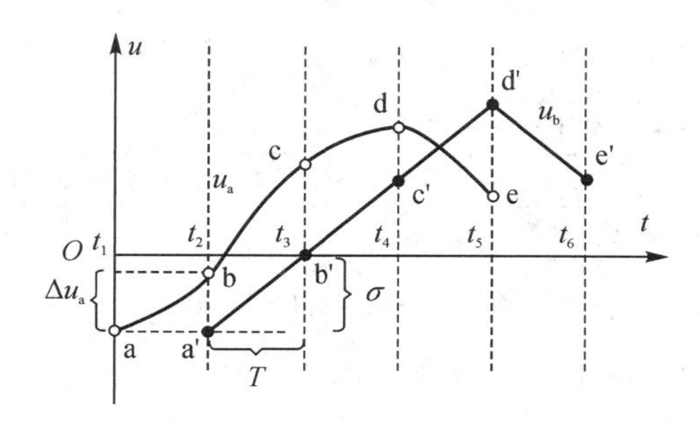

图 3 - 15　增量调制原理波形示意图

当积分器的输出信号大于输入信号时(如 t_5 时刻)，比较器输出零电平，代表码“0”，极性转换电路将这个信码转换成从 t_5 到 t_6 时间内的负电平，积分器在这段时间内的输出下降一个增量 σ。

由此可见，用积分器当前时刻的输出替代输入信号前一取样时刻的样值，可以使积分器输出一直紧跟输入信号的变化，如图 3 - 16 所示。从图中可以看到，当信号上升的斜率小于积分器输出的上升斜率时，$|\delta|\leqslant\sigma$。

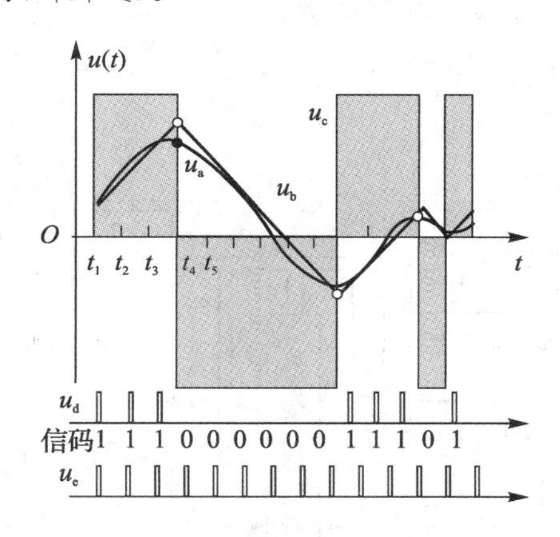

图 3 - 16　增量调制器各点工作波形图

如果积分器的输出跟不上信号的变化，就会出现信号与积分器输出相差很大的情况，量化误差不能被控制到足够小的范围，这种现象称为过载失真。对于实际的信号(如话音信号)，其频率和幅度都是在变化的，最大斜率发生在频率最高同时幅度又很大的情况。为此，如果对信号进行积分，积分后信号的斜率就可以不受信号频率的影响。取 σ 小于信号的最大幅度，就可保证不出现过载失真，但这种方法必须在译码器中加一个微分电路，使其恢复原信号。这种先积分、编码，然后再译码、微分的增量调制称为增量总和调制。图 3 - 17(a)是增量总和调制与解调器的系统框图，图中译码器中的积分器与微分器可以相互抵消，而编码器中的两个积分器可以合并成一个，置于比较器之后，如图 3 - 17(b)所示。

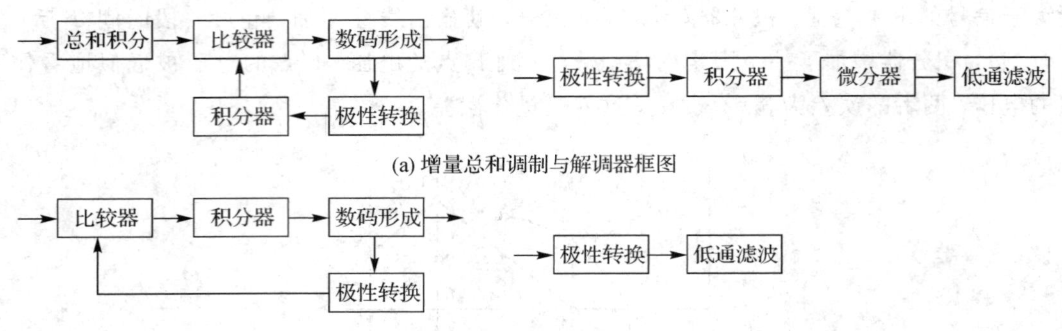

(a) 增量总和调制与解调器框图

(b) 简化的增量总和调制与解调器框图

图 3-17　增量总和调制与解调器框图

3. 自适应差分脉冲编码调制

PCM 采用的是绝对的编码方式，每一组码表示的是取样信号的值，也就是只要得到一组码组，就可以知道一个取样脉冲的值。但实际上，语音信号的相邻取样值之间有一定的相关性，也就是说，后一个取样脉冲与前一个取样脉冲，甚至更前面若干个取样脉冲的值不会相差太大。如果根据前段时刻所编的码(或码组)进行分析计算，预测出当前时刻的取样值，并将其与实际取样值进行比较，将差值进行编码，就可以用较少的码对每一个样值编码，因此降低了编码率，这就是自适应差分脉冲编码调制(ADPCM)的基本原理。

实际的 ADPCM 编码一般是先对信号进行 PCM 编码，然后按一定的算法在数字信号处理器(DSP)内进行运算，得到 ADPCM 信号。图 3-18 是一个 ADPCM 编解码器的组成框图。

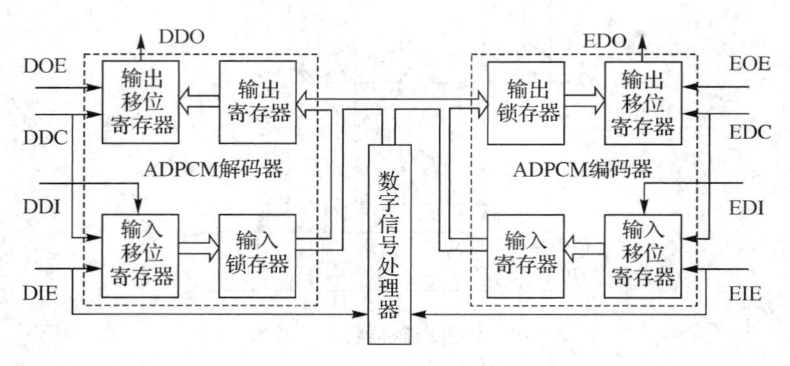

图 3-18　ADPCM 编解码器的组成框图

整个电路实质上是一个数字信号处理系统，由中心电路数字信号处理器及外围电路(如输入、输出锁存器，输入、输出寄存器和输入、输出移位寄存器等)组成。从 EDI 端串行输入的 PCM 信号由输入移位寄存器变为并行后送入寄存器，数字信号处理器在适当的时间从寄存器中取出 PCM 码，根据一定算法将其转换为 ADPCM 码，送到输出锁存器，最后由输出移位寄存器从 EDO 串行输出。同样，需要变换的 ADPCM 信号从 DDI 端串行输入，经输入移位寄存器变为并行信号送至锁存器，数字信号处理器从锁存器取出数据，按一定算法恢复出 PCM 信号送入输出寄存器，最后由输出移位寄存器变为串行信号从 DDO 输出，从而实现 PCM—ADPCM 间的转换。

3.3 差错控制编码技术

数字信号在传输过程中，信道不理想、加性噪声以及码间串扰等都会导致产生误码。为了提高系统的抗干扰性能，可以通过加大发射功率、降低接收设备本身的噪声以及合理选择调制、解调方法等方式来实现。此外，还可以采用差错控制技术。本节主要介绍差错编码的基本概念、基本原理以及简单的差错控制编码技术。

3.3.1 差错编码的概念

差错即误码，差错控制的核心是抗干扰编码，简称差错编码。差错控制的目的是提高信号传输的可靠性。差错控制的实质是给信息码元增加冗余度，即增加一定数量的多余码元(称为监督码元或校验码元)，由信息码元和监督码元共同组成一个码字，两者间满足一定的约束关系。如果在传输过程中受到干扰，某位码元发生了变化，就破坏了它们之间的约束关系。接收端通过检验约束关系是否成立，达到识别错误或者进一步判定错误位置并纠正错误从而保证通信可靠性的目的。

1. 差错控制方式

常用的差错控制方式有三种：前向纠错、检错重发和混合纠错。它们的系统构成如图3-19所示，图中有斜线的方框表示在该端检出错误。

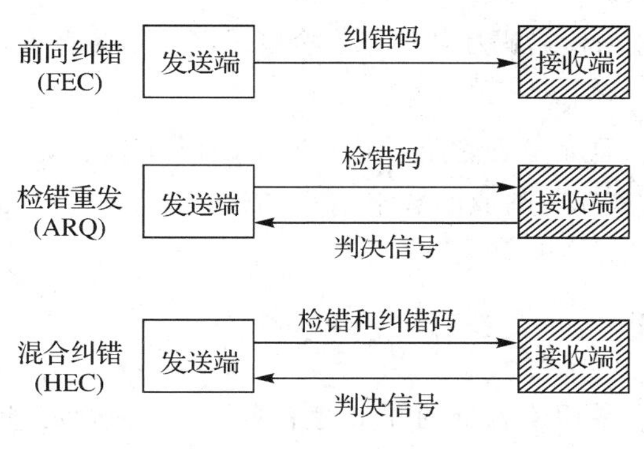

图3-19 差错控制方式

1) 前向纠错方式

前向纠错方式记作FEC(Forward Error-Correction)。发送端发送能够纠正错误的码，接收端收到码后自动地纠正传输中的错误。其特点是单向传输，实时性好，但译码设备较复杂。

2) 检错重发方式

检错重发又称自动请求重传方式，记作ARQ(Automatic Repeat reQuest)。由发送端发送能够发现错误的码，由接收端判决传输中有无错误产生，如果发现错误，则通过反馈信道把这一判决结果反馈给发送端，然后发送端将此前被判为错误的信息重发，从而达到正确传输的目的。其特点是需要反馈信道，译码设备简单，对突发错误和信道干扰比较严重的情况有效，但实时性差，主要应用在计算机数据通信中。

3）混合纠错方式

混合纠错方式记作 HEC(Hybrid Error-Correction)，是 FEC 和 ARQ 方式的结合。发送端发送同时具有自动纠错能力和检错能力的码，接收端收到码后，检查差错情况，如果错误在码的纠错能力范围以内，则自动纠错；如果超出了码的纠错能力范围，但能检测出来，则经过反馈信道请求发送端重发。这种方式兼具自动纠错和检错重发的优点，误码率较低，因此近年来得到了广泛应用。

另外，按照噪声或干扰的变化规律，可把信道分为三类：随机信道、突发信道和混合信道。恒参高斯白噪声信道是典型的随机信道，其中差错的出现是随机的，而且错误之间是统计独立的。具有脉冲干扰的信道是典型的突发信道，错误是成串成群出现的，即在短时间内出现大量错误。短波信道和对流层散射信道是混合信道的典型例子，随机错误和成串错误都占有相当比例。对于不同类型的信道，应采用不同的差错控制方式。

2. 纠错码的分类

根据纠错码各码组信息码元和监督码元之间的函数关系，纠错码可分为线性码和非线性码。如果函数关系是线性的，即满足一组线性方程式，则称为线性码；否则为非线性码。

根据信息码元和监督码元之间的约束方式不同，可分为分组码和卷积码。分组码的各码元仅与本组的信息码元有关；卷积码中的码元不仅与本组的信息码元有关，而且还与前面若干组的信息码元有关。

根据码的用途，可分为检错码和纠错码。检错码以检错为目的，不一定能纠错；而纠错码以纠错为目的，一定能检错。

根据纠错码组中信息码元是否隐蔽，可分为系统码和非系统码。若信息码元能从码组中分离出来(通常 k 个信息码元与原始数字信号一致，且位于码组的前 k 位)，则称为系统码；否则称为非系统码。

3.3.2 差错控制原理

码的检错和纠错能力是用信息量的冗余度来换取的。一般信息源发出的任何消息都可以用二进制信号 0 和 1 来表示。例如，要传送 A 和 B 两个消息，可以用 0 码来代表 A，用 1 码来代表 B。在这种情况下，若传输中产生错码，即 0 变成 1，或 1 变成 0，接收端都无从发现，因此这种编码没有检错和纠错能力。

如果分别在 0 和 1 后面附加一个 0 和 1，变为 00 和 11(本例中分别表示 A 和 B)，这样，在传输 00 和 11 时，如果发生一位错码，即变成 01 或 10，译码器将判决为有错，因为没有规定使用 01 或 10 的码组。这表明附加一位码(称为监督码)以后码组具有了检出 1 位错码的能力。但因译码器不能判决哪位是错码，所以不能予以纠正，这表明其没有纠正错码的能力。本例中 01 和 10 称为禁用码组，而 00 和 11 称为许用码组。若在信息码之后附加两位监督码，即用 000 表示 A，用 111 表示 B，这时，码组成为长度为 3 位的二进制编码，而 3 位的二进制码有 $2^3=8$ 种组合，本例中选择“000”和“111”为许用码组。此时如果传输中产生一位错误，接收端将接收 001、010、100、011、101、110，这些均为禁用码组，接收

端可以判决传输有错。不仅如此，接收端还可以根据“大数”法则来纠正一个错误，即 3 位码组中如果有 2 个或 3 个 0 码则判为 000 码组（消息 A），如果有 2 个或 3 个 1 码则判为 111 码（消息 B），此时还可以纠正一位错码。如果在传输中产生两位错码，也将变为上述的禁用码组，译码器仍可以判为有错。这说明本例中的码具有可以检出两位和两位以下的错码以及纠正一位错码的能力。

由此可见，纠错编码之所以具有检错和纠错能力，是因为在信息码之外附加了监督码。监督码不载荷信息，它的作用是用来检查信息码元在传输中有无差错，对用户来说是多余的，最终也不传送给用户，但它提高了传输的可靠性。一般说来，引入的监督码越多，码的检错、纠错能力就越强，但信道的传输效率下降也越多。

1. 码重、码距以及检错纠错能力

对于二进制码组，码组中非 0 码元的数目称为该码组的码重，用 W 表示。如码组 110101 的码重 $W=4$。

两个等长码组之间相应位取值不同的码元数目称为这两个码组之间的汉明（Hamming）距离，简称码距 d。如码组 011001 和码组 100001 之间的码距 $d=3$。码组集合中各码组之间距离的最小值称为码组的最小距离，用 d_{min} 表示。它体现了该码组的检、纠错能力。码组间最小距离越大，说明码字间最小差别越大，抗干扰能力越强，因此它是极重要的参数，是衡量码检错、纠错能力的依据。

若检错能力用 e、纠错能力用 t 表示，可以证明，检、纠错能力与最小码距有如下关系：

（1）为了能检测 e 个错码，要求最小码距 $d_{min} \geqslant e+1$。

（2）为了能纠正 t 个错码，要求最小码距 $d_{min} \geqslant 2t+1$。

（3）为了能纠正 t 个错码，同时检测 e 个错码，要求最小码距 $d_{min} \geqslant e+t+1$。

2. 编码效率

设编码后的码组长度、码组中所含信息码元以及监督码元的个数分别为 n、k 和 r，三者间满足 $n=k+r$，定义编码效率 R 为

$$R=\frac{k}{n}$$

可见码组长度一定时，所加入的监督码元个数越多，编码效率越低。

3.3.3 常用的纠错检错码型

1. 奇偶校验编码

发送端将二进制信息码序列分成等长码组，并在每一码组之后添加一位二进制码元，该码元称为监督码。监督码取 1 还是 0，要根据信息码组中 1 的个数而定。例如对于奇校验法，要求每一码组（包括监督码）中 1 的个数为奇数，因此当信息码组中 1 的个数是奇数时，监督码取 0，否则取 1；而对于偶校验法，要求每个添加的监督码能使该码组的 1 的个数是偶数。接收机中的计数器对收到的码组进行检验，若发送端采用奇校验法而接收端判定码组中 1 的个数为偶数，即认为该码组中有误码。采用奇偶校验检错编码，可以检出每个码组的奇数个误码，若码组中出现偶数个误码则不能检出。

2. 二维奇偶校验编码

二维奇偶监督码又称方阵码，它将要传送的信息码按一定的长度分组，每一组码后面加一位监督码，然后再在若干码组结束后加一组与信息码组加监督位等长的监督码组。以英文单词“code”为例，其ASCII码组如表3-3所示。表3-3中，最右边一列数码是每一个ASCII码组的监督码，采用奇校验，即每一行中(包括监督位)1的个数为奇数，将每一行的8位码进行模2加后结果为1，这个结果用作行校验码；最下面一行为监督码组，也采用奇校验，每一列中(包括监督位)1的个数为奇数，将每一列的5位码进行模2加后结果也为1，这个结果用作列校验码。

在接收端，误码检测器将接收到的码组排列矩阵，逐行逐列进行校验。正常情况下，每行每列的校验码均为1。如果发生误码，以表3-3中阴影位为例，0码在传输过程中变为1码，则第三行的校验码和第三列的校验码都会变成0，检测器就可以知道误码的位置并纠正这个误码。

表3-3 二维奇偶校验码示例

c	1	1	0	0	0	1	1	1
o	1	1	0	1	1	1	1	1
d	1	1	0	0	1	0	0	0
e	1	1	0	0	1	0	1	1
监督码组	1	1	1	0	0	1	0	0

二维奇偶监督码可以检测出整个码矩阵中的奇数个误码，还有可能检测出偶数个误码。因为每行的监督位虽然不能用于检测本行中的偶数个误码，但按列的方向有可能由监督码组检测出来。一些试验测量表明，这种校验编码可使误码率降至原来的百分之一到万分之一。

3. 恒比码

在恒比码中，每个码组均含有相同数目的1(和0)。由于“1”的数目与“0”的数目保持恒定，故得此名。这种码在检测时，只要计算接收码组中“1”的数目是否对，就知道有无误码。

在国际无线电报通信中，目前广泛采用的是“7中取3”恒比码，这种码组中规定总是有3个“1”，因此共有$C_7^3=7!/(4!\times 3!)=35$种码组，它们可用来代表26个英文字母和符号。

恒比码的主要优点是简单且适用于传输电传机或其他键盘设备产生的字母和符号。对从信源来的二进制随机序列，这种码就不适用了。

信号的传输采用了差错控制编码后可靠性可以提高，但由于在信码中增加了不带有信息的码元，系统的有效性就会下降。

以上介绍的是几种常用的并且较简单的差错控制编码方法，实际上差错控制编码还有很多种形式，如BCH码等，编码方式更为复杂，但检错与纠错能力也更强。这些编码方式

在信道的干扰较小时对于随机发生的误码有较好的检测和纠正能力，但当信道中出现突发性差错码(即连续多比特的误码)时检测与纠正能力都会下降。为了检测与纠正突发性差错码，有些通信系统会在差错控制编码之前对信码进行交织编码。

3.4　时分多路复用技术

3.4.1　时分多路复用的基本概念

一个大型的数字通信系统具有较高的信息传递速率，而单个用户所需要的传码率却往往并不是很高，因此在数字通信中存在着多路信号使用同一个通信系统(或传输信道)的问题。所谓时分多路复用(TDM)，就是将信道的工作时间按一定的长度分段，每一段称为一帧，一帧又分为若干个时隙。用户的信号在每一帧中各自占用一个预先分配的时隙。这样就可以实现多路信号在同一个信道中的不同时间里进行传输。图 3－20 是一个时分多路复用的示意图。

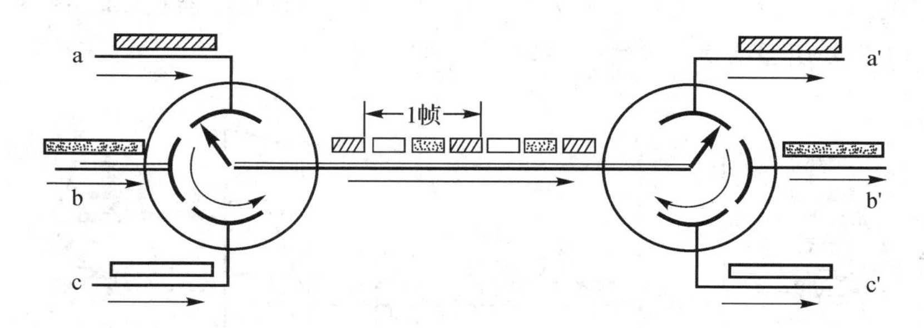

图 3－20　时分多路复用示意图

图 3－20 中，圆弧表示导电片，箭头表示簧片，左边机构为复用器，右边机构为解复用器，二者以相同的速度旋转。设 a、b、c 为三个发送信号的用户，a′、b′、c′为对应的接收用户，与用户相连的线路称为用户线路，复用器与解复用器之间的线路称为中继线路。各用户线路与中继线路上信号的波形如图 3－21 所示。

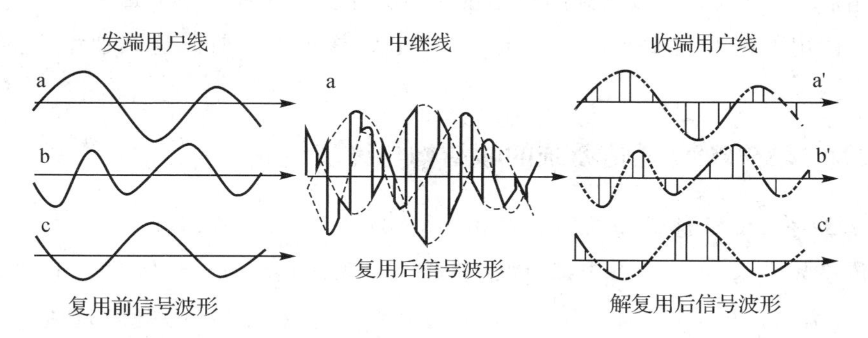

图 3－21　时分多路复用系统波形图

从图 3－21 中可以看出，复用器将发端的每一路信号进行取样，使之成为 PAM 信号，各路信号的取样频率(就是帧频)是相同的，但取样的时刻不相同，每一路信号取样值各自占用自己的时隙，因此当各路信号合路时在时间上不重叠，接收端的解复用器可以将它们分路而相互不干扰。只要取样频率满足取样定理的要求，解复用后的各路信号通过一个低通滤波器后就可重建原信号。

对于脉冲编码调制的数字电话来说，采用时分多路通信是很合适的。前面已提到，对每路话音信号的取样频率为 8000 Hz，也就是每隔 1/8000＝125 μs 取样一次，但取出的样值脉冲很窄，只占这段时间中的一个很小时隙，因而完全可以在其余的时间内插入若干路的话音样值脉冲(如图 3-21 所示)。通信系统将这些多路脉冲进行 PCM 编码后一起传输。在接收端则将译码后的脉冲用选通门分别选出各路的样值信号，这样就实现了时分多路通信。

来自多个数字信源的信号在进行时分多路复用时，可以用比特交错法、字符交错法和码组交错法，其中最为常用的是字符交错法，如图 3-22 所示。在这种方法下，每个复用帧中包含每一个数据源的一个字节。设数据源的信息速率为 64 kb/s，一个字节长 8 bit，传送一个字节的时间是 125 μs。复用器(MUX)中含有多个数据缓冲器，分别与数字信源相连接。数字源以每 125 μs 8 bit 的速度将数据存入缓冲器中，而复用器在 125 μs 内将所有的数据读出。以 32 路复用器为例，读每一路数据的时间约为 3.9 μs。

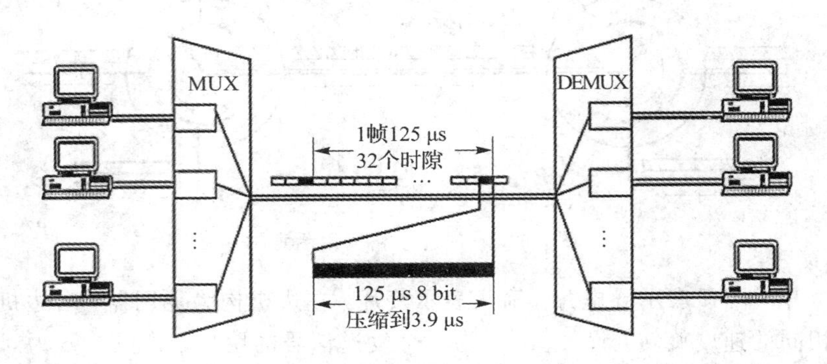

图 3-22　数字源信号的时分多路复用

解复用器(DEMUX)将接收到的数据按时隙分路到各个缓冲器，每一字节读入的时间是 3.9 μs，读出的时间是 125 μs，这样每个接收终端可以接收到连续速率为 64 kb/s 的数据。

3.4.2　30/32 路 PCM 通信系统的帧结构与终端组成

1. 30/32 路 PCM 通信系统的帧结构

为了传输频带为 300～3400 Hz 的话音信号，取样频率 f_s 定为 8000 Hz，取样周期 T_s＝125 μs。在 30/32 路 PCM 系统中，要依次传送 32 路信息码组，故将每帧划分为 32 个时隙，每个时隙的宽度 t＝125/32＝3.9 μs，如图 3-23 所示。每一路话的码组(代表一个取样脉冲)都只在一帧中占用一个时隙。如果每路话都是采用字长为 8 的码组，则每位码元的宽度是 $t/8$＝0.49 μs。

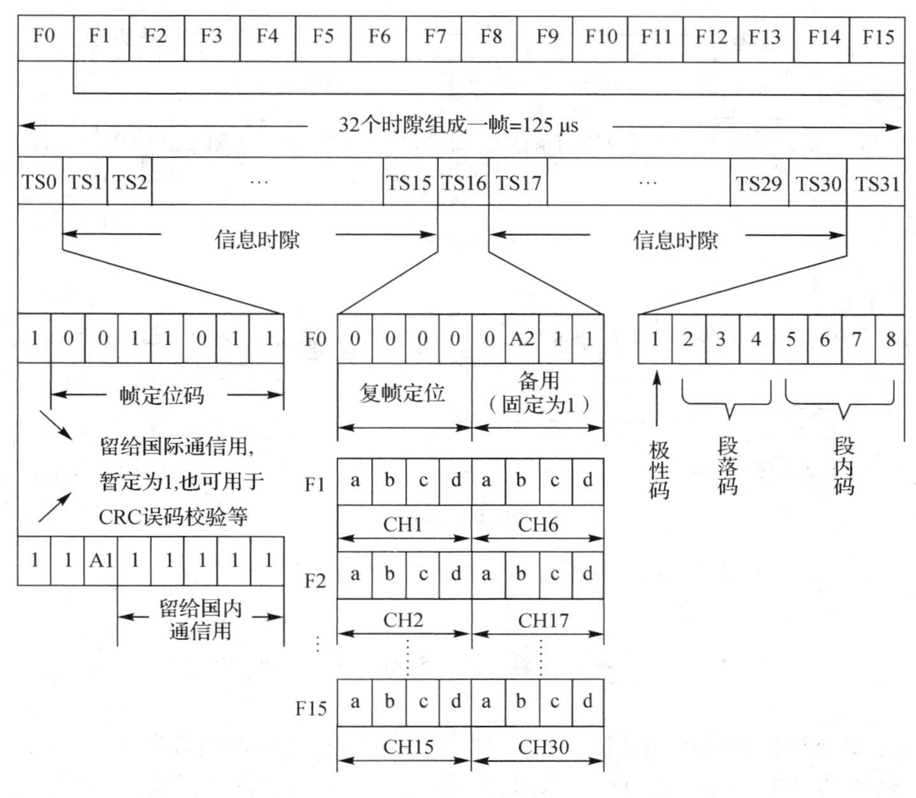

图 3-23　30/32 路 PCM 通信系统的帧结构

在 30/32 路 PCM 系统中，每 32 个时隙内只有 30 个时隙用于消息的传送；第 1 个时隙(TS0)在偶帧时传送同步码，码组固定为“*0011011”，其中*作为备用码元，奇帧时传送监测告警信号；第 17 个时隙(TS16)传送信令，每个信令用 4 位码组表示，因此每帧的 TS16 可以传送两个信令。每 16 帧构成一个复帧，每个复帧的第 16 帧中的 TS16 的前 4 位码组用来传送复帧同步码，码组固定为“0000”。30/32 路数字通信系统的总码率为 $f_A = 8000 \times 32 \times 8 = 2048$ kb/s。

2. 30/32 路 PCM 系统的终端组成

图 3-24(a)和(b)分别是 30/32 路 PCM 系统终端的发送与接收部分原理框图。图 3-24(a)中，各取样器的开关频率相同(8 kHz)，但取样时刻不同，它们分别在各自规定的时间内进行取样和编码，另外也可以在有些时隙内传送数据信号，如计算机数据或传真数据；在 TS0 时刻和 TS16 时刻插入同步信号和信令信号；汇总器将各种信号汇合后，输出一个完整的 30/32 路 PCM 复用信号，经码型变换(如 HDB3)后即可送入调制信道。图 3-24(b)中，信道输出的信号经再生整形后进行码型反变换，然后由分离器将话音信码与其他码元分离。话音信码经 PCM 解调后由分路器分别送至各用户。

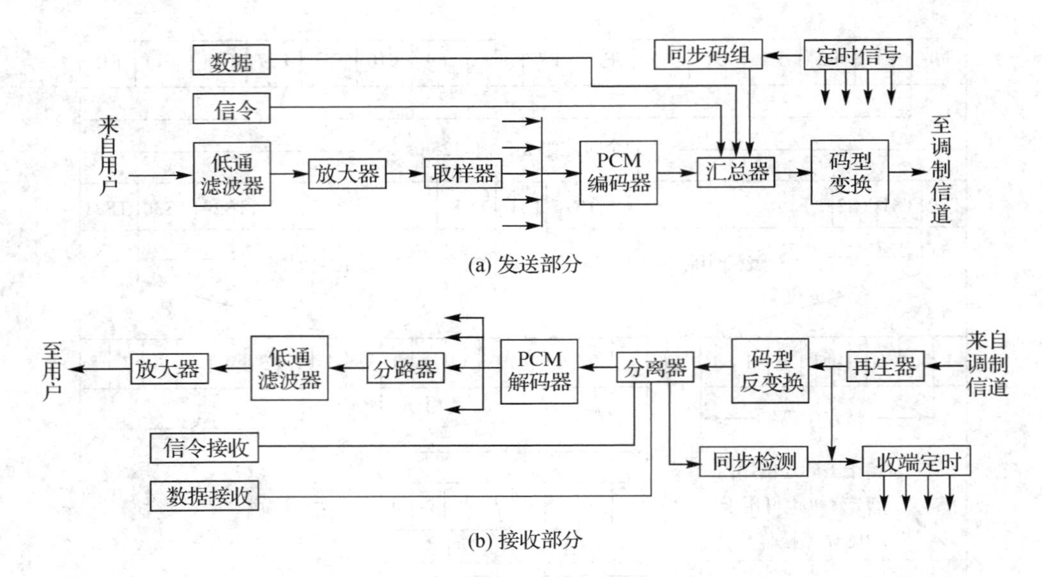

(a) 发送部分

(b) 接收部分

图 3-24 30/32 路 PCM 终端组成框图

本章小结

本章主要介绍信源编码和信道编码技术。信源编码解决如何用数字码组表示信源信息的问题，信道编码主要解决如何提高信号传输的有效性与可靠性的问题。

数字型的信源信息用信息码描述，最常用的是 ASCII 码；模拟型的信源信息通过 A/D 转换变成数字信号，常用的 A/D 转换方式有 PCM、ΔM 以及它们的改进型。

A/D 转换有三个过程，即取样、量化和编码。取样使信号在时间上离散，取样频率应是信号最高频率的两倍以上；量化使信号的电平离散，量化级数越多，量化噪声就越小，但编码率会越高。非均匀量化可以较好地解决量化噪声与编码率之间的矛盾。我国的 PCM 编码采用称为“13 折线 A 律压扩”的非均匀量化方法。

差错控制编码是将数字码组增加一定的比特并对其进行适当的变换，使之具有一定的规律，接收端根据这个规律去判断所接收码组中是否有误码，甚至可以判断出误码的位置。常见的差错控制编码方式有(二维)奇偶校验码、恒比码、BCH 码等，这些编码方式对随机出现的单比特误码有较好的检测与纠正能力。对于突发性误码，可以采用交织编码的方式将其转换成随机单比特误码。

数字通信系统的接收端在发现误码后，或是自行对其进行纠正，称为 FEC 方式，或是请求发端重发，称为 ARQ 方式。有的通信系统两种方式都会使用。

如同频分多路复用，数字信号根据时间上离散的特点进行时分多路复用。实行时分多路复用必须将信号码组(或码元)在时间上进行压缩，空出的时间用于插入另一路信号的码组，这样在一条线路上就能分时传送多路数字信号。

我国采用的 E1 线标准是 30/32 路 PCM 复用，其中 30 路用于传送数字语音或数据，总码率为 2048 kb/s。

习题与思考题

1. 波形编码的三个基本过程是什么？

2. 电视图像信号的最高频率为 6 MHz，根据取样定理，取样频率至少应为多少？

3. 电话语音信号的频率被限制在 300～3400 Hz，根据取样定理其最低的取样频率应为多少？如果按 8000 Hz 进行取样，且每个样值编 8 位二进制码，问编码率是多少？

4. 采用非均匀量化的优点有哪些？

5. 试述 PCM 编码采用折叠二进制码的优点。

6. 设 PCM 编码器的最大输入信号电平范围为－2048～＋2048 mV，最小量化台阶为 1 mV，试对一电平为＋1357 mV 的取样脉冲进行 13 折线 A 律压扩 PCM 编码，并分析其量化误差。

7. 试对码组为 10110101 的 PCM 信号进行译码，已知最小量化台阶为 1 mV。

8. 试比较 PCM 与 ADPCM 的区别。

9. 当数字信号传输过程中出现误码时，通信系统采用哪些手段来减少误码的影响？

10. E1 线的码率是多少？它是怎样构成的？

第4章 数字信号的基带传输

本章教学目标

- 掌握信号在信道中的传输现象
- 了解常用数字基带信号波形
- 了解数字基带信号的常用码型
- 掌握数字信号的基带传输

本章重点及难点

- 信号在信道中传输的衰减、失真和干扰等
- 基带信号传输原理

由信源产生的信息以什么样的数字波形表示？这个波形在传输过程中会受到哪些影响？传输系统又是通过什么手段去减少或消除这些影响的？这些均是本章要重点讨论的问题。

4.1 信号在信道中的传输

当一个信号从发送设备注入到信道中进行传输时，有几种现象必然会发生。① 信号从一个地方传到另一个地方需要时间，因此会产生传播时延(Propagation Delay)。② 由于信号会向四面八方扩散或受到传播介质的衰减，因此接收端获得的信号电平可能会远小于发送端输出的电平，这种现象称为衰减(Attenuation)。如果一个信号的各个频率分量都受到相同比例的衰减，信号波形的形状就不会发生变化，仅仅是信号的大小变化。但实际上，信道的传输特性不可能是理想的，它对信号不同频率成分的衰减有所不同，因此就会产生波形的线性失真(Distortion)。③ 信号在信道内传输的过程中还会受到干扰与噪声的影响，它们同样会使信号的波形发生变化。

4.1.1 衰减

衰减是指信号在信道内传输的过程中因能量损耗而导致的幅度减小。衰减通常用分贝值(dB)表示。设注入信道的信号电压(最大值或有效值)为 U_i，输出的信号电压(最大值或有效值)为 U_o，则信道对该信号的电压衰减值为

$$L_P = 20\lg\frac{U_o}{U_i}(\mathrm{dB}) \tag{4-1}$$

必须注意的是，分贝值只说明两个信号的相对大小，不能看作是一个电压值或功率值。有的资料可能用分贝值的大小来表示一个信号的大小，它一定是相对于某一基准而言。有的资料在表述系统中某一点的电压或功率时，会以 dBμ 或 dBm 为单位，实际上指的是该电压值比 1μV 大多少个 dB，或功率值比 1 mW 大多少个 dB。

例 4-1　频率为 200 MHz，电压电平为 78 dBμ 的有线电视信号，在通过长度为 100 m 的 SYV-75-7 同轴电缆后，其输出的电压电平是多少？

解：从同轴电缆的衰减特性表(如表 4-1 所示)中可查到，100 m 的 SYV-79-7 同轴电缆的衰减量为 14 dB。因此电缆的输出电平为

$$[U_o]=[U_i]-[L]=78(\text{dB}\mu)-14(\text{dB}\mu)=64(\text{dB}\mu)$$

表 4-1　同轴电缆的衰减特性

型　　号	衰减/(dB/km)		
	30 MHz	200 MHz	800 MHz
双屏蔽耦芯电缆 Φ9	22.0	61.0	132.0
SYV-75-5(实芯)	70.6	190.0	473.0
SYV-75-7	51.0	140.0	
SYV-75-9	36.9	104.0	
SYV-75-12	34.4	96.8	

信道对不同频率的信号有不同的传输能力，这种能力通常用信道的传输特性表示。例如，公共交换电话网(PSTN)只能让 300～3400 Hz 频率范围内的信号(话音信号)通过，一条长度为 1 km 的同轴电缆的传输特性如图 4-1 中曲线(a)所示，它具有低通特性，可以使包括直流在内的各种信号通过，并且随着信号频率的升高，信道的衰减增大。如果这条电缆是通过一个电容与收发设备相连，则其传输特性可能如图 4-1 中曲线(b)所示。由于电容的作用，直流不能通过信道，低频信号也有较大的衰减，因此信道具有带通特性。由此可见，信道对于不同频率的信号具有不同的衰减能力。如果做进一步分析可以发现，信道对不同频率的信号还有不同的相移。

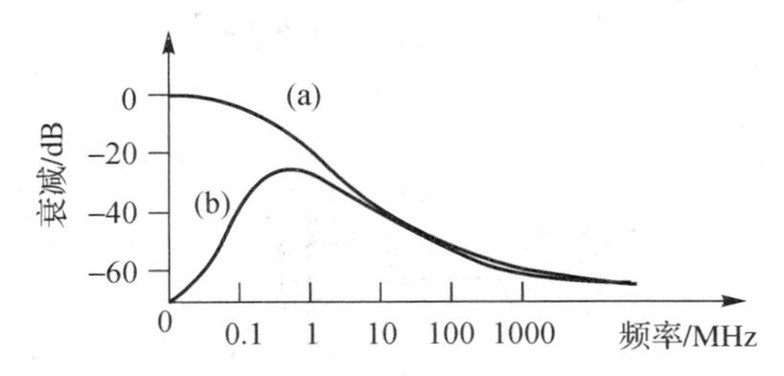

图 4-1　1 km 同轴电缆的传输特性

当信号以电磁波的方式在无线信道中传输时，由于电磁波会向四面八方传播，真正到达接收点天线上的信号能量很少，因此扩散损耗非常大。电磁波在自由空间传播的扩散损耗为

$$L=10\lg\left(\frac{4\pi d}{\lambda}\right)^2 \text{dB} \tag{4-2}$$

式(4－2)中，d 为传播距离，λ 为电磁波的波长。图 4－2 是自由空间电磁波能量扩散损耗曲线。例如距离 900 MHz 移动通信基站 1 km 处电磁波的损耗约为 91.53 dB。自由空间是指电磁波传播过程中没有经过任何反射和吸收的区域，地面上的通信由于地表面及各种建筑物的影响，各点上的传播损耗(包括扩散损耗和介质损耗)与计算值会有所不同。

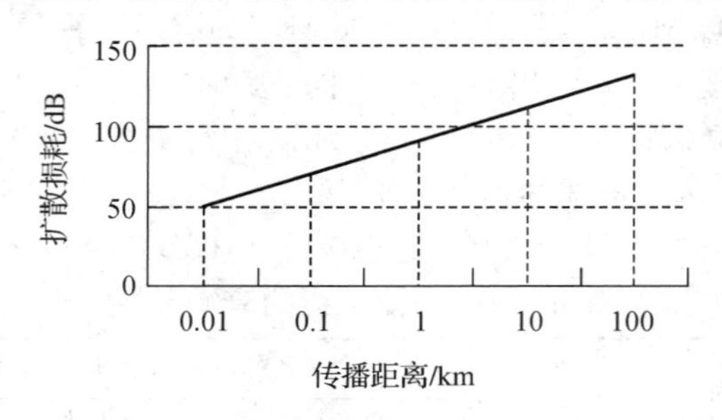

图 4－2　电磁波能量扩散损耗曲线

实际的无线电通信系统的收发双方都会采用有向天线。发送天线可以将信号的能量集中到接收方向，而接收天线可以将接收电磁波的范围扩大，这两者都是减小过大的能量扩散的有效措施。

4.1.2　信号的频谱

当信号要在信道中传输时，就必须了解信号在不同频率上的电量(电压幅度、电流幅度或功率)分布，以确定信号在传输过程中是否会受到损伤——产生线性失真。

信号的电量在频率轴上的分布关系称为信号的频谱(Frequency Spectrum)。一个已知波形的信号可以通过数学分析(傅立叶级数或傅立叶变换)计算出其频谱，也可以用频谱分析仪测出它的频谱。图 4－3 是通过计算机仿真得到的周期性方波、三角波和正弦波的波形图与频谱图。

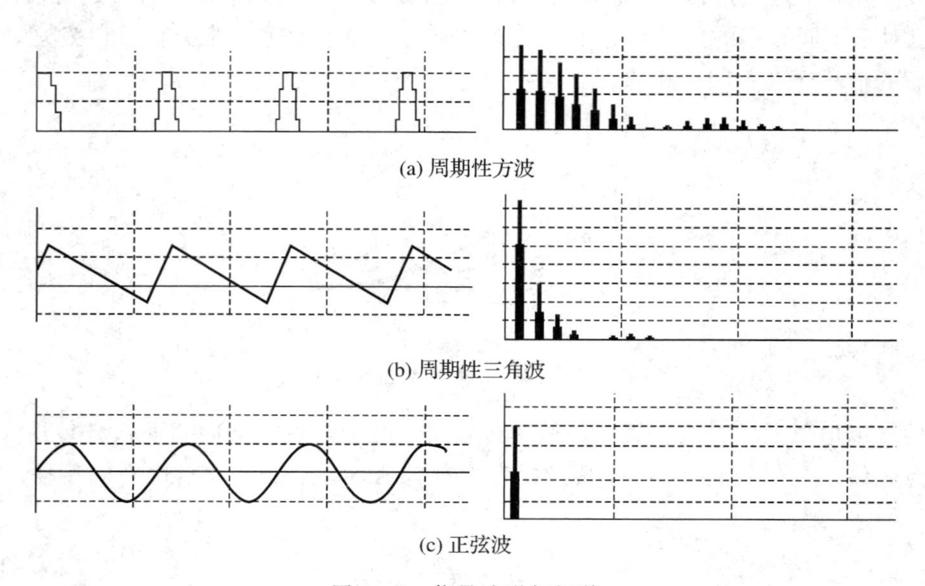

图 4－3　信号波形与频谱

图 4-3(a)是周期性方波的波形图及频谱图。一个周期性方波的频谱由多条谱线组成，第一条谱线称为基波，它的频率与周期信号的重复频率相同；随后的各条谱线分别称为周期信号的 2，3，4，…，m 次谐波，m 次谐波的频率是基波频率的 m 倍；各谱线的幅度有衰减振荡的变化规律，在 $f=(n\times l)/\tau$(τ 为脉冲宽度，n 为整数)处出现零点。通常将第一个零点的频率记作信号的带宽。

图 4-3(b)是周期性三角波的波形图及频谱图。与方波相比，两者周期相同，故各谱线的频率也相同，但各谱线幅度衰减的速度要快于方波，零点的频率也低于方波。

图 4-3(c)是正弦波的波形图及频谱图。因为正弦波只有一个频率，故频谱图上只有一条谱线。

方波是数字通信中使用得较多的一种波形，因此需要做进一步的分析。对图 4-4 中各种周期、占空比下的方波信号频谱进行比较可以得到以下几个结论：

(1) 同一信号相邻谱线的间隔相同，信号的周期越大，各谱线之间的频率间隔越小；

(2) 脉冲宽度越窄(信号周期相同，占空比越小)，其频谱包络线的零点频率越高，从而相邻两个包络零值之间所包含的谐波分量就越多(信号沿频率轴下降的速度越慢)，因而信号所占据的频带宽度就越宽。

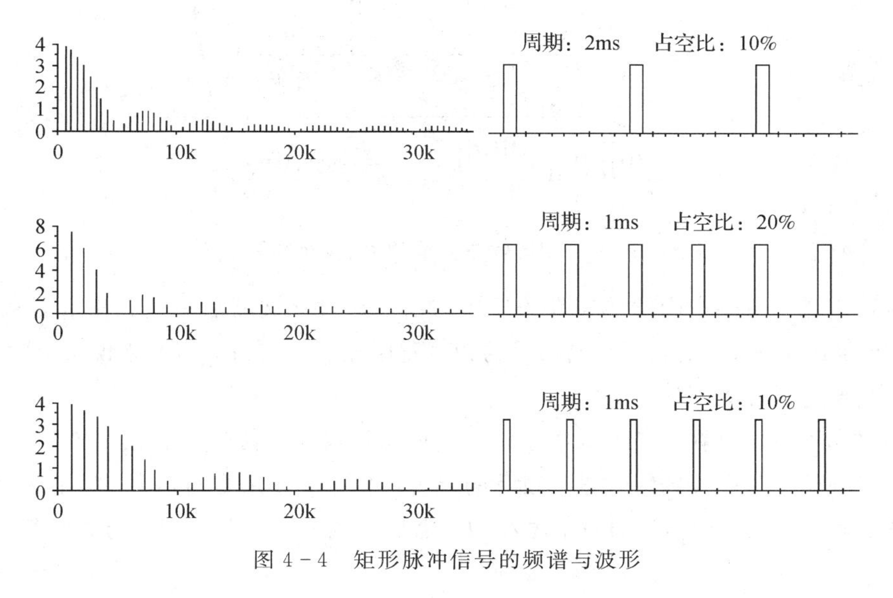

图 4-4　矩形脉冲信号的频谱与波形

4.1.3　失真

当一个正弦信号通过一个线性的信道时，正弦波的幅度会衰减，还会有相移(时延)，但仍然是相同频率的正弦波。现在的信道绝大多数可以看作是线性信道，因此信号在其中传输时不会出现非线性失真，不会产生新的频率成分。

实际的信号有一定的频带宽度，可以被看作是由多个正弦分量组成的，如果信道对不同频率的正弦分量表现出不同的衰减和时延，信号在信道中传输时不可避免地会产生失真。这种失真不会产生新的频率成分，称为线性失真(Linear Distortion)。

例如，一个方波信号经过信道传输后，由于高频分量受到衰减，信道输出的波形发生了变化，如图 4-5 所示。图 4-6 是一个有一定带宽的信号在通过具有带通特性的信道后信号频谱发生的变化示例。图 4-6 中，假定传输前的信号在频率 $f_1 \sim f_2$ 范围内各频率成分的大小是一样的，信道的传输特性反映了它对各频率成分的不同衰减，因此信号经过信道传输后各频率成分的大小发生了变化。

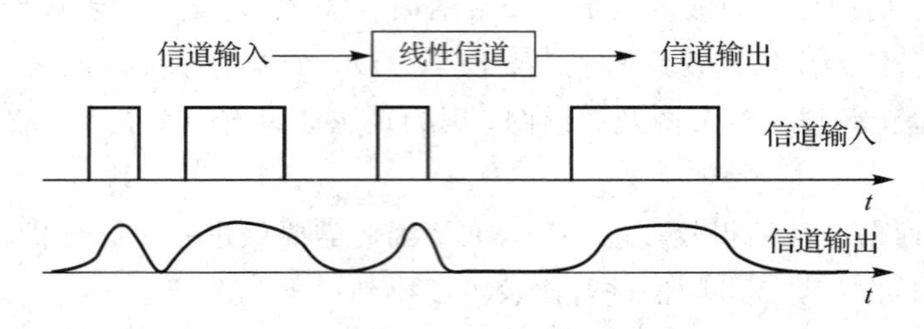

图 4-5　信号在信道中传输时的波形失真

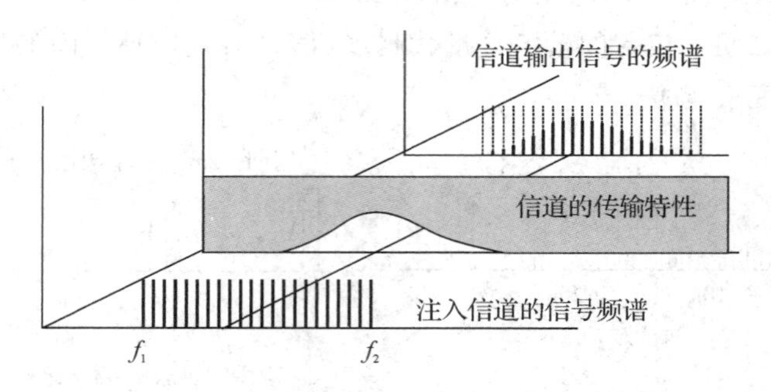

图 4-6　信号传输过程中的线性失真

信号在信道中传输产生线性失真的现象与信号通过滤波器后一些频率成分被滤除（受到很大的衰减）的现象是类似的。当信号的频带宽度相对于信道的带宽来说很窄时，一般不考虑信号会产生线性失真。

线性失真可以通过在信道输入端或输出端加均衡器的方法进行补偿，如图 4-7 所示。均衡器可以根据信道的传输特性进行设计与调节，其主要作用是对信号的不同频率成分进行不同的衰减与时延，使信号通过信道和均衡器后各频率成分总的衰减与时延基本相同。

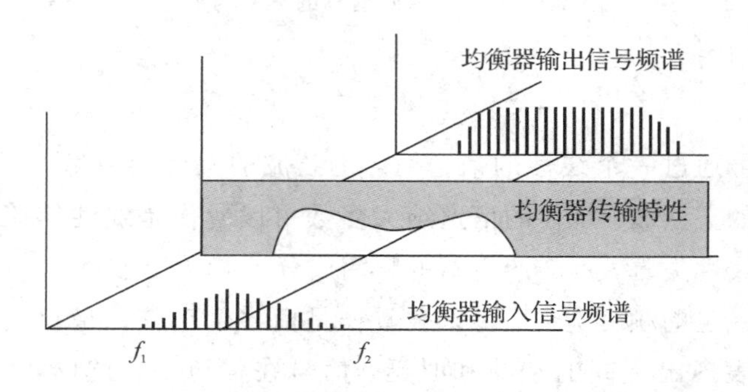

图 4-7　对线性失真信号的均衡示意图

4.1.4　噪声与干扰

噪声(Noise)是电量的随机波动，它会使信号受到影响。信号在信道中传输时，来自信道和传输设备的各种噪声都会叠加到信号上。图 4-8 是一个受到噪声影响的数字信号波形，噪声的存在会影响接收机对信号电平的判断，严重时会造成对信号码元的错误接收(误码)。如果噪声具有与信号频率相同的分量，接收机就很难用一般的滤波器将它从信号中去除。信号受噪声的影响大小取决于信号与噪声的功率比值，简称信噪比(SNR)，其定义如式(4-3)。信噪比值越大，信号的质量就越好。

$$\text{SNR}=\frac{\text{平均信号功率}}{\text{平均噪声功率}}(\text{dB}) \qquad (4-3)$$

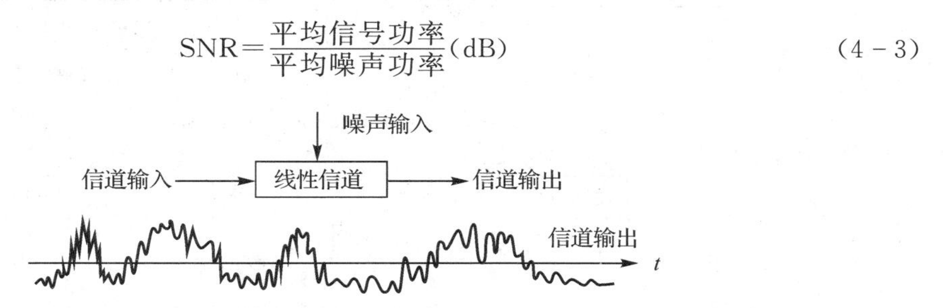

图 4-8　噪声对信号波形的影响

噪声有多种来源且形式也不同。比较常见的一种噪声是热噪声，它的功率均匀地分布在相当宽的频带范围内，就好像多种色彩的光合成白光一样，故也称为白噪声。热噪声起源于电子的热运动。由于所有的电导体都会产生热噪声，因此所有的电子设备内部也都产生热噪声。

热噪声无处不在而且很难抑制。当信号在信道中传输时信号会受到衰减，但噪声会在信道的任一点上产生，并且会逐点积累，如图 4-9 所示。因此离发送端越远的地方信号的信噪比越小。放大器可以使信号的功率增加，同时也使噪声功率增加，因此不会改变信噪比，相反地，由于放大器本身会引入噪声，因此放大后的信噪比会更差，在信号比较小的情况下尤其如此。由此可见，噪声是影响通信系统性能的重要因素之一。

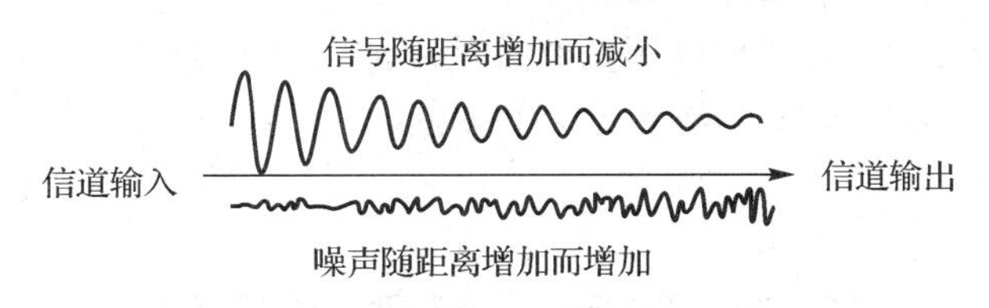

图 4-9　传输距离与信噪比的关系

噪声的另一种形式是串音(Crosstalk)，来自其他通信系统，一般情况下称之为干扰(Disturbance)。在有线通信系统中，两条并行的通信线路之间由于分布电容或互感耦合的存在会造成信号的相互干扰，使信道 1 的输出信号中含有来自信道 2 的一部分能量，如图 4-10(a)所示；在频分多路复用的系统中，一个信道中同时有多个不同频率的信号在传播，也可能会造成信号的相互干扰，如图 4-10(b)所示；在无线电通信系统中，接收天线会同时收到来自于多个通信设备发送的电磁波，它们之间也会产生相互干扰，如图 4-10(c)所示。

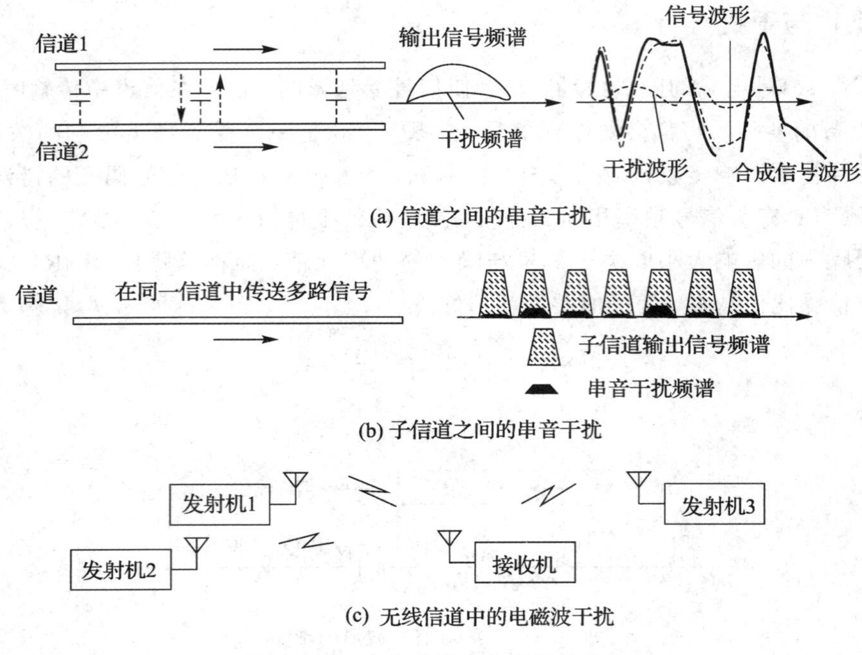

图 4-10　来自其他通信系统的干扰

上述干扰大致上可以分成两类，一类是同频干扰，另一类是非同频干扰。对于同频干扰，由于干扰的频率与信号的频率相同，接收设备几乎无法处理，只能通过对信道的有效屏蔽或改变通信频率来避开干扰；对于非同频干扰，接收机可以用合适的滤波器滤除。必须注意的是，由于接收电路可能存在的非线性作用，非同频干扰在电路的非线性作用下会形成组合而转化成同频干扰，因此在一些接收机电路中对前端电路往往提出很高的线性要求。

还有一种噪声称为脉冲噪声，由系统外部的各种电器设备产生，如开关、电机等，太阳黑子爆发、雷电等也会产生这种噪声，其特性有的类似于热噪声，有的类似于其他通信设备干扰。良好的屏蔽装置可有效地抑制脉冲噪声和串音。

信号在远距离传播时，虽然可以用足够数量的放大器来补偿传播损耗，但信道中引入的干扰与噪声(包括放大器本身的噪声)会不断积累，最终会使信号的信噪比太小而导致接收端无法正常接收。

4.2　数字基带信号传输

4.2.1　数字基带信号波形

信号的波形反映信号的电压或电流随时间变化的关系。用来传输的数字基带信号波形可以是各种各样的，这里介绍几种应用较广的数字基带信号波形。

1. 单极性非归零(NRZ)波形

设数字信号是二进制信号，每个码元分别用 0 或 1 表示，则该波形可以是图 4-11(a)

的形式。这里，基带信号的零电平及正电平分别与二进制符号 0 及 1 一一对应。容易看出，这种信号在一个码元时间内，不是有电压(电流)就是无电压(电流)，电脉冲之间无间隔，极性单一。这种信号比较适合于常用的数字电路处理。

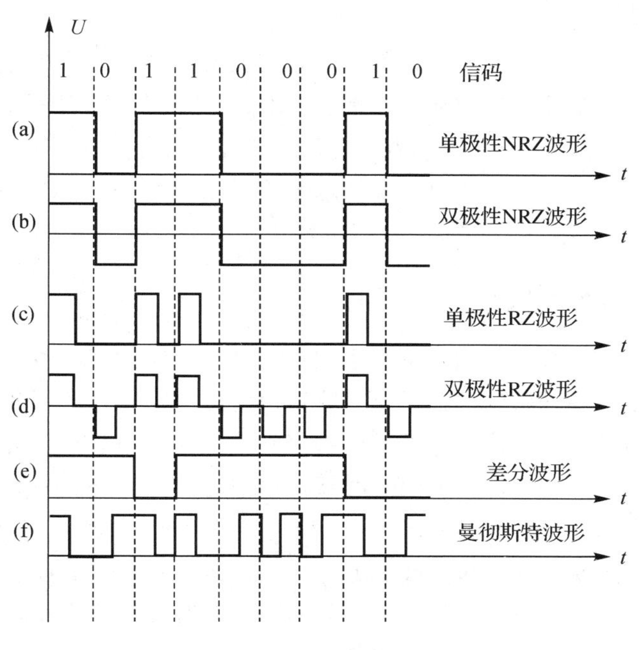

图 4-11　数字基带信号波形

2. 双极性非归零波形

双极性非归零波形指二进制码元 1、0 分别与正、负电平相对应的波形，如图 4-11(b)所示。它的电脉冲之间也无间隔。

与单极性波形相比，双极性波形有两个优点。一个是当 0、1 码元等概率出现时，它将无直流成分，另一个是在接收端对接收码元做判决时，其判决门限可以直接用零电平作为判决电平。

3. 单极性归零(RZ)波形

单极性归零波形也称占空码，它的特点是有电脉冲的宽度小于码元长度，每个有电脉冲在一个码元内总是要回到零电平，如图 4-11(c)所示。一个码元内高电平的宽度与零电平的宽度之比称为占空比。

4. 双极性归零波形

双极性归零波形是双极性波形的归零形式，如图 4-11(d)所示。由图 4-11(d)可见，此时，对应每一码元都有零电平的间隙，即便是连续的 1 或 0，都能很容易地分辨出每个码元的起止时间，因此接收机在接收这种波形的信号时，很容易从中获取码元同步信息。

5. 差分波形

差分波形是一种将信码的 0 和 1 反映在相邻信号码元的相对极性变化上的波形。比如，以相邻码元的极性改变表示信码 1，而以极性不改变表示信码 0，如图 4-11(e)所示。这样的波形在形式上与单极性或双极性波形相同，但它所代表的信码与码元本身的极性无关，而仅与相邻码元的极性变化有关。差分波形也称相对码波形，而相应地前面几种波形称为绝对码波形。

6. 曼彻斯特波形

曼彻斯特波形如图 4-11(f)所示，每一个码元被分成高电平和低电平两部分，前一半代表码元的值，后一半是前一半的补码。例如，图中的 1 码，前一半是高电平，后一半是低电平；0 码则反之。从这个波形中可以看到，无论信码如何分布，其高、低电平的延续时间最长不会超过一个码元长度，因此很适合从这个信号中提取码元同步信号。这种码常被用作数字信令码。

4.2.2 数字信号的常用码型

数字信号能否在数字通信系统中有效且可靠地传输，与数字信道的特性和数字信号的码型有很大的关系。在各种条件的制约下，数字信道的特性往往不易被控制，而在大多数情况下，来自信源的数字基带信号又不适应直接在信道中传输，于是选择合适的信号码型来与信道匹配就显得非常重要。信道编码必须根据信道的特性和通信系统的工作条件进行选择，在一些较为复杂的基带传输系统中，所选码型的结构应满足以下几方面的条件：

(1) 能使接收系统从中获取位同步信息。在同步数字系统中，接收端的时钟必须与发送端的时钟同步，这样才能使接收机选择最佳的时刻对所接收的信号进行判决。

(2) 基带信号中无直流成分和极小的低频成分。绝大多数的传输系统是不能传送直流信号的，如果信码中含有直流成分，将会使接收到的信号波形因丢失直流成分而发生畸变，严重时会使接收端无法恢复原信号。

(3) 在信源信码的统计特性发生变化时，不会因此而使系统传输受到影响。例如当信源信码中出现连续多个 1 码或 0 码时，接收端不会因此而失去同步。

(4) 不应因编码而使系统的信息传递速率下降。

在数字电话通信中，常用的信道编码码型有 AMI 码和 HDB3 码。下面主要介绍这两种。

1. AMI 码

AMI 码的全称是信号交替反转码。这是一种将消息代码中的 0(空号)和 1(传号)按如下规则进行编码的码型：代码的 0 仍变换为传输码的 0，而把代码中的 1 交替地变换为传输码的+1 或−1，如图 4-12(a)所示。

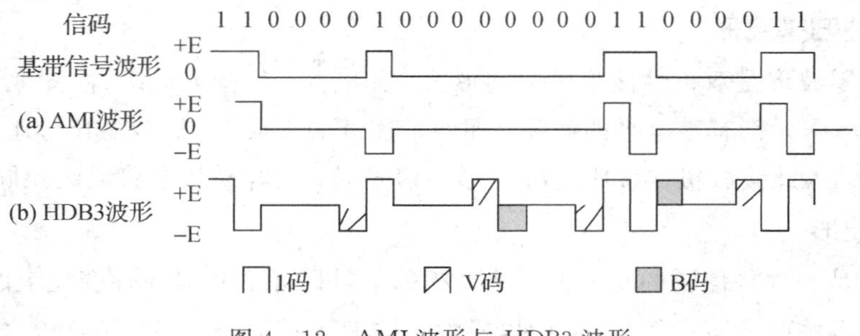

图 4-12　AMI 波形与 HDB3 波形

AMI 码的优点如下：

（1）在 1、0 码不等概率条件下也无直流成分，且零频附近低频分量小，因此对具有变压器或其他交流耦合的传输信道来说，不易受到隔直特性的影响。

（2）若接收端收到的码元极性与发送端完全相反，也能正确判断。

（3）只要进行全波整流，就可以变为单极性码，如果交替极性码是归零的，则变为单极性归零码后就可以提取同步信号。

但是 AMI 码有一个缺点，即当它用来获取定位信息时，如果出现长时间的 0 码，则接收端会出现长时间的零电平，造成提取码元同步信号的困难。

2. HDB3 码

HDB3 码的全称是三阶高密度双极性码，它是 AMI 码的改进型，解决了 AMI 码在长时间连 0 时可能出现的位同步信息丢失的问题。它的编码原理是先将消息代码变换成 AMI 码，若 AMI 码中连 0 的个数小于 4，则此时的 AMI 码就是 HDB3 码；若 AMI 码中连 0 的个数大于 3，则将每 4 个连 0 小段的第 4 个 0 变换成与前一个非零符号（+1 或 −1）同极性的符号。为了不破坏极性交替反转，当相邻符号之间有偶数个非零符号时，再将该小段的第 1 个 0 变换成 +B 或 −B，符号的极性与前一非零符号的相反，并让后面的非零符号从符号开始再交替变化。图 4-12(b) 是 HDB3 码的一个例子。

虽然 HDB3 码的编码规则比较复杂，但译码却相当简单，只要相邻两个非零符号的极性相同，则后一个码一定是 V 码，可译作零；V 码前一定要有三个零码，其中可能存在的 B 码就可以转换成零码；其余的非零符号无论是正电平或是负电平都译作 1 码，则 HDB3 码的译码就可以完成了。

HDB3 码的特点是明显的，它除了保持 AMI 码的优点外，还增加了使连 0 码减少到至多 3 个的优点，而不管信息源的统计特性如何。这对于同步信号的提取是十分有利的。

4.2.3　数字信号的基带传输

基带传输是数字信号传输的基本形式。如果信道具有低通传输特性，则数字基带信号可以直接在信道中传输。这种情况一般都发生在数字设备之间近距离的有线传输，如计算机局域网(LAN)、计算机与外部设备之间的通信。

1. 并行传输与串行传输

一个特定的符号、一种状态往往都会以一组数字代码来表示。例如，计算机键盘的每一个符号都是用 7 位 ASCII 码表示的，PCM 信号也是用 8 位的二进制码表示一个状态。数字通信系统在传输这样的信号时有两种方式：一种是使用 8 条信号线和一条公共线（地线）来同时传送这 8 位二进制码，这种方式称为并行传输；另一种是使用一条信号线和一条地线来依次传送这 8 位二进制码，这种方式称为信号的串行传输。图 4-13 是两种传输方式的示意图。

并行传输的速度快，同时可以传送多个码元（一个字），设备简单，但由于要用到多条信号线（信道），因此只适合于近距离传输，常用于计算机主机与外部设备之间的连接和室内计算机之间的联网；串行传输可以有效地节省信道，因此几乎是远距离通信和无线电通信的唯一选择。

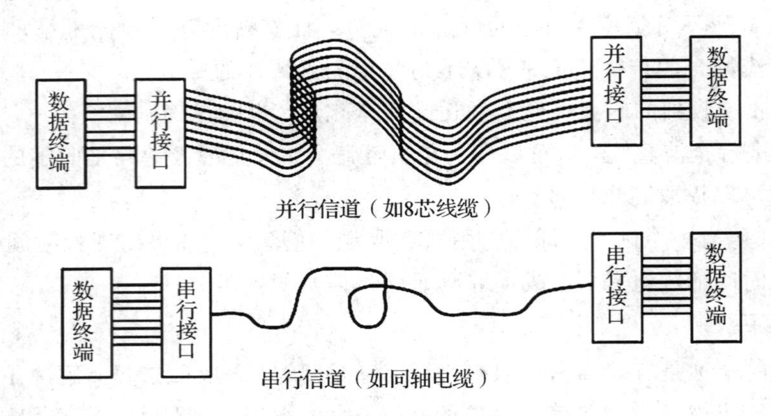

图 4-13　数据的并行传输与串行传输

2. 基带信号传输原理

一个数字基带(串行)传输系统的示例如图 4-14 所示。这里，DTE(一台计算机)与 DCE(一台调制解调器)之间的通信采用了 RS-232C 标准。DTE 在图 4-14(a)所示时钟脉冲的作用下以一定的码元速率向 DCE 发送数据(见图 4-14(b))，每一个码元的起止时间严格地由 DTE 的时钟脉冲决定。

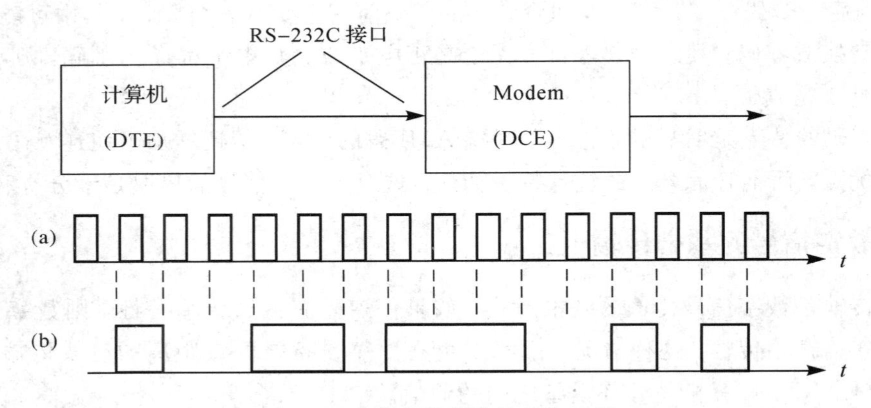

图 4-14　数字基带传输系统示例

图 4-14(b)的信号经过信道的传输后波形会发生变化，变化的大小取决于信道的传输特性与噪声特性。在信号到达 DCE 的输入端口时，可能的波形如图 4-15(a)所示。这个波形与发送端波形可能有很大的差异，需要由诸如图 4-15 的电路来对信号进行修正。信号中的噪声由滤波电路滤除，信道的高频衰减可以用均衡器来加以补偿。经过均衡以后，信号的波形(见图 4-15(b))已经比较接近发送信号，但仍然是非矩形波，需要整形。本例中的整形电路是一个差动判决电路，它将信号与一个判决电平(见图 4-15(c))进行比较，当信号的电压超过这个判决电平时输出高电平，而低于这个判决电平时输出低电平。判决电平取信号幅度的中值，它由一个峰值检波器对信号进行检波取平均值而得到，如果发送端发送的是双极性基带信号，则可取零电平作为判决电平。

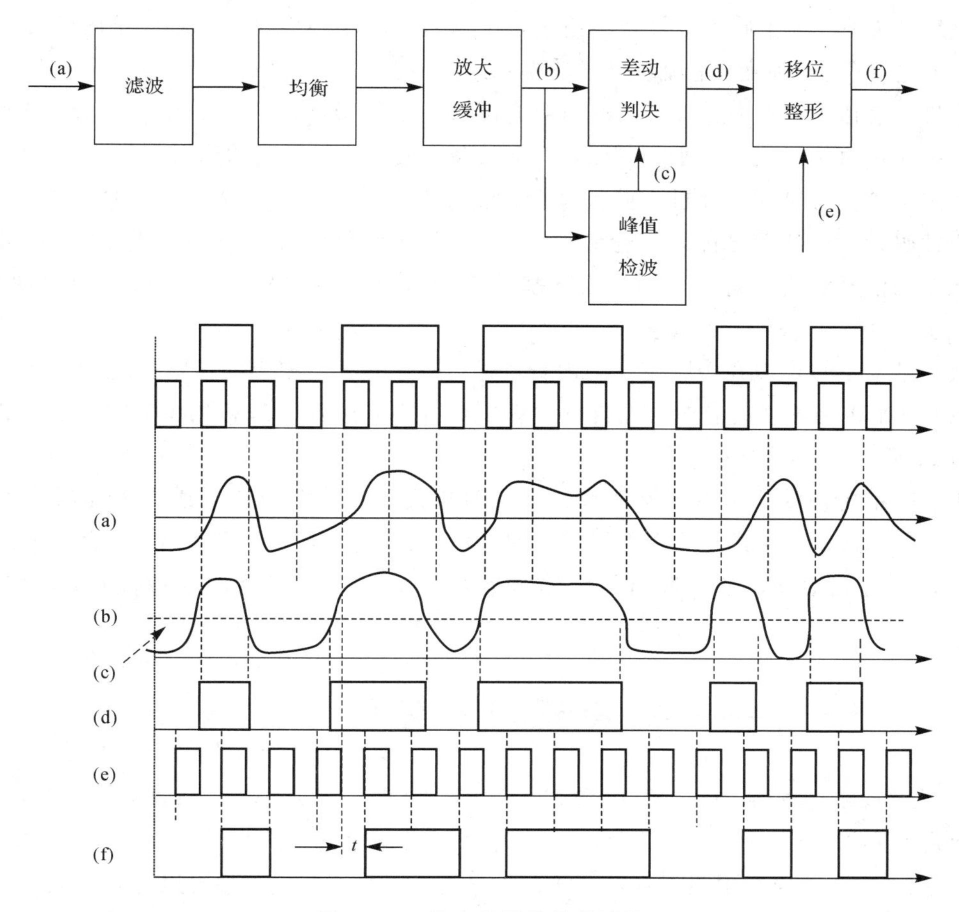

图 4-15 数字基带信号的接收

整形以后的信号波形(见图 4-15(d))虽然已经是一个矩形波，但其脉冲的前后沿时刻是随机的，发生在整形电路输入与判决电平相交时刻，这个时刻受信道特性与噪声特性的影响，因此每个码元长度也是随机变化的，需要重新定时。再定时电路包括时钟提取电路和定时触发电路两部分，由时钟提取电路从信号中提取频率 $f_s=1/T_s$ 的定时脉冲(见图 4-15(e))，这个脉冲序列与发端的时钟是严格同步的，在它的控制下，每个码元的长度固定为 T_s，如果不发生误码，定时触发电路将输出与发端完全一样的信号(见图 4-15(f))。

从图 4-15 中还可以看到，由于每个信号码元在中间时刻受信道传输特性的影响最小，因此重新定时的时间(图 4-15(e)中定时脉冲波形的上升沿)选在这个时刻可以使误码发生的可能性减小。这样，信号在传输过程中除了有信号传播延时外，还要加上半个码元长度的处理延时，总的延时为 t。

本章小结

信号在信道中传输会产生衰减，衰减是因能量损耗而导致的幅度减小，通常用分贝值来描述。正弦信号在线性信道中传输时，其幅度会衰减，还会有时延，但频率不发生改变，也就是线性失真。为了确定信号在传输过程中是否产生了线性失真，需要了解信号在不同频率上的电量(电压幅度、电流幅度或功率)分布即信号的频谱。

信号在信道中传输时，来自信道和传输设备的各种噪声都会叠加到信号上。噪声的存在将会影响接收机对信号电平的判断，严重时会造成对信号码元的错误接收。

数字基带信号是指未经过正弦波调制的数字信号，它以码元为单位按时间顺序排列。只有两种码元状态的信号称为二进制信号，这时每个码元带有一个比特信息量，码元多于两种状态的信号称为多进制信号。数字基带信号可以有多种波形，常见的有单(双)极性NRZ波形、单(双)极性RZ波形等。

数字基带信号可以在短距离范围内直接进行有线传输，相应的传输系统称为数字基带传输系统。基带传输系统有时会在传输过程中对数字基带信号进行码型变换，常用的传输码型有AMI码和HDB3码。

用于基带传输的信道主要有双绞线和同轴电缆。基带信号在信道中传输时会产生衰减、失真并受到各种干扰与噪声的影响。如果信道的带宽与码元速率相近，会出现同一个信号码元之间的相互串扰。根据信号的特点合理地设计和调整信道特性可以消除码间串扰。

习题与思考题

1. 设两个频率分别为30 MHz和200 MHz，功率为110 dBm的载波，经过1.5 km的同轴电缆(型号为SYV-75-5)传输后，其输出端匹配负载上的信号功率分别是多少？

2. 在一个无线电发射机发射功率确定的情况下，为了使接收端可以得到更大的信号电平，请问是提高接收天线的增益好还是在接收端加放大器好？为什么？

3. 如果要从一个重复频率为1 kHz的周期性方波中取出频率为3 kHz的正弦波，请问要用什么样的滤波器？

4. 在图4-11中所示的各种数字信号波形中，哪些波形带宽小？哪些波形是三电平波形？哪些波形的同步信息多？哪些波形没有直流分量？

5. 在同样的码元速率下，双极性RZ波形与HDB3波形有哪些区别？

6. 试将下列数字信码进行AMI和HDB3码编码：

   10110000101000000000111100001

7. 试举出若干个并行传输与串行传输的实例。

第 5 章　数字信号的频带传输

本章教学目标

- 熟悉二进制振幅键控。
- 熟悉二进制频移键控。
- 熟悉二进制相移键控。
- 熟悉调制解调器。
- 掌握频分多路复用技术。
- 掌握扩频技术。

本章重点及难点

- 二进制差分相移键控的信号波形。
- 二进制差分相移键控的调制与解调。
- 直接序列扩频。

数字信号的频带传输是指对基带数字信号进行调制，将其频带搬移到光波频段或微波频段上，利用光纤、微波和卫星等信道传输数字信号。数字基带信号在很多场合要通过信号频谱的搬移才能满足信号传输的要求，这种频谱搬移可以通过对特定频率的正弦波的调制来实现。

5.1　数字信号的调制与解调

调制(Modulation)是用基带信号去控制正弦波的参数的过程。需要调制的基带信号称为调制信号(Modulating Signal)，被调制的正弦波称为载波(Carrier)，经过调制以后的信号称为已调信号(Modulated Signal)。

调制在传输系统的发送端进行。在接收端，接收设备要将原来的基带信号从已调信号中恢复，这个过程称为解调(Demodulation)。双向传输系统中的传输设备既要完成调制功能，又要完成解调功能，因此称为调制解调器(Modem)。图 5-1 所示是数字信号在传输系统中的调制与解调示意图。

一个正弦载波有三个参数，分别是幅度、频率与相位，它们都可以受调制信号的控制而发生变化，因此对应地就有幅度调制(AM)、频率调制(FM)和相位调制(PM)三种调制类型。

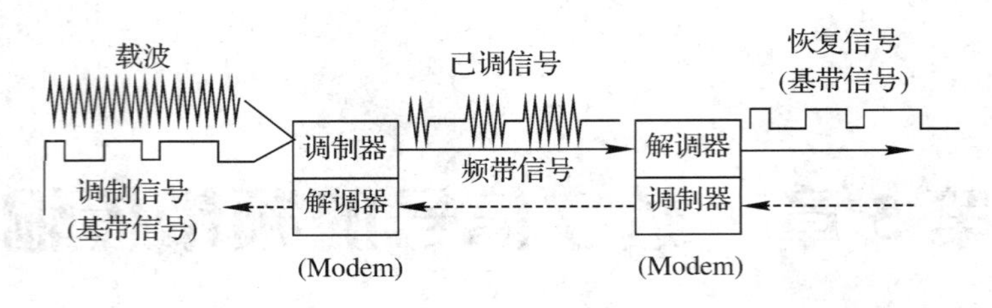

图 5-1　调制与解调示意图

数字调制是指以数字型的正弦波作为调制信号的调制技术。数字调制技术可分为两种类型：

(1) 利用模拟方法实现数字调制，即把数字基带信号当作模拟信号的特殊情况来处理。

(2) 利用数字信号的离散取值特点去键控载波的参数，从而实现数字调制。

后一种方法通常称为键控法。常见的数字调制有振幅键控(ASK)、频移键控(FSK)、相移键控(PSK)以及它们的组合或改进。

基带信号经过调制后不仅频率发生了变化，其频带宽度和抗干扰能力也会发生变化。用尽可能小的带宽去获得尽量高的比特率和尽量小的误码率，是数字调制技术研究的主要目标。

5.1.1　二进制振幅键控

1. 信号波形

图 5-2 所示是一个 ASK 信号波形的例子。正弦载波的有无受到信码控制。当信码为 1 时，ASK 信号的波形是若干个周期的高频等幅波(图中为两个周期)；当信码为 0 时，ASK 信号的波形是零电平。

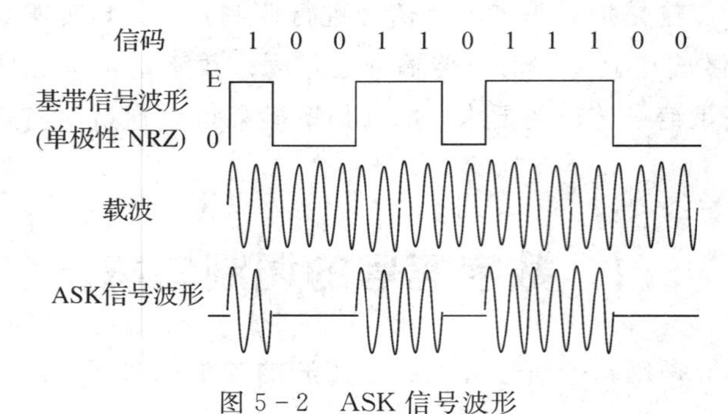

图 5-2　ASK 信号波形

2. ASK 调制与解调

二进制振幅键控信号的产生方法(调制方法)有两种，如图 5-3 所示。图 5-3(a)是采用模拟调制方式的 ASK 调制方法，相乘器将数字基带信号(单极性 NRZ 波形)和高频载波相乘，得到 ASK 信号。图 5-3(b)则是采用数字键控方式，由数字基带信号去控制一个开关电路。当出现 1 码时开关闭合，有高频载波输出；当出现 0 码时开关断开，无高频载波输出。

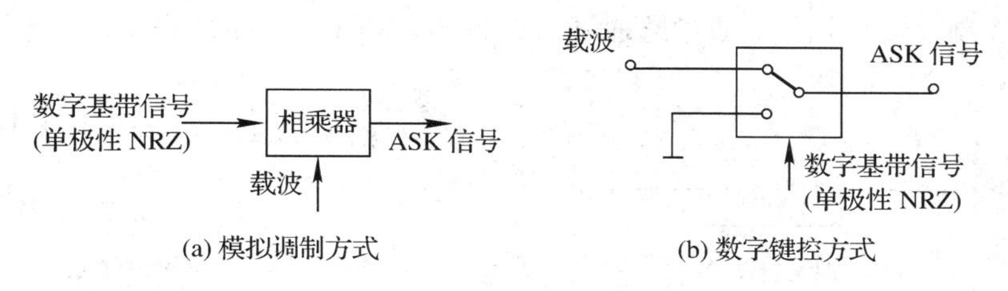

图 5－3　ASK 波形产生器框图

在接收端，如果对 ASK 信号进行包络检波和取样判决后可以恢复原来的调制信号。图 5－4 是 ASK 信号解调器组成框图及工作波形。图 5－4(a)中，带通滤波器用于滤除传输过程中引入的干扰与噪声。包络检波器用于提取信号的幅度值，可以采用相干检波或非相干检波。由于相干检波需要与信号载波同步插入载波，会使接收电路复杂化，因此在 ASK 信号解调中用得较少。取样判决器与基带信号传输系统中的取样判决器一样，用于对检波后的信号进行重新定时和整形。

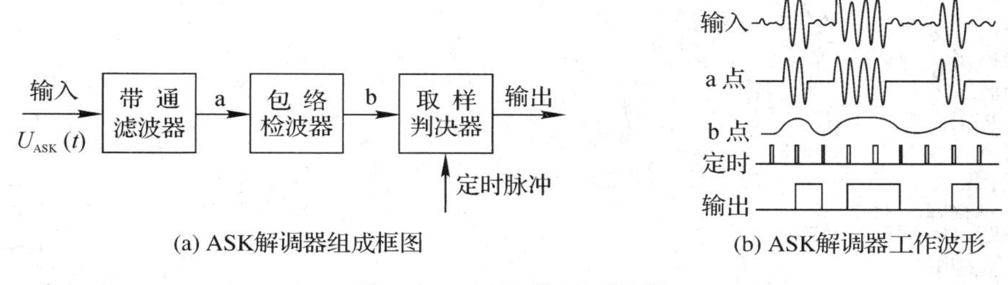

图 5－4　ASK 信号解调器

5.1.2　二进制频移键控

1. 信号波形

二进制频移键控就是用两种不同频率的正弦载波来表示其两种状态，而载波的幅度则保持不变。图 5－5 是一个 FSK 信号与基带信号的波形关系图。从图 5－5 中可以看到，信码为 1 时，基带信号为高电平，对应的 FSK 信号是一个频率为 f_1 的载波；信号为 0 时，基带信号为低电平，FSK 信号则是一个频率为 f_2 的载波。

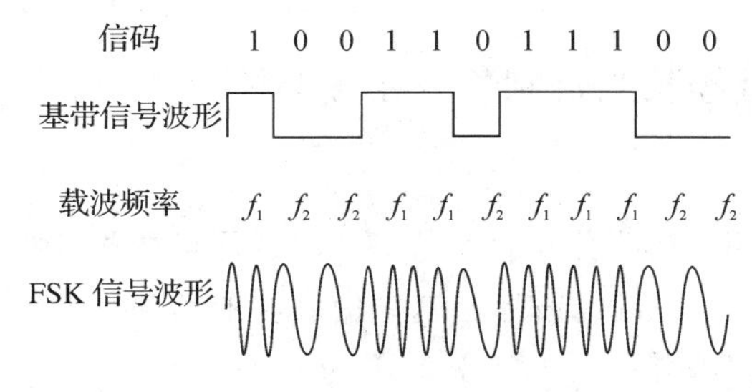

图 5－5　FSK 信号与基带信号的波形关系

2. FSK 调制与解调

FSK 信号的产生方法有两种。图 5－6(a)是直接用 NRZ 基带信号对一个载波进行调频来产生 FSK 信号，如同将其看作一个模拟基带信号；图 5－6(b)采用键控的方法，用 NRZ

基带信号去控制一个选通器，通过选通开关的转向来输出不同的振荡频率。

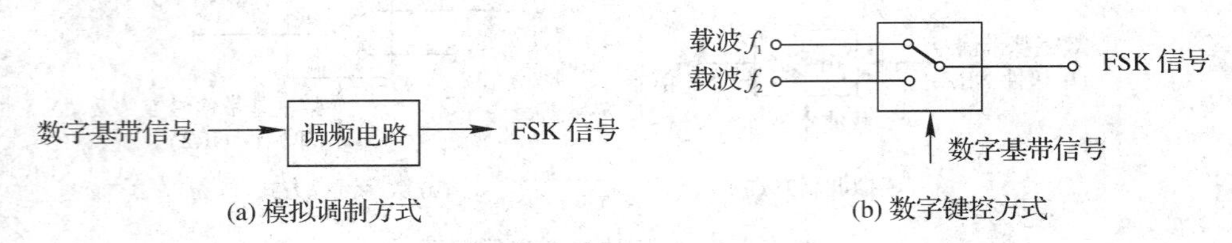

图 5-6　FSK 波形产生器框图

如果用两个中心频率分别为 f_1 和 f_2 的带通滤波器对 FSK 信号进行滤波，可以将其分离成两个 ASK 信号波形，如图 5-7 所示，即

$$\text{FSK 信号波形}=\text{滤波器 1 输出波形}+\text{滤波器 2 输出波形}$$

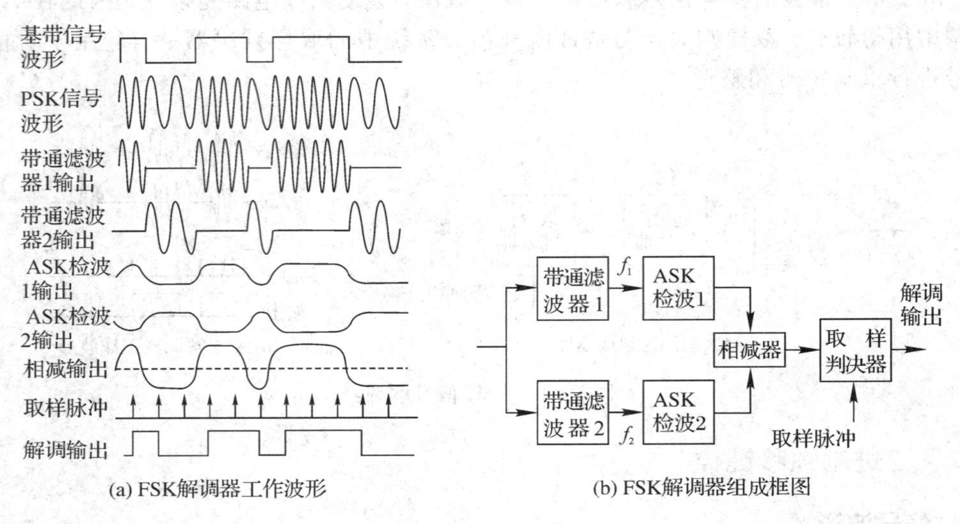

图 5-7　FSK 信号解调器

对每一个波形都进行 ASK 检波(可以采用相干检波或非相干检波)，并将两个检波输出送到相减器，相减后的信号是双极性信号，以零电平作为判决电平，不用像 ASK 解调那样要从信号幅度中提取判决电平。在取样脉冲的控制下进行判决，就可完成 FSK 信号的解调。

二进制频移键控信号还有其他解调方法，如鉴频法、过零检测法及差分检波法等。

5.1.3　二进制相移键控及二进制差分相移键控

1. 信号波形

二进制相移键控(PSK)和差分相移键控(DPSK)是载波相位按基带脉冲序列的规律而改变的两种数字调制方式。它们的波形与基带信号波形的关系如图 5-8 所示。

从图 5-8 中可以看到，在 T_1 时刻，信码为 0(这时对应的基带信号波形为高电平)，PSK 信号与载波基准有相同的相位，而在 T_2 时刻，信码为 1，PSK 信号与载波基准的相位相反。显然，如果接收机得到载波基准和 PSK 信号，只要将两者进行相位比较，就可以从信号中恢复原来的信码。这种以信号与载波基准的不同相位差直接去表示相应数字信息的相位键控，通常被称为绝对相移键控方式。

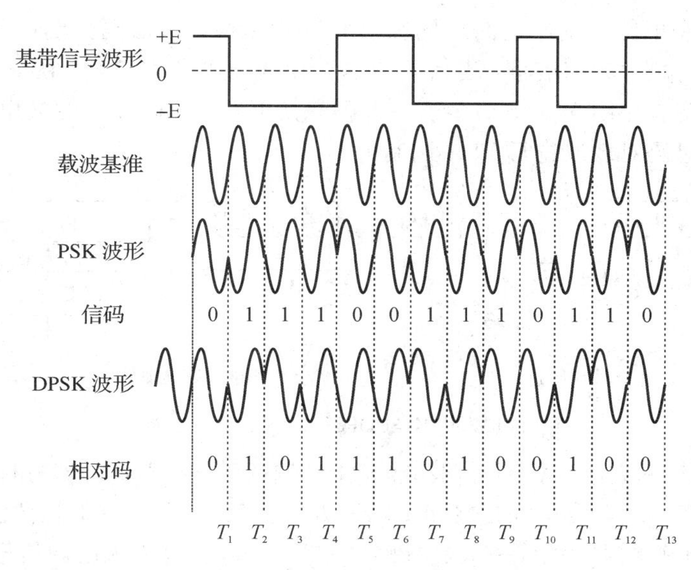

图 5－8　PSK、DPSK 信号相位与信码的关系

PSK 接收系统必须有一个与发送系统相同的基准相位(即载波基准)作为参考。根据这个基准相位，当判定接收信号与基准的相位差为 0 时，认为接收到的是 0 码，而相位差为 π 时就认为接收到的是 1 码。

相对差分相移键控(DPSK)是利用前后相邻码元的相对相位来表示数字信息的一种方式。例如从图 5－8 中可以看到，T_2 时刻与 T_1 时刻信号的相位发生了翻转，代表 T_2 时刻的信码为 1，T_5 时刻与 T_4 时刻信号的相位相同，代表信码为 0。

需要说明的是，单纯从波形上看，DPSK 与 PSK 是无法分辨的。例如，图 5－8 中的 DPSK 波形与信码之间有相位“逢 1 翻转、遇 0 不变”的差分相移键控关系，但它与图中的相对码之间有相位“逢 1π 相、遇 0 零相”的绝对相移键控关系，也就是说，对信码来说的 DPSK 信号对相对码来说是 PSK 信号。这说明 DPSK 信号可以通过把信码(绝对码)变换成相对码，然后再对相对码进行 PSK 调制而得到。例如将图 5－8 中的信码序列依次进行相邻码元的比较，如果前后相同记作 0，前后不同记作 1，则可以得到相对码，然后将相对码对基准载波进行 PSK 调制就可得到 DPSK 信号。

信码与 PSK 信号的相位关系也可以用矢量图表示，如图 5－9 所示。图 5－9 中，矢量的长度代表正弦波的幅度，它与正向水平轴的夹角代表正弦波的初相位。正向水平轴表示基准。因此 2PSK 信号有两个矢量，相位分别是“0”相和“π”相，分别代表信码 0 和 1。而对于 DPSK 信号来说，其矢量表示在前一个码元基础上的相位增加量。

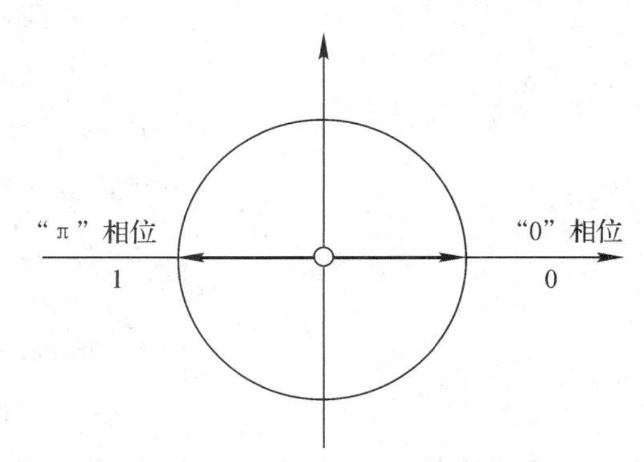

图 5－9　2PSK 信号矢量图

2. PSK 与 DPSK 调制与解调

PSK 与 DPSK 的调制器组成框图如图 5－10 所示。图 5－10(a)是 PSK 信号调制器电路，

载波发生器和移相电路分别产生两个同频反相的正弦波，由信码控制电子开关进行选通，当信码是“0”时，输出“0”相信号，当信码为“1”时，输出“π”相信号。图 5-10(b)是 DPSK 信号调制器电路，它比图 5-10(a)多了一个码变换电路，信码在码变换电路中变换成相对码，再用这个相对码对载波进行 PSK 调制得到 DPSK 信号。

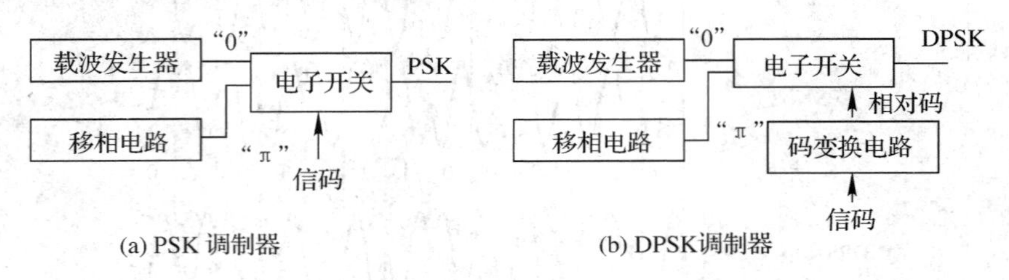

图 5-10　PSK 与 DPSK 的调制器组成框图

PSK 信号的解调方法有相干解调和非相干解调两种，相干解调器方框图和各功能块输出点的波形如图 5-11 所示。如果将相干解调方式中的“相乘器→低通滤波器”用鉴相器代替，就变为非相干解调器。图 5-11 中的解调过程，实际上是输入已调信号与本地载波信号进行相位比较的过程，故常称为相位比较法解调。

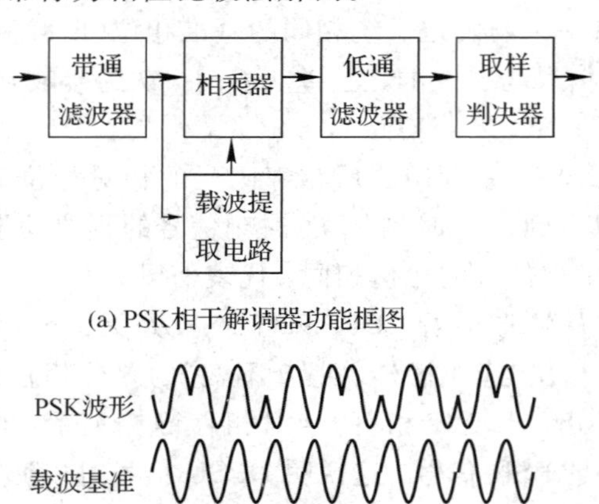

(a) PSK相干解调器功能框图

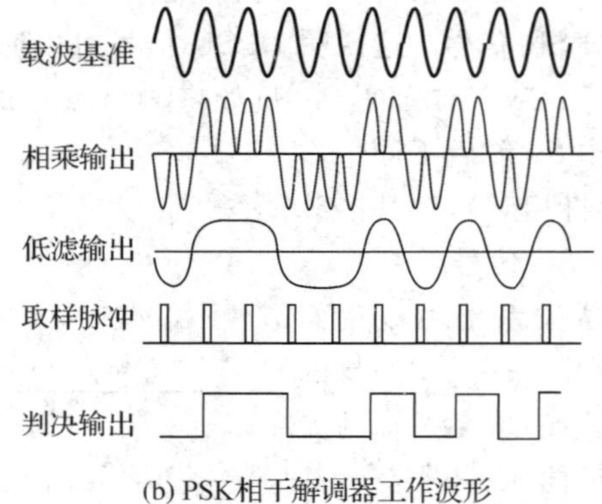

(b) PSK相干解调器工作波形

图 5-11　PSK 信号解调器

DPSK 信号的波形与 PSK 相同，因此也能用图 5-11(a)所示的框图进行解调，但得到的只能是相对码，还必须有一个码变换器将相对码变换为绝对码。此外，DPSK 信号解调还可采用差分相干解调的方法，直接将信号前后码元的相位进行比较，如图 5-12 所示。由于此时的解调已同时完成了码变换，故无需码变换器。这种解调方法由于无需专门的相干载波，因而非常实用。当然，它需要一个延迟电路精确地延迟一个码元长度（T_S），这是在设备上所要花费的代价。

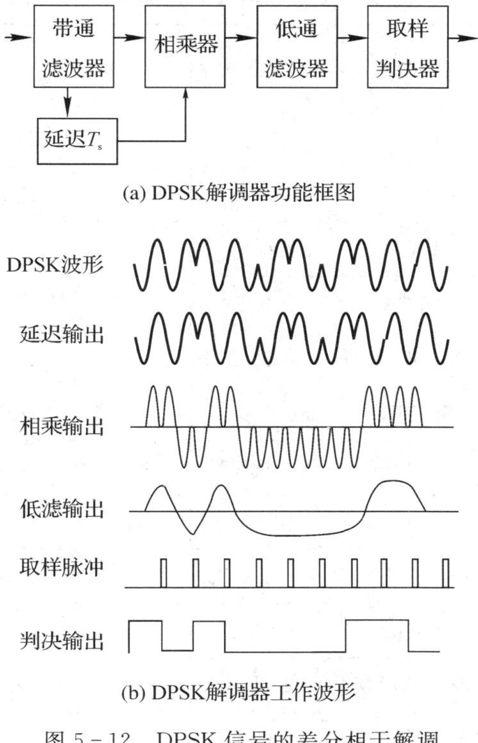

(a) DPSK解调器功能框图

(b) DPSK解调器工作波形

图 5-12　DPSK 信号的差分相干解调

5.1.4　调制解调器

由于现有的通信系统主要是模拟通信系统，因此在目前阶段最经济的方法是利用数据调制解调器（Modem）借助模拟系统进行数据传输。图 5-13 是一个利用模拟信道的数据传输系统组成框图，典型的例子是在公共交换电话网中进行计算机数据、传真数据等信号的传输。所谓调制解调器，就是将调制器与解调器合二为一的通信设备，它除了要完成数据的调制与解调外，还具有定时、波形形成、位同步与载波恢复及相应的接口控制功能，有的还要求有 AGC 和线路群延时特性均衡器等单元，以提高数据传输的质量和可靠性。

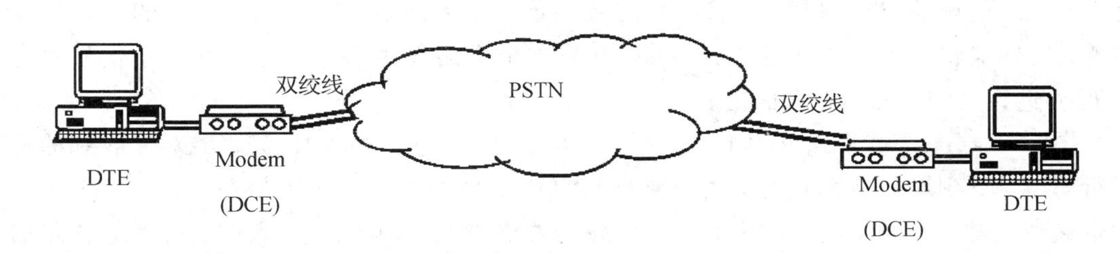

图 5-13　Modem 在拨号网络中的应用

目前正在使用的调制解调器有很多种类，其最基本的参数是数据的传输速率、工作方式和对信道的要求。表 5-1 列出了 CCITT 和美国贝尔(BELL)有关 Modem 的建议和标准。

表 5-1 CCITT 关于 Modem 的建议及相应的标准

CCITT 建议	数据速率/(b/s)	调制方式	工作方式	信道	相应的BELL 标准
V.21	200/300	FSK	双工	交换电路	103
V.22	1200	4DPSK	双工	交换电路和租用电路	212
V.23	600/1200	FSK	半双工	交换电路	202
V.26	2400	4DPSK	全双工	四线租用电路	201
V.26bis	2400/1200	4/2DPSK	半双工	交换电路	201
V.27	4800	8DPSK	全、半双工	租用电路(手动均衡)	208
V.27bis	4800/2400	8/4DPSK	全、半双工	四/二线租用电路(自动均衡)	208
V.27ter	4800/2400	8/4DPSK	半双工	交换电路(自动均衡)	208
V.29	9600	16A-PSK	全、半双工	租用电路(自动均衡)	209
V.32	9600/4800	32/16QAM	全双工	二线交换或租用电路(自动均衡)	
V.33	14.4 k/1.2 k	128/64QAM	全双工	四线租用电路	
V.35	48 k	抑制边带 AM	半双工	宽带电路(60 108 kHz)	
V.36	64 k	抑制边带 AM	半双工	宽带电路(60 108 kHz)	

5.2 频分多路复用技术

频分复用是指以不同频率传送各路消息来实现多路通信，这种方法也称为频率复用。以这种方式实现多路信号在一个信道中传输的技术称为频分多路复用(FDM)技术。

图 5-14 所示是一个频分多路复用系统的组成框图。图 5-14(a)是发送部分的组成框图，N 路基带信号分别通过低通滤波器限制带宽，然后送入相应的调制器对频率为 f_1、f_2、…、f_N的载波进行调制。各载波之间有一定的频率间隔，以保证已调波的频谱不发生重叠。合路器将多个已调波混合成一路，并将这个多路复用信号当作一路基带信号对高频载波 f_c进行调制，最终送入信道。

图 5-14(b)是接收部分的组成框图，它与发送部分是对应的。解调器对接收到的信号进行解调，得到频分复用信号，由分路器将复用信号送入中心频率分别为 f_1、f_2、…、f_N的带通滤波器。带通滤波器的中心频率与发送端各载波的频率是一致的，将其他各路信号以及传输过程中引入的干扰滤除，输出一个较为纯净的单路已调信号。最终各个解调器对每一路信号进行解调，恢复为原基带信号。

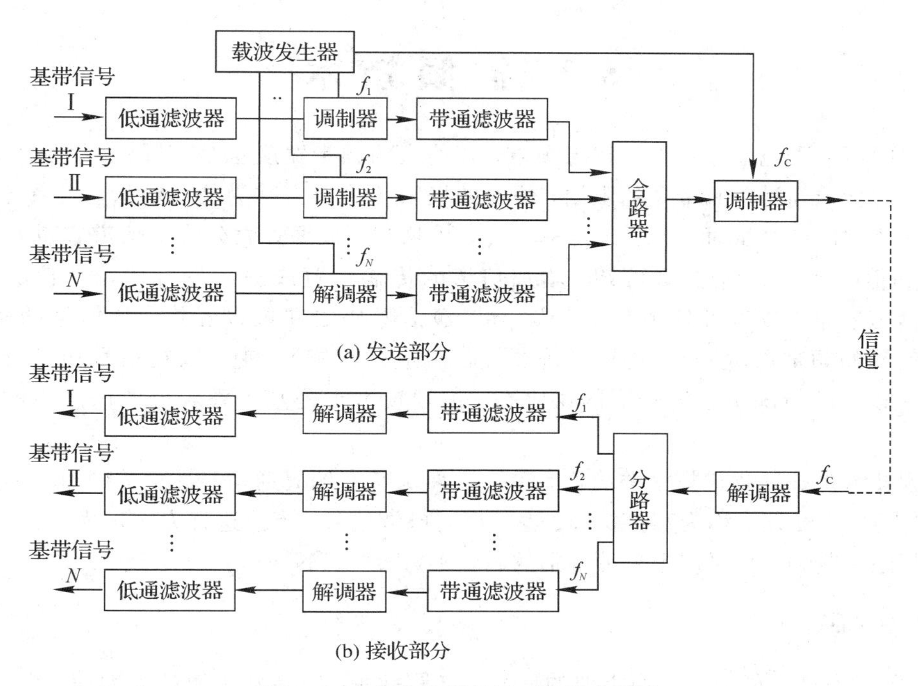

图 5－14　频分多路复用系统组成框图

频分多路复用更多地用于模拟通信系统中，并且可以进行多层的频分复用。图 5－15 表示用于卫星通信的 CCITT900 路主群各级频分复用的情况。一个 CCITT900 路主群由 15 个超群构成，每个超群又由 5 个基群构成，每个基群由 12 个语音基带信号复合而成，总的信号数为 15×5×12＝900 路。每一路信号的频率范围为 300～3400 Hz，900 路主群的频率范围为 308～4028 kHz，带宽约为 4 MHz。

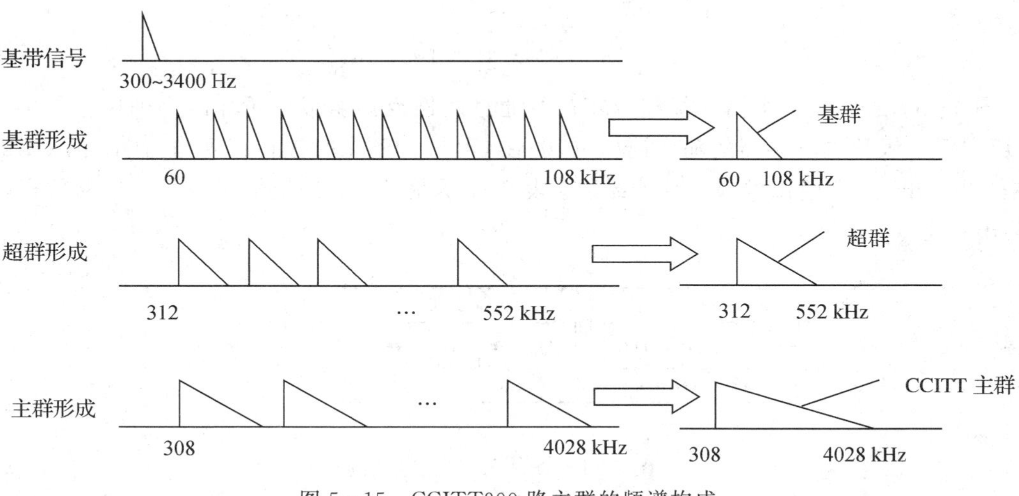

图 5－15　CCITT900 路主群的频谱构成

5.3 扩频技术

信道中不可避免地存在着干扰与噪声，且信道的频带宽度也是有限的，因此信道传送信码的能力会受到噪声和带宽的限制。信道的极限传输能力称为信道容量，当系统传输的信息速率超过信道容量时，系统误码率将会大大增加。根据香农公式中信道容量 C 与信道带宽 B 和信噪比 S/N 的关系可知，增加信道的传输带宽或提高信号传输的信噪比都可以增加信道容量，或者说信道传输带宽与传输信噪比之间可以互换。从信号的角度看，如果将信号的频带展宽(当然传输系统要提供相应的带宽)，就可以在信号功率较小而干扰或噪声较大的情况下获得较低的误码率。扩频技术正是基于香农公式而产生的一种通信技术。

扩频技术是扩展频谱技术的简称，它是一种伪噪声编码通信技术。扩频可以直接对基带信号进行，这种方式称为直接扩频；也可以对已调信号进行，这种方式称为跳频。无论是直接扩频还是跳频，都要用到一种特别的码，即伪随机(PN)码。

5.3.1 PN 码

PN 码序列是一种与白噪声类似的信号，它是一种具有特殊规律的周期信号。图 5－16 所示是一个周期为 31 的 PN 码序列，在一个周期内“1”或“0”码的出现似乎是随机的。PN 码序列的这种特性称为伪随机性，因为它既具有随机序列的特性，又具有一定的规律，可以人为地产生与复制。

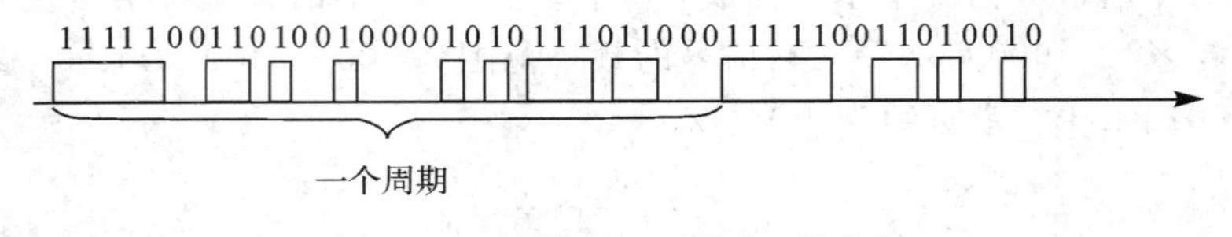

图 5－16　周期为 31 的 PN 码序列

图 5－17 所示是一个由 5 级移位寄存器通过线性反馈组成的 PN 码序列产生电路。图 5－17中每一级移位寄存器的输入码(1 或 0)在 CP 脉冲到来时被转移到输出端，而 D1 的输入是 D2 输出与 D5 输出的模 2 加的结果。表 5－2 是各个 CP 脉冲周期内每一个移位寄存器的输出状态。

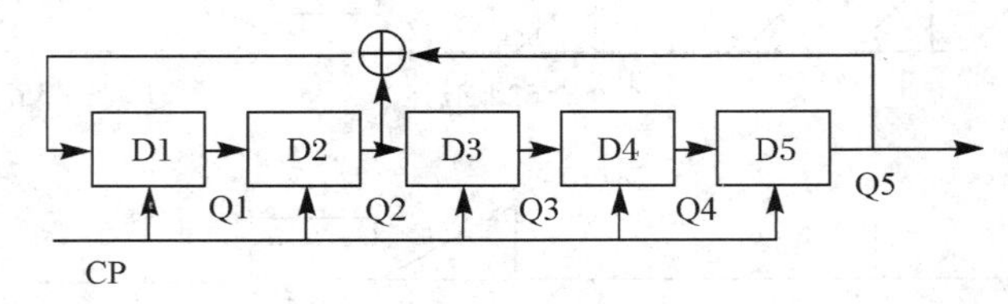

图 5－17　PN 码序列发生器

PN 码的相关函数具有尖锐特性，因此易于从其他信号或干扰中分离出来，且有良好的抗干扰特性。

PN 码的类型有多种，如 m 序列、组合码、Gold 码等。因为 m 序列是研究和构成其他码序列的基础，因此，m 序列是研究的重点。

表 5-2　PN 序列产生器工作状态表

CP周期	移位寄存器输出					CP周期	移位寄存器输出					CP周期	移位寄存器输出				
	Q1	Q2	Q3	Q4	Q5		Q1	Q2	Q3	Q4	Q5		Q1	Q2	Q3	Q4	Q5
1	1	1	1	1	1	12	0	0	1	0	0	23	1	0	1	1	1
2	0	1	1	1	1	13	0	0	0	1	0	24	1	1	0	1	1
3	0	0	1	1	1	14	0	0	0	0	1	25	0	1	1	0	1
4	1	0	0	1	1	15	1	0	0	0	0	26	0	0	1	1	0
5	1	1	0	0	1	16	0	1	0	0	0	27	0	0	0	1	1
6	0	1	1	0	0	17	1	0	1	0	0	28	1	0	0	0	1
7	1	0	1	1	0	18	0	1	0	1	0	29	1	1	0	0	0
8	0	1	0	1	1	19	1	0	1	0	1	30	1	1	1	0	0
9	0	0	1	0	1	20	1	1	0	1	0	31	1	1	1	1	0
10	1	0	0	1	0	21	1	1	1	0	1	1	1	1	1	1	1
11	0	1	0	0	1	22	0	1	1	1	0	2	0	1	1	1	1

5.3.2　直接序列扩频

直接序列(DS)扩频是一种应用较多的扩频技术，简称直扩，它直接利用具有高码元速率的 PN 码序列在发送端扩展基带信号的频谱，在接收端用相同的 PN 码序列进行解扩，把展宽的扩频信号还原成原始的信号。图 5-18 为直接扩频系统的组成与原理框图。图 5-18 中，数字基带信号首先与 PN 码序列相乘，得到被扩频的信号(仍为数字基带信号)，随后与正弦载波相乘并通过带通滤波器，得到射频宽带信号。在接收端，信号经带通滤波器滤波后先与本地载波相乘进行相干检波，得到基带扩频信号，然后再与 PN 码相乘解扩，恢复原始数字基带信号。

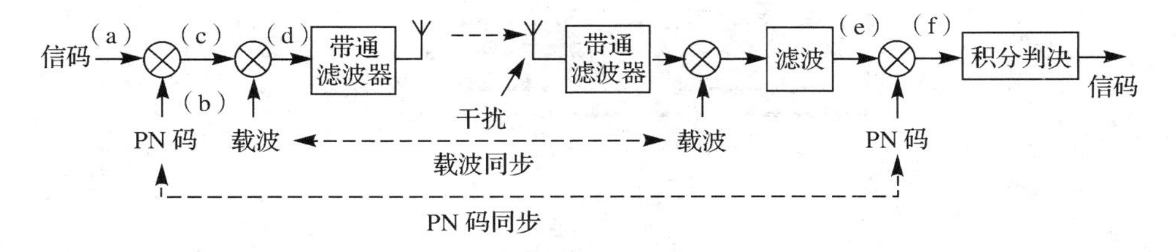

图 5-18　直接扩频系统的组成与原理框图

图 5-19 从波形的角度描绘了利用 PN 码对信号进行频谱扩展的过程。图 5-19(a)是要传输的信码，其码元长度为 T_b；图 5-19(b)为 PN 码序列，它的每一个码元称为码片，码片之间的间隔为 T_c；图 5-19(c)为扩频后的信号，它是信码波形与 PN 码序列相乘的结果。

经过扩频的信码的每一个码元由多个码片构成(图 5-19 中是 12 个，实际上更多)，从波形上看脉冲的宽度变小了，因而信号的频谱展宽了，这也是将这种技术称为扩频技术的原因。

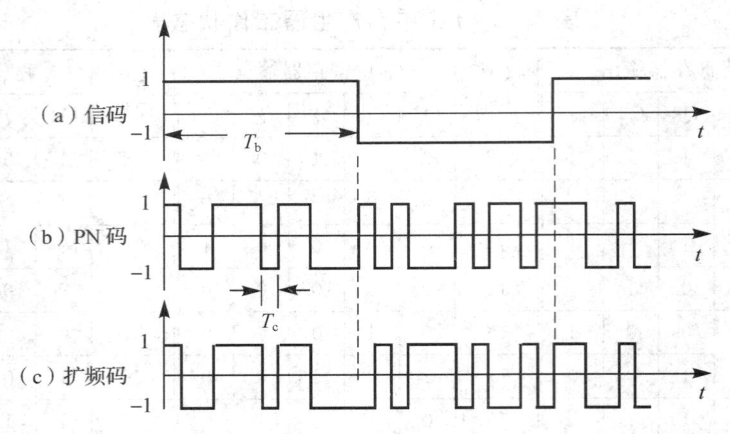

图 5-19 用 PN 码进行频谱扩展的原理示意图

图 5-19(c)的信号如果传送到接收端，接收端用完全相同的 PN 码对它进行解调(只要再相乘一次)，就可以恢复出如图 5-19(a)所示的信码。

由于直扩基带信号采用双极性 NRZ 波形，因此实际上直扩基带信号与正弦载波相乘就是 PSK 调制。载波、数据与 PN 码三者之间都是相乘关系，相乘次序的变化不影响结果，因此实际的发送设备中可能是先将数据进行 PSK 调制得到窄带的射频信号，再进行扩频；同样，接收设备也可能是先解扩，再进行 PSK 解调。

扩频调制技术最显著的特点是具有很强的抗干扰性能，图 5-20 从频域的角度解释了直扩系统的抗干扰原理。

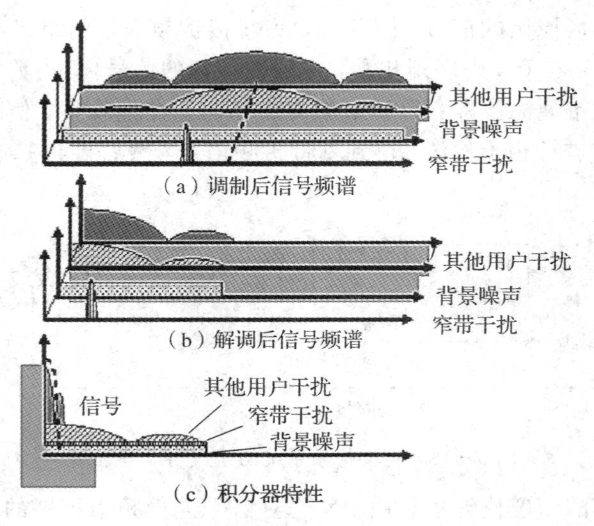

图 5-20 直扩频系统的抗干扰原理

实际上，通信系统中必定存在着各种各样的干扰与噪声，图 5-20(a)画出了三种主要的干扰与噪声，分别是窄带干扰、背景噪声和其他用户干扰。窄带干扰主要由其他窄带通信系统产生，特点是频带窄，幅度大；背景噪声来自于多种干扰源，其频谱分布均匀，所有频率上都存在；其他用户干扰指的是来自于相近频率的其他扩频系统的干扰，或是同一系统中其他用户发送的信号。

(1) 对窄带干扰的抑制。窄带干扰通过接收机的解调器后频谱搬到了较低处，它与 PN 码序列相乘后频谱被扩展，但频谱密度大大下降，经过低通滤波器后只有极少部分的干扰能进入解扩后的系统中。

(2) 对背景噪声的抑制。背景噪声经过解调器后变成低频噪声，其频谱仍然是均匀分布的。与 PN 码相乘后其频谱密度变化不大，因此也只有在低通滤波器带宽内的噪声能进入后面的系统。

(3) 对其他用户干扰的抑制。以同一系统中其他用户为例，当接收机收到来自于其他用户的信号时，该信号使用的 PN 码序列与接收机产生的 PN 码序列相同但相位不同，两者相乘并积分后输出很小，如图 5-21(c)所示，对信号的正常接收几乎不产生影响。由此可见，采用扩频技术的通信系统，发端与接收端之间必须使用相同的 PN 码(包括相位也相同)。如果每一个接收端使用预先规定的不同相位的 PN 码，发送端改变 PN 码的相位就可与不同的接收端进行通信，因此实际系统中可以用每一种 PN 码序列作为数字终端的地址进行多址通信，这种多址技术称为码分多址(CDMA)。

直扩系统接收端与发射端必须实现信息码元同步、PN 码元和序列同步、射频载频同步，只有实现了这些同步，系统才能正常工作。PN 码同步系统的作用是要实现本地产生的 PN 码与接收到的信号中的 PN 码同步。在频率上相同、相位上一致的同步过程包含两个阶段：搜索阶段和跟踪阶段。搜索就是把对方发来的信号与本地信号在相位上的差异纳入同步保持范围内，即在 PN 码一个码元内；一旦完成这一阶段后，则进入跟踪过程，无论何种因素使两端的频率和相位发生偏移，同步系统都要加以调整，使收发信号保持同步。

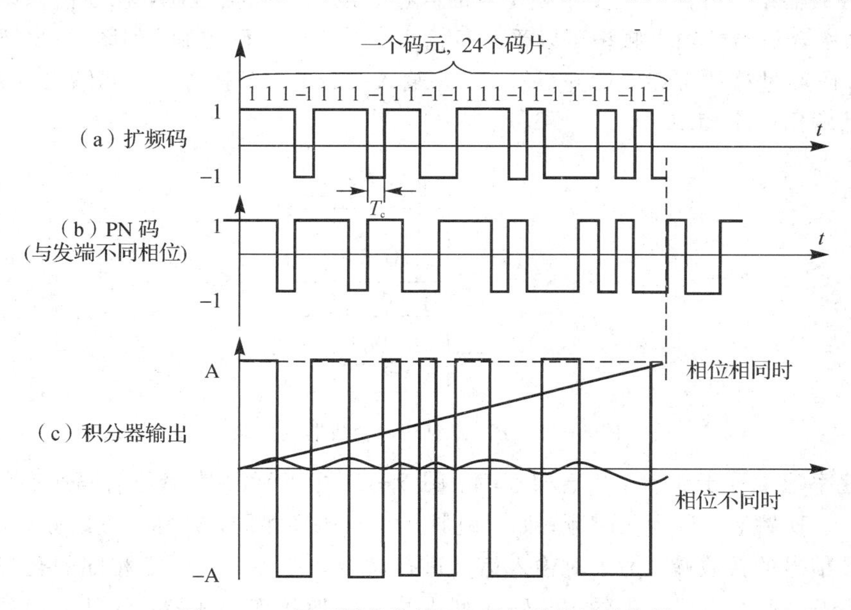

图 5-21　用不同相位的 PN 码解扩的结果分析

5.3.3　跳频

在扩频通信中，另一种最常用的扩频方式是跳频。在二进制 FSK 系统中，1 码与 0 码表现为两个不同频率的载波，分别记为 f_1 和 f_2，跳频系统在 FSK 的基础上使 f_1 和 f_2 以

相同的规律作随机跳变，也就是说，实际的发送频率为

$$f_t = f_N + f_1 \quad (\text{当发送 1 码时})$$

$$f_t = f_N + f_2 \quad (\text{当发送 0 码时})$$

这里 f_N 是按伪随机变化的频率，通常可由 PN 码控制频率合成器产生。图 5－22 是跳频发射机与接收机的组成框图。图 5－22(a)中，信码经 FSK 调制后送到混频器进行混频，与普通的发射机不同的是，用于混频的本振信号是由频率合成器产生的频率随机变化的正弦波，其变化的规律受 PN 码的控制。图 5－22(b)是一个超外差接收机，其本振也是一个频率随机变化的正弦波，其变化规律受到与发射机同步的 PN 码的控制。这样，尽管接收到的信号是一个载频在随机跳变的信号，但由于本振以相同的规律跳变，两者在混频器中相减的结果则是一个固定的中频（f_1 或 f_2）。

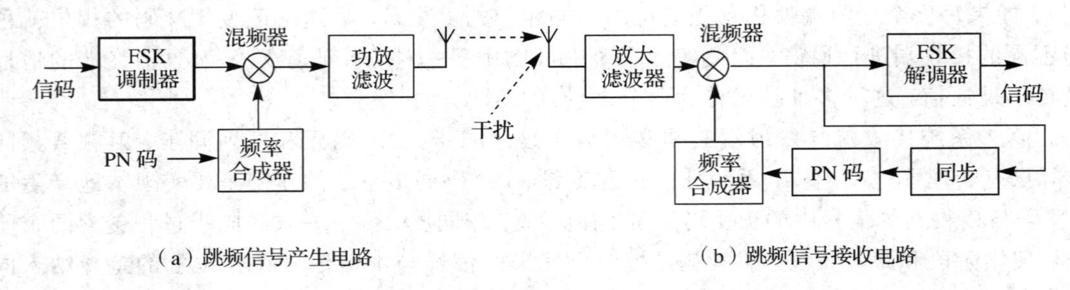

（a）跳频信号产生电路　　（b）跳频信号接收电路

图 5－22　跳频发射机与接收机的组成框图

频率合成器是一种能产生多个频率点的高稳定度的正弦信号源，在通信系统中被广泛地应用。频率合成器的输出频率可以受并行输入的二进制代码控制，如图 5－23 所示。串行输入的 PN 码经过移位寄存器后并行输出，每输入一位 PN 码就有一组码输出，相应地控制频率合成器输出一个频率。

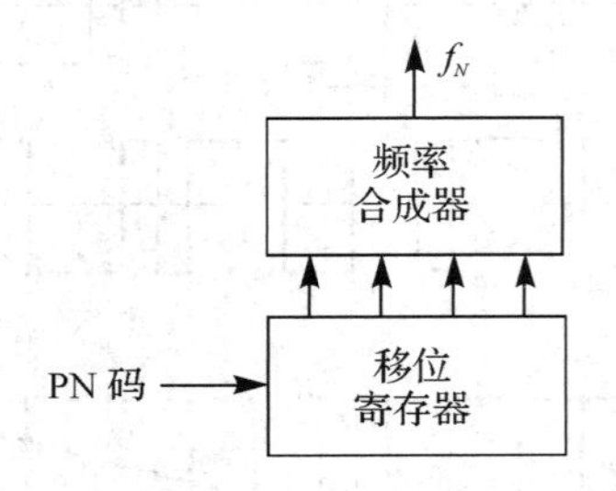

图 5－23　PN 码对频率合成器的控制

跳频速率通常等于或大于信息码速率。图 5－24 中的跳频速率是信码速率的 8 倍。如果每个码有多次跳频，称为快跳频；如果跳频速率与码率相同，则称为慢跳频。

在跳频信号的接收端，为了对输入信号进行解调，需要由与发端相同的且时间上同步的本地 PN 码序列发生器产生的 PN 码序列去控制本地频率合成器，使其输出的跳频信号能在混频器中与接收到的跳频信号差频出一个固定中频信号来。中频信号经 BFSK 解调器恢复出原信息，其原理框图如图 5－22(b)所示。接收机中的同步电路用于保证它所产生的 PN 码与发送端产生的 PN 码在时间上同步，即有相同的起止时间。

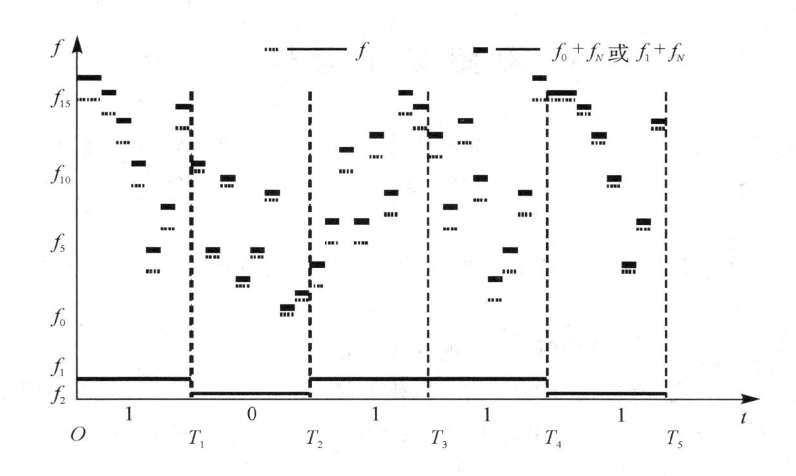

图 5 - 24　跳频信号的频率变化图

本章小结

数字基带信号经过正弦调制后变成频带信号，可以在具有带通特性的信道中传输。基本的数字调制一般采用“键控”的方式进行，主要有 ASK、FSK、PSK 和 DPSK 四种。为了提高信道的利用率，或在较窄的频带范围内传输较高速率的数字信号，有的通信系统采用了多进制调制。在相同的信号功率条件下，多进制调制的抗干扰能力不如二进制调制。

ASK：以正弦波表示信码“1”，以零电平表示信码“0”。通过对信号幅度的检测可以解调 ASK 信号。

FSK：以频率为 f_1 的正弦波表示信码“1”，以相同幅度、频率为 f_2 的正弦波表示信码“0”。通过对信号频率的检测可以解调 FSK 信号。

PSK：以初相位为零(相对于某一正弦波基准)的正弦波表示信码“1”，以初相位为 π(相对于同一基准)的正弦波表示信码“0”，两者的频率相同。接收端与发送端应有相同的正弦波基准，通过信号与基准的相位比较可以解调 PSK 信号。

DPSK：“1”码和“0”码均由相同频率的正弦波表示，以相邻码元正弦波相位的变化与否表示信码“1”和“0”。接收端通过对相邻码元的相位进行比较可以解调 DPSK 信号。

上述四种调制方式中，FSK、PSK 和 DPSK 调制等幅波。在相同的码元速率条件下，ASK、PSK 和 DPSK 信号的带宽相同，均为基带信号带宽的两倍，FSK 信号的带宽大于两倍的基带信号带宽。

频分多路复用是将多路数字信号(也可以是模拟信号)通过不同频率的载波进行调制，使各种信号的频谱不重叠，这样就可以进行多路信号在一个信道中的合路传输。

扩频通信是针对信道干扰严重或信道传输特性随时间变化的通信系统而采用的一种新技术，有直接序列扩频和跳频两种方式。采用扩频通信技术可以有效地降低信道中干扰与噪声对信号的影响，并且使通信具有一定的保密性。

习题与思考题

1. 数字基带信号经过________后变成了频带信号，可以在带通信道中传输。

2. ASK、FSK、PSK 和 DPSK 四种信号，________是非等幅信号，________信号的频带最宽。

3. 已知一个数字基带信号的频带宽度 $B=1200$ Hz，载波频率 $f_1=500$ kHz，$f_2=503$ kHz，则 ASK 信号的带宽 $B_{ASK}=$________ Hz，FSK 信号的带宽 $B_{FSK}=$________ Hz，PSK 信号的带宽 $B_{PSK}=$________ Hz，DPSK 信号的带宽 $B_{DPSK}=$________ Hz。

4. FSK 中，两个载波频率越接近，信号的带宽越小，试问频差是否可以无限小，为什么？

5. 画出下列信码的 ASK、FSK、PSK、DPSK 波形（码元速率为 1.2 kB，载波频率为 2.4 kHz）。

    10110011110101

6. 试将图 5－25 中的 DPSK 波形译成信码。如果这是 PSK 波形，则信码又是怎样？

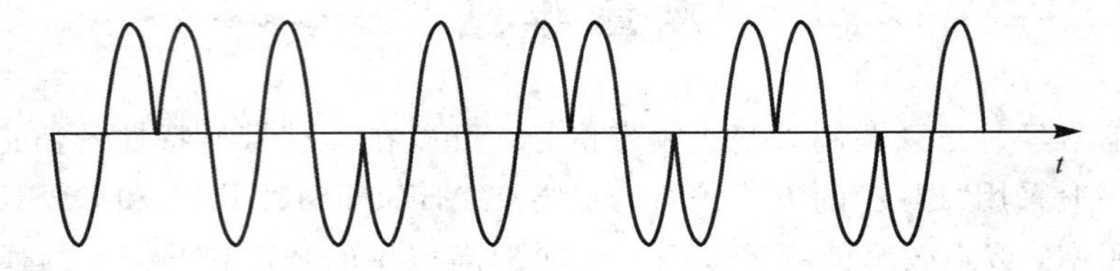

图 5－25　习题 6 用图

7. 为什么要进行数字调制？常用的数字调制方式有哪几种？

8. Modem 用于哪一种场合？目前市售的 Modem 最高信息速率是多少？

9. 扩频通信的优点有哪些？有哪几种扩频方式？

10. 在扩频通信系统中为什么要采用 PN 码？

第 6 章　无线接入方法和多址技术

本章教学目标

- 掌握无线双工通信方式。
- 熟悉频分多址技术。
- 熟悉时分多址技术。
- 熟悉码分多址技术。
- 了解扩频及混合多址技术。
- 了解正交频分复用多址接入技术。
- 熟悉空分多址技术。

本章重点及难点

- 码分多址技术。
- 正交频分复用多址接入技术。

无线通信系统是以信道来区分对象的，一个信道只能容纳一个用户进行通话，许多同时通话的用户是以信道来区分的，这就是多址。无线通信是一个多信道同时工作的系统，具有广播和大面积覆盖的特点。在电波覆盖区内，如何建立用户之间的无线信道的连接是多址接入问题，解决多址接入问题的方法即为多址接入技术。

多址接入技术在无线通信中占有重要的地位，它关系到系统的构成、容量、频谱、信道利用率以及系统复杂性。

6.1　无线双工通信方式

通信资源(Communication Resource，CR)是指一个给定系统进行信号处理所能使用的时间和带宽，它可以用二维坐标来表示，其中横坐标表示时间、纵坐标表示频率。为了获得高效的通信系统，必须合理地、有效地规划系统用户之间的资源分配，最大限度地利用时间频率块，使系统用户能够以有效的方式共享资源，同时还要尽量不降低系统性能。

无线通信多址技术要有效地分配通信资源，使通信系统的多个用户可以同时共享有限的无线频谱，即同时进行通信。

从无线移动通信网的构成可以知道，大部分移动通信系统都有一个或几个基站和若干个移动台。基站要和许多移动台同时通信，因此基站通常是多路的，有多个信道，而每个移动台只供一个用户使用，是单路的。许多用户同时通信时，要以不同的信道分隔，防止相互干扰。各用户信号通过在射频频道上的复用建立各自的信道，以实现双边通信的连接。多址接入或多址连接可以解决众多用户如何高效共享给定通信资源的问题。

在无线通信系统中，为了使通信的双方可以同时发送和接收信号，必须采用双工通信方式，即每一个用户信道是由两个信道所组成的，一个信道用来发送信号，另一个信道用来接收信号。这可以通过频域技术或时域技术来实现。

6.1.1 频分双工

两个信道通过频率来区分，这种技术称为频分双工(Frequency Division Duplex，FDD)。FDD技术为每个用户提供了两个确定的频段：前向频段和反向频段，如图6-1所示。在无线移动通信中，前向频段(也称为前向信道)提供从基站到移动用户的信号传输信道频段(下行信道)，反向频段(也称为反向信道)提供从移动用户到基站的信号传输信道频段(上行信道)。

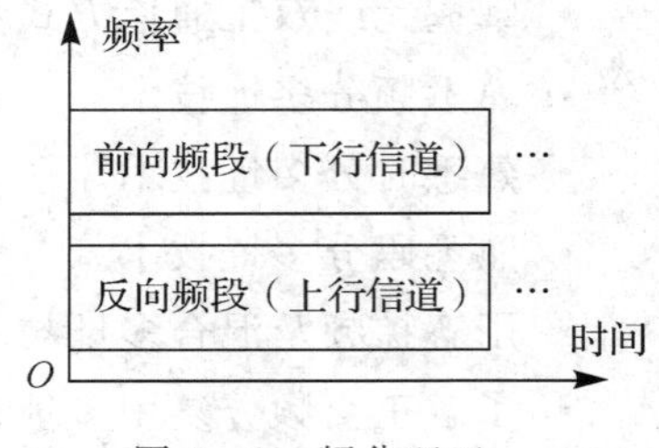

图6-1 频分双工

在FDD中，任何双工信道实际上都是由两个单工信道组成的，通过利用用户和基站里的双工器，允许同时在双工信道上进行无线发射和接收。前向信道和反向信道的频率分隔在整个系统中是固定的，为了尽量减少每个用户信道上前向频段与反向频段之间的相互干扰，应在通信系统的频谱范围内，使频率分隔尽可能大一些。

FDD适用于为每个用户提供单个无线频率信道的无线通信系统。由于每个用户通信时，需要同时发送和接收功率相差大于100 dB的无线信号，所以必须谨慎地分配用于前向信道和反向信道的频率，使其与占用这两个频段之间频谱的其他用户保持协调。此外，频率的分配和选择必须考虑到降低射频(RF)设备成本。

6.1.2 时分双工

两个信道通过时隙来区分，这种技术称为时分双工(Time Division Duplex，TDD)。TDD技术是用时间而不是用频率来提供前向信道和反向信道的，如图6-2所示。如果前向时隙和反向时隙之间的时间间隔很小，那么信号的发送和接收在用户看来就是同时的。由于TDD是在同一个频率信道上通过时间分隔来提供前向信道和反向信道的，所以不需要双工器，从而简化了设备。

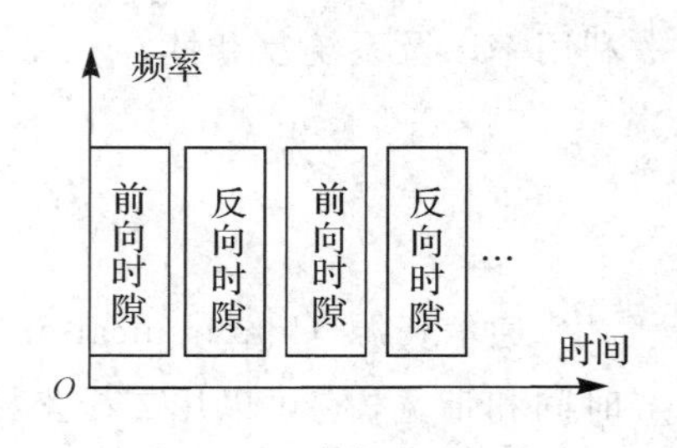

图6-2 时分双工

TDD可以使每个用户在同一频段上的不同时隙发送和接收信号，发送信号的时隙与接收信号的时隙之间应保留一段非常小的时间间隔作为保护间隔，以防止发送信号与接收信号之间的相互冲突。此外，通信的双方还要严格地保持时间上的同步，以保证能够正确地接收信号。

6.2　频分多址技术

6.2.1　FDMA 基本原理

在整个通信领域，不论是无线通信还是有线通信，频分多址(Frequency Division Multiple Access，FDMA)是最经典的多址技术，在通信电缆、卫星通路和各种无线通信网中，很多使用频分多址。

频分多址是一种常用的多址方式。它按频率划分，把各站发射的信号配置在卫星频带内指定的位置上。为了使各载波之间互不干扰，它们的中心频率必须有足够的时间间隔，而且要留有保护频带。在频分多址/频分双工(FDMA/FDD)工作方式中，每个用户分配两个频道，其中频率较高的频道用作前向信道，频率较低的频道用作反向信道，即发送频道和接收频道不同。

如果用频率、时间和码型作为三维空间的三个坐标，则 FDMA/FDD 数据通信系统在这个坐标系中的位置如图 6-3 所示，它表示系统的每个用户由不同的频道所区分，但可以在同一时间、用同一代码进行通信。为了防止各用户收、发信号相互干扰，各用户收、发频道之间通常都要留有一段间隔频段，称为保护频段，此间隔必须大于一定的数值，例如在 800 MHz 和 900 MHz 频段，收、发频率间隔通常为 45 MHz。

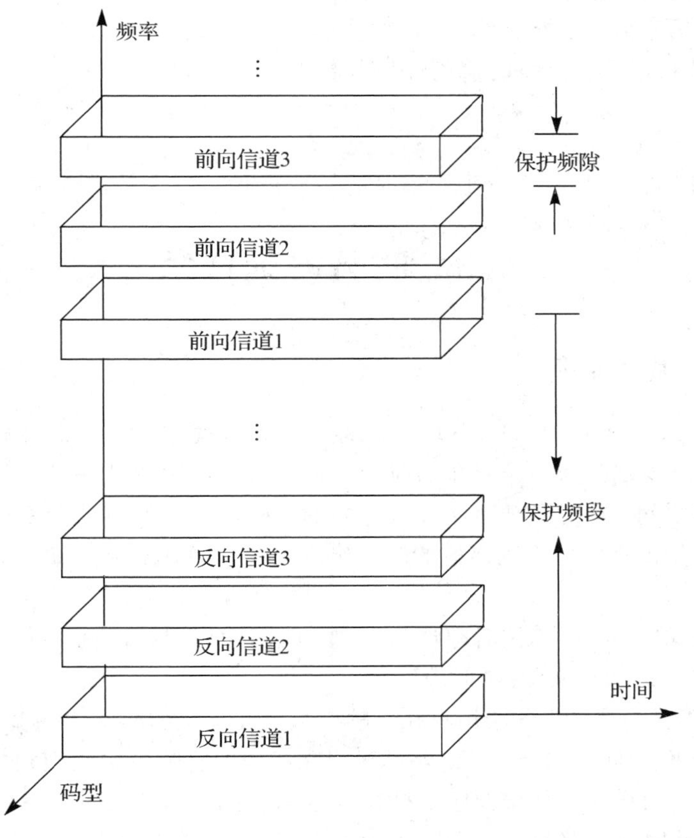

图 6-3　频分多址/频分双工(FDMA/FDD)工作方式

6.2.2 FDMA 系统的特点

模拟信号和数字信号都可采用频分多址方式传输，但在模拟无线通信系统中，采用 FDMA 方式是唯一的选择。该方式有如下特点：

(1) 单路单载频。每个频道只传送一路信息，每个频道带宽应满足所传输信号的带宽要求。为了在有限的频谱中增加信道数量，希望载频带宽越窄越好。FDMA 信道的相对带宽较窄(25 kHz 或 30 kHz)，每个信道的每一载波仅支持一个电路连接。

(2) 连续传输。系统分配给移动台和基站一对 FDMA 信道，它们利用此信道通信直到结束。因此在 FDMA 系统中，分配好用户信道后，移动台越区切换时，必须瞬时(数十至数百毫秒)中断传输，以便把通信从某一频率切换到另一频率上去。对于语音传输，瞬时中断问题不大，对于数据传输则将带来数据的丢失。

(3) 是频道受限和干扰受限的系统。FDMA 系统中载波带宽与单个信道一一对应，接收设备中的窄带滤波器可使指定频率的信号通过，并滤除其他频率的信号，从而可拟制邻道干扰、互调干扰和同频干扰。

(4) 在 FDMA 方式中，每个信道只传送一路数据信号，信号速率低，码元宽度与平均延迟相比是很大的，这就意味着由码间干扰引起的误码极小，因此在窄带 FDMA 系统中无需进行均衡。

(5) 需要周密的频率计划，频率分配工作复杂。

(6) 频率利用率低，系统容量小。

FDMA 系统可以同时支持的信道(用户)数可用下式计算：

$$N=\frac{B_S-2B_P}{B_C} \tag{6-1}$$

其中，B_S 为系统带宽，B_P 为在分配频谱时的保护带宽，B_C 为信道带宽。

6.3 时分多址技术

6.3.1 TDMA 基本原理

时分多址(Time Division Multiple Access，TDMA)系统以时间作为信号分割的参量来区分信道，它把时间划分为叫作时隙的时间小段，N 个时隙组成一帧，无论是时隙与时隙之间还是帧与帧之间，在时间轴上必须互不重叠。根据一定的时隙分配原则，每一帧中固定位置周期性重复出现的一系列离散的时隙组成一个信道，系统的每一个用户占用一个这样的信道。

时分多址方式中，时间轴按时隙严格分割，时隙间无保护时间，并在频率轴上是重叠的，此时“信道”一词的含义即为“时隙”。

在 TDMA 工作方式中，各个用户在每帧中只能在规定的时隙内向基站发射信号(突发信号)，在满足定时和同步的条件下，基站可以在相应的时隙中接收到相应用户的信号。同时，基站发向各个用户的信号按顺序安排在规定的时隙中传输，各个用户只要在规定的时隙内接收，就能从时分多路复用(TDM)信号中接收到发给它的信号。

如果用频率、时间和码型作为三维空间的三个坐标，则 TDMA 数据通信系统在这个坐标系中的位置如图 6-4 所示，它表示系统的每个用户由不同的时隙所区分，但可以在同一频段、用同一代码进行通信。

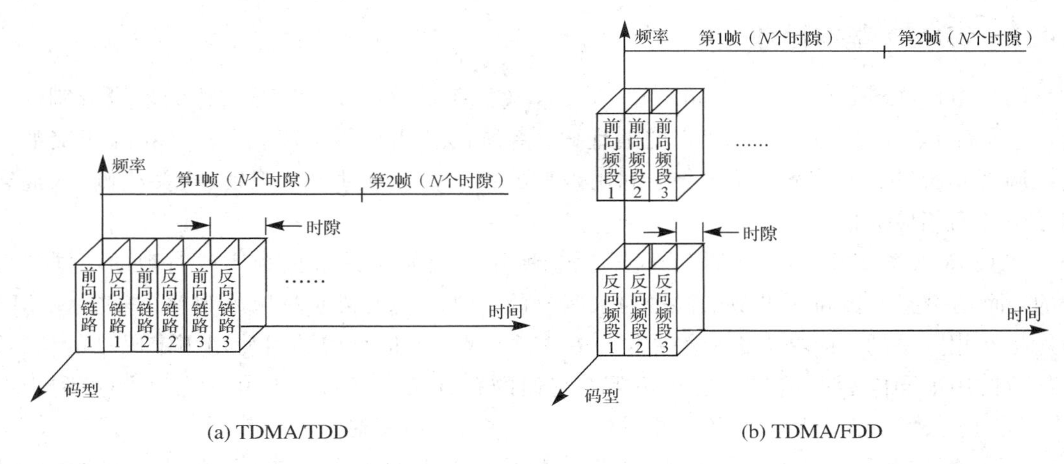

图 6-4　时分双工与频分双工的时分多址工作方式

在时分多址/时分双工(TDMA/TDD)工作方式中，帧结构中的每个时隙的一半用于前向链路，而另一半用于反向链路。

在时分多址/频分双工(TDMA/FDD)工作方式中，其前向频段和反向频段有一个完全相同或相似的帧结构，前者用于前向传送，后者用于反向传送。

6.3.2　TDMA 系统的特点

TDMA 系统有以下特点：

(1) 频带利用率高，系统容量大。

(2) 互调干扰小，基站设备的复杂性减小。

(3) 由于 TDMA 系统是在不同的时隙内发射和接收信号的，因此不需要双工器。对于使用了 FDD 技术的 TDMA 系统，亦是如此。

(4) 越区切换简单。

(5) 电池消耗低。

(6) 可以通过一定的方式，按照不同用户的不同要求来提供带宽。

(7) TDMA 系统相对于 FDMA 系统有更大的系统开销。

(8) 发射信号速率一般比 FDMA 信道的发射速率高得多，并且随着时分信道数目 N 的增加而提高，如果达到 100 kb/s 以上，码间串扰就会变大，必须采用自适应均衡来补偿传输失真。

(9) 在 TDMA 系统中，为了充分利用时间资源，应把保护时间压缩到最小。但是为了缩短保护时间而把时隙边缘的发射信号加以明显抑制，将使发射信号的频谱扩展并会导致对相邻信道的干扰。

6.4 码分多址技术

6.4.1 CDMA基本原理

码分多址(Code Division Multiple Access, CDMA)系统以码型结构作为信号分割的参量，它为每个用户分配了各自特定的地址码。系统的各用户用互不相关的、相互正交的地址码调制其所发送的信号，在接收端利用码型的正交性，通过地址识别(相关检测)从混合信号中选出相应的信号。

在CDMA方式中，不同的用户传输信息所用的信号不是根据频率或时隙的不同来区分的，而是用各不相同的码型结构序列来区分的。如果从频域或时域来观察，多个CDMA信号是互相重叠的。接收机用相关器可以在多个CDMA信号中选出使用预定码型的信号，而其他使用不同码型的信号不能被解调。它们的存在类似于在信道中引入了噪声和干扰(称为多址干扰)，各码型之间的互相关性越小，多址干扰就越小。

CDMA系统无论传送何种信息的信道，都是靠采用不同的码型来区分的，此时“信道”一词的含义为“码型”或“码道”。

如图6-5所示，在码分多址/频分双工(CDMA/FDD)工作方式中，每一个用户分配有一个地址码，这些码型信号相互正交(即码型互不重叠)，并在同一载波上传输，其用户的前向信道和反向信道采用频率划分实现双工通信。

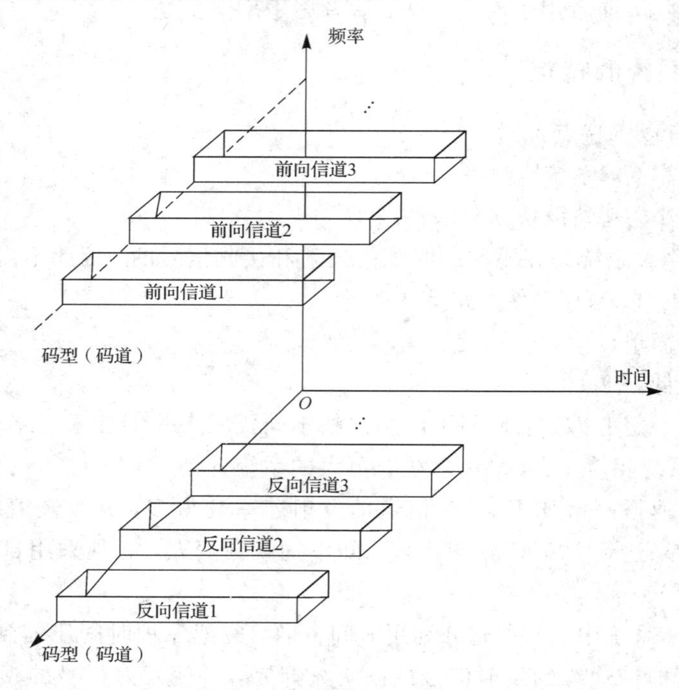

图6-5　码分多址/频分双工(CDMA/FDD)工作方式

为了实现双工通信，码分多址工作方式可以采用频分双工技术，也可以采用时分双工技术。

6.4.2　CDMA 系统的特点

CDMA 系统有以下特点：

（1）频率共享。CDMA 系统可以实现多用户在同一时间内使用同一频率进行各自的通信而不会相互干扰。

（2）通信容量大。通过分析计算，在相同条件下，CDMA 的系统容量大约是 TDMA 系统的 5 倍，是 FDMA 系统的 12 倍。

（3）抗多径衰落。由于 CDMA 是扩频系统，其信号被扩展在一个较宽的频谱上，从而可以减小多径衰落。

（4）更好的接收效果。在 CDMA 系统中，信道数据速率很高。

（5）平滑的软切换。CDMA 移动通信系统中所有小区使用相同的频率，所以它可以用宏空间分集来进行软切换，使越区切换得以平滑地完成。

（6）低信号功率谱密度。在 CDMA 移动通信系统中，信号功率被扩展到比自身频带宽度宽百倍以上的频带范围内，因而其功率谱密度大大降低。由此可得到两方面的好处：一是具有较强的抗窄带干扰能力；二是对窄带系统的干扰很小，有可能与其他系统共用频段，使有限的频谱资源得到更充分的使用。

6.4.3　CDMA 系统的两个问题

虽然 CDMA 系统具有较多的优越性，但也存在着两个重要的问题，一个是自干扰问题，另一个是远近效应问题。

1. 自干扰问题

由于 CDMA 系统中不同用户采用的扩频序列（地址码）不完全正交，在同步状态下，各用户序列的互相关系数虽然不为零但比较小，在非同步状态下，各用户序列的互相关系数不但不为零，有时还比较大。这一点与 FDMA 和 TDMA 是不同的。FDMA 具有合理的保护频隙，TDMA 具有合理的保护时隙，接收信号近似保持正交；而 CDMA 对这种正交性是不能保证的。这种扩频码集的非零互相关系数引起的各用户之间的相互干扰被称为多址干扰（Multiple Access Interference，MAI），在异步传输信道以及多径传播环境中多址干扰将更为严重。由于这种干扰是系统本身产生的，所以称为自干扰。解决自干扰问题的根本办法是找到在同步状态下和非同步状态下序列的互相关系数均为零的数字序列。

2. 远近效应问题

如果 CDMA 移动通信系统中不同的用户都以相同的功率发射信号，那么离基站近的用户的接收功率就会高于离基站远的用户的接收功率。这样在不同位置的用户，其信号在基站的接收状况将会不同。即使各用户到基站的距离相等，各用户信号在信道上的不同衰落也会使到达基站的信号状况各不相同。如果期望用户与基站的距离比干扰用户与基站的距离远得多，那么干扰用户的信号在基站的接收功率就会比期望用户信号的接收功率大得多（最大可以相差 80 dB）。在同步 CDMA 系统中，接收功率的不同不会产生不良影响，因为不同用户信号之间是严格正交的；在非同步 CDMA 系统中，接收功率的不同有可能产生严重的影响，因为此时不同用户的非同步扩频波形不再是严格正交的，从而对弱信号有着明显的抑制作用，会使弱信号的接收性能很差，甚至无法通信。这种现象被称为远近效应。

为了解决远近效应问题，在大多数CDMA实际系统中采用功率控制。在蜂窝系统中由基站来提供功率控制，以保证在基站覆盖区内的每一个用户给基站提供相同功率的信号。这就解决了由于一个邻近用户的信号过强而覆盖了远处用户信号的问题。基站的功率控制是通过快速抽样每一个移动终端的无线信号强度指示(Radio Signal Strength Indication, RSSI)来实现的。尽管在每一个小区内使用功率控制，但小区外的移动终端还是会产生不在接收基站控制范围内的干扰。

6.5 扩频及混合多址技术

目前扩频及混合多址技术主要有三种：直接序列扩频多址(Direct Sequence Spread Spectrum Multiple Access, DS-SSMA)、跳频多址(Frequency Hopping Multiple Access, FHMA)和混合扩频多址(Hybrid Spread Spectrum Multiple Access, HSSMA)。

直接序列扩频多址也叫做码分多址(CDMA)，是最基本的多址技术之一，根据扩频后的频谱(或扩频序列码的长短)分为窄带CDMA和宽带CDMA。本章前面对此已有所讨论，这里不再介绍，下面仅介绍FHMA和HSSMA。

6.5.1 跳频多址

单纯跳频多址(FHMA)系统与频分多址系统一样，仍仅以频率作为用户信号的分割参量，但不同的是在跳频多址系统中，分配给每个用户的频带(或载波)不是固定不变，而是在系统信道带宽范围内按伪随机PN代码方式不断变化的。也就是说，系统所有用户占用的频带(或载波)在不断地按伪随机方式重新分配。图6-6说明了跳频多址系统的工作方式。

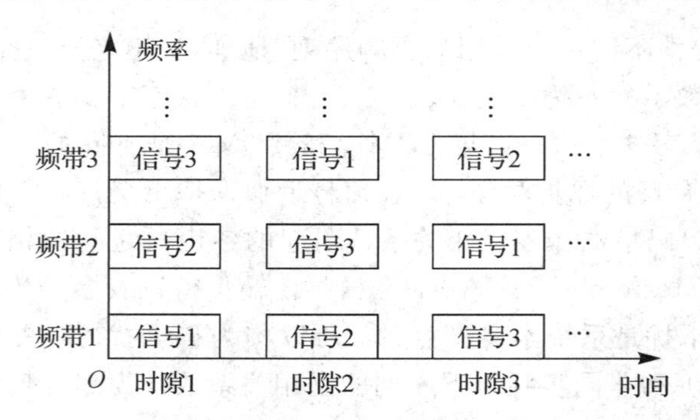

图6-6 跳频多址系统频谱的再分配

假设跳频系统的有效信道带宽被划分为 n 个频带(或载波)，则最多可以有 n 个用户占用这 n 个频带(或载波)，但各个用户在各时间段(时隙)所占用的频带(或载波)是不同的，所以，用户数据将在不同的载波上发射，并且任一个发射组的瞬时带宽都比整个信道扩展带宽小得多。

在FHMA接收机中，用当地产生的PN码来使接收机的瞬时载波与发送机同步，以便正确地接收跳频信号。

如果FHMA系统中各个用户的载波变化速率(跳频速率)大于系统传输信号的码元速率，那么该系统就被称为快跳频系统；如果载波变化速率小于或等于码元速率，那么该系统就被称为慢跳频系统。

一个快跳频系统可以被认为是使用频率分集的 FDMA 系统。FHMA 系统经常使用能量效率高的恒包络调制，并用廉价的接收机来提供 FHMA 的非相干检测。

跳频系统具有良好的保密性能，尤其是当可供选择频带(或载波)的数量比较多时，因为想窃取信息的接收机并不知道频带(或载波)是怎样随机改变的，所以不能很快地调谐到它希望监听的动态频带(或载波)上并与之保持同步。

跳频系统中偶尔会在某些频段出现深度衰落，可以用纠错编码和交织技术来保证跳频信号不受衰落的影响。纠错编码和交织技术也可用来防止碰撞(两个或多个用户同时在同一频段上发射称为碰撞)的影响。

6.5.2 混合扩频多址

在频率、时间或码型的信号参量中，用两个以上信号参量来分割用户的技术称为混合多址技术，常用的有频分/码分、时分/码分、跳频/码分、时分/跳频等混合多址技术。由于这些混合多址方式中均使用扩频技术，所以常称为混合扩频多址(HSSMA)技术。这些技术各具优点，下面简单讨论其原理。

1. 频分/码分混合多址技术

频分/码分多址(FDMA/CDMA)又称频分 CDMA(FCDMA)，是频分多址技术与码分多址技术相结合而形成的一种混合扩频技术，如图 6-7 所示。

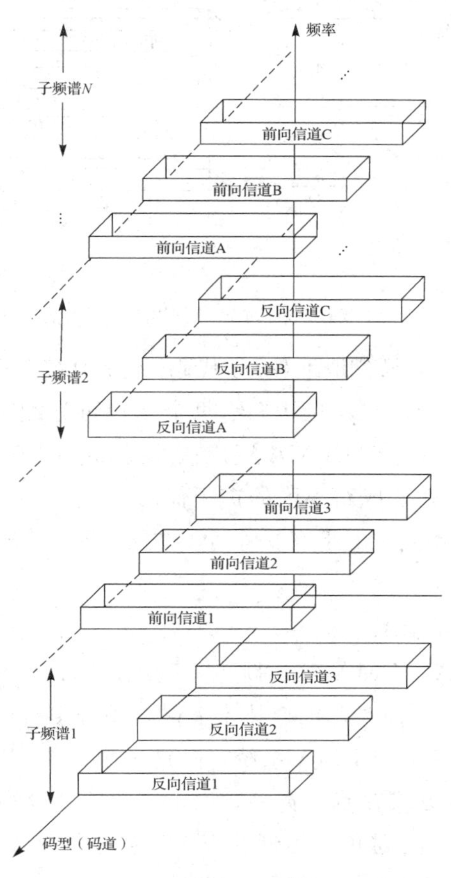

图 6-7 频分双工时的频分/码分混合多址方式示意图

首先将系统的有效宽带频谱划分为若干个子频谱（频分），这些子频谱不直接分配给各用户，而是分配给各窄带CDMA系统。也就是说以码分多址为基础，占用有效宽带频谱中的一个子频谱，形成一个窄带CDMA系统，一个一个频谱分开的窄带CDMA系统，构成了频分/码分混合多址方式。

频分CDMA系统有以下优点：一是整个系统的有效带宽可以不连续；二是可以根据不同用户的不同要求分配其在不同的子频谱上；三是整个系统的容量就是所有窄带CDMA系统的容量之和。

2. 时分/码分混合多址技术

时分/码分多址（TDMA/CDMA）又称时分CDMA（TCDMA），是时分多址技术与码分多址技术相结合而形成的一种混合扩频技术，如图6-8所示。

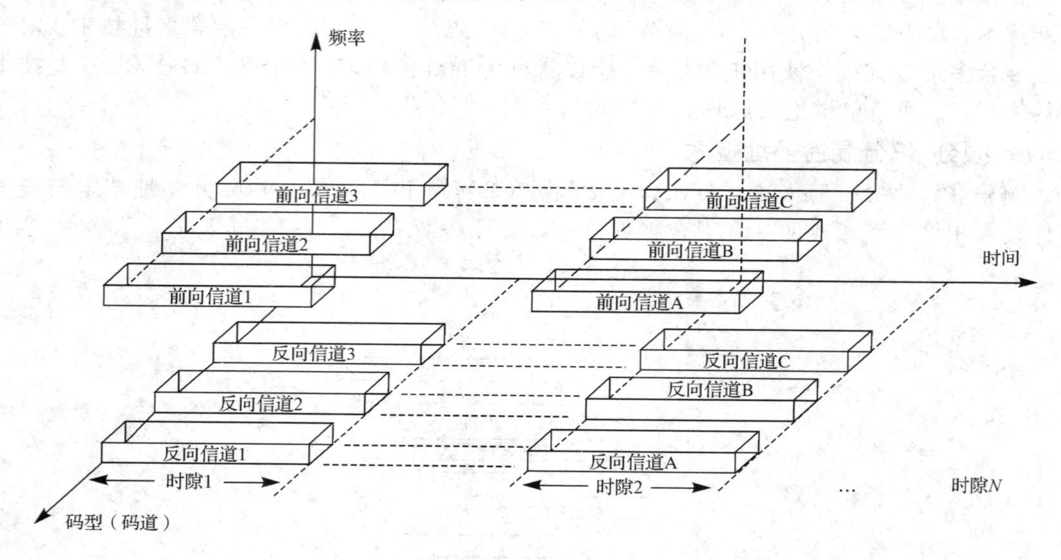

图6-8　频分双工时的时分/码分混合多址方式示意图

在TCDMA系统中，一个码分地址（扩频代码）不是直接分配给一个特定用户的，而是分配给一个特定的小区用户群，在小区内，给每个用户再分配一个特定的时隙（时分）。因此在任意时刻，每一小区只有一个CDMA用户在发射和接收信号。当用户从一个小区切换到另一个小区时，扩频代码就变成新小区的扩频代码。

时分CDMA系统的优点是：由于在一个小区内的任一时刻只有一个用户在发射和接收信号，因此避免了远近效应。

3. 跳频/码分混合多址技术

跳频/码分多址（FHMA/CDMA）又称跳频CDMA（FHCDMA），是跳频多址技术与码分多址技术相结合而形成的一种混合扩频技术。它以码分多址为基础，占用有效宽带频谱中的一个子频谱，形成一个窄带CDMA系统，但是这个窄带CDMA系统所占用的子频谱不是固定的，而是以伪随机方式在有效宽带频谱范围内跳变（跳频）。

跳频CDMA系统的优点是避免了远近效应，然而这种混合系统不适用于软切换处理，因为很难使跳频CDMA基站接收机和多路跳频信号同步。

跳频 CDMA 与频分 CDMA 的区别是：FHCDMA 中有多个窄带 CDMA 系统，它们各自占用 FHCDMA 系统有效宽带频谱范围内若干个子频谱中的一个，但不是固定不变而是随时间变化的，即随时间不断地以伪随机方式重新分配子频谱；FCDMA 也有多个窄带 CDMA 系统，但是每个窄带 CDMA 系统固定地占用 FCDMA 系统有效宽带频谱范围内的一个子频谱，不随时间变化。

4. 时分/跳频混合多址技术

时分/跳频多址（TDMA/FHMA）又称时分 FHMA（TFHMA），是时分多址技术与跳频多址技术相结合而形成的一种混合扩频技术。它以跳频多址为基础，但每个跳频地址不是分配给一个用户而是分配给若干个用户，然后再把系统占用某一频段的时间划分为若干个时隙分配给这若干个用户（时分），从而构成时分 FHMA 系统。

时分/跳频多址系统有以下优点：

(1) 虽然每个用户也是周期性地占用一个时隙（TDMA 帧），但该用户在本时隙采用一个发射频率，在下一个时隙就会跳到一个新的发射频率（跳频），因此避免了在一个特定信道上的严重多径衰落或碰撞事件。

(2) 如果采取措施使两个互相干扰的基站发射机在不同频率和不同时间发射，可以避免邻近小区的同信道干扰。

(3) 采用这种混合扩频技术可以成倍增加系统容量。

GSM 标准已经采用此项技术。在 GSM 标准中，预先定义了跳频序列，并且允许用户在指定小区的特定频率上跳频。

6.6　正交频分复用多址接入技术

正交频分复用（OFDM）本身是一种调制技术，但它可以很容易地与多种多址接入技术相结合，为多个用户同时提供接入服务。常用的多址接入方式有时分多址（TDMA）、频分多址（FDMA）和码分多址（CDMA），OFDM 与它们结合分别构成 OFDM - TDMA、OFDM - FDMA 和 OFDM - CDMA，下面就来介绍这三种技术。

6.6.1　OFDM - TDMA

在正交频分复用时分多址（OFDM - TDMA）系统中，信息的传送是在时域上按帧来进行的，每个时间帧包含多个时隙，每个时隙的宽度等于 1 个 OFDM 符号的时间长度。有信息要传送的用户根据各自的需求可以占用 1 个或多个 OFDM 符号。每个用户在信息传送期间可占用所有的系统带宽，即该用户的信息可以在 OFDM 的所有子载波上进行分配。

6.6.2　OFDM - FDMA

OFDM - FDMA 在许多文献中又被称为 OFDMA。这种多址接入方案与传统的频分复用（FDMA）很类似，它通过为每个用户提供部分可用子载波的方法来实现多用户接入。与传统 FDMA 的不同之处在于，OFDMA 方法不需要在各个用户频率之间采用保护频段以区分不同的用户。

OFDMA 接入方案的优势之一是可以很容易地引入跳频技术，即在每个时隙中可以根据跳频图样来选择每个用户所使用的子载波频率。每个用户使用不同的跳频图样进行跳频，可以把 OFDM 系统变为跳频 CDMA 系统，从而可以利用跳频的优点为 OFDM 系统带来好处。

与直扩 CDMA 或者 MC－CDMA 相比，跳频 OFDMA 的最大好处在于可以为小区内的多个用户设计正交跳频图样，从而可以较容易地消除小区内的干扰。

6.6.3 OFDM－CDMA

OFDM 与 CDMA 扩频技术相结合的方法可分为两类：频域扩频和时域扩频。频域扩频通常称为 Multicarrier－CDMA(简称 MC－CDMA)。时域扩频有两种不同的构成方法，分别称为 Multicarrier DS－CDMA(简称 MC－DS－CDMA)和 Multitone CDMA(简称 MT－CDMA)，下面介绍这三种不同的 OFDM－CDMA。

1. MC－CDMA

MC－CDMA 是最早提出的 OFDM 与 CDMA 相结合的方案。在此方案中，每个信息符号先与扩频序列各位相乘，相乘后对应于不同码片的信号分别被调制到不同的子载波上，若扩频序列长度为 L，则信息符号分别被调制到 L 个子载波上，调制方式可采用二进制相移键控(BPSK)。若假定 OFDM 系统共有 L 个子载波，则 CDMA 系统的扩频增益等于 L。

在直接序列扩频(DS－CDMA)系统中，信息在许多时间码片上用同一载波频率进行发送，而在 MC－CDMA 系统中，信息是在许多载波频率码片上同时发送的。可见，DS－CDMA与 MC－CDMA 系统之间有“时间/频率”的对应关系：MC－CDMA 把信息同时调制在不同载波频率分量上(频率码片)，接收时对频率码片进行分集接收；DS－CDMA 把信息同时调制在不同的时隙(时间码片)上，但是使用同一载波频率，接收时对时间码片进行分集接收。

2. MC－DS－CDMA

在 MC－DS－CDMA 方案中，输入信息比特首先进行串/并变换，变换后的信号被分配到并行支路上，然后各支路上的信息符号分别用长度为 L 的扩频码进行直接序列扩频，扩频后的信号再分别用各自的载波进行 BPSK 调制，调制后的信号进行求和后发送。

3. MT－CDMA

在 MT－CDMA 方案中，输入的信息比特首先经过串/并变换，再调制到不同的载波上，以形成 OFDM 信号，OFDM 的符号周期为 T_S。然后经过长度为 L 的扩频码扩频，扩频后每个子载波的带宽扩展为 L/T_S，而相邻子载波的间隔仍然保持以前的 $1/T_S$。MT－CDMA 一般采用较长的扩频序列，比 DS－CDMA 能容纳更多用户。

6.7 空分多址技术

在无线多址技术中，除了根据信号的频率、时间和码型等参量来分割用户的技术外，还可以根据天线辐射波束的空间特征来区分用户，下面简单讨论其多址原理。

空分多址(Space Division Multiple Access，SDMA)也称为多波束频带再利用(Multiple Beam Frequency Reuse)，它是以空间特征作为用户信号的分割参量，目前利用最多也是最明显的空间特征就是用户的位置，即利用电磁波传播的特点可以使不同地域的用户在同一时间使用同一频率实现互不干扰的通信。图 6－9 为定向窄波束辐射时的空分多址方式的工作示意图。

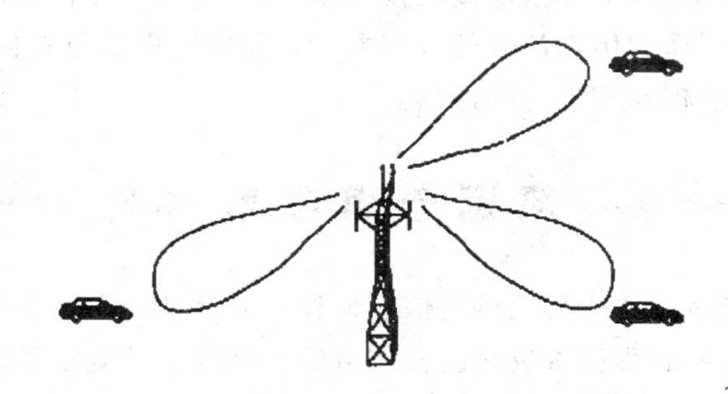

图 6－9　空分多址方式的工作示意图

空分多址是一种比较早期的多址方式，在频率资源管理上早已被使用。蜂窝移动通信就是由于充分运用了这种多址方式，才能使有限的频谱构成大容量的通信系统，不过在蜂窝移动通信中把这种技术称为频率再用技术。

此外，一个完善的自适应式天线系统，可以提供在小区域内不受其他用户干扰的唯一信道，即提供最理想的 SDMA，同时也可以在小区域内搜索用户的多个多径分量，并且以最理想的方式组合它们，以收集从每个用户发来的所有有效信号能量，从而有效地克服多径干扰和同信道干扰。尽管上述理想情况是不可实现的，因为它需要无限多个阵元，但采用适当数目的阵元，还是可以获得较大的系统增益的。

卫星通信中采用窄波束天线实现空分多址，也提高了频谱的利用率。但由于波束的分辨率是非常有限的，即使卫星天线采用了阵列处理技术，使得波束的分辨率有了较大的提高，也还是不能满足实际应用的要求，所以空分多址通常与其他多址方式综合运用。

激光束的方向性非常好、散射非常小，一束激光从地球传播到月球(地球到月球的距离为 38.44 万千米)所覆盖面积的直径只有几千米至几十千米。如果将激光束从距地面几百千米的卫星上发射到地面，所覆盖面积的直径只有几米至几十米，其分辨率非常高。所以空间激光通信的深入研究，必将为空分多址方式的应用开辟更加广阔的前景。

在技术飞速发展的今天，人们发现空间特征不仅仅是位置，一些过去认为无法使用的空间特征现在正逐步被人们利用，形成以智能天线为基础的新一代空分多址方式。

本章小结

无线通信多址技术用来使通信系统的多个用户同时进行通信。为了使通信的双方可以同时发送和接收信号，采用双工通信方式即 FDD 和 TDD 来实现。

频分多址以频率作为用户信号的分割参量，将给定的频谱资源划分为若干互不交叠的频段(或称频道、信道)分配给系统用户。

时分多址以时间作为用户信号分割的参量，把时间划分为时隙，为每个用户分配各自的时隙，N 个时隙组成一帧，在时间轴上互不重叠。

码分多址系统以码型结构作为信号分割的参量，为每个用户分配各自特定的地址码。

扩频及混合多址技术主要有三种：直接序列扩频多址、跳频多址和混合扩频多址。

正交频分复用(OFDM)与多种多址接入技术相结合，为多个用户同时提供接入服务。

空分多址以空间特征作为用户信号的分割参量，利用用户的位置使不同地域的用户在同一时间使用同一频率实现互不干扰的通信。

习题与思考题

1. 试说明无线双工通信方式与无线通信多址技术的区别。

2. 频分多址是以信号的哪种参量来区分信道的？画图说明频分多址技术的特点。

3. 画图说明时分双工时与频分双工时的时分多址工作方式的区别。

4. 画图说明频分双工码分多址工作方式，并说明其特点。

5. 在无线多址技术中，除了根据信号的频率、时间和码型参量来分割用户信号的技术外，还可以根据哪些特征区分用户？

第 7 章　无线数据通信协议

本章教学目标

- 掌握数据通信协议的概念及功能。
- 了解 OSI(开放系统互联参考模型)。
- 了解无线数据通信网络。
- 熟悉数据链路传输控制规程的功能与分类。
- 了解无线数据通信网中的信道接入协议。
- 熟悉无线局域网协议。
- 熟悉无线宽带数据通信协议。

本章重点及难点

- 数据通信协议的概念及功能。
- 高级数据链路控制(HDLC)规程。
- 载波侦听多址访问/碰撞回避机制。

7.1　数据通信协议的概念及功能

7.1.1　协议的概念及功能

数据通信协议是网络内使用的“语言”，用来协调网络的运行，以达到互通、互控和互换的目的，通信的双方要共同遵守这些约定。在现代通信网中，用户通过应用软件来使用数据信息，应用软件使用网络进行通信时并不直接同网络硬件打交道，而是同给定的协议规则打交道，通信网络协议是通信网络中不可缺少的重要组成部分。

1. 通信网络协议组成要素

一个通信网络协议主要由以下三要素组成：

(1) 语法：规定通信的双方以什么方式交流数据信息，即确定数据与控制信息的结构或格式。其内容包括信息传送的格式、接口标准、差错控制的方式等。

(2) 语义：规定通信的双方要交流哪些数据信息，即确定需要发出何种控制信息，完成何种动作，以及返回什么应答等。

(3) 定时关系：规定事件执行的顺序，即确定通信过程中的状态变化，对发送的信息进行编号，以免重复接收或丢失。

2. 通信网络协议主要功能

数据通信主要是人与机、机与机之间的通信，因此通信协议应规范得十分详尽才能保证通信的正常进行。通信协议是一个复杂而庞大的通信规则的集合，它应完成以下八种主要功能：

(1) 信号的传送与接收：规定的内容包括信息传送的格式、接口标准及启动控制、超时控制等功能。

(2) 差错控制：使终端输出的数据具有一定的差错控制功能，目的终端根据收到的数据可进行相应的检错或纠错操作。

(3) 顺序控制：对发送的信息进行编号，以免重复接收或丢失。

(4) 透明性：对用户端所使用的代码无任何约束性的限制，即应采取必要的措施保证所传送的数据信息为随机的比特序列。

(5) 链路控制与管理：能控制信息的传输方向，建立和结束链路的逻辑连接，显示数据终端设备的工作状态等。

(6) 流量控制：能调节数据链路上的信息流量，能够决定暂停或继续接收信息以避免链路阻塞。

(7) 路径选择：可确定信息报文通过多个节点和链路到达目的节点的传输路径和最优的路径选择策略。

(8) 对话控制：包括信息的处理、信息安全和保密、应用服务等内容。

3. 功能与协议的分层结构

数据通信协议是一个复杂而庞大的通信规则的集合，具有分层结构，即把实现通信的网络在功能上视为由若干相邻的层组成，每一层完成其特有的功能。每一层都建立在较低层的基础上，利用较低层的服务，同时为较高一层提供服务。

网络功能上的分层必然导致协议的分层，即把复杂的协议分解为一些简单的协议，再组合成总的协议。协议分层的好处如下：

(1) 各层相互独立，需要知道的仅是层间接口所提供的服务。协议的一层是一种类型的功能的集合，它由许多功能块组成，每一个功能块执行协议规定的一部分功能；接口是指穿越相邻层之间界面进行数据传送的一组规则，它可以是硬件接口，也可以是软件接口，如数据格式的转换等；服务是指某一层及其以下各层通过接口提供给上层的一种能力。一层包含一系列的服务，每个服务则是通过某一个或某几个协议来实现，而相邻层之间通过接口通信。

(2) 灵活性好。当任何一层发生变化时，只要接口关系保持不变，则上下相连的层均不受影响，且层内提供的服务可修改；当提供的服务不再需要时，可将该层取消。

(3) 结构上独立，各层可采用最合适的技术来实现。

(4) 方便实现和维护。

(5) 促使标准化。

7.1.2 开放系统互联参考模型

1. 基本概念

国际标准化组织(ISO)于 1977 年提出了一个试图使各种计算机在世界范围内互联成网

的标准框架，即著名的开放系统互联参考模型 OSI/RM(Open System Interconnection Reference Model)，简称 OSI。

“开放”的意思是：只要遵循 OSI 标准，一个系统就可以和位于世界上任何地方的、也遵循同一标准的其他任何系统进行通信。这里所说的“系统”，只是在现实中与互联相关的各部分，是一个或多个计算机、相应的软件、外围设备、终端、终端操作员、物理过程及信息传送手段等的集合。

OSI 涉及的是为完成一个公共(分布的)任务而相互配合的系统能力及开放式系统之间的信息交换，它不涉及系统的内部功能和与系统互联无关的其他方面，也就是说系统的外部特性必须符合 OSI 的网络体系结构，而其内部功能不受此限制。采用分层结构的开放系统互联大大降低了系统间信息传递的复杂性。

应当理解 OSI 仅仅是一个概念性和功能性的结构，并不涉及任何特定系统互联的具体实现、技术或方法。

OSI 如图 7-1 所示，共有 7 个功能层，自下而上分别是：物理层、数据链路层、网络层、运输层、会话层、表示层、应用层，分别用各层英文首字母缩写 PH、DL、N、T、S、P、A 表示。

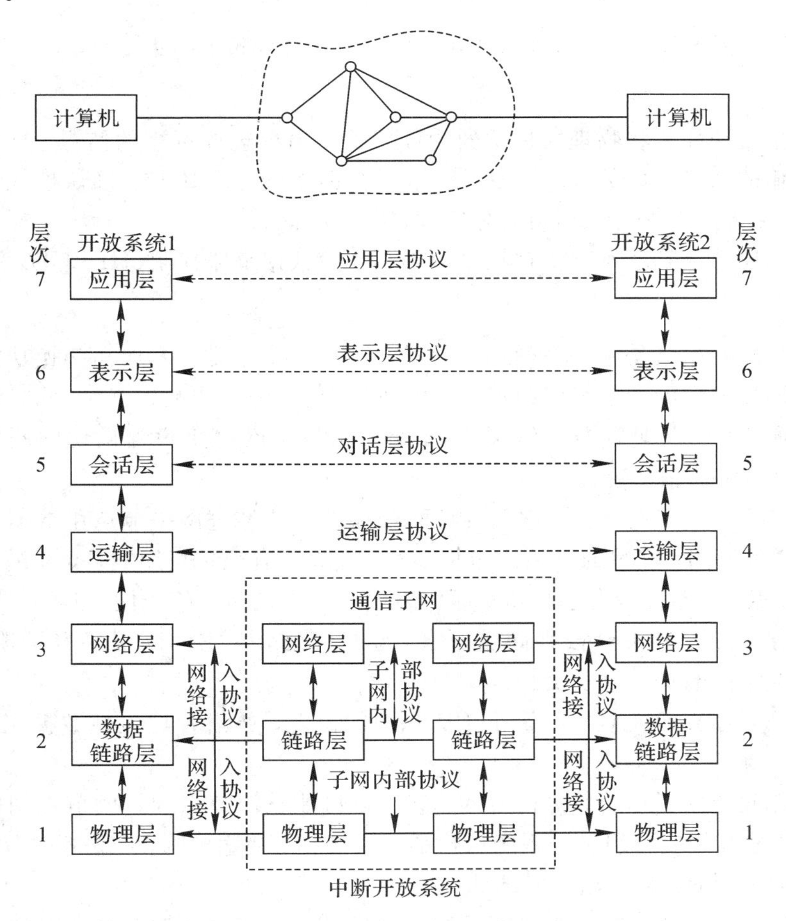

图 7-1　开放系统互联参考模型(OSI)

OSI所描述的范围包括端开放系统与中继开放系统。中继开放系统即指图7-1中通信子网部分，连接点的物理传输介质不在OSI范围内。

2. 各层功能概述

1）*物理层*

物理层并不是无线或有线物理媒介本身，它是开放系统利用物理媒介实现物理连接的功能描述和执行连接的规程。

物理层提供用于建立、保持和断开物理连接的电气的、机械的、功能的和规程的特性。保证比特流的正确传输，提供有关同步和全双工比特流在物理媒介上的传输手段。

对于无线数据系统来说，物理层是为高层信息提供的无线信道，即无线物理媒介上传输信息所需要的全部功能，如极化方式、调制与解调方式、频率分配、信道划分、传输定时、加密、功率设定和小区划分等。

国际空间数据系统咨询委员会(CCSDS)邻近空间链路物理层特性Proximity-1协议(Proximity-1是一个跨层协议，规定了邻近空间链路物理层特性)详细规定了物理层中的极化方式、调制与解调方式、频率分配、信道划分、传输定时、加密、功率设定和小区划分等功能。

3G网络的物理层关键技术有OFDMA、MIMO、AAS、AMC、LDPC等。

2）*数据链路层*

数据链路层的主要功能是将物理层提供的物理传输信道处理成可靠的信道，即将数据组成适合于正确传输的帧形式的数据块。如无线数据链路的建立与维护、确认模式的帧传送与接收、信道接入控制、帧校验、预留时隙管理、广播信息管理。

常用的数据链路层协议有基本型传输控制规程和高级数据链路控制(HDLC)规程等。

3）*网络层*

计算机(或数据终端)网络是由一系列用户终端、主机、具有信息处理和交换功能的节点(即交换机)以及连接它们的传输线路组成。所以通常把计算机(或数据终端)网分成用户子网(资源子网)和通信子网(即数据通信网)两部分。用户子网向用户提供访问网络的机会，通信子网则提供网络通信的能力。

网络层提供系统之间网络的连接，它负责将两个终端系统经过网络节点用数据链路连接起来，完成一条通信通路。实际的传输设施是多种类型的，有卫星租用线路、光缆租用线路、交换线；有点到点、虚电路及分组网等，而网络层只用于控制通信子网的运行，它的存在使网络布局和业务上的差异不会被其高层所察觉。换言之，在它的高层来看是透明的。上一层不需要了解网络中数据传输和交换的细节。

网络层规定了网络连接的建立、拆除和通信管理的协议，通信管理包括数据交换、路由选择、通信流量控制等。

网络层在各节点间建立可靠的数据链路的基础上，可建立源节点到目的节点间的传输通道，具体实现的功能有控制分组传送系统操作的路由选择、拥塞控制、网络互联，根据传输层的要求来选择服务质量，向传输层报告未恢复的差错等。

在无线数据通信中，网络层的主要功能是管理链路连接、控制呼叫过程、支持附加业务和短信息业务，以及进行移动管理和无线资源管理等。

4）运输层

运输层也称传输层，提供开放系统之间建立、维持和拆除运输连接的功能(注意，在链路层中仅保证节点间传输控制)。该层实现用户的端到端或进程之间数据的透明传送，保证端到端数据无差错、无丢失、无重复、无次序(分组)颠倒，进行顺序控制、流量控制。同时运输层还用于弥补各种通信子网的质量差异，对经过低 3 层仍然存在的传输差错进行差错控制、差错恢复。另外，该层给予用户一些监督选择，以便从网络获得某种等级的通信服务质量。总体来说，运输层是面向通信子网的低层和数据处理高层的接口。

5）会话层

为了两个进程之间的协作，必须在两个进程之间建立一个逻辑上的联系，这种逻辑上的连接称之为会话。会话层作为用户进入传输层的接口，负责进程间建立会话和终止会话，并且控制会话期间的对话，在会话建立时提供会话双方资格的核实和验证，确定由哪一方支付通信费用，并提供对话方向的交替管理、故障点定位和恢复等各种服务。"会话"的方式有双方同时进行、交替进行或单向进行。

6）表示层

表示层提供数据的表示方法，其主要功能是从应用层接收数据类型(字符、整数等)，并将其变换成通信对象的对等层能够理解的句法，包括字符代码(如 ASCII)、数据格式、控制信息格式、加密等。即其功能是处理两个应用实体之间进行数据交换的语法变换、数据结构转换及数据编码的转换。

7）应用层

应用层直接对用户提供服务，为用户进入系统互联提供一个窗口(工具)，实现终端用户应用进程之间的信息交换。与表示层不同，应用层关心的是数据的语义。应用层包含管理功能，提供公用的应用程序，如作业管理、金融数据交换、电子信箱、数据库管理、事务处理、文件传送和网络管理等。由于网络应用的要求很多，所以应用层最复杂，所制定的应用协议也最多。

在 7 层协议中，下面 3 层(物理层、数据链路层和网络层)称为通信层或无线空中接口层，上面 4 层称为用户层。一般来说，网络的低层协议决定了一个网络系统的传输特性，如所采用的传输介质、拓扑结构及介质访问控制方法等，这些协议通常由硬件来实现。高层协议提供了与网络硬件结构无关的，更加完善的网络服务和应用环境，通常是由网络操作系统实现的。

实际系统的通信过程也并非都经过 7 层，大多数只有低 4 层，或者低 3 层。另外，在功能层次相同的两个不同系统上进行的通信是在对等层进行的，这种通信称为虚通信。之所以称为虚通信，是因为对等层与对等层之间并不是直接进行物理通信，只有通过其下层直至最下面的物理层来传输数据。

7.1.3　无线数据通信网络简介

1. 无线网络的基本元素

无线数据通信网络包含了一系列的无线通信协议。例如 Wi－Fi(Wireless Fidelity)、

3G、ZigBee 协议等。为了更加准确地理解不同协议的特性，就要了解一些组成无线网络的基本元素。

1）无线网络用户

无线网络用户是指具备无线通信能力，并可将无线通信信号转换为有效信息的终端设备。例如装有 Wi-Fi 无线模块的台式机、笔记本电脑或者是 PDA（个人数字数理）、装有 3G 通信模块的手机和装有 CC2420 无线通信模块的传感器。

2）无线连接

无线连接是指无线网络用户与基站或者无线网络用户之间用以传输数据的通路。相对于有线网络中的电缆、光缆、同轴电缆等物理连接介质，无线连接主要通过无线电波、光波作为传输载体。不同无线连接技术提供不同的数据传输速率和传输距离。

3）基站

基站的作用是将一些无线网络用户连接到网络中。无线网络用户通过基站接收和发送数据包，基站将用户的数据包发给它所属的上层网络，并将上层网络的数据包转发给指定的无线网络用户。根据不同的无线连接协议，相应基站的名称和覆盖的范围是不同的。例如，Wi-Fi 的基站被称为接入点（AP），它的覆盖范围为几十米；蜂窝电话网的基站被称为蜂窝塔，在城市中它的覆盖范围为几千米，而在空旷的平地中其覆盖范围可达几十千米。只有在基站的覆盖范围内，用户才可能通过它进行数据交互。用户除了通过基站与上层网络交互的无线组织模式之外，还可以通过自组织的方式形成自组网。自组网的特点是无需基站和上层网络支持，用户自身具备网络地址指派、路由选择以及类似域名解析等功能。

2. 无线网络的划分

在无线数据通信网中，信道特性的非对称性、长时延、数据包丢失及比特差错的严重性等，使其有别于有线通信环境。基于不同技术和协议的无线连接的传输范围，IEEE 802 标准组织根据覆盖范围，将无线数据网络划分成四种，如图 7-2 所示。

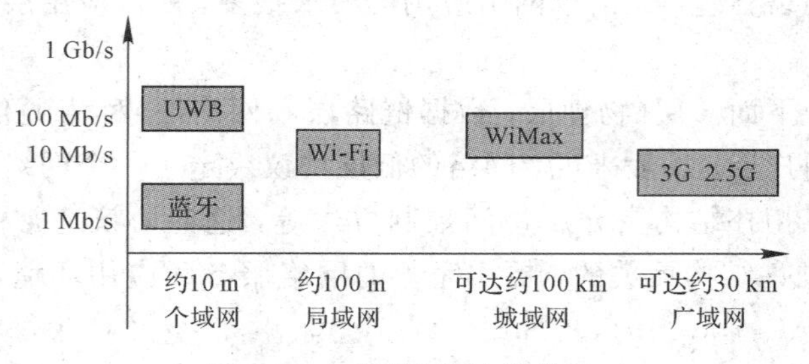

图 7-2　无线网络协议分类

1）无线广域网

无线广域网（Wireless Wide Area Network）的连接信号可以覆盖整个城市甚至整个国家，其信号传播途径主要有两种：一种是通过多个相邻的地面基站接力传播，另一种是通过卫星系统传播。当前主要的无线广域网包括 2G、2.5G、3G 和 4G 系统。2G 系统的贡献是使用数字信号取代了 1G 中的模拟信号进行语音传输，它的核心技术包括全球移动通信系统（Global System for Mobile Communications，GSM）和码分多址数字无线技术；2.5G 系统的带宽为 100～400 kb/s；3G 系统使用独立于 2G 系统的基本架构，其核心技术包括

CDMA－2000、时分同步码分多址(Time Division Synchronous Code Division Multiple Access，TD－SCDMA)数字无线技术和 WCDMA，相比 2G 系统在数据传输速率上有重大提升，其最大的带宽约为 2 Mb/s；4G 系统的数据传输速率在低速移动情况下，下行峰值能达到 1 Gb/s，上行峰值速率为 500 Mb/s，这对视频类和下载类等业务关系重大。

2) 无线城域网

无线城域网(Wireless Metropolitan Area Network)的信号可以覆盖整个城市，在服务区域内的用户可以通过基站访问互联网等上层网络。全球微波互联接入 WiMax(World-wide Interoperability for Microware Access)是实现无线城域网的主要技术，IEEE 802.16 的一系列协议对 WiMax 进行了规范。WiMax 基站的视线(Line of Sight，LoS)覆盖范围可达 112.6 km，所谓的"LoS"，是指无线电波在相对空旷的区域以直线传播，但在建筑相对密集的城市，无线电波会以非视线(None Line of Sight，NLoS)方式传输，IEEE 802.16a 协议支持的基站的非视线覆盖范围为 40 km。

3) 无线局域网

无线局域网(Wireless Local Area Network)是在一个局部的区域(如教学楼、机场候机大厅、餐厅等)内为用户提供可访问互联网等上层网络的无线连接。无线局域网是已有有线局域网的拓展和延伸，可使得用户在一个区域内随时随地访问互联网。无线局域网有两种工作模式，第一种是基于基站模式，无线设备(手机、上网本、笔记本电脑)通过接入点访问上层网络；第二种是基于自组织模式，例如在一个会议室内，所有与会者的移动设备可以不借助接入点组成一个网络用于相互之间的文件、视频数据的交换。IEEE 802.11 的一系列协议是针对无线局域网制定的规范，大多数 802.11 协议的接入点的覆盖范围在十几米内。

4) 无线个域网

无线个域网(Wireless Personal Area Network)在更小的范围内(约 10 m)以自组织模式在用户之间建立用于相互通信的无线连接。蓝牙传输技术和红外传输技术是无线个域网中的两个重要技术，蓝牙传输技术通过无线电波作为载波，覆盖范围一般在 10 m 左右，带宽在 1 Mb/s 左右；红外传输技术使用红外线作为载波，覆盖范围仅为 1 m 左右，带宽可为 100 kb/s 左右。除此之外还有 ZigBee 技术。802.15.4 协议是 ZigBee 技术协议，主要是针对低速个域网物理层和 MAC 层制定的标准。

上述四种类型的网络各有自身的特点。无线广域网有相对较大的覆盖范围，支持高机动性无线设备，但数据传输速率较低，其大部分的用户为手机、PDA 和上网本；无线局域网有相对较大的数据传输速率，但是每个接入点的覆盖范围有限且不支持高速移动的设备。

7.2　数据链路传输控制规程

7.2.1　数据链路传输控制规程的功能与分类

1. 数据链路的概念

国际标准化组织(ISO)给数据链路的确切定义为：按照信息的特定方式进行操作的两

个或两个以上的终端装置与互联线路的一种组合体。所谓特定方式，是指信息速率和编码均相同。

数据通信就是要在数据链路已建立的基础上，通过两端的控制装置使发送方和接收方之间可以交换(传输)数据。

数据链路的结构有点对点和点对多点两种，从链路逻辑功能的角度看，在数据链路上发送和接收数据的数据终端设备统称为站。

在点对点链路中，有主站、从站和组合站之分，主站是发送信息和命令的站，从站是接收信息和命令并发出认可信息或响应的站，组合站是兼有主站和从站功能的站，如图 7-3(a)所示。

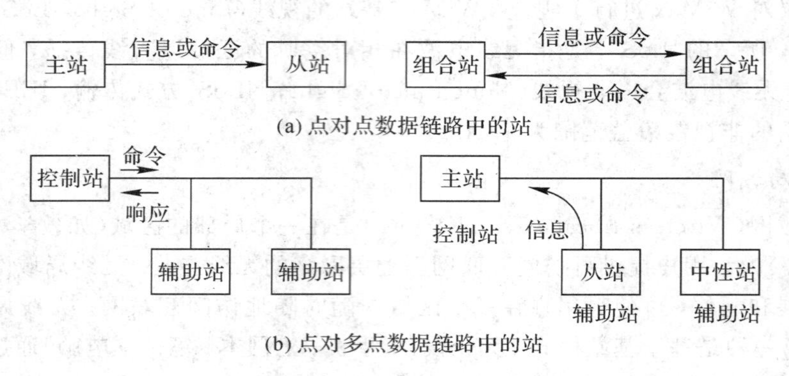

图 7-3 数据链路的结构

在点对多点链路中，有控制站、辅助站、从站、主站和中性站之分。负责组织链路上的数据流，并处理链路上不可恢复差错的站称为控制站，其余各站称为辅助站。如果控制站发送信息，辅助站接收信息，则此时控制站称为主站，接收信息的辅助站称为从站，其余辅助站称为中性站，如图 7-3(b)所示。

数据链路传输数据信息有三种不同的操作方式：信息只按一个方向传输的单向型(单工)；信息依次从一个方向传输，然后从相反方向传输的双向交替型(半双工)；信息可在两个方向上同时传输的双向同时型(双工)。

为了在 DTE(数据终端设备)与网络之间或 DTE 与 DTE 之间有效、可靠地传输数据信息，必须在数据链路层采取必要的控制手段对数据信息的传输进行控制。这一控制是通过数据链路层协议来完成的，习惯上把数据链路层协议称为数据链路传输控制规程。

为了充分理解数据链路传输控制规程的功能，我们先来分析一次数据通信的过程。与电话通信过程类似，一次完整的数据通信过程包括以下五个阶段。

1）建立物理连接

物理连接就是物理层若干数据电路的互连。数据电路有交换型和专用型线路两种。专用型线路为通信双方提供永久性固定的连接，因此无须“建立物理连接”。交换型数据电路必须按交换网要求进行呼叫连接。在电路交换网中，通常要求发送方完成自动存取号码、拨号、发送和应答数据单音、控制呼叫应答器与调制解调器之间的线路转换等操作。该阶段与电话通信的呼叫建立阶段类似，如电话网的 V.25 和数据网的 X.21 呼叫应答规程。

2）建立数据链路

建立数据链路阶段类似于在电话通信中建立起物理连接之后，相互证实的过程。如主

叫方询问被叫方"你是XXX？"，如果是要找的对象，双方就进入通话阶段。而在数据通信的这个阶段，为了能可靠而有效地传输数据信息，收发双方也要交换一些控制信息，包括呼叫对方、确认对方是否为所要通信的对象；确定接收和发送状态，即哪一方为发送状态，哪一方为接收状态；指定双方的输入/输出设备。

由于数据链路的结构不同，传输控制的方式也不同，因此必须采用不同的方式来建立数据链路。建立数据链路的方式有两种：争用方式和探询/选择方式。争用方式是争做主站建立链路的一种方式；探询/选择方式是在有控制站系统中，为防止争夺做主站，控制站按一定顺序一次一个地引导辅助站变成主站(探询过程)，主站用选择序列引导一个或多个从站接收报文(选择过程)的方式。一般而言，对于两点直通式的链路结构常采用争用方式，有时也采用探询/选择方式，但多点式的链路结构通常只用探询/选择方式。

3）数据传送

数据传送阶段类似于电话通信中的通话阶段。电话通信中双方要进行通话，首先必须使用相同的语言，否则要借助翻译；其次双方要相互配合，说和听要有一定的顺序，不能同时讲和连续讲而不管对方是否听懂；另外，如果没有听清或漏听对方的话，应要求对方重讲，直到听清为止。数据的传送也类似，主站按规定的格式组织数据信息，并按规定的顺序沿所建立的数据链路向从站发送，同时完成差错控制、流量控制等功能，使数据信息有效、可靠、透明地传输。

4）释放数据链路

对于电话通信，当确认双方均无信息传送之后进入通信结束阶段。对于数据通信，在数据信息传送结束后，主站发送规定的结束字符(结束传输的命令)来拆除数据链路，各站返回中性状态，数据链路被拆除。需注意的是，拆除数据链路并不是拆除物理连接，该阶段后可以又一次进入第二阶段，建立新的数据链路(即一个数据通信系统可以建立一个或多个数据链路)，这就类似于主叫方同一个人讲完话后，可能还想同另一个人讲话，则进入第二阶段。

5）拆除物理连接

在电话通信中，通话结束后，任何一方挂机，交换网络就拆除物理连接。在数据通信中，当数据链路的物理连接是交换型电路时，数据传送结束后，只要任何一方发出拆线信号，便可拆除通信线路，双方数据终端恢复到初始状态。

以上五个阶段，2)～4)阶段属于数据链路控制规程的范围，而1)和5)阶段是在公用交换网上完成的操作。

2. 数据链路传输控制规程的功能

链路层协议在数据通信中称为数据链路控制规程，它应具备如下功能。

1）帧控制

数据链路中的数据是以一定长度和一定格式的信息块形式传送的，这种信息块称为帧。不同的应用，帧的长度和格式可以不同。控制规程对帧的类型和结构进行了规定，指出每帧由一些字段和标志组成，标志用于指明帧的开始和结束，字段则根据不同用途分为地址字段、控制信息字段和校验字段等。

在传送方，帧控制具有把从上层来的数据信息分成若干组，并在这些组中加入标志和字段组成一帧的功能；在接收方，帧控制具有把接收到的帧去掉标志和字段，还原原始数据信息后送到上层的功能。

2）透明传送

控制规程中应采取必要的措施，保证所传送的数据信息不能出现与标识和字段相同的组合，如果出现，要求采取打乱措施，使用户传输的信息不受限制。

3）差错控制

由于物理电路中存在各种各样的干扰，数据信息在传送过程中不可避免地会产生差错。控制规程应能控制电路中产生的差错。常用的差错控制方式有检错重发和前向纠错两种。为防止帧的重收和漏收，必须采用帧编号发送，接收时按编号确认。当检测出无法恢复的差错时，应通知网络层实体做相应的处理。

4）流量控制

为了避免链路阻塞，控制规程应能调节数据链路上的信息流量，能够决定暂停、停止或继续接收信息。常用的流量控制方法有发送等待、面向帧控制方向、滑动窗口控制等。

5）链路管理

控制信息传输的方向，建立和结束链路的逻辑连接，显示数据终端设备的工作状态等。

6）异常状态的恢复

当链路发生异常情况时，能够自动恢复到正常状态。

3. 数据链路传输控制规程的分类

根据帧格式，数据链路传输控制规程有两种：面向字符型和面向比特型。

典型的面向字符型的控制规程有IBM公司的二进制同步通信（BISYNC或BSC）规程、ISO的基本型控制规程（ISO－1745标准）、美国国家标准协会（ANSI）规定的ASSI X3.28通信控制规程、欧洲计算机协会（ECMA）的ECMA－16基本型控制规程和我国数据通信基本型控制规程（GB3453－82）等。由于这种通信规程与特定的字符编码集关系过于密切，兼容性较差，并且在实现上也比较复杂，所以现代的数据通信系统已很少使用。

面向比特型的控制规程有IBM公司的同步数据链路控制（SDLC）规程、ANSI的先进数据通信控制规程（ADCCP）、ISO的高级数据链路控制（HDLC）规程和CCITT的X.25建议中的链路控制（HDLC）规程的变种等。这些规程是目前通信网中最常用的通信控制规程。

7.2.2 面向字符型的传输控制规程

1. 规程基本特征

面向字符型控制规程最基本的特征是：

（1）字符编码采用CCITT建议的国际5号编码表。

（2）以字符为最小控制单位，它规定了10个控制字符用于传输控制，如表7－1所示。

表 7－1　控 制 字 符

类别	名　称	字符(英文名称)	功　　能
格式字符	标题开始	SOH(Start of Head)	表示信息报(电)文标题的开始
	正文开始	STX(Start of Text)	表示信息报(电)文正文开始
	正文结束	ETX(End of Text)	表示信息报(电)文正文结束
	码组传输结束	ETB(End of Transmission Block)	正文码组结束
基本控制字符	询问	ENQ(Enquiry)	询问对方要求回答
	传输结束	END(End of Transmission)	表示数据传输结束
	确认	ACK(Acknowledge)	对询问的肯定回答
	否定回答	NAK(Negative Acknowledge)	对询问的否定回答
	同步	SYN(Synchronous Idle)	用于建立同步
	数据链路转义	DLE(Data Link Escape)	用来与后继字符一起组成控制功能

(3) 通信方式为双向交替型(半双工)。

(4) 可采用起止式的异步传输方式和同步传输方式。

(5) 检错采用行列监督码。

(6) 差错控制方式采用检错重发(ARQ)的纠错方式。

2. 报文格式

报文格式也叫文电格式，它规定了进行数据传输时编码字符的排列形式。报文分为两类：信息报文(信息文电)和监控报文(监控序列)。

1) 信息报文(信息文电)格式

信息报文的四种格式如图 7－4 所示。信息报文包括正文和标题(报头)。正文是要传输的字符信息。标题是与报文正文的传送和处理相关的一组辅助字符信息，它包括发信地址、收信地址、优先权、保密措施、信息报文名称、报文级别、编号、传输路径等。

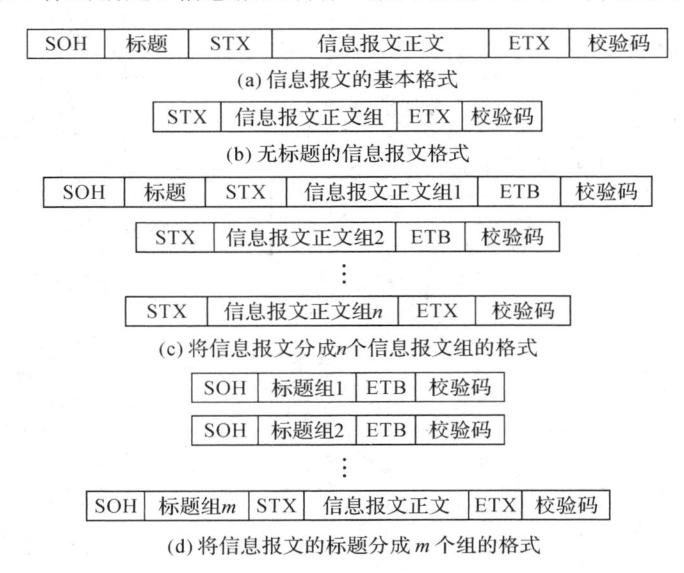

图 7－4　信息报文的四种格式

标题以字符 SOH 开始，正文以字符 STX 开始，以字符 ETX 结束。正文紧接在标题后面。

正文的长度没有限制，所以为了便于差错控制，可以把正文分成若干个码组(Block)，码组的长度取决于数据电路的传输质量。一个码组以字符 STX 开始，以字符 ETB 结束，正文的最后一个码组以字符 ETX 结束。

在上述格式中，信息的传输是不透明的，不允许在正文或标题中出现与控制字符相同的序列，这样大大限制了它的应用。为了能透明传输，必须在控制字符 SOH、STX 等前面加上转义字符 DLE。如用 DLE SOH 表示标题开始，DLE STX 表示正文开始等。这样当信息出现与控制字符相同的序列时，因为前面没有转义字符 DLE 就不会被误解。但是，如果在信息中出现与 DLE 相同的字符序列，则会出现特殊的问题，解决的办法是在该序列前面再加上一个 DLE 后发送，在接收端自动删除额外附加的 DLE。

2) 监控报文(监控序列)格式

监控报文一般由单个传输控制字符或由若干图形字符引导的单个传输控制字符组成。引导字符统称为前缀，前缀的长度不超过 15 个字符，它包含标识信息、地址信息、状态信息以及其他通信控制所需的信息。监控报文按传输方向可分为两种：正向监控报文(正向监控序列)和反向监控报文(反向监控序列)。

正向监控报文与信息报文方向一致，是主站向从站发送的控制序列。主要用于通信双方的呼叫应答，以确保信息报文的可靠传输。正向监控报文的形式如表 7-2 所示。在同步传输中把两个或多个 SYN 序列放在前面，以建立和维持收发两站的同步。

表 7-2 正向监控报文

<table>
<tr><th colspan="2">名　称</th><th>控制报文</th></tr>
<tr><td colspan="2">探询报文</td><td>探询地址 ENQ</td></tr>
<tr><td rowspan="3">选择报文</td><td>选择站</td><td>选择地址 ENQ</td></tr>
<tr><td>选择地址 ENQ</td><td>(前缀)ENQ</td></tr>
<tr><td>建立数据链路</td><td>(前缀)ENQ</td></tr>
<tr><td colspan="2">询问报文(催促应答)</td><td>(前缀)ENQ</td></tr>
<tr><td colspan="2">结束报文</td><td>(前缀)ENT</td></tr>
<tr><td rowspan="2">放弃报文</td><td>码组放弃</td><td>(前缀)ENQ</td></tr>
<tr><td>站放弃</td><td>(前缀)ENT</td></tr>
<tr><td colspan="2">拆线报文</td><td>(前缀)DEL ENT</td></tr>
<tr><td colspan="2">同步报文</td><td>SYN</td></tr>
</table>

反向监控报文与信息报文传送方向相反，是从站向主站发送的控制序列。主要用于对询问的应答和数据链路的控制。反向监控报文的形式如表 7-3 所示。

表 7-3　反向监控报文

名　　称		控制报文
肯定回答	选择报文	(前缀)ACK 非编号方式应答
		(前缀)DLE0 编号方式应答
	信息报文	(前级)ACK 非编号方式应答
		(前缀)DEL0 对偶数编号码组应答
		(前缀)DLE1 对奇数编号码组应答
否定回答	选择报文	(前缀)NAK
	信息报文	(前级)NAK
	探询报文	(前缀)EOT
结束请求	返回控制态	(前缀)EOT
	返回中性态	(前缀)EOT
中断请求	码组中断	(前缀)EOT
	站中断	(前缀)DLE 3/12
拆线		(前缀)DLE EOT

对主站的信息报文和正向监控报文，从站必须应答，有肯定回答(ACK)、否定回答(NAK)等。主站发出结束报文后，若从站同意结束两站之间的通信，则回答(前缀)EOT；若从站也有信息需发送给主站，则回答(前缀)ENQ。此时主、从站的位置相互交换，即原来的从站变成了主站，原来的主站变成了从站。

7.2.3　面向比特型的传输控制规程

在面向比特型的传输控制规程中，ISO 制定的高级数据链路控制(High Level Data Link Control，HDLC)规程所覆盖的功能范围最广。下面就以 HDLC 为例，说明面向比特型传输控制规程。

1. HDLC 链路工作方式

HDLC 是为了满足各种应用而设计的，因而既能在交换线路上工作，也能在专用线路上工作；既能用于点对点结构，也能用于一点对多点结构；既能采用双向交替方式传输，也能采用双向同时的方式传输。根据通信双方的链路结构和应答方式，HDLC 为通信操作定义了两种类型，即操作方式和非操作方式。

具体 HDLC 的操作方式有三种：

(1) 正常响应方式(NRM)：从站只有得到主站探询之后，才能传送有关帧；

(2) 异步响应方式(ARM)：从站不必得到主站的探询，就可自动地传送有关帧；

(3) 异步平衡方式(ABM)：链路两端都为组合站，任何一站在任意时刻都可发送有关帧命令，无须对方的许可。

HDLC的非操作方式也有三种：

(1) 正常断开方式(NDM)：处于这种方式时，从站在逻辑上与数据链路断开，不能发送和接收信息；

(2) 异步断开方式(ADM)：处于这种方式时，从站和组合站在逻辑上与数据链路断开，不允许发送信息，但从站或作为命令接收器的组合站具有异步响应方式的机会；

(3) 初始化方式(IM)：在此方式中，从站和组合站的数据链路控制程序可以分别通过主站或另一个组合站进行初始化或重新生成。

2. HDLC规程类别

相应于HDLC的三种操作方式(NRM、ARM和ABM)有三种规程类别，它们是：不平衡操作的正常响应类别(UNC)、不平衡操作的异步响应类别(UAC)和平衡操作的异步响应类别(BAC)。

HDLC规程对上述三个基本规程定义了其命令/响应子集。另外，为了满足特定系统的应用要求，又规定了若干可选择的功能。在通信双方不了解对方使用什么规程类别和哪些可选功能时，可先通过使用XID命令(参见表7-4)进行交换协商。

从链路访问规程来看，HDLC分为链路访问规程(LAP)、平衡型链路访问规程(LAPB)、ISDN的D信道链路访问规程(LAPD)。

3. HDLC数据链路信道状态

数据链路信道状态分为工作和空闲两种。链路处于工作状态时，主站、从站或组合站发送的是一个帧，或者是连续发送7个"1"放弃某帧，或者在帧之间连续发送帧标志序列来填充；链路处于空闲状态时，可在一个站检测出至少15个连"1"，表明远端站已停止发送数据。

4. HDLC帧结构

在HDLC中，无论是信息报文还是监控报文，都是以帧作为基本单位的，必须符合帧的格式。HDLC的帧格式如图7-5所示。在HDLC帧结构中含有标志字段F、地址字段A、控制字段C、信息字段I和帧校验序列字段FCS这五个字段。

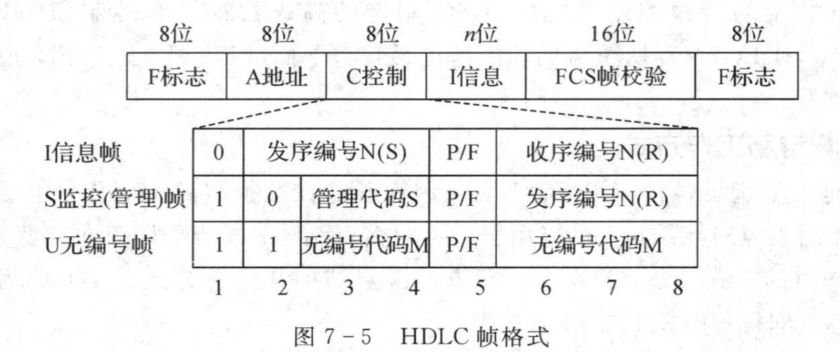

图7-5 HDLC帧格式

1) 标志字段F

标志字段用来表示一帧的开始和结束，用于帧的同步。HDLC规程指定采用6个连续"1"的8 bit序列01111110为标志字段。在一个帧的中间(F～F)的任何位置不允许出现和标志相同的比特序列，为此，HDLC规程采用"0"插入技术来实现透明性传输。"0"插入与删除技术可用图 7－6 说明。

```
输入：F 0 1 1 1 1 1 1 0   • • •  0 1 1 1 1 1 1 1 0 0 1 0 F
                  ※                          ※
发送：F 0 1 1 1 1 1 0 1 0  • • •  0 1 1 1 1 1 0 1 1 0 0 1 0 F
                    ▲                          ▲
接收：F 0 1 1 1 1 1 0 1 0  • • •  0 1 1 1 1 1  0 1 1 0 0 1 0 F
                  ※▲                         ※▲
输出：F 0 1 1 1 1 1 1 0   • • •  0 1 1 1 1 1 1 1 0 0 1 0 F
```

图 7－6 “0”插入与删除技术示意图

当发送站发现有 5 个连续“1”的非标志序列时，在第 5 个“1”后面自动插入一个“0”。接收端检查到非标志序列的其他比特序列中有 5 个连“1”，自动把后面“0”删去。“0”插入技术的引入，使得 HDLC 帧传送数据达到透明传送。

2）地址字段 A

地址字段是发送站和接收站的地址。对于命令帧，该字段为对方的站地址；对于响应帧，该字段指出的是发送响应的数据站地址。

通常地址段有 8 位，其 256 种组合表示 256 种编址。在 HDLC 规程中，约定全“1”比特为全站地址，用于对全部站点的探询，全“0”比特为无站地址，用于测试数据链路的工作状态。

当站的数目超过 256 个时，可进行地址扩展。扩展方法为 8 位地址的最低位置“0”，表示后面紧跟的 8 位也是地址组成部分；当最低位置“1”时，说明后续字节不是扩展地址。使用地址扩展后，低 8 bit 的地址范围就变成了 128 个。

3）控制字段 C

控制字段用来表明帧类型、帧编号、命令和控制信息。

C 字段为 8 bit，也允许扩充到 16 bit。

按帧功能可将 C 字段分成信息帧（I 帧）、监控（管理）帧（S 帧）和无编号帧（U 帧）三种，如图 7－5 所示。以上三帧与探询/终止（P/F）位的作用如下。

（1）信息帧 I：控制字段 C 的第一个比特为 0 表示是信息帧，用来传输终端用户的信息，并对收到的数据进行确认，另外，还有执行探询命令的功能。这种帧格式发送时含有发送序号 N(S)，指明当前发送帧的编号，并有命令的含义。

帧中含有另一序号为接收序号 N(R)，指明接收站所期待接收的帧号并确认前面各个帧，具有应答意义。例如，N(R)的值设置为 4，收到该字段帧的数据站（主站、次站或组合站）就确认，对方发送的 0、1、2、3 号帧都已被正确接收，而和它通信的那个站正等待N(S)为 4 的帧。一般在正常操作中，N(S)和 N(R)都为 3 bit，因此表示的最大帧序号为 7。

（2）监控（管理）帧 S：控制字段的第 1、2 比特为 10 表示 C 字段此时为监控帧或管理帧。该帧使用时不含信息字段，仅是用于执行数据链路的监控功能，如确认、要求重发和请求暂停等。

根据该帧第 3、4 比特的组合可定义四种不同的管理功能，它们所表示的意义如图 7－5 所示。监控帧中有接收序号 N(R)，而无发送序号 N(S)。

另外，N(R)的含义随 S 帧类型的不同而不同，它可以是命令帧，也可以是响应帧。

（3）无编号帧 U：控制字段的第 1、2 比特为 11 表示 C 字段此时为无编号帧。无编号帧不含有信息字段，也不提供工作方式设置、链路建立、链路拆除等附加的链路控制功能。由于帧中无顺序号，故称为无编号帧。它含有 5 个 M 位，最多可定义 32 种附加控制功能。常用附加控制功能如表 7－4 所示。

表 7－4　HDLC 命令与应答一览表

格式	命　令	响　应	编				码			
			1	2	3	4	5	6	7	8
	I(信息)	I(信息)	0		N(S)		P/F		N(R)	—
S 帧	RR(接收准备好)	RR(接收准备好)	1	0	0	0	P/F		N(R)	—
	REJ(拒绝)	REJ(拒绝)	1	0	0	1	P/F		N(R)	—
	RNR(接收未准备好)	RNR(接收未准备好)	1	0	1	0	P/F		N(R)	—
	SREJ(选择拒绝)	SREJ(选择拒绝)	1	0	1	1	P/F		N(R)	—
U 帧	SNRM(置正常响应方式)		1	1	0	0	P/F	0	0	1
	SARM(置异步响应方式)	RD(请求断开)	1	1	1	1	P/F	0	0	0
	SABM(置异步平衡方式)		1	1	1	1	P/F	1	0	0
	SNRME(置扩充的正常响应方式)		1	1	1	1	P/F	0	1	1
	SARME(置扩充的异步响应方式)		1	1	1	1	P/F	0	1	0
	SABME(置扩充的异步平衡方式)		1	1	0	1	P/F	1	1	0
	SIM(置初始化方式)	RIM(请求初始化方式)	1	1	1	0	P/F	0	0	0
	DISC(断开)	DM(断开方式)	1	1	0	0	P/F	0	1	0
	UP(无编号探询)		1	1	0	0	P/F	1	0	0
	UI(无编号信息)	UI(无编号信息)	1	1	0	0	P/F	0	0	0
	XID(交换标志)	XID(交换标志)	1	1	1	1	P/F	1	0	1
	REST(复位)		1	1	1	1	P/F	0	0	1
	TEST(测试)	TEST(测试)	1	1	0	0	P/F	1	1	1
		UA(无编号确认)	1	1	0	0	P/F	1	1	0
		FRMR(帧拒绝)	1	0	P/F	0	0	1		

(4) 探询/终止(P/F)位：在以上三种帧中，均有 1 bit 的 P/F 位，表示命令的探询或响应的终止，只有置“1”时才有用。在信息(命令和响应)帧中，N(S)、N(R)和 P/F 的功能是相互独立的；在监控(命令和响应)帧中 N(R)和 P/F 的功能是相互独立的。

P/F 位被主站和从站用来实现如下三种功能：

① P/F 位在被主站使用时称为 P 位，在被从站使用时称为 F 位。在一条链路上，任何时刻都只能有一个 P 位可以存在(等待 F 位响应)。一般 P 位置“1”可以用作检验点，用来探询从站的状态。检验点在各种形式的自动化中很重要，它是机器用来清除二义性，清理以前堆积的事务的一种技术。

② 主站用 P 位请求从站发一个状态响应，P 位还可以表示探询，用于授权或启动从站传输信息。

③ 从站对主站 P 位的响应，根据主站命令的不同，可分为信息帧、监控帧或无编号帧，且带 F 位表示从站的响应。另外，在正常响应方式时，F 位还可表示从站发送数据的末位，F 置“1”，预告传输即将结束。

P/F 位可以用几种方式来使用和解释：

在 NRM 方式中，从站只有在收到一个 P 位为“1”的帧后才可以发信。主站要求从站发送信息帧(I)时，可以发一个 P 位为“1”的帧，或者发某些监控命令帧(S)，如 RR、REJ 或 SREJ 等，并使 P=1。在 ARM 方式和 ABM 方式中，不收到 P 位为“1”的命令也可以发送信息帧。这时 P 位为“1”用来请求尽快发一个 F 位为“1”的响应。在 ARM 方式和 ABM 方式中，接到 P 位为“1”的命令后发送一个 F 位为“1”的准备接收(RR)帧(这实际是非抢占优先权问题)。在双向同时(全双工)发送时，当从站正在发信时收到一个 P 位为“1”的命令，那么在它后面最早的那个响应中设置 F 位为“1”；发送 F 位为“1”的帧并不要求从站停止发信。在发了 F 位为“1”的帧后面还可以继续发信。可见在 ARM 方式和 ABM 方式中，从站并不把 F 位解释成发信的结尾，它只是解释成对前面那个帧的响应。

4) 信息字段 I

信息字段用于传送用户数据。信息字段的长度是可变的，理论上不限长度。在实际应用中，其长度由收发站的缓冲器的大小和线路的差错控制情况决定，通常不大于 256 B。

5) 帧校验序列字段 FCS

帧校验序列字段用于对帧进行循环冗余校验，校验的范围包括除标志字段之外的所有字段(A、C、I 字段)的内容，但为了进行透明传输而插入的“0”不在校验范围内。该字段一般为 16 bit，CRC 码校验时的生成多项式为 $g(x)=x^{16}+x^{12}+x^{5}+1$。为了满足更高的要求，也可采用 32 bit 的 CRC 码校验。

5. 异常状态的报告和恢复

链路异常是指传输出现差错、数据站故障或误操作等情况。

链路异常时应执行恢复规程，使链路恢复正常，常用的恢复措施有以下几项：

(1) 忙。接收站由于内部缓冲器限制等原因暂时不能接收信息时，则称其处在“忙”状态，这时可通过发送 RNR 帧通知对方。“忙”状态的消除可以通过发送 RR、REJ、SREJ、UA 以及设置工作方式命令等来进行，并可接收 I 帧。

(2) N(S)差错。当收到 I 帧无校验 FCS 差错，但该帧的 N(S)不等于预期所要接收的顺序号时，则表明 N(S)顺序出现了差错情况，处于异常链路工作状态。根据差错出现的不同原因，响应采取 P/F 检验恢复、REJ 恢复、SREJ 恢复和超时恢复等措施。

(3) FCS 校验差错。当接收器发现某帧有校验差错时，将其丢弃。

(4) 命令/响应被拒绝。当收到的帧无差错，但其控制字符包含了未定义或不能实现的命令或响应、帧格式无效和信息字段长度超过容许的最大长度时，链路处于命令/响应拒绝状态。通常采用置工作方式命令去恢复。

(5) 竞争状态。当同时有多个站去占用链路时，链路处于竞争状态。常采用系统规定的超时条件去恢复。

6. HDLC 传输过程举例

例 7－1 从站发送信息的正常响应方式(NRM)下的双向交替传输数据链路的建立和数据传输。传输过程如图 7－7 所示。

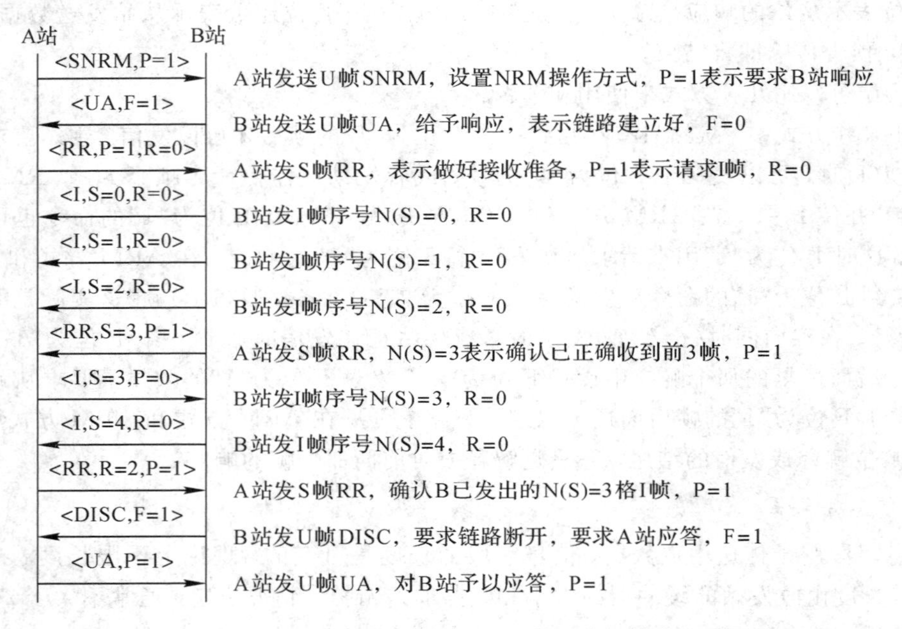

图 7－7 从站发送信息的 NRM 方式下数据传输过程

在初始状态，主站 A 向从站 B 发送 SNRM 命令，以设置 NRM 工作方式，P＝1 表示主站发送的是命令，要求从站响应。

从站收到命令后发送 UA 帧以示确认，这时数据链路已建立完毕，F＝1 表示是从站送出的命令，要求主站响应。

主站为了要求从站发送数据信息，发送 RR 命令，表示主站已准备好接收数据信息，P＝1 表示允许从站发送数据。所以从站接收到 RR 命令后开始发送 I 帧，帧序号用 N(S)表示。

当主站连续收到从站发送 I 帧的第 3 帧(N(S)＝2)时，送出 RR 命令(P＝1)以表示从站可以继续发送 I 帧，同时对前面收到的 3 帧进行确认(N(R)＝3)。

从站在数据发送完毕时，在最后一个 I 帧置 F＝1。

如果上面的数据链路中主站要向从站发送数据信息，则主站在收到从站送来的 UA 响应帧后，就可以马上发送 I 帧了。

例 7－2　NRM 方式下双向同时传输数据，传输过程如图 7－8 所示。

在该传输方式下，数据链路的建立过程与例 7－1 相同(见图 7－7)，但主站在送出第 1 个 I 帧时，P=1 表示同时允许从站发送 I 帧，可双向同时传输数据信息。注意在传输 I 帧的同时，要对收到的 I 帧进行确认。

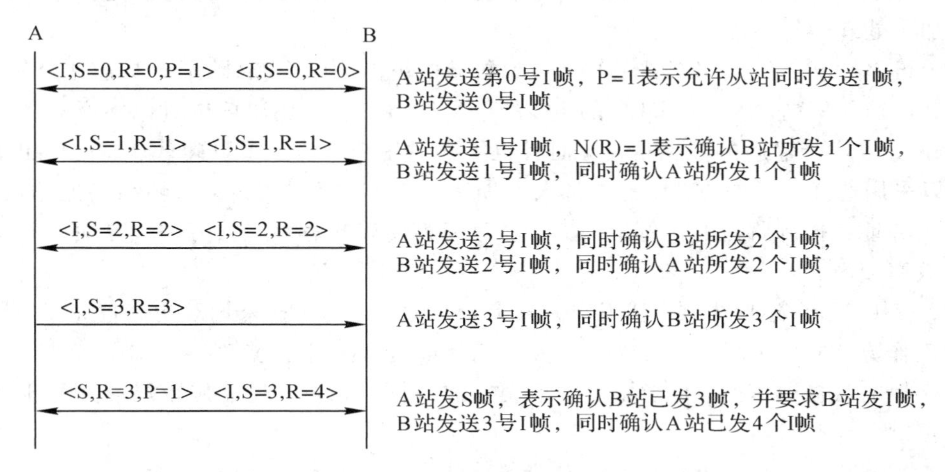

图 7－8　NRM 方式双向同时数据传输过程

例 7－3　退回 N 步的差错恢复过程如图 7－9 所示。当 A 站发送编号为 7 的 I 帧出错时，由接收站 B 站检测出错情况，B 站等待 A 站的询问，当收到 P=1 的询问帧时，B 站用 RR 帧响应，并用 N(R)=7 要求 A 站重发编号为 7 以后的 I 帧，从而实现差错恢复。这种方式适用于双向交替方式工作的链路，对于双向同时方式工作的链路是不适用的。

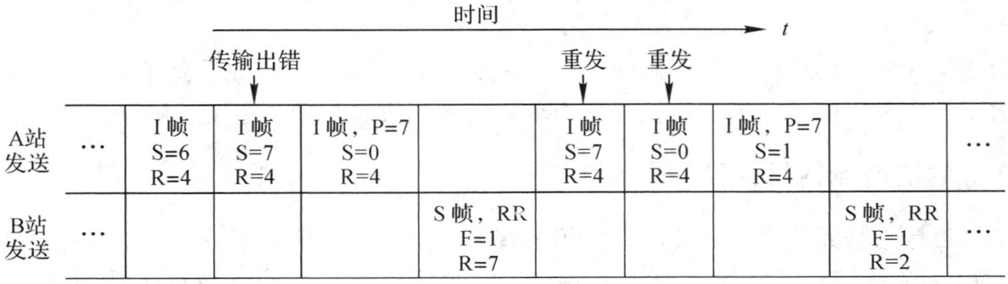

时间 → t

			传输出错↓			重发↓	重发↓			
A站发送	…	I 帧 S=6 R=4	I 帧 S=7 R=4	I 帧，P=7 S=0 R=4		I 帧 S=7 R=4	I 帧 S=0 R=4	I 帧，P=7 S=1 R=4		…
B站发送	…				S 帧，RR F=1 R=7				S 帧，RR F=1 R=2	…

图 7－9　退回 N 步的差错恢复过程

例 7－4　用 SREJ 帧进行差错恢复的过程如图 7－10 所示，用 SREJ 帧来指出出错的帧号，发站 A 重发出错的帧，而对于已发送的未出错的帧不予重发，从而提高传输效率。

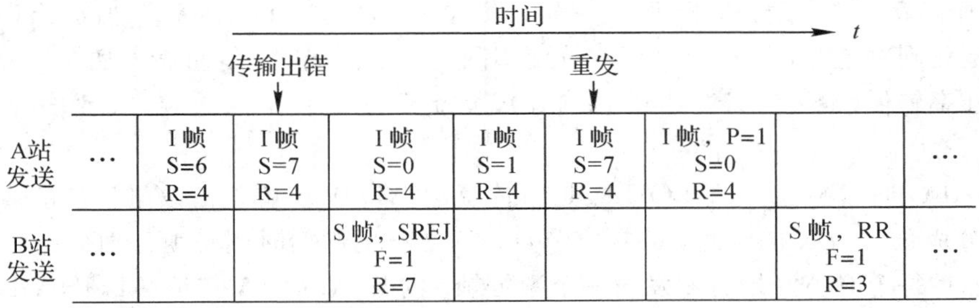

时间 → t

			传输出错↓			重发↓			
A站发送	…	I 帧 S=6 R=4	I 帧 S=7 R=4	I 帧 S=0 R=4	I 帧 S=1 R=4	I 帧 S=7 R=4	I 帧，P=1 S=0 R=4		…
B站发送	…			S 帧，SREJ F=1 R=7				S 帧，RR F=1 R=3	…

图 7－10　SREJ 帧进行差错恢复的过程

7. 数据链路传输控制规程比较

与字符型控制规程相比较，HDLC 规程有以下特点：

(1) 透明传输。HDLC 规程对所传输的数据信息的比特序列的结构没有限制，是靠“0”插入技术来实现的。面向字符型的传输控制规程是靠转义字符 DLE 实现，它降低了传输效率，增加了处理的复杂性。

(2) 可靠性高。在 HDLC 规程中，差错校验的范围为整个帧(除了 F 标志之外)。

(3) 传输效率高。因为 HDLC 的 I 帧的信息编号传输，在通信中可以不必等待对方响应进行确认后才传输新的数据信息，而且也不必对每个 I 帧都予以确认；在传输出现差错时，可以采用选择重发的方法。这些都大大提高了工作效率。另外，从帧结构的角度来看，帧内用于寻址和控制所占的比例也大大小于字符型传输规程，这从另一个方面说明 HDLC 的传输效率较高。

(4) 应用广泛，适应力强。从工作方式上看，HDLC 能选择采用双向交替和双向同时工作两种工作方式；HDLC 既适应点对点方式工作，也能适应一点对多点方式工作；既能用于电路交换的数据通信网，也能用于分组交换的数据通信网，还能用于局域网和卫星通信的链路控制。

(5) 结构灵活。在 HDLC 中，传输控制功能和处理功能分离，层次清楚，应用非常灵活。尽管 HDLC 规程要比面向字符型的传输控制规程复杂些，但由于计算机、单片机、微处理器、VLSI 的发展，出现了许多专用或多用的面向比特的传输控制集成电路芯片，如 Z8-SIO、Intel 8274 和 MC68000 等，所以实现该规程极为方便。

7.3 无线数据通信网中的信道接入协议

信道接入协议即媒体访问控制(MAC)，是无线数据通信协议的重要组成部分。目前在无线数据网中常用的信道接入协议可分为单信道接入协议与多信道接入协议。

7.3.1 单信道无线接入协议

单信道接入是无线数据通信网中常用的接入形式。在单信道条件下，节点的发送和接收只占用一个信道，工作于半双工方式。常用的单信道基本接入协议主要有 ALOHA、CSMA/CA、MACA 等。

1. ALOHA 协议

ALOHA 协议是适合在单信道条件下使用的一种随机接入协议。ALOHA 协议规定：网络中的所有节点共享信道，任何节点需要发送数据时，均不需要获取信道工作状态，随时发送。检测到碰撞时，再给每个用户分配不同的重发间隔时间，重新发送。ALOHA 协议简单，吞吐率较低(最大值只能达到 18.4%)，因此只适于在节点数较少、业务量较低的网络中使用。

时隙 ALOHA 协议(S-ALOHA)是对传统的 ALOHA 协议的改进。它将整个信道的占用时间分成长度为 T 的时隙，并规定节点发送数据的起始时刻必须与划分的时隙起点对齐，即只能在每个时隙开始时刻发送一个数据帧。时隙 ALOHA 与纯 ALOHA 相比，吞吐率提高了 1 倍，达到了 36.8%，但付出的代价是全网需要严格的时间同步。

在时隙 ALOHA 的基础上，如果将时隙分给固定的节点使用，则构成了 TDMA 协议。TDMA 协议有效避免了信道数据碰撞，但 TDMA 需要精确的时间同步，且信道利用率不高。

码分多址(CDMA)方式能够支持多个用户同时共享一个时间资源和频带资源，结合时隙 ALOHA 和 CDMA 两种技术的 MAC 方案，是另一种改进的时隙 ALOHA 方案。由于 ALOHA - CDMA 方案采用了 CDMA 技术，利用了时隙时间维度、码维度的二维信息，因此它可在一个时隙中支持更多个网络节点同时接入。但其接入效率受到码长、时隙数目、节点数目三者的联合制约，如果能估计节点数目，就可以指导码长、时隙数目的合理安排，以便实现最佳接入效率。

2. CSMA/ CA 协议

CSMA/CA(载波监听/碰撞回避)协议是指节点在发送数据时，先监听信道的工作状态，如果信道已经被其他节点占用，则延迟发送以避免数据碰撞。

由于 CSMA/CA 中在发送数据前先监听了信道工作状态，因此可以降低信道碰撞概率，但同时也增大了发送延时。

3. MACA 协议

MACA(多址接入碰撞回避)协议包括 RTS、CTS、DATA 和 ACK 四个过程。它充分利用了 RTS 与 CTS 帧，避免了数据碰撞问题。

MACA 协议规定，当两个节点 A、B 进行 RTS - CTS 握手时，将周围的其他节点分成三类：

(1) 第一类是既能监听到 RTS 帧，也能监听到 CTS 帧的节点。显然，这类节点处于发送节点和接收节点的通信覆盖范围之内，可以监听到整个数据通信过程，因此在整个通信过程中，应该保持静默。

(2) 第二类节点是只能监听到 RTS 帧的节点。这类节点只处于发送节点的通信覆盖范围之内。在监听到 RTS 帧后的一段时间内保持静默，以确保发送节点能正确地收到 CTS 帧。当发送节点开始发送数据帧后，这类节点就不必保持静默，因为它处于接收节点通信范围之外，不会对接收节点产生干扰。

(3) 第三类节点是只能监听到 CTS 帧的节点。这类节点在监听到 CTS 帧后，在一段足够长的时间内保持静默，以避免干扰接收节点。

7.3.2　多信道无线接入协议

多信道接入协议可实现利用两个以上的信道进行数据传输。一般来说，多信道协议将可用信道划分为两类：一类是控制信道，用于传输帧长较短的控制帧；另一类是数据信道，用来传输帧长较长的数据帧。常用的多信道传输协议主要有 BTMA、DBTAM、基于扩频码的信道接入协议等。

1. BTMA 协议

BTMA(基于忙音的多信道接入)协议将信道分为控制信道和数据信道。控制信道用于传送 RTS 帧、CTS 帧和忙音。协议工作过程如图 7 - 11 所示。

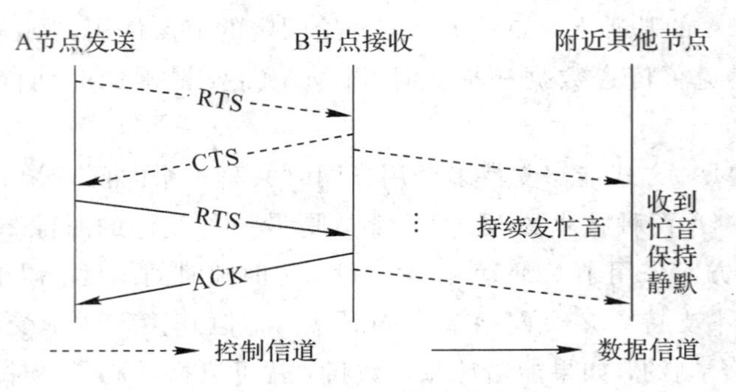

图 7－11　BTMA 协议示意图

当A节点有数据向B节点发送时，A节点先在控制信道上发送RTS帧，B节点在收到RTS帧后，先在控制信道上响应CTS帧，然后在控制信道上发送一个忙音，表示自己正处于接收数据状态，不希望其他节点在数据信道上干扰。

接下来A节点开始在数据信道上发送DATA帧。处于B节点通信覆盖范围内的其他节点收到忙音后，立即在数据信道上保持静默，以免干扰B节点，直至B节点完成数据接收为止。

从图7－11可以看出，BTMA协议较为复杂，它可以有效地避免在接收数据时发生干扰，但要实现BTMA协议，每个节点需要两个信道，且两个信道要能同时工作，这对接入设备要求较高。

2. 基于扩频码的信道接入协议

基于扩频码的信道接入协议利用了扩频码的正交特性，使得网络中各节点可以同时占用信道而互不干扰。

1）基于接收端的扩频码接入协议

网络中的每个节点都具有一个唯一的标识(ID)，并且被分配了一个唯一的、正交的扩频码。当一个节点需要向另一个节点发送数据时，应先在信息数据中添加接收节点的ID值，然后使用接收节点所对应的扩频码对发送的信息数据进行调制。在接收端，节点使用自身的扩频码对接收到的信号解调，并根据其中的ID值决定是否接收该信息。使用该协议时，节点的接收设备较为简单，只要在系统干扰容限之内，系统可以允许不同的节点同时占用信道。但是当两个不同的节点同时向另一个节点发送信息时，在接收端可能产生干扰。

2）基于发送端的扩频码接入协议

网络中的每个节点都具有一个唯一的标识(ID)，并且被分配了一个唯一的、正交的扩频码。当某一节点向另一个节点发送数据时，先在信息数据中添加接收节点的ID，然后本端的扩频码对发送的信息数据进行调制。在接收端，接收节点使用系统中所有可能的扩频码对接收信号进行解调，然后根据其中的ID值决定是否接入信息。

在该协议中，当两个节点同时向另一个节点发送信息时，接收节点仍然能够将两个信息区分开来。但要实现这种协议，显然要求节点具有多个扩频信道同时解调的能力，接入设备的复杂程度较高。

3）基于公共扩频码的接入协议

基于公共扩频码的接入协议是指系统使用若干个公用的扩频码，这些公用的扩频码经过优选，相互之间有十分优异的正交性。当网络中的某个节点需要发送数据时，先通过监听，在所有公共扩频码中寻找一个尚未被使用的扩频码，然后用该扩频码对信息数据进行调制。接收端再使用所有可能的公共扩频码对接收到的信号进行解调，根据信息中包括的 ID 决定是否接收该信息。基于公共扩频码的接入协议要求接收机具有多个扩频信道接收能力，但信道数量比基于发送端的扩频码接入协议少。

从上述分析可知，扩频具有良好的正交性，可以容忍网络中的一些数据碰撞。与单信道接入协议和多信道接入协议相比，基于扩频码的信道接入协议中的其他协议可较好地解决不同节点之间争用信道的问题，提高了系统的效率，但是它占用的频谱资源也较多，接入设备的复杂程度较高。

7.3.3 无线信道的隐终端和暴露终端问题

从网络通信的角度来看，无线信道具有开放性、共享性的特点。开放性意味着在通信距离范围内的所有节点都具有获取信息资源的能力，而共享性意味着网络中的所有节点都具有占用信道带宽、发送信息的权限。无线信道的开放性和共享性会导致隐终端和暴露终端问题。

1. 隐终端

隐终端问题如图 7－12(a)所示，A、B、C、D 共 4 个点分布位置如图，B 节点在 A 节点的通信覆盖范围之内，C 节点在 A 的覆盖范围之外。当 A 节点有数据需要发送给 B 节点时，A 先向 B 发送 RTS 帧。

由于 C 节点不在 A 节点的通信覆盖范围之内，不可能监听到 A 节点发出的 RTS 帧。所以，此时如果 C 节点向 D 节点发送数据，就会干扰 B 节点对 RTS 帧的接收。这种情况下，称 C 节点为隐终端。

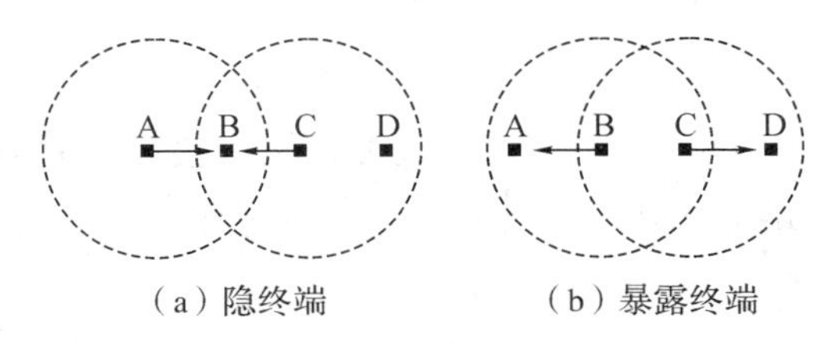

（a）隐终端　　（b）暴露终端

图 7－12　隐终端和暴露终端问题

2. 暴露终端

暴露终端问题如图 7－12(b)所示，A 节点处于 B 节点通信覆盖范围之内，处于 C 节点通信覆盖范围之外，D 节点处于 C 节点通信覆盖之内，但处于 B 节点通信覆盖范围之外。在理想情况下，当 B 节点向 A 节点发送数据时，C 节点也可以向 D 节点发送数据，此时 A 节点应该能正确收到 B 节点发来的数据，因为 A 节点远离 C 节点，它不会受到 C 节点的干扰；同理，D 节点也应该能收到 C 节点发来的数据，因为 D 节点远离 B 节点，它不会受到 B 节点的干扰。但是在某些协议中，B、C 节点却不能同时发送数据。例如在 CSMA/CA 协议中，当C节点听到了B节点正在发送数据，就会启动避让规则，暂缓向D节点发送数据，这就增加了C节点到D节点的数据传输时延。在这种情况下，称C节点为暴露终端。

从以上分析可知，由于无线信道的特点和信道接入协议在设计上存在的缺陷，导致了隐终端和暴露终端问题，降低了网络的效率。

7.4 无线局域网协议

7.4.1 无线局域网解决方案与运作模式

1. 无线局域网解决方案

无线局域网解决方案主要有：

(1) 无线个人网(WPAN)：主要用于个人用户工作空间，典型覆盖距离为几米，可以与计算机同步传输文件，访问本地外围设备(如打印机等)。目前主要技术包括蓝牙和红外(IrDA)。

(2) 无线局域网(WLAN)：主要用于宽带家庭、大楼内部以及园区内部，典型覆盖距离为几十米至上百米。

(3) 无线 LAN-to-LAN 网桥：主要用于大楼之间的联网通信，典型覆盖距离为几千米。

(4) 无线城域网(WMAN)和无线广域网(WWAN)：覆盖城域和广域环境，主要用于Internet/E-mail 访问，但提供的带宽比无线局域网要低很多。

2. 无线局域网运作模式

无线局域网标准目前主要为 IEEE 802.11 系列。IEEE 802.11 定义了两种运作模式：特殊(Ad Hoc)模式和基础(Infrastructure)模式。

1) Ad Hoc 模式

在 Ad Hoc 模式下，不存在无线 AP，无线客户端直接相互通信。使用 Ad Hoc 模式通信的两个或多个无线客户端就形成了一个独立基础服务集。

2) Infrastructure 模式

在 Infrastructure 模式下，至少存在一个无线 AP 和一个无线客户端。无线客户端使用无线 AP 访问有线网络的资源。支持一个或多个无线客户端的单个无线 AP 称为一个基本服务集(Basic Service Set，BSS)，BSS 是无线局域网的基本单元，即前面说的小区。在一个基本服务集(BSS)内，所有的站均运行同样的 MAC 协议并以争用方式共享同样的媒体。

一个 BSS 可以通过 AP 连接到主干分配系统(Distribution System，DS)。DS 相当于一个有线主干局域网。这些基本服务集通过分配系统连接在一起，如图 7-13 所示。一个扩展服务集(ESS)是单个逻辑网段(也称为一个子网)，并通过它的服务集标识符(Service Set Identifier，SSID)来识别。如果某个 ESS 中的无线 AP 的可用物理区域相互重叠，那么无线

客户端就可以漫游，或从一个位置(一个无线 AP)移动到另一个位置(另一个不同的无线 AP)，同时保持网络层的连接。

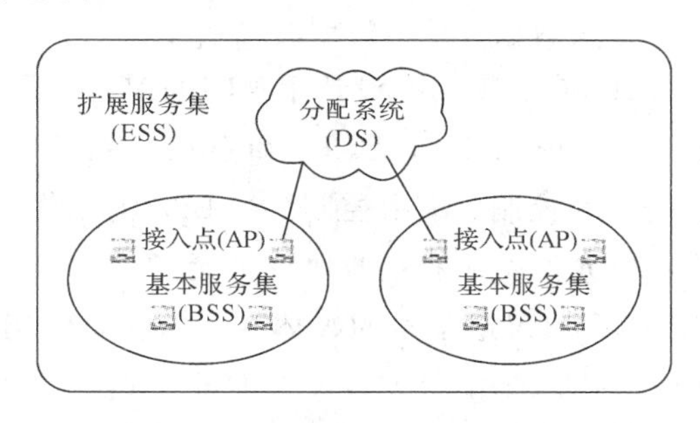

图 7-13　IEEE 802.11 的基本服务集和扩展服务集

7.4.2　IEEE 802.11 标准中的物理层

IEEE 802.11 标准的物理层定义了数据传输的信号特征和调制方法，并规范了有关传输介质的特性标准。下面介绍几种常见的已经产品化的 IEEE 802.11 标准。

(1) IEEE 802.11a：工作在 5 GHz 频段，最大速率可达 54 Mb/s，采用 OFDM 调制技术，采用 802.1la 标准的 WLAN 可以同时支持多个相互不干扰的高速 WLAN 用户。

(2) IEEE 802.11b：使用直接序列扩频(DSSS)调制技术，在 2.4 GHz 频带实现 11 Mb/s速率的无线传输。DSSS 技术的实现比正交频分复用(OFDM)容易，使得 802.11b 成为当今 WLAN 的主流标准。其最大特点是可以根据无线信道状况的变化，在 5.5 Mb/s、2 Mb/s和 1 Mb/s 之间进行速率的动态调整。

(3) IEEE 802.11g：在 2.4 GHz 频段使用 OFDM 调制技术，使数据传输速率提高到 20 Mb/s 以上。802.11g 标准既能提供与 802.11a 相同的传输速率，又能与已有的 802.11b 设备后向兼容。在传输速率不大于 11 Mb/s 时，仍采用 DSSS 调制技术；当传输速率高于 11 Mb/s时，则采用调制效率更高的 OFDM 调制技术。

7.4.3　IEEE 802.11 标准中的 MAC 子层

在网络标准内，各种不同的传输介质的物理层对应着不同的 MAC 层。例如，以太网 MAC 层定义为 802.3，无线局域网 MAC 层定义为 802.11，如图 7-14 所示。

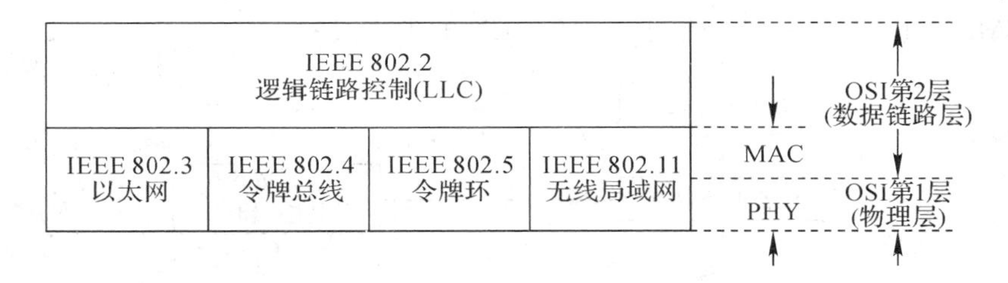

图 7-14　不同传输介质的物理层对应的 MAC 层

由于以太网(Ethernet)成为现存局域网络结构的主要形式，载波侦听多址接入/碰撞回避(Carrier Sense Multiple Access/Collision Detection，CSMA/CD)协议也成为局域网采用最多的 MAC 协议。CSMA/CD 协议适用于总线型局域网拓扑结构的随机竞争型媒体访问控制。总线型网络允许同一时刻只有一个节点(Node)发送数据，一旦两个或以上节点同时发送数据，就会发生数据碰撞，数据不能正常发送和接收。CSMA/CD 协议就是尽可能保证网络上同时只有一个节点发送数据，减小数据碰撞概率。

为了尽量减少碰撞，IEEE 802.11 标准设计了独特的 MAC 子层，包括分布式协调控制功能(Distributed Coordination Function，DCF)和点协调控制功能(Point Coordination Function，PCF)，PCF 也叫中心控制、集中控制。在 BSS 内工作的一个站，能通过协调控制功能决定何时通过无线媒体允许发送和接收协议单元。

DCF 是 IEEE 802.11MAC 协议最基本的媒体接入方法，作用于基本服务群和基本网络结构中，可在所有站实现，主要采用 CSMA/CA 的分布式媒体接入方法，让各个站通过争用信道来获取发送权。DCF 向上提供争用服务。

PCF 使用集中控制的接入算法(一般在接入点实现集中控制)，用类似于轮询的方法将发送数据权轮流交给各个站，从而避免了碰撞的产生。对于时间敏感的业务，如分组语音，应当使用点协调功能(PCF)，可支持无争用型业务。

IEEE 802.11 标准中的 MAC 子层基本结构如图 7-15 所示。

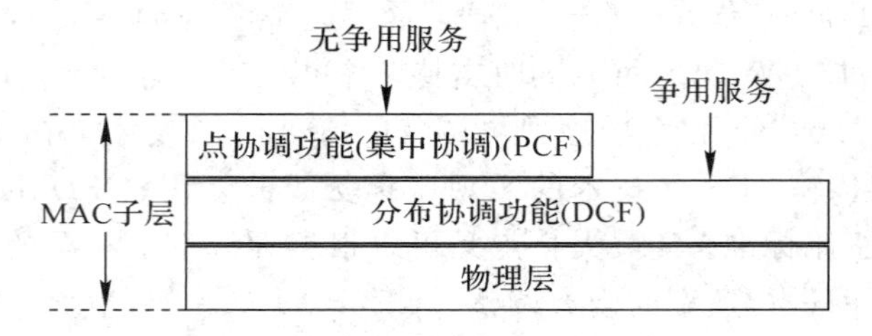

图 7-15　IEEE 802.11 标准中的 MAC 子层基本结构

7.4.4　载波侦听多址接入/碰撞回避机制

载波侦听多址接入/碰撞回避机制即 CSMA/CA(Carrier Sense Multiple Access/Collision Avoidance)机制。

IEEE 802.3 总线型局域网(有线以太网)在 MAC 层的标准协议是 CSMA/CD(Carrier Sense Multiple Access/Collision Detection)。所有的以太网，不论其速度或帧类型是什么，都使用 CSMA/CD。图 7-16 描绘了 CSMA/CD 的工作过程。

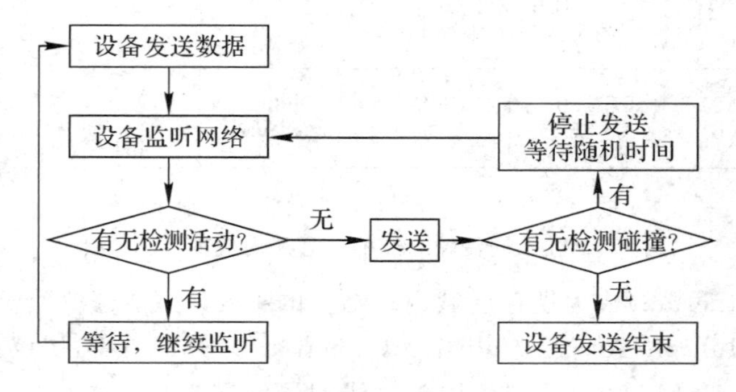

图 7-16　CSMA/CD 的工作过程

因为无线设备不能同时发射和接收，所以 IEEE 802.11 使用的是碰撞回避策略，而不是如 IEEE 802.3 使用碰撞检测(Collision Detection，CD)。在一个 WLAN 中，不是所有的无线设备都能够直接通信。因此，IEEE 802.11 采用网络分配矢量(NAV)。NAV 是表示媒介空闲剩余时间的值。每个站点的 NAV 都是从媒介传输的帧里取出时间长度值来保持最新值。站点通过检查 NAV 决定是否发送。有可能 NAV 表示媒介忙，而物理载波检测却显示媒介空闲，这时站点不能发送。因此，NAV 也被称为虚拟载波检测。通过物理载波检测和虚拟载波检测策略的结合，MAC 得以实现 CSMA/CA 的碰撞回避机制。图 7-17 描绘了 CSMA/CA 的工作过程。

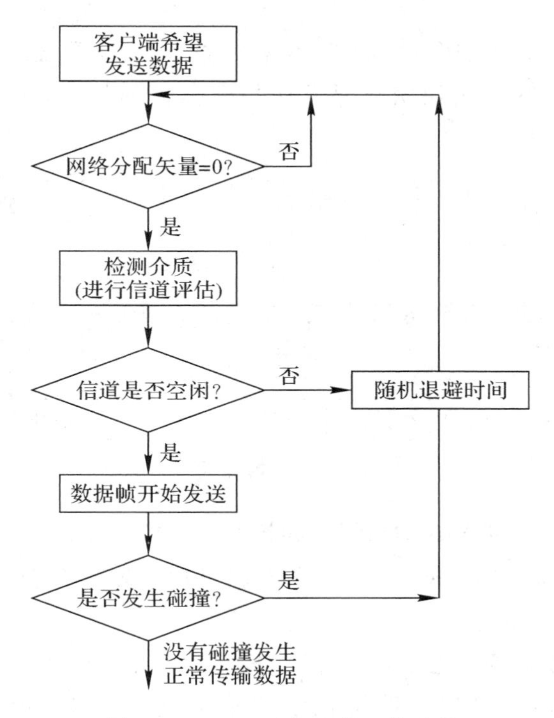

图 7-17　CSMA/CA 的工作过程

从 CSMA/CA 的工作过程知道，查看介质是否空闲可以通过载波侦听，如果源主机需要发送数据，它必须检查传输介质是否正在被别人使用，如果介质未被别人使用，就发送数据包；反之，源主机就必须等待一段时间，等到介质空闲后才能够发送。源主机通过不断发出 RTS(Request To Send，请求发送)包来检查介质的占用情况，在目的主机返回 CTS (Clear To Send，允许发送)包后，源主机就可以发送了，即请求发送/允许发送(RTS/CTS)协议。

7.4.5　RTS/ CTS 协议

RTS/CTS 协议相当于一种握手协议，主要用来解决“站点隐蔽”问题。“站点隐蔽”是指用户站 A 和用户站 C 都未侦听，同时将信号发送至 B 引起信号碰撞，导致发送至 B 的信号都丢失了。RTS/CTS 传输原理如图 7-18 所示。

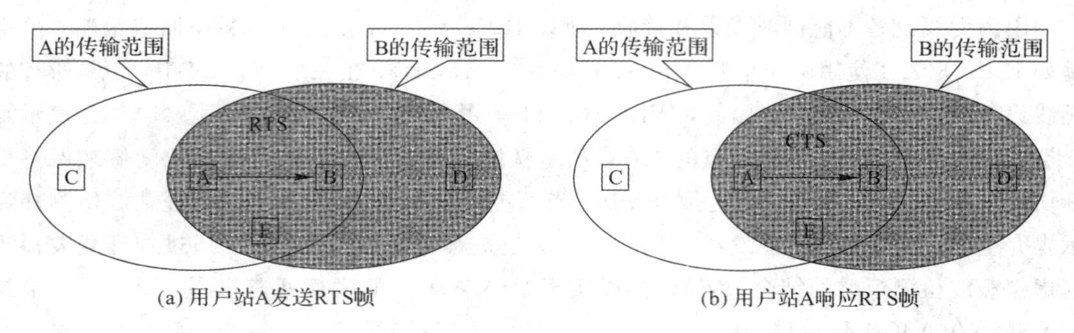

(a) 用户站A发送RTS帧　　(b) 用户站A响应RTS帧

图 7-18　CSMA/CA 协议中的 RTS 和 CTS

图 7-18(a)中用户站 A 在向站 B 发送数据帧之前，先向 B 发送 RTS 帧，表明 A 要向 B 发送若干数据，在 RTS 帧中说明将要发送的数据帧的长度。RTS 帧格式如图 7-19 所示。

帧控制	持续时间	接收地址RA	发送地址TA	帧校验FCS

图 7-19　RTS 帧格式

图 7-18(b)中用户站 B 收到 RTS 帧后，就向站 A 响应一个允许发送帧 CTS。CTS 帧格式如图 7-20 所示。

帧控制	持续时间	接收地址RA	帧校验FCS

图 7-20　CTS 帧格式

在 CTS 帧中也附上 A 欲发送的数据帧的长度(从 RTS 帧中复制)。A 收到 CTS 帧后就可发送其数据帧了。B 接收完数据后，即向所有用户站广播 ACK(确认)帧，所有用户站又重新可以平等侦听，竞争信道了。

在 A 和 B 两个站附近的一些站(站 C、D、E)的反应如下：

C 在 A 的范围内能收到 RTS，但收不到 CTS，因为不在 B 的范围内，D 与 C 相反，而 E 既能收到 RTS 也能收到 CTS，因此这三个站在整个过程都不影响 A 向 B 发送数据。

发送 RTS 帧的目的是将持续时间信息告知邻近站点，收到 RTS 的站点就用收到的信息更新其 NAV，从而防止这些站点在被告知时间段内发送信息，以避免碰撞发生。RTS 帧包含帧控制、持续时间、两个地址和帧校验。在 RTS 帧中，持续时间信息是完成一次帧交换过程所需的时间。RA 表示无线媒体上的一个站点的 MAC 地址，RA 标识的站点则发送 RTS 的应答帧 CTS。TA 表示发送该 RTS 帧的站点的地址。FCS 包括一个 32 位循环冗余校验(CRC)码。

CTS 包含帧控制、持续时间、一个地址和帧校验，该帧用于将持续时间信息告知邻近站点。收到 CTS 的站点就用收到的信息更新其 NAV，从而防止这些站点在被告知的持续时间内发送信息，避免碰撞发生。

CTS 帧是刚刚接收到的 RTS 的响应帧，RA 就是该 RTS 帧中的发送方地址 TA 的拷贝。CTS 帧中的 RA 必须是某个站点的 MAC 地址。CTS 帧中的持续时间数值也是从刚刚接收到的那个 RTS 中的持续时间域中获得。持续时间以 μs 为单位。FCS 同 RTS 帧中的 FCS 一样。

使用 RTS 和 CTS 会使整个网络效率下降，但它们相比于数据帧可以忽略，若不使用这种控制帧，一旦发生碰撞导致数据帧重发，时间的浪费就更大。

因此，802.11 协议设有三种情况供用户选择：

(1) 当需要传送大容量文件时，使用 RTS 和 CTS 帧；

(2) 只有当数据帧的长度超过某一数值时，使用 RTS 和 CTS 帧；

(3) 不使用 RTS 和 CTS 帧。

7.4.6　随机的时间等待(IFS)

随机的时间等待即帧间间隔 IFS(Inter Frame Space)。IEEE 802.11 查看介质是否空闲是通过载波侦听，而碰撞回避则是通过随机的时间等待(IFS)。实现碰撞回避使信号发生碰撞的概率减到最小，当介质被侦听到空闲时，优先发送。

先给出只使用 IFS 时的 CSMA 算法原理：

(1) 欲发送帧的站先监听信道。若发现信道空闲，则继续监听一段时间 IFS，看信道是否仍为空闲。若是，则立即发送数据。信道已经空闲了还继续监听一段时间，是因为三种不同数值的 IFS 可将数据划分为不同的优先级，IFS 值小的优先级高。这样能够减少碰撞的机会。

(2) 若发现信道忙，则继续监听信道，直到信道变为空闲。

(3) 一旦信道变为空闲，此站迟延另一个时间 IFS。若信道在时间 IFS 内仍为空闲，则按指数退避算法迟延一段时间。只有当信道一直保持空闲时，该站才能发送数据。这样做可使在网络负荷很重的情况下，发生碰撞的机会大为减小。

常用的几种不同帧间间隔(IFS)如下：

SIFS(Short IFS)：SIFS 是最短的 IFS，典型的数值只有 10 μs。当节点获得信道的控制权时，为了帧交换序列继续保持信道控制，就使用 SIFS，它提供了最高优先级。

PIFS(PCF IFS)：即点协调功能 IFS，比 SIFS 长，在 PCF 方式中轮询时使用。仅仅当节点在 PCF 模式下，为了在非竞争周期开始时获得信道的访问控制优先权而使用。一旦在这个时间内侦听到信道空闲，就可以进行中心控制方式的无竞争的通信。

DIFS(DCF IFS)：即分布协调功能 IFS，节点在 DCF 方式下传输数据帧和管理帧时所使用的时间间隔，是最长的 IFS，典型数值为 50 μs。如果载波侦听机制确定在正确接收到帧之后的 DIFS 时间间隔中，信道是空闲的，而且退避时间已经过期，节点将进行发送。

EIFS(Extended IFS)：DCF 方式下用于接收数据错误的情况下的等待时间，为接收节点发送确认帧(ACK)提供足够的时间。

以上这些帧间间隔的长度实际上就决定了它们的优先级，即 EIFS 的优先级＜DIFS 的优先级＜PIFS 的优先级＜SIFS 的优先级。当很多节点都在监听信道时，使用 SIFS 可具有最高的优先级，因为它的时间间隔最短。

图 7-21 和图 7-22 说明了帧间间隔的作用。从图 7-21 基本接入方法可看出，当很多

站都在监听信道时，使用 SIFS 可具有最高的优先级，因为它的时间间隔最短。

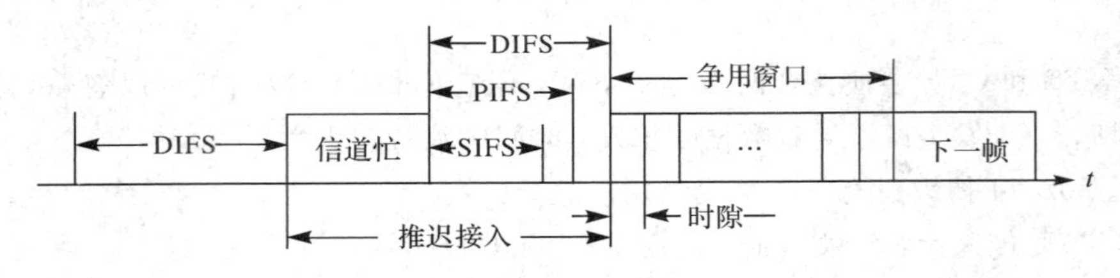

图 7-21　802.11 基本接入方法

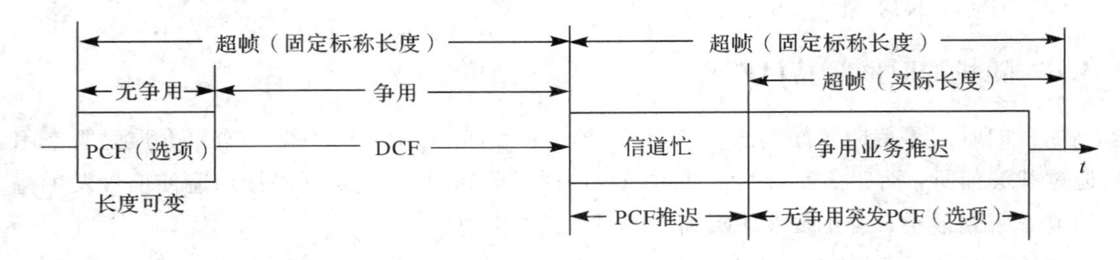

图 7-22　PCF 超帧的结构

IEEE 802.11 允许 DCF 和 PCF 共存，这两种不同机制共存的方法则是通过超帧来实现的。超帧是一个逻辑概念而非实际一段时间内媒体上的业务量。超帧由一个无争用阶段和一个争用阶段组成，PCF 在无争用阶段控制 BSS 内帧的传输，DCF 在争用阶段控制 BSS 内帧的传输，两者交替控制媒体。图 7-22 表示 PCF 超帧的结构。

假定时间敏感的业务首先占用了信道，轮询由点协调程序进行集中控制，被轮询的站在应答时可使用 SIFS，点协调程序收到应答后，继续使用 PIFS 询问下一个站，这样就可以一直占用信道。为了防止无限制地进行轮询，无争用阶段的长度必须是受限的，以便留一段时间给后面的争用阶段。假定经过了一段时间信道就占用，到了下一个超帧的开始，点协调程序就用 PIFS 争用信道；若信道空闲，则点协调程序立即接入信道。但信道也可能如图 7-22 中那样是忙的，这时点协调程序就等待，直到信道空闲时才能接入信道。在这种情况下，超帧的实际长度就缩短了。

7.5　无线宽带数据通信协议

7.5.1　IEEE 802.16/ WiMax 标准化进程及发展

随着通信技术和新业务的部署，市场与技术的相互作用，传统宽带固定接入用户已经不满足于仅仅在家庭和办公室等固定环境内使用宽带业务，而是希望使用宽带接入移动服务；另一方面，传统的移动用户也不满足于简单的语音、短信和低速数据业务，希望能使用更高数据速率的业务。用户需求的变化使固定宽带接入服务和移动服务在技术和业务上呈现融合的趋势，宽带移动化和移动宽带化逐渐成为未来通信领域发展的趋势。在移动宽带化方面，3GPP/3GPP2 已经制定了 HSDPA/HSUPA、CDMA 2000 1x EV-DO 等技术标准，在移动环境下实现宽带数据传输。在宽带移动化方面，IEEE 802 工作组先后制定了 WLAN 和 WMAN 等技术规范，意图是沿着固定→游牧/便携→移动这样的演进路线逐步实现宽带移动化，其中 IEEE 802.16e/移动 WiMax 是宽带移动化的重要里程碑，促进了移动宽带化的演进和发展。

IEEE 802.16 标准的提出是要建立一个全球统一的宽带高速无线数据接入标准。

为了促进标准的发展完善和市场推广，仿照 Wi-Fi 联盟在全球市场的成功模式，2001 年，由世界知名通信企业联合发起并成立了全球微波互联接入(World Interoperability for Microwave Access，WiMax)论坛。WiMax 论坛是一个非营利性、非官方的工业联盟贸易组织，其目标是对基于 IEEE 802.16 标准的宽带无线接入产品进行兼容性和互操作性认证，完善 IEEE 802.16 标准，推动 IEEE 802.16 技术的产业化，保证所有通过认证的不同厂商的设备之间的互联互通，从而降低生产成本。目前 WiMax 论坛有 400 多个成员，包括设备制造商、器件供应商、运营商等，形成了完整的产业链。IEEE 802.16 工作组与 WiMax 论坛之间有着非常紧密的联系与合作，同时又有着不同的分工，前者是标准的制定者，后者是标准的推动者。到目前为止，正式发布的 IEEE 802.16 空中接口系列标准包括 802.16、802.16a、802.16c、802.16d、802.16e 和 802.16f。

根据是否支持移动特性，IEEE 802.16 空中接口系列标准可以分为固定宽带无线接入空中接口标准 802.16、802.16a、802.16c、802.16d、802.16f 和移动宽带无线接入空中接口标准 802.16e。

802.16d 是对 802.16、802.16a、802.16c 的整合和修订，目前主要提及 802.16d 和 802.16e，IEEE 802.16d(即 802.16－2004)是相对比较成熟并且最具实用性的一个标准版本。802.16d 对 2～66 GHz 工作频段上的固定宽带无线接入系统的 MAC 层和相应多个物理层进行了详细规定，支持视距和非视距传播，支持点到多点(Point to Multi Point，PMP)和网状网(Mesh)组网。通过对无线发射塔的高度、天线增益、发射功率等参数的设置，单基站(Base Station，BS)最大传输距离约为 50 km。在 20 MHz 信道带宽、64QAM 调制、最高的信道编码效率的条件下，基站每扇区最大传输速率可达 75 Mb/s。IEEE 802.16e 是在固定宽带无线接入标准 IEEE 802.16d 基础上的修订，是 802.16d 标准的增强版，它支持移动台(Mobile Station，MS)以车载速度移动，从而成为新一代 WiMax 宽带无线接入标准，一般也称为 Mobile WiMax。作为最新出现的标准，802.16e 采用了很多先进技术，包括 OFDMA、智能天线技术、自适应波束成型、时空码 STC 以及多重输入输出(MIMO)等，并应用于低于 6 GHz 的许可频段。

目前，IEEE 积极推动新一代 WiMax 标准 802.16j、802.16m，希望借此提升 WiMax 网络传输效率与传输速率，并开始与主导 3G 标准的国际电信联盟(ITU)沟通合作，希望促成建立 WiMax 与 3G 互通标准。802.16j 主要为规范移动中继传输设备的标准，可解决既有 WiMax 网络中出现信号传输死角的问题。而 802.16m 将使移动式 WiMax 网络传输速率由目前的 100 Mb/s 提升至 1 Gb/s 以上，以此作为让 WiMax 与 4G 移动通信融合的关键。

7.5.2 IEEE 802.16e 协议结构

IEEE 802.16e 标准定义了宽带无线接入系统的空中接口，由媒体接入控制(MAC)层和物理(PHY)层组成。图 7-23 给出了 IEEE 802.16e 协议栈参考模型，其中 SAP(Service-Access Point)为服务接入点。服务数据单元(Service Data Unit，SDU)是在两个相邻协议层之间交互的数据单元；协议数据单元(Protocol Data Unit，PDU)是在相同协议层对等实体之间交互的数据单元。

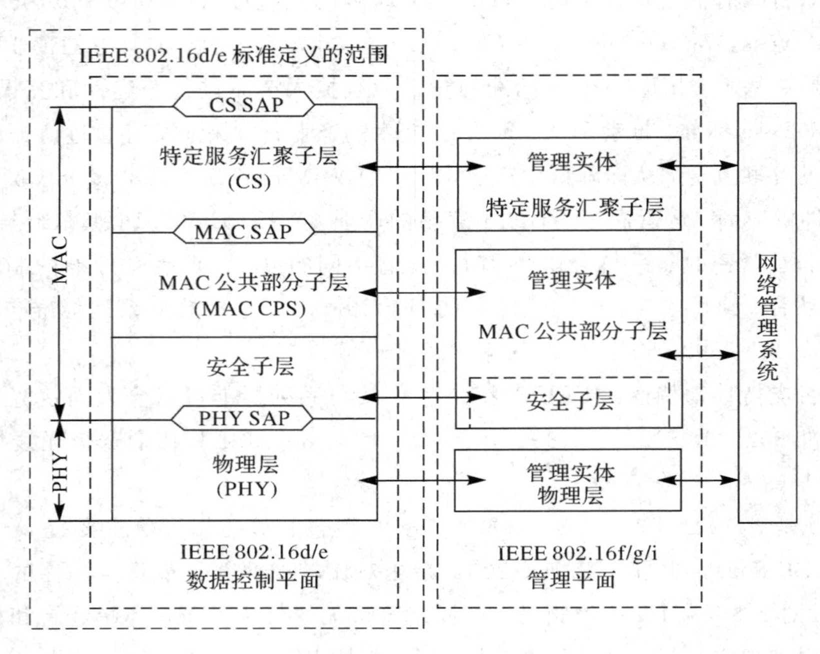

图 7-23　IEEE 802.16 协议栈参考模型

1. 物理层

802.16e 标准中定义了四种物理层实现方式：单载波(Single Carrier，SC)、增强单载波(SCa)、正交频分复用(Orthogonal Frequency Division Multiplexing，OFDM)、正交频分多址接入(Orthogonal Frequency Division Multiple Access，OFDMA)。其中，单载波(SC)调制主要应用在 10～66 GHz 频段，但为了兼容应用于 11 GHz 以下许可频段的非视距传输，特别规定了增强单载波(SCa)。

OFDM 和 OFDMA 是 802.16 中最典型的物理层方式。OFDM、OFDMA 方式具有较高的频谱利用率，它使得 802.16 系统在同样的载波带宽下可以提供更高的传输速率。OFDM/OFDMA 方式在减弱多径效应及频率选择性衰落上也具有明显优势，从而保证 MS(移动台)在移动环境中的正常使用。

不同物理层模式分配的信道资源有不同含义，在 SC 和 SCa 模式中，分配的信道资源单元主要指时隙(Time Slot)，而在 OFDM 和 OFDMA 中分配的信道资源单元是频域、时域二维资源，包含子载波/子信道和时隙。如果采用了自适应天线系统(Adaptive Antenna System，AAS)，资源单元还包含空间资源。表 7-5 列出了各物理层技术的基本特点。

表7-5 各物理层技术的基本特点

物理层类型	使用频段	基本特点
Wireless MAN - SC	10～66 GHz	单载波调制，视距传输； 可选信道带宽20 MHz、25 MHz或28 MHz； 上行采用TDMA方式； 双工方式可采用FDD和TDD
Wireless MAN - SCa	11 GHz以下许可频段	单载波调制，非视距传输； 信道带宽不小于1.25 MHz； 上行采用TDMA方式，可选支持自适应天线系统(AAS)、自动请求重发(ARQ)和空时编码(STC)等； 双工方式可采用FDD和TDD
Wireless MAN - OFDM	11 GHz以下许可频段	采用256个子载波的OFDM调制方式，非视距传输； 可选支持AAS、ARQ、STC和Mesh等； 双工方式可采用FDD和TDD
Wireless MAN - OFDMA	11 GHz以下许可频段	802.16e采用128/512/1024/2048个子载波的OFDM调制方式，非视距传输； 信道带宽不小于1 MHz； 可选支持AAS、ARQ、HARQ和STC等； 双工方式可采用FDD和TDD
Wireless HUMAN	11 GHz以下免许可频段	可采用SCa、OFDM或OFDMA调制方式； 必须支持动态频率选择(Dynamic Frequency Selection，DFS)； 可选支持AAS、ARQ、Mesh和STC等； 双工方式采用TDD

2. MAC层

MAC层功能独立于具体的物理层规范之上，又可划分为三个子层，由上到下依次为特定服务汇聚子层、MAC公共部分子层、安全子层。

1）特定服务汇聚子层

特定服务汇聚子层(Service-Specific Convergence Sublayer，CS)提供与更高层的接口，将外部网络数据转换/映射为802.16系统内的MAC服务数据单元(SDU)，以适配各种上层业务与协议。

IEEE 802.16 MAC是面向连接的(Connection-oriented)，汇聚子层将上层业务映射成连接(Connection)。协议定义了两种汇聚子层：ATM汇聚子层和数据包(Packet)汇聚子层。前者提供对ATM业务的支持，后者提供对基于数据包的业务的映射。因为未来移动通信系统将是全 IP 的网络系统。

数据包汇聚子层的核心内容是业务分类。业务分类器(Classifier)是一系列映射标准(Matching Criteria)的集合，每个进入 IEEE 802.16 网络的数据包根据分类器定义的规则映射成为连接。MAC 层的每个连接由长度为 16 bit 的连接标识符(Connection IDentifier, CID)唯一标识。如果一个数据包与某个特定的映射标准相匹配，那么该数据包将被发送到 MAC 服务接入点(SAP)，由 CID 所对应的连接进行传输，对应于该连接的服务流(Service Flow)特性对数据包的传输提供了服务质量(Quality of Service, QoS)的支持。这种基于连接的机制是提供 QoS 保障的基础。

2) MAC 公共部分子层

MAC 公共部分子层(Common Part Sublayer, CPS)负责执行 MAC 层的核心功能，包括系统接入、带宽分配、连接建立、连接维护等。

3) 安全子层

安全子层(Security Sublayer)提供 BS 与 SS(Subscriber Station, 用户站)之间加密、鉴权、密钥交换等与安全有关的功能。

3. MAC 层对物理层的支持

1) 双工方式

IEEE 802.16 MAC 层支持频分双工(FDD)和时分双工(TDD)两种双工方式。双工方式的选择会影响物理层的一些参数，进而影响与这些参数相关的物理层特性。

在频分双工系统中，上、下行链路分配不同的工作频率。上行和下行链路中每一帧的持续时间固定，这将有利于使用不同的调制方式，也简化了带宽分配算法。

在时分双工系统中，上行和下行链路共享同样的频率，在不同的时间发送数据。每一帧有固定的时间长度，分为下行子帧(Downlink Subframe)和上行子帧(Uplink Subframe)，下行子帧在前，上行子帧在后。一个帧被分成整数个物理时隙(Physical Slot, PS)，这有助于带宽的划分。上行链路和下行链路之间的分界是一个系统参数，这个参数是由系统上层来控制的。每一帧中上、下行子帧占用带宽的比例可以自适应调整。在 PMP 模式中，资源的调度和分配由 BS 集中控制，能够根据上下行数据量灵活动态地分配带宽，对于上下行不对称业务具有较高的资源利用率。在下行子帧和上行子帧之间插入 BS 发送/接收转换间隔(Transmit/Receive Transition Gap, TTG)，而在上行子帧和下行子帧之间插入 BS 接收/发送转换间隔(Receive/Transmit Transition Gap, RTG)，以留出必要的保护时间。

2) DL－MAP/UL－MAP 管理消息和物理层帧

IEEE 802.16 系统使用突发(Burst)数据传输模式。在形成物理层帧的过程中，BS 的 MAC 层需要产生下行链路映射(DL－MAP)管理消息和上行链路映射(UL－MAP)管理消息，为 SS 访问下行子帧和上行子帧提供相关信息。在 PMP 模式的系统中，DL－MAP 和 UL－MAP 消息由 BS 以广播方式发送给其覆盖范围中的所有 SS，UL－MAP 消息紧接在 DL－MAP 消息之后。

DL－MAP 消息定义了基于突发的物理层中下行传输间隔的使用，指明下行链路带宽资源的分配。也就是说，DL－MAP 消息定义的是 SS 如何接收下行链路上的信息。PMP 网络中，下行子帧中的信息被广播发送给 BS 覆盖区域内的所有 SS。DL - MAP 管理消息并没有显式地指出下行子帧中的各部分数据分别属于哪个确定的 SS。每个 SS 接收到信息后，通过提取、检查接收到的 MAC PDU 中的连接标识符(CID)能够确定是否为发往该 SS 的数据，丢弃不属于自己的数据。

UL - MAP 消息根据突发相对于分配开始时间(Allocation Start Time)的偏移定义了上行传输间隔的使用，指明上行链路的带宽资源的分配。上行子帧中包括用于初始化测距的间隔、竞争带宽请求的间隔、上行数据传输的间隔等，这些间隔的具体分配都是由 BS 的 MAC 层统一控制调度分配的，并在 UL - MAP 消息中指出。

BS 还需要周期性广播下行信道描述符(Downlink Channel Descriptor，DCD)管理消息和上行信道描述符(Uplink Channel Descriptor，UCD)管理消息。DCD 消息指明应用于当前 DL - MAP 消息的下行突发属性(Downlink Burst Profile)；而 UCD 消息指明应用于当前 UL - MAP 消息的上行突发属性(Uplink Burst Profile)。

DL - MAP、UL - MAP、DCD 和 UCD 消息都位于帧控制头部分。通过 MAC 层的协调，BS 和 SS 可以根据需要灵活地改变每一帧的突发类型，从而选取适当的物理层传输参数(调制方式、编码方式、发射功率等)。

IEEE 802.16e 系统重点关注 OFDM/OFDMA 物理层技术。OFDMA 的子信道化可以使系统扩大覆盖、提高容量。802.16e OFDMA 标准中针对不同的信道带宽定义了不同的子载波数。

本章小结

数据通信协议是网络内使用的语言，用来协调网络的运行，以达到互通、互控和互换的目的，通信的双方要共同遵守这些约定。

为了在 DTE 与网络之间或 DTE 与 DTE 之间有效、可靠地传输数据信息，必须在数据链路层采用数据链路传输控制规程对数据信息的传输进行控制。根据帧格式，数据链路控制规程有两种：面向字符型和面向比特型。

信道接入协议即媒体访问控制(MAC)，是无线数据通信协议的重要组成部分。目前在无线数据网中常用的信道接入协议可分为单信道接入协议与多信道接入协议。

无线局域网解决方案主要有：无线个人网(WPAN)、无线局域网(WLAN)、无线 LAN - to - LAN网桥、无线城域网(WMAN)和无线广域网(WWAN)等。

IEEE 802.16 标准是一个全球统一的宽带高速无线数据的接入标准。

习题与思考题

1. 解释通信网络协议的组成要素。
2. 试画出 OSI 参考模型，并简述各层功能。
3. 试说明两个系统的应用进程通信时，各层数据的传送过程。
4. 物理层协议中规定的物理接口的基本特性有哪些？并说明其基本概念。

5. 数据链路的结构有哪几种?
6. 画出面向字符型的传输控制规程中信息报文(信息文电)的基本格式。
7. 在面向字符型的传输控制规程中,为了实现透明传输采取了什么措施?
8. 画出 HDLC 的帧结构,并说出各字段的含义。
9. HDLC 规程的三种操作方式的特点是什么?
10. HDLC 规程中数据链路结构有哪几种?
11. 试给出 HDLC 传输过程 NRM 方式中双向同时传输数据链路的数据传输过程。
12. 试给出 HDLC 传输过程差错的恢复过程。
13. 画图说明无线信道的隐终端和暴露终端问题。
14. 画图说明载波侦听多址接入/碰撞回避机制。
15. 画图说明 IEEE 802.11 基本接入方法。

第 8 章　无线数据通信组网技术

本章教学目标

- 了解无线数据组网的发展。
- 掌握无线数据网络体系结构。
- 掌握蜂窝网络拓扑结构。
- 熟悉移动 Ad Hoc 网络技术。
- 熟悉无线 Mesh 网络技术。
- 熟悉无线多点组网实验。

本章重点及难点

- 无线数据网络的拓扑结构。
- Ad Hoc 网络技术。
- Mesh 网络的结构。

在过去的几十年间，无线数据通信按照自己的规则蓬勃发展，从蜂窝电话网到无线接入 Internet 和无线家庭网络等，无线数据通信给我们的生活带来了深刻的影响，在经过呈指数级的增长后，今天的无线数据通信产业已经成为世界上最大的产业之一。

8.1　无线数据组网的发展

无线数据通信组网的主要内容包括网络体系结构的设计和网络协议的设计，前者需要解决网络拓扑结构、网络控制管理、协议体系结构顶层设计问题，后者主要针对所设计的网络体系结构进行有效拓扑控制算法、管理协议、通信协议等底层技术的实现。算法协议的性能表现是与其应用背景及条件密切相关的，在一定条件下表现优良的算法和协议在条件改变之后可能变得并不适用，因此算法和协议优化需要根据应用背景来确定，没有普遍适应的网络算法和协议。

无线通信(系统)网络的应用从逻辑上可以分成两类：面向语音的应用和面向数据的应用。每一类都有局域和广域两个应用场合，从而形成四个不同的应用部分。面向语音的无线网络应用围绕着连接 PSTN 的无线网络，这些业务进一步形成局域网应用和广域网应用。面向数据的无线网络应用围绕着 Internet 和计算机通信网络的基础结构，这些业务进一步分为宽带局域与 Ad Hoc(点对点)应用和广域无线数据应用，其发展过程已经经历了四代。

第一代(1G)无线通信系统，是面向语音的模拟无线系统，使用 FDMA 技术实现，能提供基站和移动用户间的模拟话音和低速率数据通信。典型的标准有美国的AMPS、欧洲的TACS。

第二代(2G)无线通信系统，是面向语音的数字无线系统，使用TDMA或窄带CDMA技术实现。与第一代网络相比，第二代网络增加了用来传输寻呼与其他数据业务的功能，如传真、较高速数据接入等。网络控制功能则分散于网络中，移动站承担了更多的控制功能。网络中的移动单元有许多第一代网中用户单元没有的功能，如接收功率报告、邻近基站搜索、数据编码以及加密等。典型的语音业务标准包括欧洲的GSM、CT-2和DECT，北美的IS-54(IS-136)、IS-95和PACS，日本的JDC、PHS等。典型的数据业务标准有CDPD、GPRS、EDGE、IEEE 802.11、HiperLAN等。

第三代(3G)无线通信系统，是面向宽带多媒体的无线网络系统，可实现高速语音、图像、数据及无线互联网等业务。国际电信联盟(ITU)规定第三代移动通信系统无线传输技术必须满足以下三种环境的最低要求，即：高速移动环境，最高速率达144 kb/s；室内外低速移动环境，最高速率达384 kb/s；室内固定或低速步行环境，最高速率达2 Mb/s。典型的3G标准包括WCDMA、CDMA2000、TD-SCDMA以及WiMax。

第四代(4G)无线通信系统集3G与WLAN于一体，能够传输高质量视频图像。国际电信联盟(ITU)提出4G系统具有以下特点：

(1) 全世界通用的标准系统，且可在现有的不同的无线通信系统下运作。

(2) 以IP(Internet Protocol)为主，用户在任何时间、任何地点都能使用4G。在高速移动状态下，需达到100 Mb/s的传输速率；而在慢速状态下，传输速率需达到1 Gb/s。

(3) 4G系统不但支持固定的无线传输，亦支持移动的无线传输，且依实际需要可在固定与移动网络之间互相切换。

(4) 4G不但可以克服第三代无线通信系统的缺点，而且能提供更多元化的无线宽带服务，例如更逼真的语音、更高清的影像及更快的下载速度。用户容易联上网络，并可依照个人的喜爱选择所需的服务。

(5) 4G所提供的网络服务与相关设备的价格为一般用户可接受。

8.2 无线数据网络体系结构

8.2.1 网络拓扑结构

无线数据网络拓扑结构是指为构成无线通信系统组织结构而建立的系统节点的布局及其相互间的结构方式(连接关系)。无线网络拓扑结构规划通常需要考虑网络规模、业务强度及类型、网络控制管理效能、对节点间连接关系动态变化的适应能力等。目前，比较典型的无线网络结构主要有平面结构和分级结构。

在平面结构网络中，各节点的功能和地位平等，不需要复杂的网络结构维护过程。同时，由于网络中各节点地位对等，使得网络性能原则上不存在瓶颈而比较健壮，对网络使用环境的适应能力也比较强。但在平面结构网络中，当网络规模加大时，维护这些动态变化的路由需要大量的控制消息，路由维护的开销呈指数增长而消耗掉有限的带宽。随着用户的增多，移动性的加强，平面结构网络维护的控制开销快速增加，网络性能急剧下降。因此平面结构网络的可扩展性较差，主要适用于网络规模较小的场合。

在分级结构网络中，无线网络通常被划分为若干群，每个群由一个群首和多个群成员组成。群首节点负责群内节点管理，实现群间数据接发。群首形成高一级的网络拓扑，依次可以形成多级拓扑结构。在分级结构中，群首可以预先指定，也可以由节点使用分群算法自动选举产生，并根据节点连接关系的变化重新分群以构建网络拓扑。在分级结构网络中，群成员不需要维护复杂的路由信息，大大减少了网络中路由控制消息的数量，网络具有很好的可扩展性，路由算法设计也较为灵活，可采用先验式和反应式路由协议相结合的方式提高路由算法性能。

综上分析，当无线网络规模较小时，可采用平面结构进行组网；当无线网络规模较大时，可采用分级结构进行组网。

8.2.2　网络协议体系构造

目前，在计算机数据通信网领域内，最具权威的标准是国际标准化组织(ISO)提出的开放式系统互联参考模型(OSI/RM)。OSI/RM 把计算机网络在功能上分为七个层次，每一层都执行特定的功能，相邻的上下两层之间通过层间的服务访问点(软件接口)进行通信，上一层利用下一层功能提供的服务。当前无线数据网络构建过程中共同采用的网络协议模型，就是开放系统互联的七层参考模型。

无线数据网络的协议体系结构设计，在遵循开放式系统互联协议模型的同时，还要结合无线数据网络应用背景情况下的系统服务需求进行改进，并与网络拓扑结构相适应，应包含多个协议栈，涵盖各级无线数据网络内部组网协议栈、各级网络互联协议栈、多网网关协议栈等，从而实现整个无线数据网络建立、网络维护和网络管理功能，满足无线数据使用的要求。

8.3　蜂窝网络拓扑结构

蜂窝网络拓扑结构是一种特殊的多基站(BS)网络基础结构配置，采用了频率复用概念。目前，蜂窝网络拓扑是在大规模陆地无线网络和卫星无线网络中使用的主要拓扑形式，蜂窝通信的概念最早由贝尔实验室在 20 世纪 70 年代提出，它使有效的带宽内可以容纳巨大数量的用户。

8.3.1　蜂窝网的概念

蜂窝无线通信是指在传输中使用大量低功率的基站(BS)，每个基站只覆盖有限的区域。用这种方式每次建立一个新的基站时，容量就会增加，因为同样的频谱在指定的区域内可以被复用几次。蜂窝网络拓扑的基本原理是把覆盖区域分为大量相连的小区域，每个小区域都使用自己的无线基站。对这些小区域以智能的方式分配信道，这样可以减小干扰、提供充分的性能以及满足这些区域的通信量。这种小区域被称为小区，一组小区组成区群。在每个区群中使用的是相同的频谱，因此可以把整个频带分成频带组，然后分配给区群中的小区使用。在区域中无线频率组的空间分布必须采用某种方式，以便获得理想的性能，这是蜂窝无线通信网络规划的重要内容。一个区群中小区的数量称为区群大小或频率复用因子。图 8-1 为蜂窝网络拓扑结构示意图。

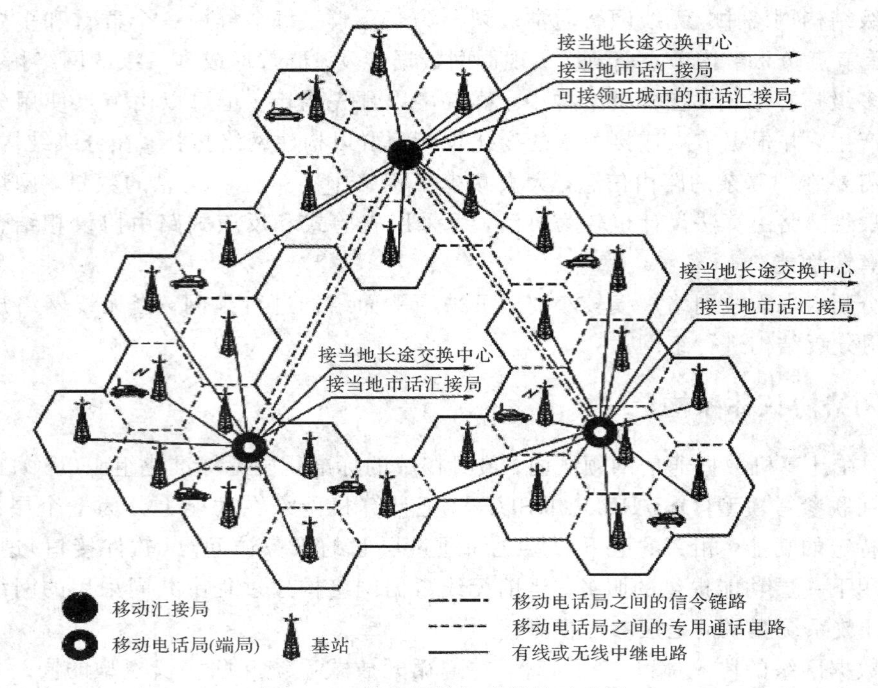

图 8-1　蜂窝网络拓扑结构示意图

蜂窝结构拓扑能有效地增加可用频率所能支持的用户数量。例如在一个城市中，可供使用的总带宽为 25 MHz，每个用户需要 30 kHz 带宽。如果使用单个天线覆盖整个城市，就只能同时支持 25 MHz/30 kHz＝833 个用户。如果使用蜂窝结构，合理分布 20 个低功率天线，可以减少各种干扰。将可用频带分成 5 部分，每个小区分配一部分，每个小区分配到的频谱为 25 MHz/5＝5 MHz。使用包含 5 个小区的区群，每个小区同时支持的用户数量为 5 MHz/30 kHz＝166 个，每个区群的用户数量为 5×166＝830 个。如果城市中有 4 个包含 5 个小区的区群，则同时可支持的总的用户数量为 830×4＝3320 个，约为单个天线所支持容量的 4 倍。

8.3.2　蜂窝小区的分类

在现代蜂窝网络中，出现了一系列支持各种不同应用的小区，这些小区的定义如下：

(1) 大小区：用于覆盖全国性的区域，覆盖范围为几百千米，主要应用在卫星通信方面。

(2) 宏小区：用于覆盖大城市地区，覆盖范围为几千米，天线安装在覆盖区主要建筑物的房顶上。

(3) 微小区：用于覆盖街道之内，覆盖范围为几百米，天线高度低于沿街两侧建筑物房顶的高度。

(4) 微微小区：主要指在建筑内使用的小型小区，支持本地室内网络，覆盖范围为几十米，如无线局域网(WLAN)。

(5) 毫微微小区：这是蜂窝中最小的单元，用于连接个人设备，覆盖范围只有几米，如笔记本电脑和蜂窝电话。

8.3.3　容量扩展技术

20世纪90年代，蜂窝移动电话发展非常迅速，为适应激烈的市场竞争和获取更大的运营利润，产生了不少用于扩展蜂窝移动电话网络的方法。目前，用于容量扩展的方法有三种。

第一种方法是改变蜂窝结构。结构上的方法包括小区分裂、小区划分扇区使用定向天线、微小区区域技术和使用多个复用因子。它们通过增加小区站点或修改天线特性改变了小区覆盖范围的大小和形状，从而扩展了容量。这些技术不需要额外的频谱，也不需要对无线Modem或系统接入技术做任何重大改变，因而不需用户购买新的终端。这些特点证明了它们是一种实用、廉价的扩展网络容量的方法。

第二种方法是改变频率的分配方案，根据不同小区流量需求动态地分配频率。每个小区的通信量随着服务区的地形和与通信量有关的时间动态地变化。例如，在大部分城市地区，高峰时间的通信量最大，而晚上或节假日的通信量相对较小；而在住宅地区恰与此相反，这样将信道动态地分配给不同的小区，就可增加网络的容量。这些技术不需要改变终端或系统的物理体系结构，只需要改变相应的软件程序就可以。

第三种方法也是最有效的扩展网络容量的方法，就是改变Modem和接入技术。蜂窝移动产业的空中接口最初使用FM模拟调制技术，现在发展成为使用TDMA和CDMA技术，既可以增加网络容量，同时也为语音和数据业务的结合提供了一个良好的环境。但是，这种技术上的改变既需要用户购买新的终端，又需要服务提供商安装新的基础设备。

8.4　移动Ad Hoc网络技术

“Ad Hoc”一词源自拉丁语，原意为“for the specific purpose only”，即“特别的、临时的”。移动Ad Hoc网络是移动自组网(Mobile Ad Hoc Network，MANET)，是由一组无线移动节点组成的、能快速部署的、自组织的临时性分布式网络。

移动自组网(MANET)的前身是分组无线网(Packet Radio Network，PRNET)，到目前为止，已经有40多年的发展历史。早在1972年，源于对军事通信的需要，美国国防部高级研究计划署(DARPA)就启动了PRNET项目，研究目标是将数据分组交换技术引入到无线环境中，开发军用无线数据分组网络。PRNET采用分布式体系结构和主动多跳路由技术，支持ALOHA与CSMA两种MAC协议，支持动态共享广播无线信道。1983年，DARPA又启动了抗毁性自适应网络(SURvivable Adaptive Network，SURAN)项目，主要是将PRNET成果加以扩展，以支持更大规模的网络。1994年，为了使全球信息基础设施支持无线移动环境，DARPA启动了全球移动信息系统(Global Mobile Information System，GloMo)计划，目标是支持无线节点之间随时随地的多媒体连接，解决移动Ad Hoc网络的3M问题即移动(Mobile)、多跳(Multi Hop)以及多媒体(Multimedia)。1997年6月，Internet工程任务组成立了MANET(Mobile Ad Hoc Network)工作组，主要致力于移动Ad Hoc网络路由协议的标准化工作，极大地推进了商用移动Ad Hoc网络的研究与开发。

移动Ad Hoc网络不需要固定基站支持，实现分布式的无中心管理，可临时组织，具有高度移动性，且网络抗毁与快速部署能力强，适合野战通信等特殊环境使用要求。

8.4.1 MANET的特点

与其他类型的无线网络(如蜂窝网、卫星网)相比,MANET具有下列显著特点。

1. 无中心网络

网络中所有的节点都是平等的,严格地说没有中心节点这种说法,网络中的任何节点都可以是中心,也可以不是中心。换句话说,节点在网络中的功能可以根据网络的需求来改变,任何节点可以是终端也可以是路由器,其典型结构如图8-2所示。

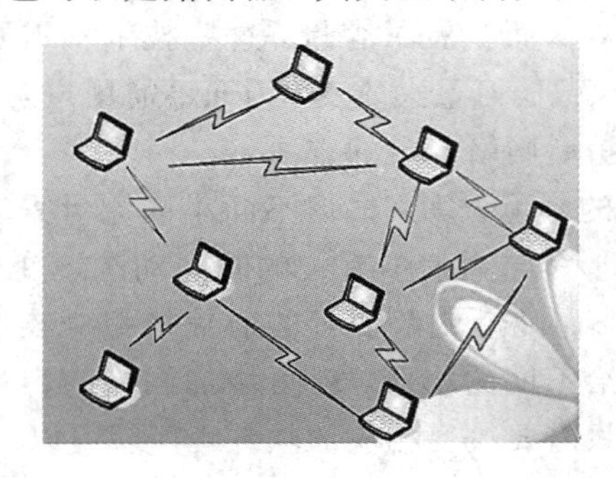

图8-2 Ad Hoc网络的一种典型结构

2. 网络拓扑是动态的

网络中节点的随机移动,节点的开机、关机,环境的变化,信道之间的干扰,地形影响或者其他不可预知的情况都会导致网络的拓扑状态发生变化。

3. 自组织性

网络具有自发现、自动配置、自愈的性能。无线自组织网络具有快速发现其他节点的能力,并且按照某种分布式的协议、算法或自组织原则协调彼此的行为。任何节点的故障都不会影响整个网络的运行,具有很强的抗摧毁性和健壮性。

4. 节点能源和处理能力受限

在无线自组织网络中,节点都被要求小巧、轻便、便于携带。节点的能源一般都选择电池。出于体积和成本方面的考虑,处理器的CPU速度较慢、内存较低、处理能力较弱。

5. 多跳通信

由于网络中的节点大多受到能源的限制,所以单个节点的通信距离有限,和目的节点间的通信往往要经过其他中间节点的转发,这种通信方式就叫做多跳。需要注意的是,转发功能是由网络中的普通节点完成的,而不是由传统意义上的网络中心节点完成的。

6. 传输带宽有限

由于无线通信本身的物理特性和节点处理器的能力较弱,再加上为了维持网络本身的拓扑结构和应对各种可能出现的意外情况的原因,节点已经浪费了很多带宽资源,所以能够利用的有效带宽十分有限。

7. 安全性较差

MANET中采用无线信道、有限电源、分布式控制等技术,使它更加容易受到被动窃听、主动入侵、拒绝服务、剥夺“睡眠”等网络攻击。信道加密、抗干扰、用户认证和其他安全措施都需要特别考虑。

总之，MANET 是一种移动、无线、多跳的分布式网络。这些特点使得开展 MANET 组网技术研究面临许多挑战。

8.4.2　MANET 的研究内容

1. MAC 协议的研究

在一个无线自组织网络中，所有节点都使用同一无线信道，由于各节点发送具有随机性，为了减少碰撞，必须由 MAC 层协议来建立共享信道的访问机制。

2. 路由协议的研究

由于无线自组织网络的拓扑是动态变化的，能源是受限的，因此一个好的路由协议可以保证网络通信的可靠性和稳定性，提高网络的传输效率，节省网络的能源开销，平均各个节点的能源消耗，提高网络的使用寿命。

3. 网络安全

因为无线自组织网络的安全性较差，攻击者可以很容易地对网络进行侵犯和攻击，在目前的情况下还没有很好的方案来抵御这些威胁，所以网络安全性的研究一直是无线自组织网络的研究热点。

4. 网络融合

因为无线自组织网络具有动态拓扑、多跳等功能，所以目前大多应用于一些特殊场合，如军事、野外勘测等，这就限制了自组织网络的应用和推广。目前，最好的方法是把无线自组织网络和传统的网络如 Internet、GPRS 等结合起来，作为传统网络的扩展和延伸。

8.4.3　MANET 的关键技术

1. 信道接入技术

Ad Hoc 网络根据信道接入时握手协议的发起者可以分为发方主动协议和收方主动协议。

发方主动协议是发送节点主动发起信道预约的，即发送者要发送数据时先发送一个 RTS(Request To Send)控制分组来与接收者预约信道。大多数信道接入协议都属于这一类，如 MACA(Multiple Access with Collision Avoidance)、MACAW(MACA for Wireless)等。

收方主动协议是由接收方主动发起信道预约的。接收节点主动向发送节点发送 RTR(Ready To Receive)控制分组，通知发方已经准备好接收数据，发送节点如果有数据就直接发送。这种信道接入协议减少了控制分组的数目，可以降低额外的开销，从而提高网络的吞吐量。这类协议包括 MACA-BI(MACA By Invitation)和 RICH(Receiver Initiated Channel Hopping)协议等。

根据 Ad Hoc 网络信道接入协议使用的信道数目，可分为基于单信道、基于双信道和基于多信道三类。

基于单信道的 Ad Hoc 网络信道接入协议用于只有一个共享信道的 Ad Hoc 网络。所有的控制分组和数据分组都在同一个信道上发送和接收。典型的基于单信道的 Ad Hoc 网络信道接入协议有 CSMA、MACA、MACAW 协议等。受传播时延、隐藏终端和节点移动等因素的影响，单信道的 Ad Hoc 网络中有可能发生控制分组之间、控制分组和数据分组之间、数据分组之间的冲突，容易造成信道带宽的浪费，在网络负载较重时效率很低。

基于双信道的 Ad Hoc 网络信道接入协议用于有两个共享信道的 Ad Hoc 网络。两个信道分别为控制信道和数据信道。控制信道只传送控制分组，而数据信道只传送数据分组。通过适当的控制机制，可以完全消除隐藏终端和暴露终端的影响，避免数据分组的冲突。目前已有的基于双信道的 Ad Hoc 网络信道接入协议主要有双忙音多址接入(DBTMA)协议、节能意识多址接入协议(PAMAS)等。

基于多信道的 Ad Hoc 网络信道接入协议用于具有多个信道的 Ad Hoc 网络。由于网络中有多个信道，可以给不同节点分配不同的信道，使得更多的节点可以同时传输。在额定的信道接入时间条件下，多信道的使用可以减少冲突的发生，提高网络吞吐量，并降低潜在的延迟，因而提供了更高的带宽利用率。典型的基于多信道的 Ad Hoc 网络信道接入协议有 HRMA(Hop - Reservation Multiple Access)协议、多信道 CSMA 协议、DPC (Dynamic Private Channel)协议等。

2. 功率控制技术

功率控制是移动 Ad Hoc 网络中的能量保护策略的一种，是指在保证一定通信质量的前提下，尽量降低节点的发射功率。由于功率控制不是通过被动地关闭无线收发器，而是主动地采取某种优化操作得到的，所以又称为主动能量保护机制。

在 IEEE 802.11 协议中，不管源节点与控制节点距离的远近，始终采用最大传输功率发送控制和数据分组信息，如图 8 - 3(a)所示。

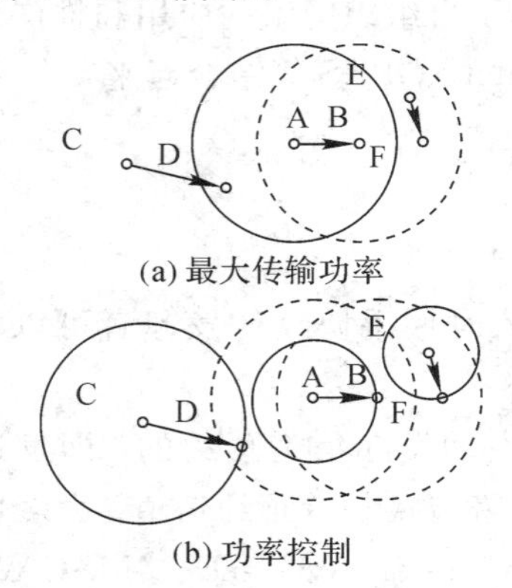

图 8 - 3　功率控制对节点间通信的影响

采用最大传输功率会产生问题：图 8 - 3 中节点 A 要向节点 B 发送数据时，根据 IEEE 802.11协议，节点 A 首先要向节点 B 发送 RTS 控制包，然后节点 B 回复 CTS 控制包，当节点 A 接收到该 CTS 控制包后开始向节点 B 发送数据包，此时如果：

(1) 节点 C 要向节点 D 发送数据，节点 C 会先发送一个 RTS 分组，但由于节点 D 位于节点 A 的覆盖范围内，因此会接收到来自节点 A 的 RTS 分组而进入延迟状态，所以节点 D 不会向节点 C 响应 CTS 分组，这样节点 C 和 D 之间就不能建立通信。

(2) 节点 E 有数据要向节点 F 发送，但由图 8 - 3(a)可知，节点 E 在节点 B 的覆盖范围内，因此会接收到节点 B 发出的 CTS 分组而进入延迟状态，在延迟时间内，节点 E 不能向节点 F 发送 RTS 分组，因此此时两者之间的通信也不会建立。

若采用功率控制技术，即在保证源节点所发送的数据能在目的节点处被正确接收的前

提下，降低发送功率，那么信号的覆盖范围也会发生变化，如图 8-3(b)所示，节点 D 不在节点 A 的覆盖范围内，那么节点 C、D 之间可进行通信；节点 E、F 之间的通信不会影响节点 B 的数据接收，因此也可以进行通信。那么，节点 A 和 B、C 和 D、E 和 F 之间可同时通信而互不干扰。由此可见，采用功率控制技术可以大大提高信道的利用率，在 Ad Hoc 网络中是十分必要的。

8.4.4　MANET 的应用

移动 Ad Hoc 网络目前有着广泛的用前景。主要包括以下方面。

1. 军事应用

军事应用是 Ad Hoc 网络技术的主要应用领域。因其特有的无需架设网络设施、可快速展开、抗毁性强等特点，成为战场通信的首选技术。

2. 探测网络

探测网络是 Ad Hoc 网络技术的另一大应用领域。对于很多应用场合来说探测网络只能使用无线通信技术。由于探测网络往往由各式各样的传感器构成，而考虑到体积和节能等因素，传感器的发射功率不可能很大，使用 Ad Hoc 网络实现多跳通信是非常实用的解决方法。分散在各处的传感器组成 Ad Hoc 网络，可以实现传感器之间与控制中心之间的通信。

3. 紧急和临时场合

在发生了地震、水灾、强热带风暴或遭受其他灾难后，固定的通信网络设施(如有线通信网络、蜂窝移动通信网络的基站等网络设施、卫星通信地球站以及微波接力站等)可能被全部摧毁或无法正常工作，这时就需要 Ad Hoc 网络这种不依赖任何固定网络设施又能快速布设的自组织网络技术。类似地，处于边远或偏僻野外地区时，同样无法依赖固定或预设的网络设施进行通信。Ad Hoc 网络技术的独立组网能力和自组织特点，使其成为这些场合通信的最佳选择。

4. 个人通信

个人局域网(Personal Area Network，PAN)是 Ad Hoc 网络技术的另一应用领域。不仅可用于实现 PDA、手机、手提电脑等个人电子通信设备之间的通信，还可用于个人局域网之间的多跳通信。

5. 与移动通信系统的结合

Ad Hoc 网络与蜂窝移动通信系统相结合，利用移动台的多跳转发能力扩大蜂窝移动通信系统的覆盖范围、均衡相邻小区的业务、提高小区边缘的数据速率等。在实际应用中，Ad Hoc 网络除单独组网实现局部的通信外，还可以作为末端子网通过接入点接入其他的固定或移动通信网络，与 Ad Hoc 网络以外的主机进行通信。

8.5　无线 Mesh 网络技术

无线 Mesh 网络(Wireless Mesh Network，WMN)又称为无线网状网和无线网格网，是基于 IP 协议的大容量、高速率、覆盖范围广的无线网络。无线 Mesh 网络是在移动自组织网络(MANET)和无线局域网(WLAN)基础上发展起来的一项网络技术，通过呈网状分布的无线接入点(Access Point，AP)间的相互合作和协同，成为宽带接入的一种有效手段。

它作为下一代因特网核心网的无线版本，有效地解决了“最后一公里”的瓶颈问题，是一种具有动态自组织、自配置、高速率、高容量等特性的分布式宽带无线网络。

无线 Mesh 网络更主要的是一种网络架构思想，主要功能体现在无中心、自组网、多跳连接和路由判断选择等，具有与现有无线网络的兼容性及互操作性。

8.5.1 Mesh 网络的组成

无线 Mesh 网络(WMN)由用户节点(终端)、无线 Mesh 路由器(Wireless Router，WR)节点和网关节点组成。Mesh 终端既可以是工作站也可以是移动终端设备，根据网络具体配置的不同，WMN 不一定包含以上所有类型的节点。

无线 Mesh 网络可以分为骨干结构 Mesh 网络、终端结构 Mesh 网络和混合结构 Mesh 网络。

在骨干结构 Mesh 网络中，Mesh 路由器与终端之间的连接一般通过无线方式，而各 Mesh 路由器之间的连接既可以采取无线方式也可以采用有线方式。Mesh 路由器与终端之间、Mesh 路由器之间可以采用多种频段和传输技术进行数据传输，目前以 IEEE 802.11 技术居多。

终端结构 Mesh 网络的结构比较类似于 Ad Hoc 无线自组织网的网络结构，各节点是对等的自组织形式。各节点间存在端对端(Peer - to - Peer)网络链路。在该结构下，可以没有专用的 Mesh 路由器。终端型 Mesh 网络一般使用同频段。

混合结构 Mesh 网络综合了以上两种结构的优点，是 Mesh 网络中最灵活、最方便的形式，兼容性和扩展性强，其网络结构如图 8 - 4 所示。

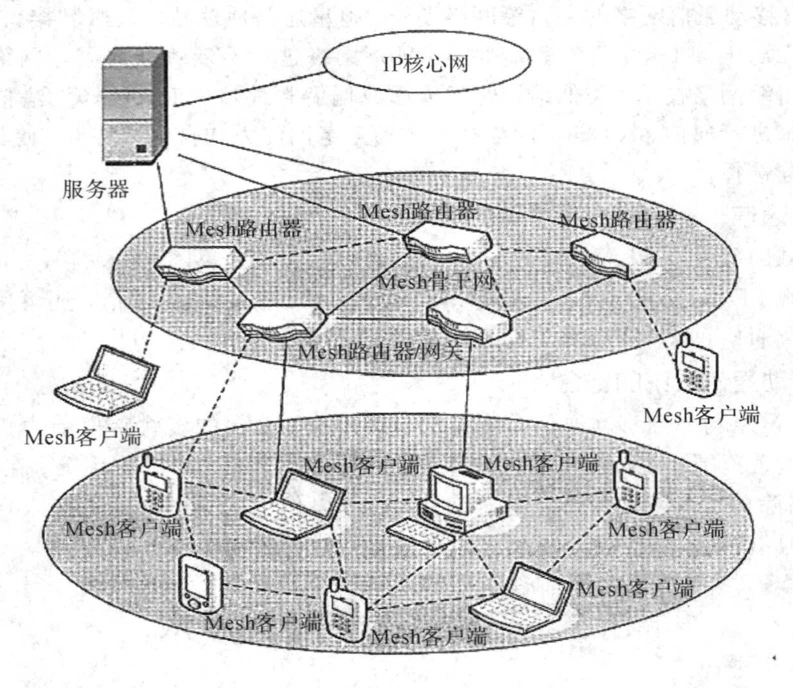

图 8 - 4　混合结构 Mesh 网络示意图

8.5.2 无线 Mesh 网络的特点及应用

无线 Mesh 网络(WMN)是多跳与多点到多点结构的融合，具有以下几个重要特点。

(1) 多跳的结构。在不牺牲信道容量的情况下，扩展当前无线网络的覆盖范围是 WMN 最重要的目标之一。WMN 的另一个目标是为处于非视距范围的用户提供非视距连接。Mesh 网络中的链路比较短，所受干扰较小，因此可以提供较高的吞吐量和较高的频谱复用效率。

(2) 支持 Ad Hoc 组网方式，具备自形成、自愈和自组织能力。WMN 灵活的网络结构、便利的网络配置、较好的容错能力和网络连通性，使得 WMN 大大提升了现有网络的性能。在较低的前期投资下，WMN 可以根据需要逐步扩展。

(3) 移动特性随 Mesh 节点类型的不同而不同。Mesh 路由器通常具有较小范围的移动性，而 Mesh 客户端既可以是静止不动的节点，也可以是移动的节点。

(4) 支持多种网络接入方式。WMN 既支持通过骨干网接入的方式，又支持端到端的通信方式。此外 WMN 可与其他网络集成，为这些网络的终端用户提供服务。

(5) 对功耗的限制取决于 Mesh 节点的类型。Mesh 路由器通常没有严格的功耗限制，但 Mesh 客户端需要有效的节能机制。

(6) 与现有无线网络兼容，并支持与 WiMax，Wi－Fi 和蜂窝网络等的互操作。

这个特点使得 WMN 具有以下优点：

① 自配置：节点之间通过开放的无线链路形成单跳或多跳连接，自动完成组网。

② 自调节：节点之间拥有多条通信路径，业务可以灵活地选择合适的(如最短路径、最少干扰、最快速率等)路径进行传输。

③ 自愈：当某一节点出现故障或一条链路出现拥塞，网络中的业务可以选择绕开相应的节点或链路，网络的可靠性增强。

④ 可扩展性：可以方便地添加或删除网络节点，调整网络覆盖范围，降低系统的建设和管理成本。

无线 Mesh 网络已有一定程度的商业应用，目前的应用主要为 Internet 接入和内部端到端通信两类，包括宽带家庭应用、社区网络互联、企业接入、城域网络互联。目前无线 Mesh 网络已遍布了无线市政、智能交通、制造业、能源、军队系统等几乎全部重要行业。

8.5.3　无线 Mesh 网络的关键技术

WMN 设计中的一个关键问题是，如何开发一个能够在两个节点之间提供高质量、高效率通信的路由协议。WMN 网络节点的移动性使得网络拓扑结构不断变化，传统的 Internet路由协议无法适应这些特性，需要有专门应用于无线 Mesh 网络的路由协议。在路由协议设计时，要考虑以下几方面。

1. 选择合理的路径算法

现有的很多路由协议是以最小跳数为标准选择路径的，但是如果连接的质量较差或者网络拥塞的话，这种标准就不合适了。因此在选择路径时，不能只考虑最小跳数，还应该综合考虑网络的连接质量和往返时延等因素。

2. 确保对连接失败的可容错性

WMN 的目标之一就是在出现连接失败时，确保网络的健壮性。如果一个连接失败了，路由协议必须很快选出另外一条路径，以避免出现服务中断。

3. 实现网络负载平衡

采用 WMN 的另一个目标是实现用户对资源的共享，当 WMN 中的某一部分出现数据拥塞时，新的数据应该选择流量较小的路径。

4. 能够同时满足不同类型节点的需求

对于路由器，它的移动性较弱且没有能源消耗的限制，它所需要的路由协议比现有的 Ad Hoc 网络的路由协议要简单得多；对于终端用户来说，情况恰恰相反，在设计 WMN 路由协议时，要充分考虑这两种节点的差异，分别满足它们的不同需求。

如果仅考虑提高某一层面协议的性能，效果并不明显。目前，WMN 的发展趋势是跨层设计，即同时考虑多个层面间的影响。WMN 的跨层设计要求打破传统的 OSI/RM 参考模型中严格分层的束缚，针对各层相关模块/协议的不同状态和要求，利用层与层之间的相互依赖和影响，对网络性能进行整体优化。具体来说，跨层设计就是充分、合理地利用现有的网络资源，达到系统总吞吐量的最大化、总传输功率的最小化、QoS 的最优化等最终目的。

8.6 无线多点组网实验

1. 实验简介

学生利用已有的多个蓝牙设备进行组网操作，学习无线组网的基本原理及相关概念，理解点对多点的网络、Ad Hoc 网络多跳转接的拓扑结构、组网过程、简单的路由协议以及广播、组播的相关知识。

2. 基本原理

两台计算机能互相通信必须解决的几个问题：

(1) 计算机互相通信时使用什么样的物理媒介？即信道特性问题。

(2) 如果使用的通信媒介是多台计算机共享的，如何决定在某一时刻由哪台计算机发送数据包？即信道共享问题。

(3) 如何对计算机进行编址，以唯一区分每个数据包的发送者和接收者？即地址分配问题。

(4) 如果两台计算机不是直连在一起的，数据包如何选出一条从起点到目的地的合适通路？即路由选择问题。

(5) 如何检测通信过程中的错误，检测到错误后又如何去校正错误？即错误检测问题。

(6) 通信过程中使用什么数字格式来表示数据？即协议问题。

1) 通信网络拓扑结构

现代通信网实现的五种基本拓扑结构如图 8-5 所示。

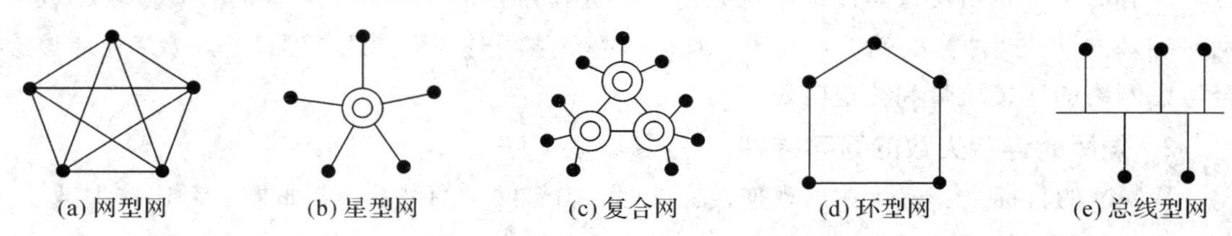

图 8-5 通信网络拓扑结构

2）路由技术

路由技术所要研究的问题是数据包能够通过多条路径从源设备到达目的设备，选择什么路径最合适。

路由器之间通过路由协议交换信息，报告它们各自所连接的网络和设备，以更新路由表。其方法有两种：扩散式路由法和查表路由法。

扩散式路由法是数据分组从原始节点发往与它相邻的每个节点，接收到该数据分组的节点检查它是否已经收到过该分组。如果已经收到过，则将它抛弃；如果未收到过，该节点便把这个分组发往除了该分组来源的那个节点以外的所有相邻节点。

查表路由法是每个节点中使用路由表，指明从该节点到网络中的任何节点应该选择的路径，数据包到达节点之后按照路由表规定的路径前进。

其中路由表是一种以表的形式组织的软件数据结构，节点通过它为那些目的节点不是自己的包做出一个转发决策。路由包括目的地址、源地址、下一跳地址以及端口等。

路由选择流程图如图 8－6 所示。

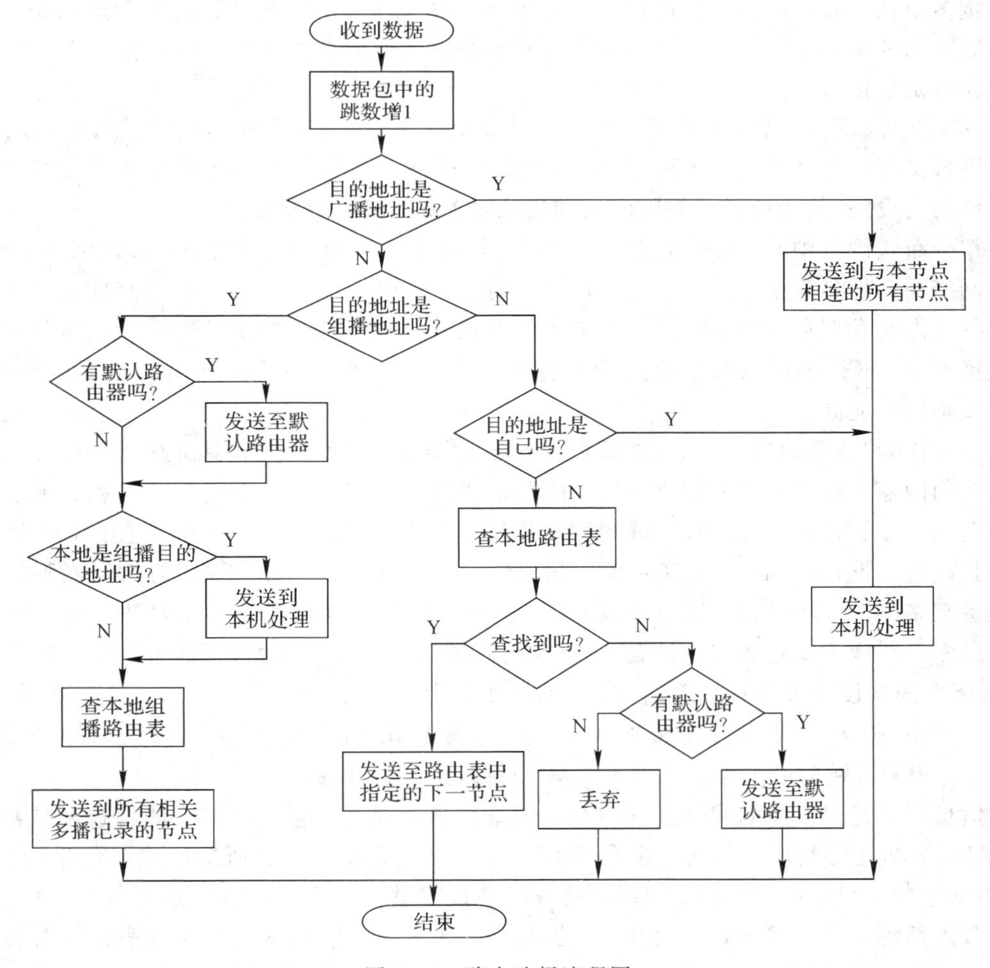

图 8－6　路由选择流程图

3）组网过程

典型的无线网络结构有以下几种。

（1）无线局域网的网络结构。无线局域网的网络结构又分为无中心拓扑结构和有中心拓扑结构。无中心拓扑结构的应用场合是用户数较少的临时组网，网络中任意两个站点均可直接通信，一般使用公用广播信道；网络抗毁性能好、建网容易、费用较低、整体网络移动性好；用户数较多时，信道竞争限制网络性能，路由信息占据大部分有效通信。有中心拓扑结构是以一个无线站点作为基站，网络中所有站点对网络的访问和通信均由其控制；能实现高速率通信，网络中站点布局受环境限制较小；中心站为实现局域网互联和接入有线主干网提供了一个无线接入点(AP)。

（2）蜂窝移动电话网络结构。蜂窝移动电话网络结构的覆盖方式分为小容量大区制(用户较少的地域)和大容量小区制。小区制的频率利用率提高，相互间干扰减少。蜂窝网的结构能够实现信息的无缝连接。

（3）微微网和分布式网络。微微网：蓝牙网络的基本单元。微微网中一个主设备可以同时连接多个从设备，处于激活状态的从设备最多是7个，其余的可以处于守候状态。主设备是微微网的中心。分布式网络：由同一区域中的多个微微网构成，相互有重叠的区域并且存在特定的连接。

一个蓝牙设备可以时分复用工作在多个微微网中(同一节点在不同的微微网中既可作为主设备又可作为从设备，或是作为多个微微网的从设备)；一个蓝牙设备不能在多个微微网中作为主设备(使用同样的跳频序列和相位，会变成同一个微微网)。

在分布式网络中，大量的节点相互连接，构建支持移动性的无线Ad Hoc网络。在Ad Hoc网络中：所有节点(设备)的地位都是平等的；每个节点都有路由器的功能，信息可以经由各节点转发至目的节点；若两个节点不在同一微微网中，即使其空间距离很近，也无法直接通信；网络中任意两个节点能通过多跳实现相互间的通信；路由算法尽可能简洁，网络效率尽可能高。

一种称为“蓝牙树”的组网方式即可满足上述要求。其组网方式具体为：主设备(M)可以查询周围蓝牙设备并与其建立链路；从设备(S)不可主动查询，建链后不可被其他蓝牙设备查询到，也不能再主动发起建链和被动建链；主从设备(M/S)不可主动查询，但建链后可被其他蓝牙设备查询到，不能主动发起建链但可被动建链。“蓝牙树”的组网原则是一个主设备至多可与n个从设备建立链路(本实验中为了使得网络结构更加清晰，规定一个主设备最多可与两个从设备建立链路)；两个从设备间不能直接建立链路(通过主设备路由转接)；所有的从设备节点只能受到一个主设备的控制。

本实验“蓝牙树”组网过程如图8-7所示。每个节点都知道：（1）自己是否是根设备；（2）与它相距一跳的周围设备的地址；（3）与自己相距一跳的周围设备是否已在微微网中。这些信息可以通过设备间建立连接时交换地址信息而获得，它们在网络的管理和单播、广播、组播等功能的实现上起着重要的作用。每个节点都要将自己所知的设备信息(路由信息)告知它的主设备(父设备)。网络中的根设备最终掌握网络中所有节点设备的路由信息。每个节点都将自己的父设备作为其默认路由器，认为它含有更多的路由信息。当无法从本节点的路由表中确定发送的下一跳节点时，都将此数据包发给默认路由器进行单跳转接和多跳转接处理。

单跳转接是指网络中的任意一个节点设备向与自己相距一跳的相邻设备发送信息。

多跳转接是指网络中的任意一个节点设备向与自己不直接相连的设备发送信息。

4）广播和组播

广播是由任何一个节点设备向网络内的所有其他节点发送同一消息。任何设备收到目的地址为广播地址的数据都接收。（本实验的广播地址为 FF：FF：FF：FF：FF ）

组播是一个节点设备向网络内某组发送信息。网络中任何一个节点设备都可以申请加入一个或多个组播组。每个组播组通过唯一的组播地址来识别。发给某个组的数据只有该组成员才能接收。

组播的目的地址是一个集合（可以实现向多个目的地址传送数据）。不同微微网的设备可以构成同一个组（这些特定设备属于同一个组，但是可以不属于同一个微微网）。组播也需要组播路由算法。组播路由表的维护比较复杂，无线网络环境下就更为繁琐：一方面要尽量减少网络发送信息数量；另一方面又不能漏掉任何一个本组的节点。

3. 实验环境

5 台为一组。

硬件：5 块 SEMIT TTP6601，5 根 USB 连接线。

软件：操作系统为 Windows 2000，屏幕分辨率：1024×768。

4. 实验内容

1）组网过程

假设参加组网的共有 5 个 BT(BT 是指 Blue Tooth/蓝牙)设备：a、b、c、d、e。首先由一个设备(例如 b)发起查询，如果找到多个设备，则任选其二(例如 d、e)主动与其建链，其网络结构如图 8－7 所示。

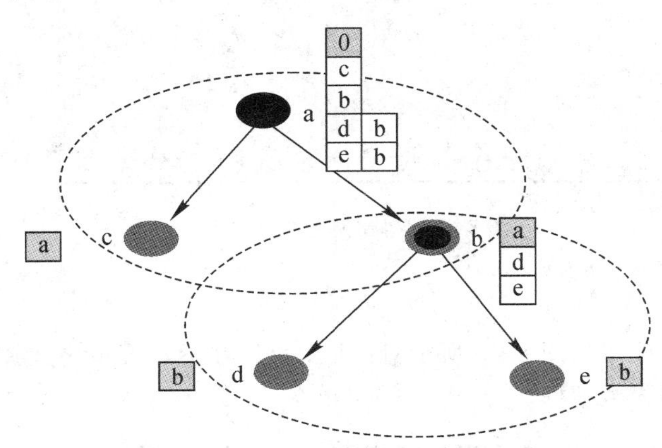

图 8－7　组网过程中网络结构图

在这个阶段，b、d、e 构成一个微微网，b 为主设备(M)，d、e 为从设备(S)。再由另外一个设备 a 发起查询，查询到设备 b 和设备 c，再主动建链。此时，a、b、c、d、e 构成了一个分布式网络。设备 a 成为网络中的根设备。最终形成如图 8－7 所示的拓扑结构，它是个典型的二叉树形结构，每个设备的角色为{M，M/S，S，S，S}。尽管参与组网的设备数量较少，但它实际上已构成了一个自组织的 Ad Hoc 网络。

需要注意：

(1) 在微微网中对处于激活状态的从设备的个数限制为两个。

(2) 某个设备一旦成为从设备(即 d、e)，它就不能再被其他设备发现，也不能查询其他设备或与其他设备建链。

(3) 在建链过程中，如果已经作为 M 的设备(如 b)再接受建链成功，要把自己的从设备的信息(路由信息)告知上一个主设备(父设备)。这样最终所有设备的路由信息都保留在树形结构的根设备(最上层的父设备)中。

(4) 每个节点也拥有自己的路由信息，路由表中包含默认路由器，也就是它的父节点。当它无法从本地路由表查找到数据的目的地址时就转发给默认路由器，因为默认路由器可能包含有比它本身更多的路由信息。

(5) 体会单跳转接。例如设备 d 向设备 b 发送信息，或者设备 b 向设备 d、e 发送信息。

(6) 体会多跳转接。例如设备 e 向设备 c 发送信息。这时需要通过多个节点的转接来传递信息。注意有些节点间的物理距离虽然很近，例如设备 d、e，但由于两个节点都是从设备，它们之间不能直接传送信息。

组建网络窗口的 IP 如图 8-8 所示(规定一台设备最多主动与其他两台设备建立链接)。

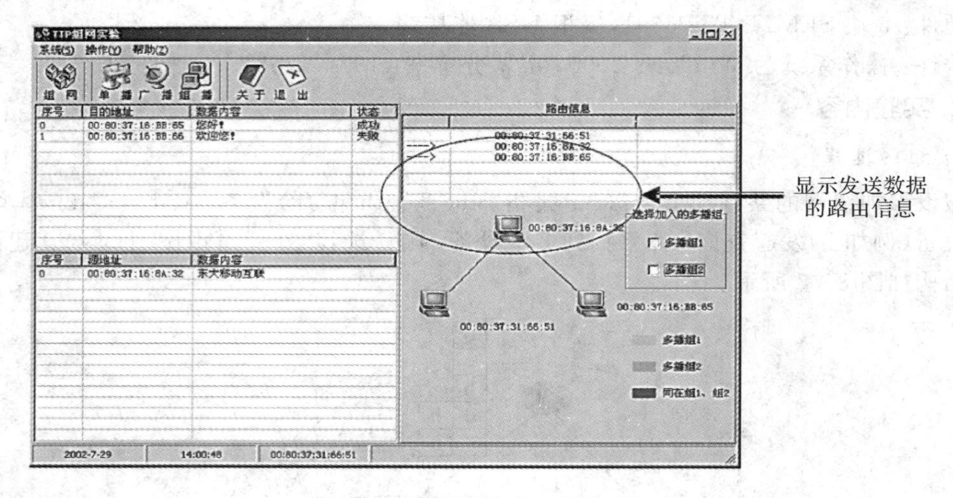

图 8-8 组建网络窗口的 IP 图

2) 单播

点击单播按钮，弹出如图 8-9 所示对话框，可以在下拉菜单中选择对象，也可以手动输入，确定后进入输入数据框。

图 8-9 选择点对点播放对象的对话框

收、发双方都观察并记录下数据包的路由信息。请查看发送成功的单播数据的路由信息或接收到的单播数据的路由信息。

3）路由信息

观察实验中各节点之间地址及数据信息的交换过程，理解简单的路由协议的实现过程。参考前述的路由选择流程图，在前面的网络结构图中标记出自己的路由选择。

4）广播与组播

在网络中设置两个组播组，这样建立两个设备的相关信息，如图 8－10 所示。

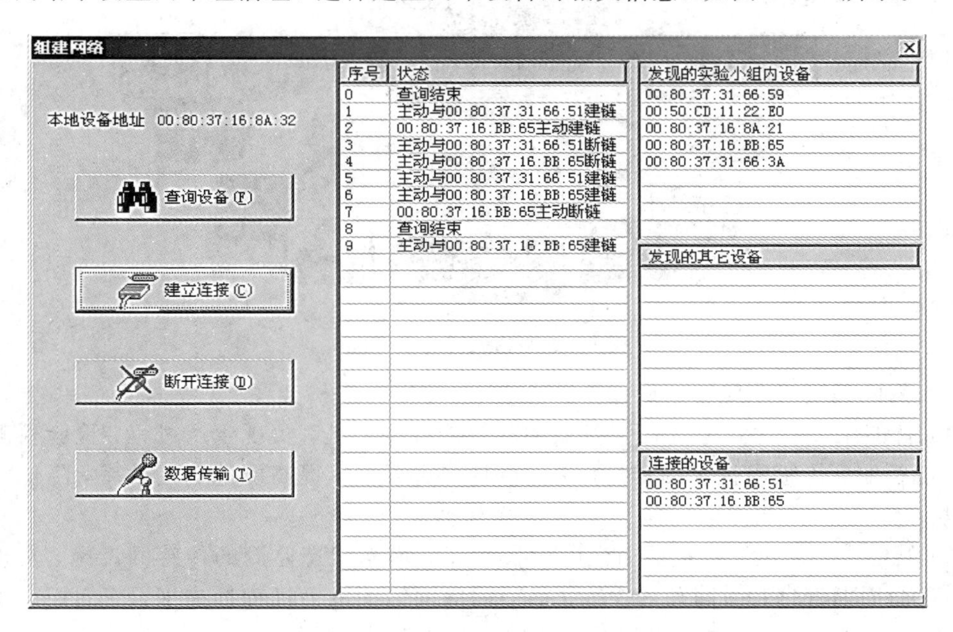

图 8－10　组建网络中两个设备的信息图

广播过程中，由任一节点设备向网络内所有其他节点发送同一消息，观察其发送的目标地址以及数据交换过程；观察在该情况下的路由过程与两个节点间数据单播的过程有何不同。

组播过程中，网络中任一节点都可申请加入一或多个组，而后网络中的任一节点设备向某组发送组播信息，观察数据包的发送过程；更改节点加入的多播组，观察结果。

组播路由表的维护比较复杂，无线网络环境下就更为繁琐。大家可以根据本实验组成的网络思考或设计组播路由表的格式以及如何维护组播路由表。

8.7　基于物联网的智能家居系统构成

随着 2009 年初美国在 IBM 公司的倡议下将物联网正式引入美国国家战略，全球掀起了一阵物联网热浪。欧盟、日本、韩国、中国等纷纷跟进，将物联网作为各自信息产业领域的国家级战略，物联网也有望成为继计算机、互联网之后的世界信息产业的第三次浪潮。物联网的主要应用非常广泛，如图 8－11 所示。

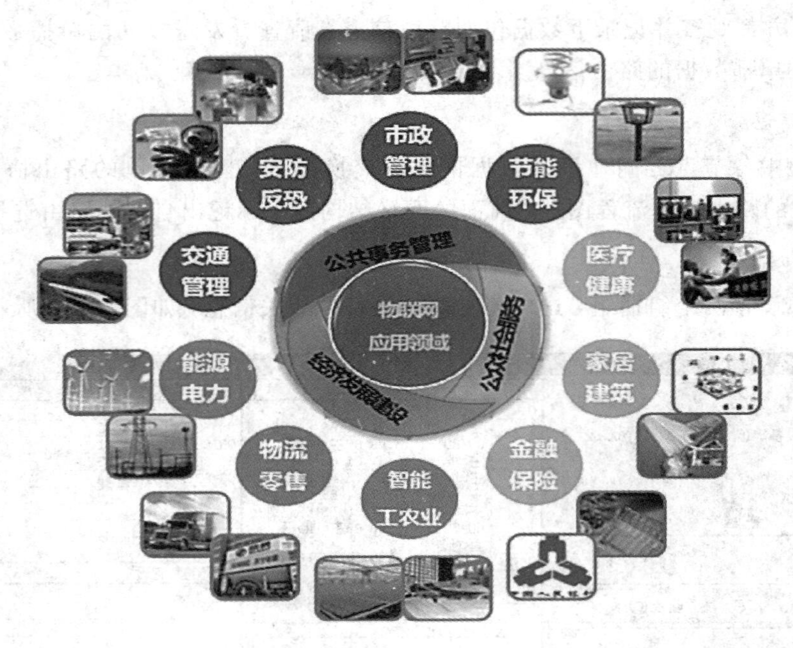

图 8-11　物联网的主要应用

物联网的关键产业应用领域如下：

(1) 智能工业：建立全流程实时监测和智能控制系统，实现生产过程、检验检测等环节的智能控制，传感网技术的推广应用，保障产品质量，提高能源利用效率，降低污染物排放量。

(2) 智能电力：建设对重要输变电设备和高空塔架状态监测的传感网设施，实现智能的设备生命周期管理和故障预警，建立基于通信网络的电力远程抄表平台，实现全电子化抄表、通知和缴费，提升基础设施精细管理和自动化运营能力。

(3) 智能物流：建设基于3G网络的港口感知调度与通关示范平台，通过堆场内的传感网实现人员、货柜车和集装箱定位跟踪与智能调度，提升港口调度效率，加快货物通关速度。

(4) 智能交通：建设智能公交系统、运营车辆智能管理系统和危险品运输管理系统；在中心城区建设交通流量实时监测与动态诱导系统、机动车定点测速系统、闯禁车辆抓拍系统、公交车专用车道智能信号系统、交通信号灯智能控制系统和停车场智能诱导系统等。

(5) 智能安防：以机场、政府机关、军事基地等重要区域的周界防入侵系统作为应用切入点，达到全天候全天时、低漏警率和低虚警率的周界安全防范要求。

(6) 智能环保：建设重点区域的水质和大气监控传感网系统，实现对生态环境的大面积、高精度监测，加强对重点排污企业的不间断监控，提升环保部门的预警和管理能力；建立完善的环境监控数据库，为管理机构评估环境数据、制定公共政策提供依据，改善生态环境。

(7) 智能医疗：以人体生理和医学参数采集及分析等应用为切入点，建设个人实时健康监测和服务平台，降低医疗费用成本，提高卫生资源使用效益，从而实现集中医疗模式向分布式医疗模式的转变。

(8) 智能家居：在住宅小区引入传感网技术，建设联入城市公共安全平台的小区安防系统以及基于通信网络的家庭环境监控等智能控制平台，实时收集水、电等资源的使用信息，根据人员的活动自动调节空调、电灯和水源，实现节能目标。

1. 物联网智能家居系统构成

下面以物联网技术在智能家居中的应用为例，简单演示其系统构成。

物联网智能家居系统由智能家居感知层、公共通信网络层、综合业务信息增值服务平台层、智能家居物联网应用层组成，如图 8－12 所示。

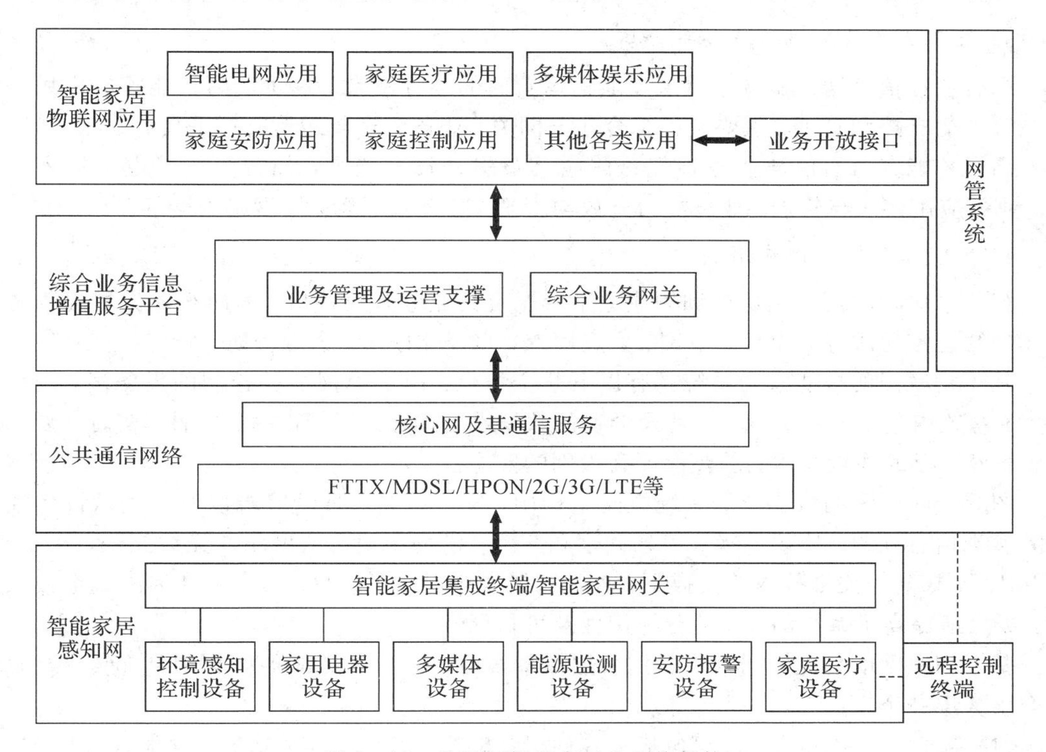

图 8－12　物联网智能家居的系统架构

1) 智能家居感知层

智能家居感知网由各种终端设备、控制设备及智能家居网关组成，其还应支持泛在智能家居服务的业务应用。

从家庭控制业务分类，智能家居控制设备涉及家庭环境感知控制设备、家用电器设备、多媒体设备、能源监测设备、安防报警设备、家庭医疗设备等。

智能家居网关支持家庭内的有线/无线方式以构成家庭网络，包括各类现场总线、以太网、ZigBee、RFID、Bluetooth 等，支持公共通信网络接入家庭。其中有线接入方式可支持 2G/3G、LTE 等。

家庭终端是各类家庭控制设备的控制与管理平台，现阶段已初步具备各类家庭情景控制模式，具备移动控制终端(如平板电脑、手机等)功能，且手机还可以作为智能家居的远程控制终端。家庭终端还应将泛在物联服务延伸至智能家居的管理平台。因此，家庭终端应具备智能家居控制与运营商综合业务服务的融合功能。

2）公共通信网络层

公共通信网络层主要具备接入网、核心网和通信服务能力。其中，接入网、核心网将智能家居提供的泛在服务延伸至智能家居终端，并将智能家居控制管理功能集成到综合业务平台的网络通道。

通信服务能力主要体现在两个方面：一是通信网络能力（如定位、呈现、短信、彩信等）；二是媒体资源、存储资源以及和运营商合作的一些其他资源（如地图）。上述能力与资源均可通过业务平台开放。

3）综合业务信息增值服务平台层

综合业务信息增值服务平台层以通信运营商的业务平台为核心，为智能家居应用提供泛在服务的支撑和管理，主要包括综合业务网关、业务管理与运营支撑平台。

面向智能家居通信与业务管理总体应具备多种技术能力，如智能家居设备接入与管理、业务应用接入与管理、业务能力开放与管理、业务数据管理、网络安全等。

4）智能家居物联网应用层

智能家居物联网应用层可利用业务平台层及其业务开放接口，面向智能家居提供各类具体的智能家居服务，如智能电网、家庭医疗、多媒体娱乐、家庭安防、家庭控制等。

基于物联网的智能家居系统具有以下几个特点：内部组网需要控制的设备多，网络容量大；系统内包含多种高速、中速及低速的数据设备，对信息传输的延时性、实时性要求严格；兼容广泛的连接技术；需要保证高级别的安全性。

图 8-13 所示的智能家居系统组网结构中，家居设备、移动终端以及其他域设备通过网关实现信息互通、协议转换、信息共享和交互；借助高速有线网络与无线互联，在 QoS、UPnP、DHCP 等关键技术的支撑下，各种智能家居设备可以自动、无需任何配置地接入系统，极大地提高了系统的灵活性、易用性及可扩展性。

基于物联网的智能家居组网采用分层体系架构，同样可以划分为感知层、网络传输层、融合服务层三个层面。

(1) 智能家居感知层。该层包括了各种与家电、家居相关的传感器、控制器、执行器及识别装置等，以及有线网络结合该层无线泛在网络的物理连接。这一层还包括不同接入方式的 MAC 子层和链路控制子层，包括对上层网络层提供统一的接口，屏蔽异构网络之间的差异；进行不同形式家庭通信网络间的 MAC 协议数据单元（PDU）映射，以方便不同网络间进行互通；支持动态智能的有线及多种无线网络的接入及选择。

(2) 智能家居网络传输层。该层主要包括家庭内部网络和骨干网络接入两部分。家庭内部组网支持的有线方式包括电子载波 X-10 和 CEBUS、电话线 HomePNA、以太网 IEEE 802.3 和 802.3u、串行总线 USB 1.1、USB 2.0 和 IEEE 1394 等；无线方式包括无线局域网、家庭射频技术、蓝牙、红外、ZigBee 等。网络接入层通过家庭网关与业务网关实现不同应用协议规范的互联互通操作，并与骨干网络实现无缝连接。

(3) 智能家居融合服务层。该层是以用户为中心的融合业务层，提供用户接口和不同制式的智能家居服务。通过智能家居组网多层协作的自适应 QoS、自适应匹配异构网络及终端设备，充分保证端到端的媒体、语音、安防等多种业务的服务。智能家居演示系统包括门锁控制单元、煤气泄漏监测单元、煤气阀门控制单元、灯光亮度控制单元和继电器控制

单元。这些控制单元对家庭生活中常用的电器设备进行监测和控制，并通过无线传感器网络节点与室内主控单元互联互通(主控单元可以是固定的 PC，也可以是用户手持的 PDA 或手机)，形成一个绿色智能的网络，使得用户可以自由操纵室内的各种电器，真正成为家居生活的主人。

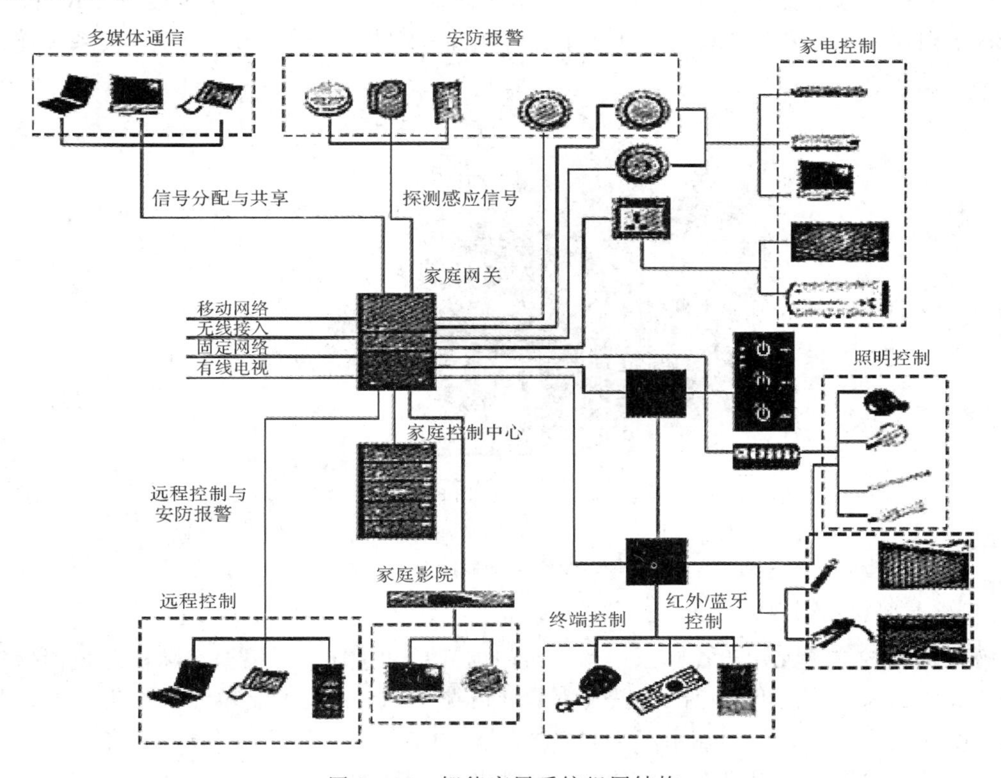

图 8－13　智能家居系统组网结构

2. 智能家居系统控制单元

本智能家居系统包括如下控制单元。

1) 门锁控制单元

门锁控制单元用于控制用户室门的开启和关闭，在提供出入便捷性的同时保护家中的财产安全。门锁控制单元包括数字门锁、继电器控制模块、无线传感器网络节点三个部分，其中无线传感器网络节点嵌入继电器控制模块，其系统连接如图 8－14 所示。

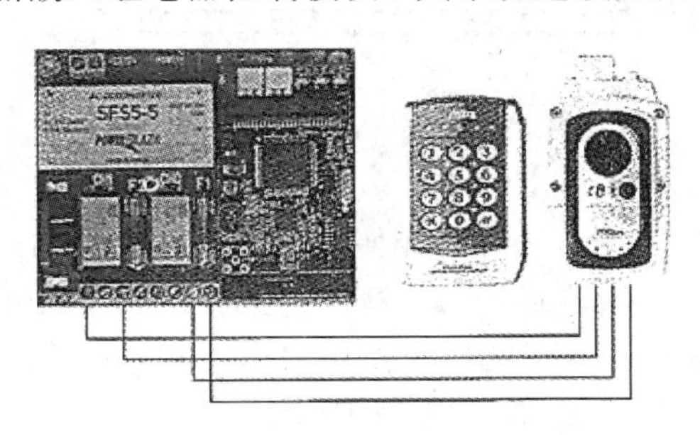

图 8－14　门锁控制单元的系统连接图

2）燃气泄漏监测单元

燃气泄漏监测单元用于监测室内燃气含量，以便在燃气超标时及时提示主人，避免情况进一步恶化。燃气泄漏监测单元包括继电器控制模块、燃气泄漏感应器、数字量输入/输出(DIO)配置模块、无线传感器网络节点四个部分。在连接时，将连接有 DIO 模块的 ZigBee节点嵌入继电器控制模块，并连接燃气泄漏检测传感器及 DIO 模块，其系统连接如图 8－15 所示。

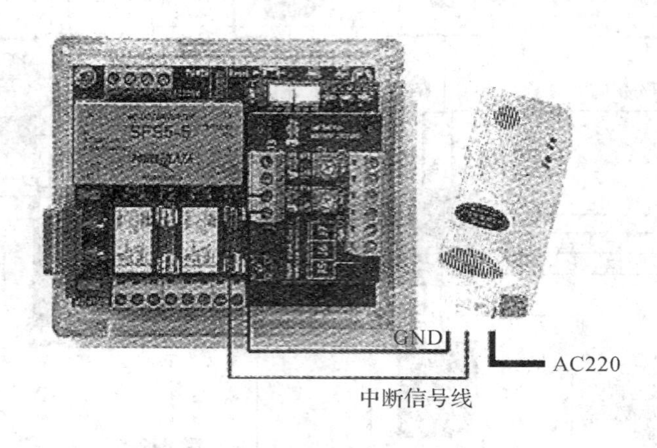

图 8－15　燃气泄漏监测单元连接图

3）燃气阀门控制单元

燃气阀门控制单元用于控制家中燃气阀门的开启和关闭，并根据实际情况控制燃气流量，在节省能源的前提下避免出现燃气泄漏的情况。燃气阀门控制单元包括直流电机控制模块、燃气阀门、无线传感器网络节点三个部分。在连接时，将无线传感器网络节点嵌入电机控制模块，并将燃气阀门连接至电机控制输出端，其系统连接如图 8－16 所示。

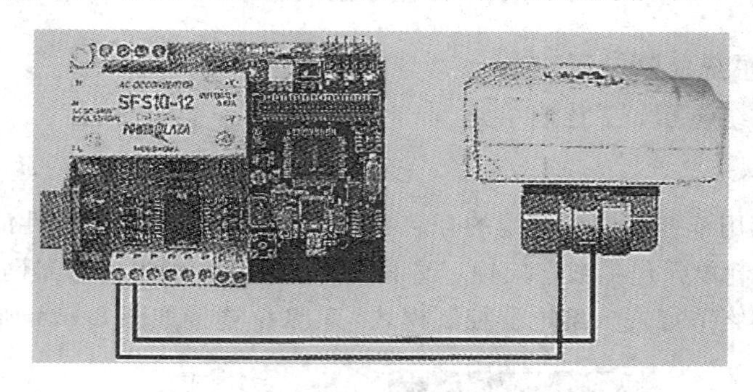

图 8－16　燃气阀门控制单元连接图

4）灯光亮度控制单元

灯光亮度控制单元可以根据室内现有光照情况自动调节室内灯光强度，在保证室内明亮的前提下节省能源。灯光亮度控制单元包括灯光亮度控制模块和无线传感器网络节点两部分。在连接时，将电灯电源线与亮度控制模块输出口相连，并将无线传感器网络节点嵌入灯光亮度控制模块，其系统连接如图 8－17 所示。

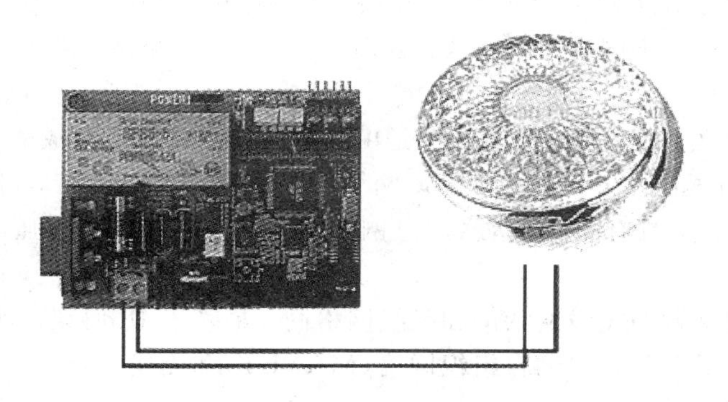

图 8－17　灯光亮度控制单元连接图

5）继电器控制单元

继电器控制单元用于连接家用电器与继电器，以便对家用电器的电流、电压进行自动调节和安全保护。继电器控制单元包括家用电器模块和继电器模块两部分，其系统连接如图 8－18 所示。

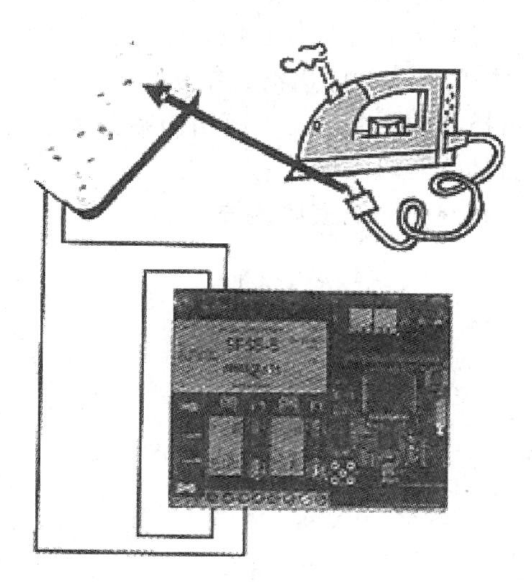

图 8－18　继电器控制单元连接图

本章小结

无线数据通信组网主要内容包括网络体系结构的设计和网络协议的设计。无线通信网络的应用从逻辑上可以分成面向语音的应用和面向数据的应用两类。

为构成无线通信系统组织结构而建立的系统节点的布局及其相互间的结构方式称为无线数据网络拓扑结构。比较典型的无线网络结构主要有平面结构和分级结构。无线数据网络的协议体系结构设计，在遵循开放式系统互联参考模型（OSI）的同时，还要结合无线数据网络应用背景情况下的系统服务需求进行改进，并与网络拓扑结构相适应。

蜂窝网络拓扑是在大规模陆地无线网络和卫星无线网络中使用的主要拓扑形式。在现代蜂窝网络中，出现了不同应用的小区，分别是大小区、宏小区、微小区、微微小区和毫微微小区。

移动 Ad Hoc 网络就是移动自组网，是由一组无线移动节点组成的、能快速部署的、自组织的临时性分布式网络。移动 Ad Hoc 网络不需要固定基站支持，可实现分布式的无中心管理，可临时组织，具有高度移动性，且网络抗毁与快速部署能力强，适合野战通信等特殊环境的使用要求。

无线 Mesh 网又称为无线网状网和无线网格网，是基于 IP 协议的大容量、高速率、覆盖范围广的无线网络，是在移动自组织网络(MANET)和无线局域网(WLAN)基础上发展起来的一项网络技术。

习题与思考题

1. 对无线网络的拓扑结构进行规划时通常需要考虑哪些方面?
2. 现代蜂窝网络中支持不同应用的小区都有哪些?
3. 试说明移动 Ad Hoc 网络技术的基本原理。
4. 试说明无线 Mesh 网络的特点，画出混合结构 Mesh 网络示意图。
5. 何谓无线数据网络拓扑结构? 试说明平面结构和分级结构的区别。
6. 指出无线多点组网的具体实验步骤。
7. 谈谈如何构建基于物联网的智能家居系统。

第 9 章　短距离无线通信技术

本章教学目标

- 了解短距离无线通信技术的概念。
- 掌握无线局域网标准。
- 熟悉蓝牙技术。
- 熟悉 Wi - Fi 技术。
- 熟悉 ZigBee 技术。
- 熟悉超宽带技术。

本章重点及难点

- 蓝牙技术的工作原理。
- Wi - Fi 无线网的拓扑结构及工作原理。
- ZigBee 网络拓扑结构和应用。

9.1　短距离无线通信及无线局域网技术

9.1.1　短距离无线通信技术概述

短距离无线数据传输是一种线缆代替技术，在当前很多领域都得到了广泛的应用。它的出现解决了因环境和条件限制而不利于有线布线的问题。短距离无线通信的三个重要特征和优势是低成本、低功耗和对等通信。低成本是对其的客观要求，各种通信终端的产销量都很大，要提供终端间的直通能力，没有足够低的成本是很难实现的。低功耗是指由于其通信距离较短，遇到障碍物的概率也小，发射功率都普遍偏低，这也加大了其应用范围。对等通信是有别于其他基于网络基础设施的无线通信技术，终端之间对等通信不需要网络设备进行中转，因此空中接口设计和高层协议都相对比较简单。

9.1.2　无线局域网(WLAN)与 IEEE 802.11 标准族

1. 无线局域网(WLAN)

所谓无线网络，是指不需要布线即可实现计算机互联的网络。无线网络的适用范围非常广泛，可以说，凡是可以通过布线来建立网络的环境，也同样能够搭建无线网络，而不适合采用传统布线的环境或行业，却正是无线网络大显身手的地方。

作为无线网络之一的无线局域网(Wireless Local Area Network，WLAN)与传统以太网最大的区别，就是对周围环境没有特殊要求，只要电磁波能辐射到的地方就可以搭建无线局域网，因此产生了多种多样的无线局域网组建方案。但是在实施过程中应根据实际需求和硬件条件选择一种性价比最高的设计方案，以免造成不必要的浪费。

无线局域网实现了人们移动办公的梦想，为人们创造了一个丰富多彩的自由空间。在移动通信与互联网结合所产生的各种新型技术中，WLAN 是最值得关注的一项技术。

WLAN 是指以无线信道作为传输媒介的计算机局域网。它是无线通信、计算机网络技术相结合的产物，是有线联网方式的重要补充和延伸，并逐渐成为计算机网络中一个至关重要的组成部分。WLAN 产生于 20 世纪 90 年代，当它出现时，就有人预言完全取消电缆和线路连接方式的时代即将来临。目前，随着无线网络技术的日趋完善，无线网络产品价格的持续下调，WLAN 的应用范围也迅速扩展。过去，WLAN 仅限于工厂和仓库使用，现在已进入办公室、家庭乃至其他公共场所。

2. IEEE 802.11 标准族

1) IEEE 802.11 中的实体

为应对无线局域网络的强烈需求，美国的国际电子电机学会于 1990 年 11 月成立了 802.11 委员会，开始制定无线局域网络标准。

承袭 IEEE 802 系列，802.11 规范了无线局域网络的 MAC 层及 PHY 层。比较特别的是，由于实际无线传输的方式不同，IEEE 802.11 在统一的 MAC 层下面规范了各种不同的实体层，以适应目前的情况及未来的技术发展。目前 802.11 中制定了三种介质的实体，为了未来技术的扩充性，也都提供了多重速率(Multiple Rates)的功能。下面分别介绍这三个实体。

(1) 2.4 GHz Direct Sequence Spread Spectrum。

速率为 1 Mb/s 时用 DBPSK(Difference By Phase Shift Keying)调变；

速率为 2Mb/s 时用 DQPSK(Difference Quarter Phase Shift Keying)调变；

接收敏感度为−80 dBm；

用长度为 11 的 Barker 码作为扩频 PN 码。

(2) 2.4 GHz Frequency Hopping Spread Spectrum。

速率为 1 Mb/s 时用 2-level GFSK 调变，接收敏感度为−80 dBm；

速率为 2 Mb/s 时用 4-level GFSK 调变，接收敏感度为−75 dBm；

每秒跳 2.5 个 hops；

Hopping Sequence 在欧美有 22 组，在日本有 4 组。

(3) Diffused IR。

速率为 1 Mb/s 时用 16 ppm 调变，接收敏感度为 2×10^{-5} mW/cm^2；

速率为 2 Mb/s 时用 4 ppm 调变，接收敏感度为 8×10^{-5} mW/cm^2，波长为 850～950 nm。

其中前两个实体工作在 2.4 GHz 频段，属于 ISM 频段，不需要授权即可使用。这个频段的使用在全世界包含美国、欧洲、日本及中国台湾等主要国家和地区都有开放。第三个实体由于目前在使用上没有任何管制(除了安全上的规范)，因此也是自由使用的。

IEEE 802.11 MAC 的基本存取方式称为 CSMA/CA(Carrier Sense Multiple Access

with Collision Avoidance)，与以太网络所用的 CSMA/CD(Carrier Sense Multiple Access with Collision Detection)仅一字之差，但实际内容差别是很大的。因为在无线传输中感测载波及碰撞侦测都是不可靠的，感测载波是有困难的。另外通常无线电波经天线送出去时，自己是无法监视到的，因此碰撞侦测实质上也做不到。在 802.11 中感测载波有两种实现方式：第一种是实际去听是否有电波在传，及加上优先权的观念；另一种是虚拟的感测载波，告知大家以后有多久的时间我们要传东西，以防止碰撞。

2）各类 IEEE 802.11 标准

下面列出已经在运用或者还在发展中的各类 IEEE 802.11 标准：

802.11a——54 Mb/s 速率，5 GHz 频段信号(1999 年)。

802.11b——11 Mb/s 速率，2.4 GHz 频段信号(1999 年)。

802.11c——符合 802.1d 的媒体接入控制层桥接(MAC Layer Bridging)。

802.11d——根据各国情况，使用的无线信号频谱(2001 年)。

802.11e——对服务等级(Quality of Service，QoS)的支持(尚未批准)。

802.11f——IAPP(Inter-Access Point Protocol，接入点内部协议)，支持基站的互联性(2003 年)。

802.11g——54 Mb/s 速率，2.4 GHz 频段信号(2003 年)。

802.11h——无线覆盖半径的调整，包括室内(Indoor)和室外(Outdoor)，信道频段为 5 GHz(2003 年)。

802.11i——802.11 标准族在安全和鉴权(Authentification)方面的补充(2004 年)。

802.11j——根据日本规定做的升级(5 GHz 频段)(2004 年)。

802.11k——对 WLAN 进行系统管理(在进行中)。

802.11l——预留并不打算使用，以免同 802.11i 产生混乱。

802.11m——802.11 标准族的维护标准。

802.11n——比 802.11g 传输速率更高。

802.11o——针对局域网中的语音应用。

802.11r——提供更强大的漫游功能。

802.11s——实现先进的 Mesh 功能，提供自配置、自修复功能。

802.11T——无线性能预报，可以成为测试无线网络的标准。

802.11u——与 3G 或者蜂窝等形式的外部网络连接。

802.11v——无线网络管理/设备配置。

802.11w——增强保护管理框架的安全性。

802.11x——通用 802.11 标准族名称。

802.11y——802.11 协议族中基于竞争的协议，用于制定标准化的干扰避免机制。

1997 年，美国电子电气工程师协会(IEEE)制定了第一个无线局域网标准 802.11，主要用于解决办公室局域网和校园网中用户与用户终端的无线接入，业务主要限于数据存取，速率最高只能达到 2 Mb/s。由于在速率和传输距离上都不能满足人们的需要，802.11 无线产品已经不再生产了。

(1) 802.11n。

802.11n 是 IEEE 推出的最新标准。802.11n 采用智能天线技术，可以将 WLAN 的传输速率由目前 802.11a 及 802.11g 提供的 54 Mb/s、108 Mb/s 提高到 300 Mb/s 甚至 600 Mb/s。这得益于将 MIMO(多入多出)与 OFDM(正交频分复用)技术相结合而应用的 MIMO－OFDM 技术，既提高了无线传输质量，也使传输速率得到极大提升。

另外，802.11n 采用了一种软件无线电技术，它是一个完全可编程的硬件平台，使得不同系统的基站和终端都可以通过这一平台的不同软件实现互通和兼容，即使 WLAN 的兼容性得到极大改善。这意味着 WLAN 不但能实现 802.11n 向前后兼容，而且可以实现 WLAN 与无线广域网络的结合，比如 3G。

802.11n 的优点：具有最快的网络速率和最广的信号覆盖范围；信号干扰影响较小。

802.11n 的缺点：标准没有被正式确定；成本较高；使用多个信号，容易干扰附近的 802.11b/g 网络。

(2) 802.11g。

2002 年和 2003 年间，WLAN 产品开始拥有了一个全新的标准 802.11g。802.11g 结合了 802.11a 和 802.11b 二者的优点，可以说是一种混合标准。它既能适应传统的 802.11b 标准，在 2.4 GHz 频率下提供 11 Mb/s 的数据传输速率，也符合 802.11a 标准，在 5 GHz 频率下提供 56 Mb/s 的数据传输速率。

802.11g 的优点：较高的网络速率；信号质量好，不容易被阻隔。

802.11g 的缺点：成本比 802.11b 高；电气设备可能会影响 2.4 GHz 频段信号。

(3) 802.11b。

1999 年 7 月，IEEE 扩大了 802.11 应用标准，创建了 802.11b 标准。相比传统的以太网，该标准可以支持最高 11 Mb/s 的数据传输速率。802.11b 继承了 802.11 的无线信号频率标准，采用 2.4 GHz 直接序列扩频。厂商也更乐意采用这一频率标准，因为这可以降低产品成本。而另一方面，由于使用了未受规范的 2.4 GHz 扩频，无线局域网信号也很容易被微波炉、无绳电话或者其他电气设备发出的信号所干扰。当然，要解决这一问题也很简单，安装 802.11b 设备的时候，注意与其他设备保持一定的距离即可。

802.11b 的优点：成本低；信号辐射较好，不容易被阻隔。

802.11b 的缺点：带宽速率较低；信号容易受到干扰。

(4) 802.11a。

当 802.11b 还在发展之中的时候，IEEE 又创建了另一个无线局域网标准 802.11a。由于 802.11b 比 802.11a 流行得更快，所以一些人就认为 802.11a 是在 802.11b 之后被创建的。其实 802.11a 和 802.11b 几乎是在同一时期被创建的。由于 802.11a 的成本较高，所以它主要应用于商业领域，而 802.11b 则主要应用于家庭市场。

802.11a 提供的最高数据传输速率为 54 Mb/s，工作在 5 GHz 频段上。这一更高的频率也就意味着 802.11a 信号更容易受到墙壁或者其他障碍物的影响。

此外，由于 802.11a 和 802.11b 使用了不同的频率标准，因此这二者是互不兼容的。为此，有一些厂商在电脑中提供了 802.11a/b 网络模块，以便应对不同环境下的无线联网需要。

802.11a 的优点：具有较高的网络速率；信号不易被干扰。

802.11a 的缺点：成本较高；信号容易被障碍物阻隔。

3. 蓝牙及其他

蓝牙内容参见 9.2 节。

WiMax(又名 802.16)是一项新兴的宽带无线接入技术，能提供面向互联网的高速连接，数据传输距离最远可达 50 km。WiMax 同时也是一种互联网阵营提出的未来公共无线宽带数据网的技术体制，代表着未来无线通信系统的宽带和智能特征，例如协议结构和网络结构扁平化，支持高速数据传输和无缝漫游，支持各种类型的业务并在 MAC 层和物理层保障其 QoS 等。

9.2 蓝牙技术

蓝牙(Bluetooth)是一种短距离无线数据和语音传输的全球性开放式技术规范，工作在 2.4 GHz ISM 开放频段。它以低成本的近距离无线连接为基础，为固定或移动通信设备之间提供通信链路，使得近距离内各种信息设备能够实现资源共享。尽管蓝牙技术的设计初衷是将智能移动电话与笔记本电脑、掌上电脑以及各种数字信息的外部设备用无线方式连接起来，进而形成一种个人网络，使得在其可达到的范围之内各种信息化的移动便携设备都能无缝地共享资源，但实际上它的应用潜力已经远远大于最初蓝牙技术开发者的想象，其与众不同的优越特性，引起了人们越来越多的兴趣。随着蓝牙技术的发展和越来越多的厂商对蓝牙技术的关注，蓝牙技术发展的最终目的确立为建立一个全球统一的无线连接标准，使得不同厂家生产的数字信息设备在近距离内不用电缆就可以很方便地连接起来，实现相互操作与数据共享。目前基于蓝牙技术的产品正在不断面市，而蓝牙技术本身也在不断地完善。

9.2.1 蓝牙技术的工作原理

1. 什么是蓝牙?

蓝牙(Bluetooth)是一种支持设备短距离通信的无线电技术，功率级别分为 CLASS1 (传输距离 100 m)和 CLASS2 (传输距离 10 m)两种，能在移动电话、PDA、无线耳机、笔记本电脑、相关外设等众多设备之间实现无线信息交换。蓝牙的标准是 IEEE 802.15，工作在 2.4 GHz 频带，带宽可达 3 Mb/s。

手机、PDA、GPS、无线耳机、笔记本内置蓝牙等一般为 CLASS2(10 m)功率级别，工业用蓝牙应用 100 m 级的多一些，如 GC－06、KC－03 蓝牙模块。

蓝牙技术规范由 SIG(Special Interest Group，特殊利益集团，也译为特别兴趣小组)组织开发维护，目前具备蓝牙通信功能的产品已经很多。

2. 蓝牙通信的主从关系

蓝牙技术规定每一对设备之间必须有一个为主角色，另一个为从角色，这样才能进行通信。通信时必须由主端进行查找并发起配对，建链成功后双方即可收发数据。

理论上，一个蓝牙主端设备可同时与 7 个蓝牙从端设备进行通信。

一个具备蓝牙通信功能的设备可以在两个角色间切换，平时工作在从模式，等待其他主设备来连接，需要时可转换为主模式，向其他设备发起呼叫。一个蓝牙设备以主模式发起呼叫时，需要知道对方的蓝牙地址及配对密码等信息，配对完成后可直接发起呼叫。

3. 蓝牙的呼叫过程

蓝牙主端设备发起呼叫的过程首先是查找，找出周围可被查找的蓝牙设备，此时从端设备需要处于可被查找状态。

主端设备找到从端蓝牙设备后，与从端蓝牙设备进行配对，此时需要输入从端设备的PIN码，一般蓝牙耳机默认为1234或0000，立体声蓝牙耳机默认为8888，也有的设备不需要输入PIN码。

配对完成后，从端蓝牙设备会记录主端设备的信任信息，此时主端设备即可向从端设备发起呼叫，根据应用不同，可能是ACL数据链路呼叫或SCO语音链路呼叫。已配对的设备在下次呼叫时，不再需要重新配对。

已配对的从端设备如蓝牙耳机也可以发起建链请求，但用于数据通信的蓝牙模块一般不发起呼叫。

链路建立成功后，主从两端之间即可进行双向的数据或语音通信。

在通信状态下，主端和从端设备都可以发起断链，断开蓝牙链路。

9.2.2 蓝牙网络的基本结构

蓝牙既可以通过"点到点"，也可以通过"点到多点"进行无线连接，这意味着，若干蓝牙设备可以组成网络使用。蓝牙在物理层采用跳频技术，这意味着蓝牙设备必须首先通过同步彼此的跳频模式，发现彼此的存在才能相互通信。蓝牙系统采用一种灵活的无基站的组网方式，蓝牙网络的拓扑结构有两种形式，即微微网(Piconet)和散射网(Scatternet)，如图9-1所示。

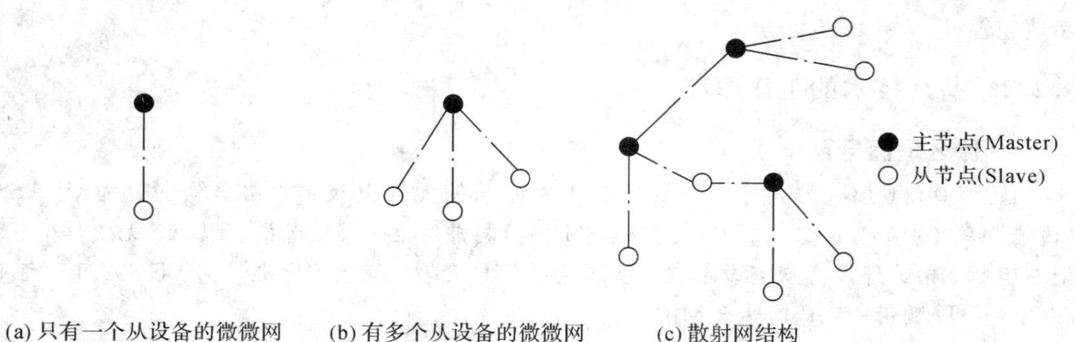

图9-1　蓝牙网络拓扑结构

1. 蓝牙微微网

蓝牙中的基本联网单元是微微网(Piconet)，它由一台主设备和1～7台活跃的从设备组成。每个蓝牙设备都有自己的设备地址码(BD_ADDR)和活动成员地址码(AD_ADDR)。组网过程中首先发起呼叫的蓝牙装置叫做主设备(Master)，其余的称为从设备(Slave)。在一个Piconet中，主设备只能有一个。从设备仅可与主设备通信，并且只可以在主设备授予权限时通信。从设备之间不能直接通信，必须经过主设备才能通信。在同一微微网中，所有用户均用同一跳频序列同步，主设备确定此微微网中的跳频序列和时序。在一个互联的分布式网络中，一个节点设备可同时存在于多个微微网中，但不能在两个微微网中同时处于激活(Active)状态。

2. 蓝牙散射网

在同一个区域内可能有多个微微网，一个微微网中的主设备单元可以同时从属于另外的微微网，作为另一个微微网中的从设备单元。多个微微网互联形成的网络称为散射网(Scatternet)。图9-1(c)所示为3个蓝牙微微网构成的蓝牙散射网。

散射网是由多个独立的非同步的微微网组成的，它们以特定的方式连接在一起，每个微微网有一个不同的主节点，独立地进行跳变。各微微网由不同的跳频序列区分，每个微微网的跳频序列互不相同，序列的相位由各自的主节点确定。信道上的分组携带不同的信道接入码，信道接入码是由主节点的设备地址决定的。如果有多个微微网覆盖同一个区域，节点根据使用的时间可以加入两个甚至多个微微网中。要参与一个微微网，就必须使用相应的主节点的地址和时钟偏移，以获得正确的相位。参与了两个或两个以上的微微网的节点就称为网桥节点。网桥节点可以是这些微微网的从节点，也可以在一个微微网中担任主节点，而在其他微微网中担任从节点。网桥节点担负起微微网之间的通信中继任务。

当设备成为散射网的节点后，便可以在多个微微网中进行通信。一个微微网的主节点通过呼叫可以使其他微微网的主节点或从节点成为这个微微网的一个从节点。另一方面，属于某个微微网的从节点也可以呼叫其他微微网的主节点或从节点，构成一个新的微微网。

在一个微微网中，根据蓝牙规范，生成微微网的节点是主节点，然而当从节点想成为主节点时可以进行主从切换。主从切换是一个TDD切换过程，但是由于微微网的参数是根据主节点的设备地址和时钟确定的，主从切换的本质是一个微微网重新定义的过程，所以主从切换可看作一个微微网的切换。

由于两个不同的微微网中的主节点是不同步的，一个参与两个微微网的节点必须计算两个偏移量，加到自己的本地时钟上，生成两个主时钟。另外，主节点的时钟是独立的，从节点需要周期地更新偏移量，以便同时与两个主节点同步。

在散射网络中，几个微微网分布在一个区域内，这时干扰就是一个严重的问题。一个蓝牙信道被定义为跳频序列(79个载频)，每个信道有不同的跳频序列与相位，然而所有的蓝牙网络都采用79个载频，而且没有协调机制，一旦不同的微微网某一时隙采用相同的频率，就会发生磁撞，发送信号就会相互干扰。由于蓝牙系统采用快速跳频方式，所以碰撞时间短。蓝牙主单元还采用轮询机制来保证服务质量和控制网络流量。

蓝牙散射网是自组网的一种特例。其最大特点是可以无基站支持，每个移动终端的地位是平等的，并可独立进行分组转发的决策，其建网灵活性、多跳性以及拓扑结构动态变化和分布式控制等特点是构建蓝牙散射网的基础。

9.2.3　蓝牙技术的特点

(1) 开放性。蓝牙是一种开放的技术规范，该规范完全是公开和共享的。为鼓励该项技术的应用推广，蓝牙技术联盟(SIG)在其建立之初就制定了完全公开的基本方针。与生俱来的开放性赋予了蓝牙强大的生命力。从它诞生之日起，蓝牙就是一个由厂商们自己发起的技术协议，蓝牙的技术标准完全公开，并非某一家独有和保密。只要是SIG的成员，都有权无偿使用蓝牙的新技术进行蓝牙产品的开发，而蓝牙技术标准制定后，任何厂商都可以无偿地拿来生产产品，只要产品通过SIG组织的测试并符合蓝牙标准，即可投入市场。

(2) 通用性。蓝牙设备的工作频段是在全世界范围内都可以自由使用的2.4 GHz的工业、科学、医学(Industrial、Scientific、Medical，即ISM)频段，这样用户不必经过申请便可以选用适当的蓝牙无线设备。这就消除了“国界”的障碍，而在蜂窝式移动电话领域，这个障碍已经困扰用户多年。

(3) 短距离。蓝牙无线技术通信距离较短，蓝牙设备之间的有效距离大约为10～100 m。

(4) 无线“即连即用”。蓝牙技术最初是以取消各种电器之间的连线为目的的。蓝牙技术主要面向网络中的各种数据及语音设备，如个人计算机(Personal Computer，PC)、个人数字助理(Personal Digital Assistant，PDA)、打印机、传真机、移动电话、数码相机等。蓝牙通过无线的方式将它们连成一个围绕个人的网络，省去了用户接线的烦恼，可以在各种便携设备之间实现无缝的资源共享。任意蓝牙设备一旦搜寻到另一个蓝牙设备，马上就可以建立联系，而无需用户进行任何设置，可以解释成“即连即用”。

(5) 抗干扰能力强。ISM频段是对所有无线电系统都开放的频段，工作在ISM频段的无线电设备有很多种，如家用微波炉、无线局域网(Wireless Local Area Network，WLAN)和HomeRF等产品。为了很好地抵抗来自这些设备的干扰，蓝牙采用了跳频(Frequency Hopping)方式来扩展频谱(Spread Spectrum)，将2.402～2.4835 GHz频段分成79个频点，相邻频点间隔1 MHz。蓝牙设备在某个频点发送数据之后，再跳到另一个频点发送。建链时，蓝牙的跳频速率是3200 hop/s；传送数据时，对应单时隙分组，蓝牙的跳频速率为1600 hop/s，对于多时隙分组，跳频速率有所降低。采用这样高的跳频速率，使得蓝牙系统具有足够高的抗干扰能力，且硬件设备简单、性能优越。

(6) 支持语音和数据通信。蓝牙系统支持实时的同步定向连接和非实时的异步不定向连接。蓝牙技术支持一个异步数据通道、三个并发的同步语音通道或一个同时传送异步数据和同步语音的通道。每一个语音通道支持64 kb/s的同步语音，异步通道支持最大速率为721 kb/s，反向应答速率为7.6 kb/s的非对称连接，或者是速率为432.6 kb/s的对称连接。

(7) 组网灵活。蓝牙根据网络的概念提供点对点和点对多点的无线连接，在任意一个有效通信范围内，所有的设备都是平等的，并且遵循相同的工作方式。基于TDMA原理和蓝牙设备的平等性，任一蓝牙设备在微微网和散射网中，既可作为主设备，又可作为从设备，还可同时既是主设备，又是从设备，因此在蓝牙系统中没有从站的概念。另外所有的设备都是可移动的，组网十分方便。

(8) 软件的层次结构。和许多通信系统一样，蓝牙的通信协议采用层次式结构，其程序写在一个约为5 mm ×5 mm的微芯片中。其底层为各类应用所通用，高层则视具体应用而有所不同，大体分为计算机背景和非计算机背景两种方式，前者通过主机控制接口(Host Control Interface，HCI)实现高、低层的连接，后者则不需要HCI。层次结构使其设备具有最大的通用性和灵活性。根据通信协议，无论蓝牙设备在哪个地方，都可以通过人工或自动查询来发现其他蓝牙设备，从而构成微微网和散射网，实现系统提供的各种功能，使用起来十分方便。

(9) 蓝牙模块体积很小、便于集成。由于个人移动设备的体积较小，嵌入其内部的蓝牙模块体积就应该更小，如爱立信公司的蓝牙模块ROK 101 008的外形尺寸仅为32.8 mm×16.8 mm×2.95 mm。

(10) 功耗。蓝牙设备在通信连接(Connection)状态下有四种工作模式：激活(Active)

模式、呼吸(Sniff)模式、保持(Hold)模式和休眠(Park)模式。Active 模式是正常的工作状态，另外三种模式是为了节能所规定的低功耗模式。由于蓝牙设备发射功率小，消耗功率极低，所以更适合小巧、便携式的电池供电的个人装置。

9.2.4　蓝牙技术在智能汽车中的应用

由于蓝牙技术具有开放性、低成本、低功耗、体积小、点对多点连接、语音与数据混合传输、良好的抗干扰能力以及强调移动性和易用性等方面的特点，因此其应用已不局限于计算机外设，几乎可以被集成到任何数据设备之中，特别是那些应用于各种短距离通信环境，对数据传输速率要求不高的移动设备和便携设备，具有广阔的应用前景。

就目前对物联网的描述，其涉及的关键技术主要有：传感网技术、识别技术、计算技术、软件技术、纳米技术、嵌入式智能技术等。这些技术领域如果没有突破，都会制约物联网的应用和发展。而蓝牙技术则包含了传感器技术、识别技术、移动通信技术等，这些技术与物联网密切相关。因此，将蓝牙用于智能交通中的汽车物联网具有十分广阔的前景。

近年来，蓝牙技术在物联网智能交通领域的应用被广泛看好。车载电子系统正向智能化、信息化和网络化方向发展，汽车市场已经成为我国经济的重要增长点，无线通信技术在汽车等移动系统中将起到重要作用。起初，蓝牙技术主要应用在汽车的电话通信方面。但随着研究和应用的不断深入，在汽车智能化方面将有更多的蓝牙应用，如远程车辆状况诊断、车辆安全系统、车对车通信、多媒体下载等。这些已是物联网智能汽车的初步概念了。汽车物联网是各个国家极为重视的领域，欧盟在 2010 年 10 月注资 3 亿欧元用于研究智能汽车。现在的智能汽车要采用很多传感器技术，有的汽车有 200 多个传感器，并且将来会越来越多。这些传感器的每一个部件都会跟网络联系起来，所以汽车在运行的时候可以通过后台告警，显示哪个地方出现故障，同时可以减少汽车追尾，解决等待时间以及尾气排放等问题，这就是智能交通，也是智能城市必不可少的一部分。而蓝牙完全可以承担起传感器的角色，它的微型化、高度集成化、休眠功能、廉价性、开放性符合传感器无线传输的基本特征。

1. 蓝牙的应用场景

概括起来，目前蓝牙技术在汽车上的拓展应用场景主要有：

(1) 免提电话。当用户进入车内，车载系统会自动连接上用户手机。用户在驾车行驶过程中，无需用手操作就可以用声控完成拨号、接听、挂断和音量调节等功能，可通过车内麦克风和音响系统进行全双工免提通话。

(2) 汽车遥控。用户可以在 10 m 范围内用附有蓝牙的手机控制车门和车中的各类开关，包括汽车的点火控制等。

(3) 音乐下载。用户可以通过手机加蓝牙下载音乐到汽车音响中播放。

(4) 电子导航。用户可以通过手机加蓝牙下载电子地图等数据到车载 GPS 中。导航系统得到当前坐标参数后由蓝牙通过手机短信传回导航中心。

(5) 汽车自动故障诊断系统。车载系统可以通过手机加蓝牙将故障代码等信息发往维修中心，维修中心派人前来修理时可以按故障代码等信息准备好相应的配件和修理工具，现场排除故障。

(6) 车辆定位。蓝牙的地址唯一性特点，给车辆的身份确认和定位提供了技术解决方案。首先，汽车上的蓝牙可以将周边附有蓝牙设备的固定物体，如路边指示牌、路灯、桥梁、大楼等作为参照，再由电子地图确认自身的准确位置；其次，以蓝牙微微网加移动通信构成的网络可以在需要时实时查找汽车位置信息。

(7) 避免汽车拥堵。目前，汽车拥堵在大城市已是一个非常突出的问题，特别是在我国，已到了非治理不可的地步了，这其中除了车辆数量增长过快以外，没有一个智能化的信息平台也是一个重要的方面。蓝牙芯片价格便宜，又具有地址功能，所以用蓝牙在城市构成微微网，可以迅速组网，从而用最少的经费满足交通管理信息化的要求。一方面，交管部门可以通过附有蓝牙的汽车掌握流量信息并及时发布(而不是实况视频)，实现智能管理；另一方面，车载蓝牙实时系统可以提示驾驶员避开拥堵路段绕行。

2. 应用现状

德尔福汽车系统公司已经开发出可以让驾乘人员用语音进行操控的车载蓝牙设备，丰田汽车、日本电装、NTT DoCoMo、松下电器产业、日产汽车和东芝等六家公司共同制定了利用蓝牙技术的车内无线免提标准——CCAP。利用该标准的技术方案，手机通过蓝牙技术无线连接车载音响等设备，在行车时可以构筑更加安全的通话系统。摩托罗拉公司还为汽车生产商推出了一种基于蓝牙的汽车工具包。有了它，用户操控手持蓝牙设备就能够与汽车设备之间进行无线联系，比如无线遥控打开车门、遥控点火，与车内车辆检测系统无线交换数据库。采用蓝牙技术的车载装置将使人们很容易在车内通过因特网下载音乐、视频和发送电子邮件。

到目前为止，汽车电子采用蓝牙技术的步伐仍然很缓慢，汽车物联网的实用阶段还远远没有到来，主要原因是汽车工业对可靠性的要求和面临的环境挑战远远高于其他情况下的器件运用，而蓝牙的初衷是为了解决诸如电脑的连线问题，没有过多考虑恶劣的使用环境。从用户心理考虑，至少花费了十多万购买的汽车，一般来说很难容忍一些小的设备故障，而对普通设备系统来说这些问题却可被接受。汽车行驶时会遇到凹凸不平的路面，震动很强烈，有时灰尘也很大，有时，温度可能也有很大的变化，不同的外部环境下，车内外的温度变化范围可能为－40℃～50℃，这对车载电子设备来说都是十分不利的。好在许多蓝牙芯片制造商顺应了蓝牙技术的拓展运用，研究开发了新版本的蓝牙芯片，使得蓝牙芯片的适应性更强，蓝牙技术的应用也将更加广泛。如 CSR 公司已推出第六代 BlueCore 蓝牙芯片。BlueCore 6 可提供行业领先的无线电性能和低功耗，并完全支持最新版蓝牙技术规范(v2.1＋EDR)；BlueCore 6 包含了 CSR 公司的 AuriStream 技术，可提供更高的语音质量。与标准的蓝牙语音传输方式相比，BlueCore 6 - ROM 功耗降低了 40%。

9.3 Wi-Fi 技术

Wi-Fi(Wireless Fidelity，无线高保真)是一种重要的 WLAN(无线网络)技术，其中 Fidelity是指不同厂商的无线设备间的兼容性。伴随着 4G 时代的发展，新一轮 WLAN 热潮开始，Wi-Fi 技术也越来越多地被人们提起。

目前绝大多数的无线局域网是基于 IEEE 802.11 的，其竞争技术如 HiperLAN 在数量和成本上都无法与其抗衡。Wi-Fi 联盟前身是 WECA(Wireless Ethernet Compatibility Alliance)，是 1999 年创建的全球非营利性组织，旨在推动高速无线局域网采纳一个全世界通用的标准。该组织制定基于IEEE 802.11系列标准的全球通用的规范，对基于IEEE 802.11系列标准无线设备进行测试和认证。Wi-Fi联盟已成为802.11标准产品互通性的事实上的权威性组织，Wi-Fi也成为802.11标准的代名词。

Wi-Fi为WLAN的普及做出的贡献，首先体现在提高WLAN设备的标准化程度上，然后是对各个设备厂商的WLAN设备进行测试，以保证来自不同厂商的产品之间的兼容性和互操作性，促进无线局域网的推广。其组织成员包括了无线半导体制造商、无线产品制造商和计算机系统提供商以及软件制造商，对所有通过兼容性和互操作性测试的产品，Wi-Fi联盟会授予该产品Wi-Fi认证标志，目前有超过4200种产品通过了Wi-Fi认证。

9.3.1 Wi-Fi技术概述

Wi-Fi是一种可以将个人电脑、手持设备(如PDA、手机)等终端以无线方式互相连接的技术。在许多文献中Wi-Fi几乎成为无线局域网(WLAN)的同义词。

Wi-Fi也是一种无线通信协议，正式名称是IEEE 802.11b，其速率最高可达11 Mb/s。虽然Wi-Fi在数据安全性方面比蓝牙技术要差一些，但在电波的覆盖范围方面却略胜一筹，可达100 m左右。

Wi-Fi是以太网的一种无线扩展，理论上只要用户位于一个接入点四周的一定区域内，就能以最高约11 Mb/s的速度接入Web。但实际上，如果有多个用户同时通过一个点接入，带宽被多个用户分享，Wi-Fi的连接速度一般将只有几百kb/s。信号不受墙壁阻隔，但在建筑物内的有效传输距离小于户外。

WLAN未来最具潜力的应用将主要在SOHO、家庭无线网络以及不便安装电缆的建筑物或场所。目前这一技术的用户主要来自机场、酒店、商场等公共热点场所。Wi-Fi技术可将Wi-Fi与基于XML或Java的Web服务融合起来，可以大幅度减少企业的成本。例如企业选择在每一层楼或每一个部门配备802.11b的接入点，而不是采用电缆线把整幢建筑物连接起来。这样一来，可以节省大量铺设电缆所需花费的资金。

最初的IEEE 802.11规范是在1997年提出的，称为802.11b，主要目的是提供WLAN接入，也是目前WLAN的主要技术标准，它的工作频率也是2.4 GHz，与无绳电话、蓝牙等许多不需频率使用许可证的无线设备共享同一频段。随着Wi-Fi协议新版本如802.11a和802.11g的先后推出，Wi-Fi的应用将越来越广泛。速度更快的802.11g使用与802.11b相同的正交频分多路复用调制技术，也工作在2.4 GHz频段，速率达54 Mb/s。根据国际消费电子产品的发展趋势判断，802.11g有可能被大多数无线网络产品制造商选择作为产品标准。

微软推出的桌面操作系统Windows XP和嵌入式操作系统Windows CE都包含了对Wi-Fi的支持，其中，Windows CE同时还包含对Wi-Fi的竞争对手——蓝牙等其他无线通信技术的支持。由于投资802.11b的费用降低，许多厂商介入这一领域。Intel推出了集成WLAN技术的笔记本电脑芯片组，不用外接无线网卡就可实现无线上网。

Wi-Fi是无线局域网技术——IEEE 802.11系列标准的商用名称。IEEE 802.11系列标准主要包括IEEE 802.11a/b/g三种。在开放性区域，Wi-Fi的通信距离可达305 m；在封闭性区域，通信距离为76～122 m。Wi-Fi技术可以方便地与现有的有线以太网络整合，组网成本低。

Wi-Fi 是由接入点(Access Point, AP)和无线网卡组成的无线网络，结构简单，可以实现快速组网，架设费用和程序的复杂性远远低于传统的有线网络。两台以上的电脑还可以组建对等网，不需要 AP，只需每台电脑配备无线网卡。AP 作为传统的有线网络与无线局域网之间的桥梁，可以使任何一台装有无线网卡的 PC 通过 AP 接入有线网络。

9.3.2 Wi-Fi 的网络结构和原理

1. Wi-Fi 无线网络的拓扑结构

Wi-Fi 的拓扑结构主要有 Ad Hoc 和 Infrastructure 两种。Ad Hoc 是一种对等网结构，如图 9-2 所示，各计算机只需要接上相应的手机等便携式终端即可实现相互连接和资源共享，无需中间作用的"接入点"。

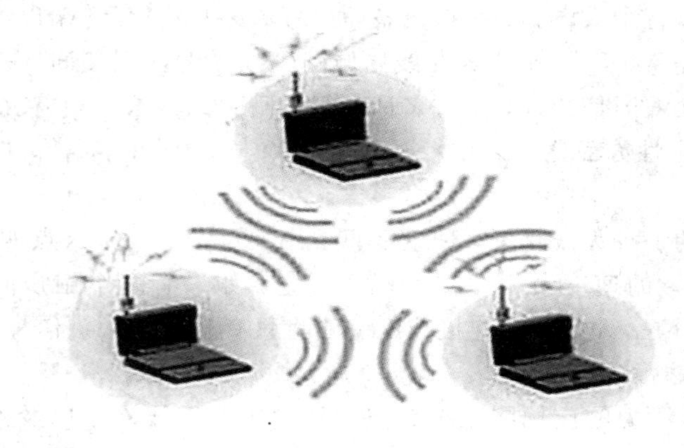

图 9-2 Ad Hoc 拓扑结构

Infrastructure 则是一种整合有线与无线局域网架构的应用模式，如图 9-3 所示。通过此种网络结构同样可以实现网络资源的共享，但需要通过接入点。这种网络结构是应用最广泛的一种，它类似于以太网中的星型结构，其中间起网桥作用的无线接入点就相当于有线网中的集线器或者交换机。

图 9-3 Infrastructure 网络结构

Wi-Fi 的基本网络成员如下：

(1) 站点(Station)：网络最基本的组成部分。

(2) 基本服务单元(Basic Service Set, BSS)：网络最基本的服务单元。最简单的服务单元可以只由两个站点组成。站点可以动态地联结(Associate)到基本服务单元中。

(3) 分配系统(Distribution System, DS)：用于连接不同的基本服务单元。分配系统使用的媒介(Medium)逻辑上和基本服务单元使用的媒介是截然分开的，尽管它们物理上可能会是同一个媒介，例如同一个无线频段。

(4) 接入点(Access Point, AP)。接入点既有普通站点的身份，又有接入到分配系统的功能。

(5) 扩展服务单元(Extended Service Set, ESS)：由分配系统和基本服务单元组合而成。这种组合是逻辑上的，并非物理上的，不同的基本服务单元，有可能在地理位置上相去甚远。分配系统也可以使用各种各样的技术。

(6) 关口(Portal)：也是一个逻辑成分，用于将无线局域网和有线局域网或其他网络联系起来。

这里有三种媒介：站点使用的无线媒介、分配系统使用的媒介以及和无线局域网集成在一起的其他局域网使用的媒介。物理上它们可能互相重叠。IEEE 802.11 只负责在站点使用的无线媒介上的寻址(Addressing)。分配系统和其他局域网的寻址不属于无线局域网的范围。

IEEE 802.11 没有具体定义分配系统，只是定义了分配系统应该提供的服务(Service)。整个无线局域网定义了九种服务：

五种服务属于分配系统的任务，分别为联结(Association)、结束联结(Deassociation)、分配(Distribution)、集成(Integration)、再联结(Reassociation)。

四种服务属于站点的任务，分别为鉴权(Authentication)、结束鉴权(Deauthentication)、隐私(Privacy)、MAC 数据传输(MSDU delivery)。

2. Wi-Fi 的工作原理

Wi-Fi 的设置至少需要一个 Access Point(AP)和一个或一个以上的 Client(用户端)。AP 每 100 ms 将 SSID(Service Set Identifier)经由 Beacons(信号台)封包广播一次，Beacons 封包的传输速率是 1 Mb/s，并且长度相当短，所以这个广播动作对网络效能的影响不大。因为 Wi-Fi 规定的最低传输速率是 1 Mb/s，所以可以确保所有的 Wi-Fi Client 端都能收到这个 SSID 广播封包，Client 可以借此决定是否要和这个 SSID 的 AP 连线。使用者可以设定要连线到哪一个 SSID。

9.3.3　Wi-Fi 技术在建筑施工智能管理系统中的应用

由于 Wi-Fi 的频段在世界范围内是无需任何电信运营执照的免费频段，因此 WLAN 无线设备提供了一个世界范围内可以使用的、费用极其低廉且数据带宽极高的无线空中接口。用户可以在 Wi-Fi 覆盖区域内快速浏览网页，随时随地接听、拨打电话。而其他一些基于 WLAN 的宽带数据应用，如流媒体、网络游戏等功能更是值得用户期待。有了 Wi-Fi 功能，我们再无需担心打长途电话(包括国际长途)、浏览网页、收发电子邮件、音乐下载、数码照片传递等的速度慢和花费高的问题。

Wi-Fi 在掌上设备中的应用越来越广泛，智能手机就是其中一例。与早前应用于手机上的蓝牙技术不同，Wi-Fi 具有更大的覆盖范围和更高的传输速率，因此 Wi-Fi 手机成为了目前移动通信业界的时尚潮流。现在 Wi-Fi 的覆盖范围在国内越来越广泛了，高级宾馆、豪华住宅区、飞机场以及咖啡厅之类的区域都有 Wi-Fi 接口。当我们办公或去旅游时，就可以在这些场所使用我们的掌上设备尽情地在网上冲浪了。

下面就 Wi-Fi 技术在建筑施工智能管理系统中的应用进行介绍。

建筑施工智能管理系统的构建目标如下：通过 Wi-Fi、3G、ZigBee、以太网、光传输等可靠传输手段将信息上传，在监管决策中心通过智能分析、智能决策、云计算技术、数据库技术对信息进行过滤、监控、管理、分享，自动生成和执行策略，降低各类事故的发生率；利用物联网技术对施工现场各种安全因素进行信息化采集和管理，对资源进行合理安排和协调，通过 RFID、红外监控、传感器、视频采集等全面感知技术，自动管理施工人员，实时监控各种危险源，监测施工设备，动态监管施工现场。其系统结构如图 9-4 所示。

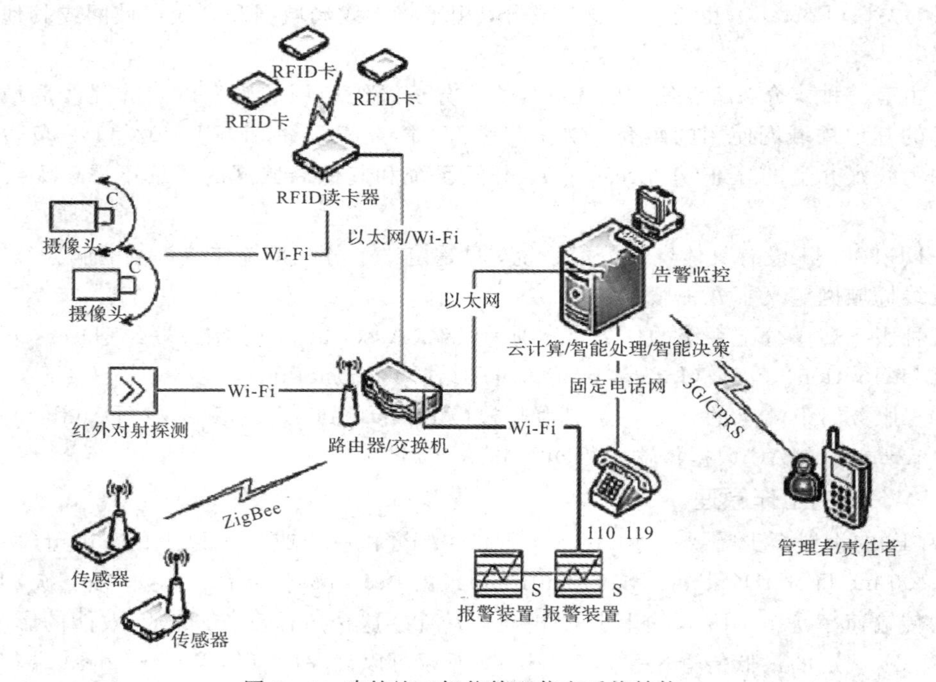

图 9-4　建筑施工智能管理信息系统结构

该系统可以进行以下三种管理。

1. 行政管理

(1) 人员考勤管理。通过 RFID 标签和读卡器采集工作人员考勤信息，记录每一个工作人员的出入记录，通过 Wi-Fi 或者以太网上传至系统平台，实现对现场工作人员考勤的有效管理。

(2) 人员角色权限管理。通过 RFID 标签和读卡器采集所有进入施工现场的人员包括工作人员和临时人员的位置信息，通过 Wi-Fi 或者以太网等传输系统上传至系统平台。如果有人进入超出其权限范围的一般区域，立即将相应等级的告警信息反馈至系统平台，通过系统平台的智能分析、决策做出响应。如果有人进入超出其权限范围的危险区域，立即自动拉响危险区域周围的警报，并自动语音广播告警，同时将相应等级的告警信息反馈至系统平台，通过智能分析、决策做出响应。

2. 现场管理

(1) 危险源控制。在危险源如易燃易爆物品上打上 RFID 标签，在危险源附近安装视频监控，通过 RFID 标签和读卡器采集位置信息，通过 Wi-Fi 或者以太网等传输系统上传至系统平台，如果危险源被移动，立即将相应等级的告警信息反馈至系统平台，通过云计算中心的智能分析、决策做出响应。在危险源附近安装可燃气体传感器、气体浓度传感器、火焰传感器、烟雾传感器等，各传感器采集的信息通过传输系统上传至系统平台。中心对采集数据进行实时分析，当告警触发，如气体浓度超标时，自动拉响危险源周边警报，并自动语音广播通知附近人员疏散，同时将相应等级的告警信息反馈至系统平台，调用危险源周围的视频信息，通过云计算中心的智能分析、决策做出响应。

(2) 现场围栏智能管理。在施工现场合适区域安装远红外传感器和摄像头，当传感器检测到异常信息时，将该异常信息通过 Wi-Fi 或者以太网等传输系统上传至系统平台，发布相应等级的告警信息，通过云计算中心的智能分析、决策做出响应。同时，通过调用相应的视频信息确认异常，采取对应措施。例如可将告警信息发送至负责人手机，或自动拨打负责人手机号码。

(3) 噪音强度。在施工现场合适区域安装噪音检测传感器，采集噪声信息，通过 ZigBee 等传输系统上传至系统平台。当噪声超过门限值时，发布告警信息，通过云计算中心的智能分析、决策做出响应。

(4) 照明强度。在施工现场合适区域安装光照传感器，采集光照信息，通过传输系统上传至系统平台，并通过云计算中心的智能分析、决策做出响应。例如，根据实时光照强度自动控制施工照明灯光照的强弱。

(5) 临时设施。在临时设施上打上 RFID 标签，通过 RFID 标签和读卡器采集位置信息，通过传输系统上传至系统平台。如果临时设施被移动，立即将相应等级的告警信息反馈至系统平台，通过云计算中心的智能分析、决策做出响应。

3. 安装管理

(1) 安装工艺智能检测。通过水平传感器、垂直传感器检测安装工艺是否达标。

(2) 通风与空调。通过烟雾传感器、火焰传感器采集并上传信息，例如起火起烟时，开启自动灭火装置并触发告警。

(3) 电梯智能检测。通过电梯智能检测系统，根据电梯调整测试记录信息，通知检修人员检修信息，当到达检修时间而未检修时，电梯自动停止运行并通知责任人。系统中的重力、拉力传感器对电梯负荷、电梯绳拉力进行检测，如果超标，则电梯自动停止运行，并通知责任人。

9.4 ZigBee 技术

9.4.1 ZigBee 技术概述

ZigBee 中文称为“紫蜂”，是一种短距离、结构简单、低功耗、低数据速率、低成本和高可靠性的双向无线网络通信技术。

ZigBee 联盟(类似于蓝牙特殊兴趣小组)成立于 2001 年 8 月。ZigBee 联盟采用了 IEEE

802.15.4 作为物理层和媒体接入层规范，并在此基础上制定了数据链路层(DLL)、网络层(NWK)和应用编程接口(API)规范，最后形成了被称作 IEEE 802.15.4(ZigBee)的技术标准。

ZigBee 功能示意图如图 9-5 所示。控制器通过收发器完成数据的无线发送和接收。ZigBee 工作在免授权的频段上，包括 2.4 GHz(全球)、915 MHz(美国)和 868 MHz(欧洲)，分别提供 250 kb/s、40 kb/s 和 20 kb/s 的原始数据吞吐率，其传输范围介于 10～100 m 之间。

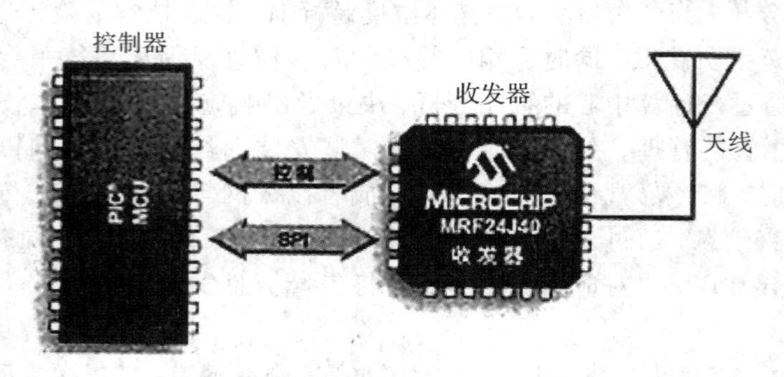

图 9-5　ZigBee 功能示意图

通常符合以下条件之一的应用，就可以考虑采用 ZigBee 技术。

(1) 设备成本很低，传输的数据量很小。

(2) 设备体积很小，不便放置较大的充电电池或者电源模块。

(3) 没有充足的电力支持，只能使用一次性电池。

(4) 无法或者很难做到频繁更换电池或者反复充电。

(5) 需要较大范围的通信覆盖，网络中的设备非常多，但仅仅用于监测或控制。

9.4.2　ZigBee 网络拓扑结构

ZigBee 的体系结构以开放系统互联(OSI)7 层模型为基础，但它只定义了和实际应用功能相关的层。它采用 IEEE 802.15.4 2003 标准制定了两个层，即物理层(PHY)和媒体接入控制(MAC)层作为 ZigBee 技术的物理层和 MAC 层，ZigBee 联盟在此基础之上建立它的网络(NWK)层和应用层的框架，这个应用层框架包括应用程序支持(APS)层、ZigBee设备对象(ZDO)和制造商所定义的应用对象。ZigBee 无线网络各层示意图如图 9-6 所示。

ZigBee 网络拓扑结构为星型、树型、网状型及其共同组成的复合网结构。其网络为主从结构，一个网络由一个网络协调者(Coordinator)和最多可达 65 535 个从属设备组成。网络协调者必须是 FFD(全功能设备)，它负责管理和维护网络，包括路由、安全性、节点的附着与离开等。一个网络只需要一个网络协调者，其他终端设备可以是 RFD(精简功能设备)，也可以是 FFD。RFD 的价格要比 FFD 便宜得多，其占用系统资源仅约为 4 KB，因此网络的整体成本比较低。ZigBee 非常适合有大量终端设备的网络，如传感网络、楼宇自动化等。

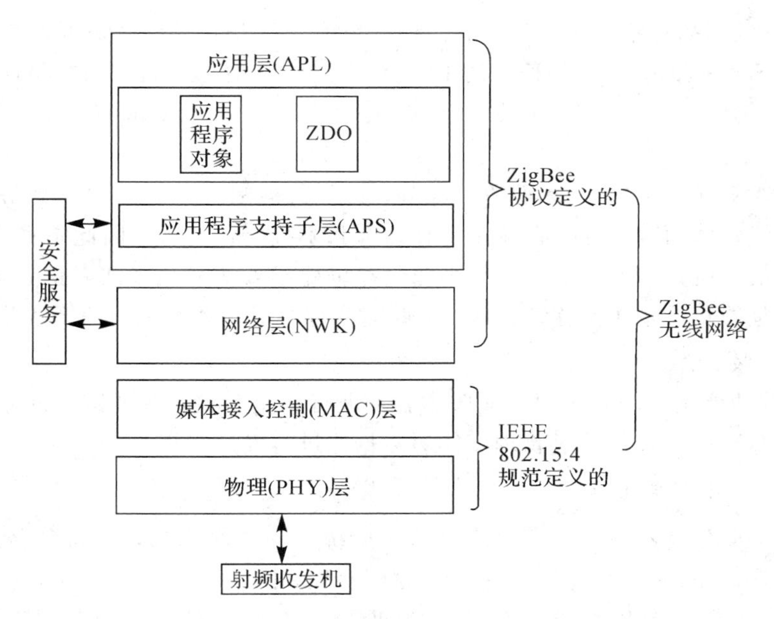

图 9－6　ZigBee 无线网络各层示意图

ZigBee 有三个工作频段：2.402～2.480 GHz、868～868.6 MHz、902～928 MHz，共 27 个信道。信道接入方式采用带有碰撞回避的载波侦听多址接入(Carrier Sense Multiple Access with Collision Avoidance，CSMA/CA)协议，能有效地减少帧冲突。

为了抗干扰，ZigBee 在物理层采用直接序列扩频(DSSS)和频率捷变(FA)技术。在网络层，ZigBee 支持网状网，存在冗余路由，保证了网络的健壮性。

ZigBee 的 MAC 信道接入机制有两种：无信标(Beacon)模式和有信标模式。无信标模式就是标准的 ALOHA CSMA/CA 的信道接入机制，终端节点只在有数据要收发的时候才和网络会话，其余时间都处于休眠模式，使得平均功耗非常低。在有信标模式下，终端设备可以只在信标被广播时醒来，并侦听地址，如果它没有侦听到自身的地址，则又转入休眠状态。

利用 ZigBee 技术组成的无线个人区域网(WPAN)是一种低速率的无线个人区域网(Low Rate－Wireless Personal Area Network，LR－WPAN)，这种低速率无线个人区域网的网络结构简单、成本低廉，具有有限的功率和灵活的吞吐量。LR－WPAN 主要目标是实现易安装、数据传输可靠、短距离通信、非常低的成本以及功耗，并拥有一个简单而灵活的通信网络协议。

在一个 LR－WPAN 网络中，可同时存在两种不同类型的设备：一种是具有完整功能的设备(FFD)，另一种是简化功能的设备(RFD)。

在网络中，FFD 通常有三种工作状态：第一种，作为个人区域网络(PAN)的主协调器；第二种，作为一个协调器；第三种，作为一个终端设备。一个 FFD 可以同时和多个 RFD 或多个其他的 FFD 通信，而对于一个 RFD 来说，它只能和一个 FFD 进行通信。RFD 的应用非常简单，就好像一个电灯的开关或者一个红外线传感器一样。由于 RFD 不需要发送大量的数据，并且一次只能同一个 FFD 连接通信，因此 RFD 仅需要使用较少的资源和存储空间，就可非常容易地组建一个低成本和低功耗的无线通信网络。

在 ZigBee 网络拓扑结构中，最基本的组成单元是设备，这个设备可以是一个 RFD 也可以是一个 FFD；在同一个物理信道的 PoS(个人工作范围)通信范围内，两个或者两个以上的设备就可构成一个 WPAN。但是，在这样一个网络中至少要求有一个 FFD 作为 PAN 主协调器。

LR-WPAN 属于 WPAN 标准的一部分，其覆盖范围可能超出 WPAN 所规定的 PoS 范围。对于无线媒体而言，其传播特性具有动态和不确定的特性，因此不存在一个精确的覆盖范围，仅仅是位置或方向的一个小小变化都可能导致信号强度或者链路通信质量的巨大变化。无论是静止设备还是移动设备，这些变化都会对站和站之间的无线传播造成影响。

1. ZigBee 物理层

PHY 层的功能是启动和关闭无线收发器，进行能量检测，保证链路质量，选择信道，清除信道评估(CCA)，以及通过物理媒体对数据包进行发送和接收。

1) ZigBee 工作频率范围

众所周知，蓝牙技术在世界多数国家都采用统一的频率范围，其范围为 2.4 GHz，在 ISM 频段上，调制采用快速跳频扩频技术。而 ZigBee 技术不同，对于不同的国家和地区，为其提供的工作频率范围不同。ZigBee 所使用的频率范围主要分为 868/915 MHz 和 2.4 GHz ISM频段，各个具体频段的频率范围如表 9-1 所示。

表 9-1　ZigBee 工作频率范围

工作频率范围/MHz	频段类型	国家和地区
868～868.6	ISM	欧洲
902～928	ISM	北美
2400～2483.5	ISM	全球

由于各个国家和地区采用的工作频率范围不同，为提高数据传输速率，IEEE 802.15.4 标准对于不同的频率范围，规定了不同的调制方式，因此在不同的频率段上，其数据传输速率不同。具体调制和传输速率如表 9-2 所示。

表 9-2　频段和数据传输速率

频段/MHz	扩展参数		数据参数		
	码片速率/(kchip/s)	调制	比特速率/(kb/s)	符号速率/(kBand/s)	符号
868～868.6	300	BPSK	20	20	二进制
902～928	600	BPSK	40	40	二进制
2400～2483.5	2000	O-QPSK	250	62.5	16 相正交

2) 信道分配和信道编码

从表 9-2 可以看出，ZigBee 使用了三个工作频段，每一频段宽度不同，其分配信道的个数也不相同，IEEE 802.15.4 标准定义了 27 个物理信道，信道编号从 0 到 26，在不同的

频段其带宽不同。其中，2450 MHz 频段定义了 16 个信道，915 MHz 频段定义了 10 个信道，868 MHz 频段定义了 1 个信道。这些信道的中心频率定义为

$$f_c=\begin{cases}868.3\ \mathrm{MHz}, & k=0\\ 906+2(k-1)\mathrm{MHz}, & k=1,2,\cdots,10\\ 2045+5(k-11)\mathrm{MHz}, & k=11,12,\cdots,26\end{cases} \tag{9-1}$$

式中的 k 是信道编号。

通常 ZigBee 不能同时兼容这三个工作频段，在选择 ZigBee 设备时，应根据当地无线管理委员会的规定，购买符合当地所允许使用频段条件的设备。我国规定 ZigBee 使用频段为 2.4 GHz。

3）发射功率

ZigBee 对发射功率也有严格的限制，其最大发射功率应该遵守不同国家所制定的规范。通常，ZigBee 的发射功率范围为 0～10 dBm，通信距离通常为 10 m，可扩大到约 300 m，其发射功率可根据需要，通过设置相应的服务原语进行控制。

4）接收灵敏度

接收灵敏度是在给定接收误码率的条件下，接收设备的最低接收门限值，通常用 dBm 表示。ZigBee 的接收灵敏度是在无干扰，传送长度为 20 个字节的物理层数据包，其误码率小于 1%的条件下，在接收天线端所测量的接收功率，通常要求为－85 dBm。

2. ZigBee 数据链路层

MAC 层提供了两种类型的服务：一种是通过 MAC 层管理实体服务接入点（MLME SAP），向 MAC 层数据和 MAC 层管理提供服务；另一种是 MAC 层数据服务可以通过 PHY 层数据服务发送和接收 MAC 层协议数据单元（MPDU）。

MAC 层的具体功能是：信标管理、信道接入、时隙管理、发送确认帧、发送连接及断开连接请求等。除此之外，MAC 层还为合适的安全机制提供支撑。

3. ZigBee 网络层

ZigBee 网络层的主要功能包括：设备连接和断开网络时所采用的机制，以及在帧信息传输过程中所采用的安全性机制；此外，还包括设备之间的路由发现、路由维护和转交；并且，网络层完成对一跳（one hop）邻居设备的发现和相关节点信息的存储；一个 ZigBee 协调器能够创建一个新的网络，为新加入的设备分配短地址等。

ZigBee 网络层支持星型、树型和网状型拓扑结构。在星型拓扑结构中，整个网络由一个称为 ZigBee 协调器（ZigBee Coordinator）的设备来控制。ZigBee 协调器负责发起和维持网络正常工作，保持同网络终端设备通信。在网状型和树型拓扑结构中，ZigBee 协调器负责启动网络以及选择关键的网络参数，同时，也可以使用路由器来扩展网络结构。在树型网络中，路由器采用分级路由策略来传送数据和控制信息。树型网络可以采用基于信标的方式进行通信。网状型网络中，设备之间使用完全对等的通信方式，路由器将不发送通信信标。

4. ZigBee 应用层

ZigBee 应用层由应用程序支持（APS）子层、ZigBee 设备对象（ZDO）和制造商所定义的

应用对象组成。应用支持层的功能包括维持绑定表、在绑定的设备之间传送消息。所谓绑定，就是基于两台设备的服务和需求将它们匹配连接起来。ZigBee 设备对象的功能包括定义设备在网络中的角色(ZigBee 协调器和终端设备)，发起和(或者)响应绑定请求，在网络设备之间建立安全机制。ZigBee 设备对象还负责发现网络中的设备，并且决定向它们提供何种应用服务。

9.4.3 ZigBee 技术的特点

作为一种无线通信技术，ZigBee 具有如下特点：

(1) 功耗低。由于 ZigBee 的传输速率低，发射功率仅为 1 mW，而且采用了休眠模式，因此 ZigBee 设备非常省电。据估算，ZigBee 设备仅靠两节 5 号电池就可以维持长达 6 个月到 2 年左右的使用时间，这是其他无线设备望尘莫及的。

(2) 成本低。简单的协议和小的存储空间大大降低了 ZigBee 的成本。ZigBee 模块的初始成本在 6 美元左右，估计很快就能降到 1.5～2.5 美元，并且 ZigBee 协议是免专利费的。ZigBee 技术的成本是同类产品的几分之一甚至十分之一。

(3) 时延短。ZigBee 的通信时延和从休眠状态激活的时延都非常短，典型的搜索设备时延是 30 ms，休眠激活的时延是 15 ms，活动设备信道接入的时延为 15 ms。因此 ZigBee 技术适用于对时延要求苛刻的无线控制(如工业控制场合等)应用。

(4) 网络容量大。一个星型结构的 ZigBee 网络最多可以容纳 254 个从设备和一个主设备，一个区域内可以同时存在最多 100 个 ZigBee 网络，而且网络组成灵活。

(5) 可靠性高。采取了碰撞回避策略，同时为需要固定带宽的通信业务预留了专用时隙，避开了发送数据的竞争和冲突。MAC 层采用了完全确认的数据传输模式，每个发送的数据包都必须等待接收方的确认信息，如果传输过程中出现问题可以重发。

(6) 安全性高。ZigBee 提供了基于循环冗余校验(CRC)的数据包完整性检查功能，支持鉴权和认证，采用了 AES-128 的加密算法，各个应用可以灵活确定其安全属性。

(7) 工作频段灵活。使用的频段分别为 2.4 GHz(全球)、868 MHz(欧洲)以及 915 MHz(美国)，均为免执照频段。

9.4.4 ZigBee 技术在智能家居系统中的应用

由于 ZigBee 具有功耗极低、结构简单、成本低、短等待时间(Latency Time)和低数据速率的特性，因此非常适合有大量终端设备的网络。

ZigBee 主要适用于自动控制领域以及组建短距离、低速无线个人区域网(LR-WPAN)，比如楼宇自动化、工业监视及控制、计算机外设、互动玩具、医疗设备、消费性电子产品、家庭无线网络、无线传感器网络、无线门控系统和无线停车场计费系统等。

物联网不仅是简单意义上的物物相联，它在更深的层次上是一个全球性的生态系统。在这个生态系统中，人类仅仅是其中非常小的一部分，但人类的参与是其中最重要的特征，参与的形式不再停留在基本的生存生活阶段，而会过渡到更高级的感知自然、认知自然、理解自然、顺应自然、利用自然的新阶段。如果说互联网的发展推动了人类对于自身的认识，那么物联网的发展将极大提升人类认识自然、认识自身的能力，为人类重新融入自然、应对各种地质灾害和各种自然挑战提供保障，这些对于人类在地球上的长期生存、延续、发展具有重要意义。

1. 物联网智能家居的实现

首先研发一些物联网的控制设备，比如无线物联网开关和插座，这些设备可以把一些无线的控制模块嵌入到传统的开关和插座里；然后开发无线物联网多协议红外控制设备，比如空调、电视、DVD，掌握其控制码以后，可以通过网络控制电视、空调；最后开发无线机电转换装置，一般控制机关和控制插座都有两个，一个开一个合，机电装置有三个状态：升、降和停止。将物联网遥感可视装置放在物联网上，开放 IP 地址，就可以通过网络去控制这个视频，也可以通过网络控制上面讲到的那些装置。在办公室里，就可以通过物联网控制家里的电灯和空调，打开家里的窗帘。

2. 技术原理

通过与互联网相连的物联网多协议控制器，利用 ZigBee 无线网络技术，控制开关、插座、机电转换装置、红外控制设备等，而这些控制设备都有唯一的控制代码，保证多协议控制器能控制指定的设备。

3. 实际案例

在一个家居里面有很多的地方可以用到物联网智能应用控制。比如在卫生间、厨房、卧室、客厅可以放很多无线控制装置，使我们生活得更加舒适、更加智能化。

1）所需设备

现在研发的一些设备如多路开关有一路、两路、三路的类型，是触摸屏的，可以通过手动方式打开，其打开和安装方式跟传统开关方式一样，用物联网控制器就可以控制它。

(1) 机电控制器：有打开、关闭、停止功能。如果把窗帘控制器接到这个开关里，就可以自如地控制窗帘的开和关。

(2) 网络云台摄像机：可以采集声音，并通过物联网控制它的摄像头位置。

(3) 红外控制器：通过相互转发信号，从而控制被控对象。

(4) 远程控制器：接收网络指令实现对各无线设备的遥控操作。

2）控制方式

(1) 远程控制。通过网络、电话、手机，随时随地控制家用电器。比如，在上班途中，突然想起忘了关家里电器，可以打个电话就把家里电器全部关掉；下班途中可以先打个电话，或者用网络把家里电饭锅、热水器启动，等回到家后马上就可以洗热水澡，并可以立即享用香喷喷的饭菜；若是在炎热的夏天，可以通过网络或者电话把家里空调先打开，回家后就可以享受丝丝凉意。

(2) 本地控制。也许有些人不一定具备网络条件，或者也不一定愿意用手机来控制，所以还能够在本地控制，跟原来的操作一模一样，插座照样可以工作。

(3) 无线遥控。还可以设计一种模式，用一个遥控器控制所有的设备。

(4) 集中控制。通过研发多协议控制器，一个键可以控制多个设备，一键按下去可以打开或者关闭空调、电器开关，也可以组合应用。

(5) 定时控制。有一些信息处理工作可以通过人工设定方式让它自己主动完成。

(6) 场景控制。比如主人回到家，可以只打开过道里的灯，而不打开卧室里的灯，通过场景控制器就可以实现。

智能家居系统安装简单，只要有开关或者插座，直接安装无线控制装置就可以了，操作起来非常方便，还有多种控制的组合，可以灵活配置；最重要是可视化，通过网络云台摄像头进行监视，这也是突出智能、环保、低碳的概念。

每一个用电装置其实在使用过程中都在产生碳，怎么跟物联网结合起来？我们希望将来研发一种装置，能够统计出用电设备的工作时间，通过一种转换关系，就可以算出来用电设备一天的碳排放量是多少。现在可以做的是有目的地去控制，比如上班前忘记关家里的灯，就可以通过物联网把灯关掉，这实际上也是在减少碳的排放量。

4. 物联网智能家居的优点

物联网智能家居给我们带来了什么？

在任何地点，只要有网络，就能看到家里的情况；如果在出门前忘记关灯或拔下插座上的电器设备，只要到有网络的地方，瞬间就能切断灯或插座上的电器设备的电源；如果夏天我们希望回家就能清爽宜人，那么可以在离开办公室前，在网上打开家里的空调；如果家里的天然气漏气或者自来水管漏水的话，我们能在最短时间内收到手机报警，在网上操作关闭天然气和水管总阀门。无论何时何地，只要有网络，就可以和家有联系。

物联网智能家居不仅具有传统的居住功能，提供舒适安全、高品位且宜人的家庭生活空间，还能提供全方位的信息交换功能，帮助家庭与外部保持信息交流畅通，优化人们的生活方式，帮助人们有效安排时间，增强家居生活的安全性，甚至为各种能源费用节约资金。

9.5 超宽带(UWB)技术

超宽带(Ultra - Wide Band，UWB)技术是利用超宽频带的电波进行高速无线通信的技术。从时域上讲，超宽带系统有别于传统的通信系统。一般的通信系统是通过发送射频载波进行信号调制，而UWB是利用起、落点的时域脉冲(几十纳秒)直接实现调制。超宽带的传输把调制信息过程放在一个非常宽的频带上进行，而且以这一过程所持续的时间来决定带宽所占据的频率范围。由图 9 - 7 可见，UWB 信号的发射功率谱密度比窄带信号、宽带信号都低。

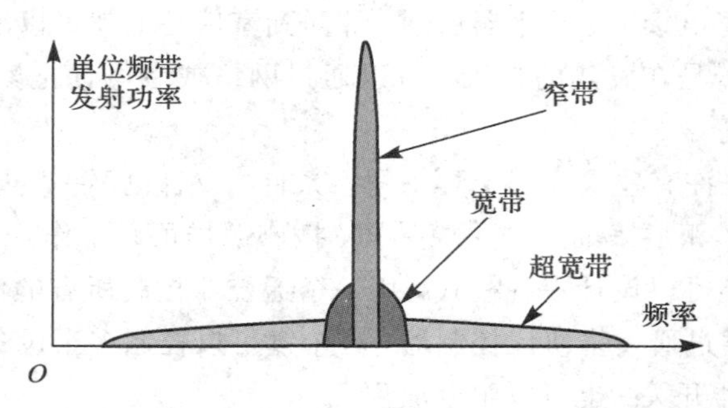

图 9 - 7　超宽带信号的发射功率谱密度示意图

9.5.1 UWB 技术的概念

1. 超宽带的定义及规范

无线超宽带通信技术是目前无线通信领域较先进的技术之一。这项技术曾被美国军方秘密用于二战，当时这项技术称为冲激无线电(Impulse Radio)，主要是利用脉冲通信减少干扰和阻塞，增强通信的准确性、可靠性和隐蔽性，随后关于这项技术的研究工作也主要局限于军方，直到 20 世纪 90 年代，“超宽带”这一术语由美国国防部首先提出，并应用于超宽带通信、超宽带导航、超宽带雷达、超宽带微波炸弹等。目前，它逐步转入民用阶段，并在无线电、音频、视频和数据传输及家用设备领域内得到迅速发展。

随着电子技术的飞速发展，人们对脉冲无线电技术的认识也更加清楚。2002 年美国联邦通信委员会(FCC)发布了针对超宽带的报告和规范，规定只要一个信号的相对带宽大于或等于 25%，或者 −10 dB 绝对带宽大于 500 MHz，则这个信号就是超宽带信号。其中，相对带宽的计算公式为

$$\frac{\Delta f}{f_0}=\frac{f_H-f_L}{f_0}=\frac{f_H-f_L}{(f_H+f_L)/2} \tag{9-2}$$

其中 f_H 为信号最高频率，f_L 为信号最低频率，f_0 为信号中间频率。

为了避免民用的超宽带系统对已有的无线通信系统(GPS、蜂窝移动通信、802.11n)产生干扰，FCC 规范根据三类用途的超宽带通信系统可能产生的干扰，对它们的频谱使用范围和功率辐射进行了严格而具体的规定。

三类用途的超宽带通信系统为：探地雷达(GPR)和穿墙雷达的成像系统；监视器以及医疗成像设备；车载雷达系统；通信和测量系统。

FCC 对不同用途的超宽带设备频谱使用范围的规定如下：

(1) 探地雷达与墙壁成像系统：低于 960 MHz 或 3.1～10.6 GHz。

(2) 墙壁穿透成像系统：低于 960 MHz 或 1.99～10.6 GHz。

(3) 监视系统：1.99～10.6 GHz。

(4) 医疗系统、通信和测量系统：3.1～10.6 GHz。

(5) 车载雷达：22～29 GHz。

另外，中心频率和最高辐射电平点的频率必须大于 24.075 GHz。FCC 对超宽带设备的功率辐射限制以 EIRP(Effective Isotropic Radiated Power)指标给出。所谓 EIRP，即有效全向辐射功率，是一个天线的输入功率与某个指定方向天线增益的乘积相对全向天线的值。

2. 超宽带通信与现代通信的比较

由于超宽带无线电是采用脉冲机制的实现方式，因此它与传统的无线电的发射信号是不同的。

1) 信号时域、频域波形不一样

超宽带信号波形一般为冲激脉冲信号，其频谱宽、平均功率低；现有通信信号一般多为正弦载波，其频谱窄、平均功率高。

从超宽带信号的时域上看，其信号的时域特性也与传统无线电信号的时域特性有着明显的差异，主要表现在以下两个方面：

(1) 超宽带信号在时域上是没有载波的，发射的信号是一串低占空比的窄脉冲，而传统通信体制下，发射的信号都需要载波作为信息的载体。

(2) 超宽带信号在时域上呈现非连续特性(由于低占空比的因素)，而传统通信体制的发射信号一般在时域上呈现波形连续特性。

超宽带信号的频谱，无论从频谱幅度和频谱宽度上都与传统无线电信号的频谱有较大的区别。超宽带直接发射冲激脉冲串，不需要传统无线电所需的载波，它可以认为是不需要混频的，是基带信号。而从另一个方面看，由于超宽带直接发射基带的脉冲串，空间的频谱结构又与传统的无线电并无本质区别，因此可以认为超宽带信号既是基带信号，又是射频信号。超宽带所具有的空间宏观频谱结构与其所采用的基带脉冲波形是紧密联系在一起的，而其细微空间频谱结构是由采用的具体调制方式所决定的。

2) 通信器材不一样

超宽带通信所有元器件都必须具有超宽带性能，而现有通信元器件为常规器件，容易在市场上购置。

3) 检测手段不同

超宽带信号一般采用频域检测，测量谱密度，而现有通信信号采用时域检测，测量峰值功率。

4) 通信体制可以不同

UWB 通信可以被归类为一种扩频技术，但又与使用特定载波的常规扩频技术不同，它发送的是波形不变的窄脉冲，这种脉冲持续时间非常短(一般为纳秒级)，波形中有过零点。根据傅里叶变换原理，时域内信号持续时间越短，相应的频域上占据的频带就越宽，信号能量在频谱内分布的也就越广，进而实现扩频。

在 UWB 通信系统中，为实现多用户同时通信(即多址通信)，采用了跳时多址(Time Hopping Multiple Access，THMA)方式，即用伪随机码改变脉冲在时间轴上出现的位置，利用不同的伪随机码来区分不同的用户，只有拥有相同伪随机码的用户才能相互通信。

5) 优于蓝牙技术

超宽带通信适应复杂环境(城市、室内)，通信距离为 10 m～50 km(蓝牙通信距离小于 100 m)，可用于室内通信和大范围蜂窝组网，且传输速率比蓝牙高，更适应多媒体业务，抗干扰能力比蓝牙强。

实现超宽带通信的首要任务是产生 UWB 信号。从本质上看，UWB 是发射和接收超短电磁脉冲的技术。可使用不同的方式来产生和接收这些信号以及对传输信息进行编码，这些脉冲可以单独发射或成组发射，并可根据脉冲幅度、相位和脉冲位置对信息进行编码(调制)。

9.5.2 UWB 无线通信系统的关键技术

1. 脉冲信号的产生技术

从本质上讲，产生脉冲宽度为纳秒级(10^{-9} s)的信号源是 UWB 技术的前提条件。单个无载波窄脉冲信号有两个特点：一是激励信号的波形为具有陡峭前后沿的单个短脉冲；二是激励信号包括从直流到微波的很宽的频谱。

目前产生脉冲源的方法有光电方法和电子方法。

光电方法的基本原理是利用光导开关的陡峭上升/下降沿获得脉冲信号。由激光脉冲信号激发得到的脉冲宽度可达到皮秒量级，是最有发展前景的一种方法。

电子方法的基本原理是利用晶体管 PN 结反向加电，在雪崩状态的导通瞬间获得陡峭上升沿，整形后获得极短脉冲，是目前应用最广泛的方案。受晶体管耐压特性的限制，这种方法一般只能产生几十伏到上百伏的脉冲，脉冲的宽度可以降至 1 ns 以下，实际通信中使用一长串的超短脉冲。

2. UWB 的调制技术

由于 UWB 的传输功率受传输信号的功率谱密度限制，因而在两个方面影响调制方式的选择：一是对于每比特能量调制需要提供最佳的误码性能；二是影响了信号功率谱密度的结构，有可能把一些额外的限制加在传输功率上。在 UWB 中，信息是调制在脉冲上传递的，既可以用单个脉冲传递不同的信息，也可以使用多个脉冲传递相同的信息。

1）单脉冲调制

对于单个脉冲，脉冲的幅度、位置和极性变化都可以用于传递信息。适用于 UWB 的主要单脉冲调制技术有脉冲幅度调制（PAM）、脉冲位置调制（PPM）、通断键控（OOK）、二相调制（BPM）和跳时值扩二进制相移键控调制（TH/DS－BPSK）等。

PAM 是通过改变脉冲幅度的大小来传递信息的一种脉冲调制技术。PAM 既可以改变脉冲幅度的极性，也可以仅改变脉冲幅度的绝对值大小。通常所讲的 PAM 只改变脉冲幅度的绝对值。

BPM 和 OOK 是 PAM 的两种简化形式。BPM 通过改变脉冲的正负极性来调制二元信息，所有脉冲幅度的绝对值相同。OOK 通过脉冲的有无来传递信息。在 PAM、BPM 和 OOK 调制中，发射脉冲的时间间隔是固定不变的。

实际上，我们也可以通过改变发射脉冲的时间间隔或发射脉冲相对于基准时间的位置来传递信息，这就是 PPM 的基本原理。在 PPM 中，脉冲的极性和幅度都不改变。

PAM、OOK 和 PPM 共同的优点是可以通过非相干检测恢复信息。PAM 和 PPM 还可以通过多个幅度调制或多个位置调制提高信息传输速率。然而 PAM、OOK 和 PPM 都有一个共同的缺点：经过这些方式调制的脉冲信号将出现线谱。线谱不仅会使 UWB 脉冲系统的信号难以满足一定的频谱要求（例如 FCC 关于 UWB 信号频谱的规定），而且还会降低功率的利用率。

通过对上面五种调制方式的分析及实践中的应用可知：对于功率谱密度受约束和功率受限的 UWB 脉冲无线系统，为了获得更好的通信质量或更高的通信容量，BPM 是一种较理想的脉冲调制技术。

2）多脉冲调制

在实际使用中，我们常使用多脉冲来提高抗干扰性能。当采用多脉冲调制时，传输相同信息的多个脉冲称为一组脉冲，多脉冲调制过程可以分两步：

第一步，每组脉冲内部的单个脉冲通常采用 PPM 或 BPM 调制；

第二步，每组脉冲作为整体通常可以采用 PAM、PPM 或 BPM 调制。

一般把第一步称为扩谱，而把第二步称为信息调制。在第一步中，把PPM称为跳时扩谱(TH-SS)，即每组脉冲内部的每一个脉冲具有相同的幅度和极性，但具有不同的时间位置；把BPM称为直接序列扩谱(DS-SS)，即每组脉冲内部的每一个脉冲具有固定的时间间隔和相同的幅度，但具有不同的极性。在第二步中，根据需要传输的信息比特，PAM同时改变每组脉冲的幅度，PPM同时调节每组脉冲的时间位置，BPM同时改变每组脉冲的极性。这样，把第一步和第二步组合起来不难得到以下多脉冲调制技术：TH-SS PPM、DS-SS PPM、TH-SS PAM、DS-SS PAM、TH-SS BPM和DS-SS BPM等。多脉冲调制不仅可以通过提高脉冲重复频率来降低单个脉冲的幅度或发射功率，更重要的是，多脉冲调制可以利用不同用户使用的SS序列之间的正交性或准正交性实现多用户干扰抑制，也可以利用SS序列的伪随机性实现窄带干扰抑制。在多脉冲调制中，利用不同SS序列之间的正交性，还可以通过同时传输多路多脉冲调制的信号来提高系统的通信速率，这样的技术通常被称为码分复用(CDMA)技术。2004年的国际信号处理会议上提出了一种特殊的CDMA系统——无载波的正交频分复用系统(CL-UWB/OFDM)，这种多脉冲调制技术可以有效地抑制多路数据之间的干扰和窄带干扰。

3. UWB多址技术

在UWB系统中，多址接入方式与调制方式有密切联系。当系统采用PPM调制方式时，多址接入方式多采用跳时多址；若系统采用BPSK方式，多址接入方式通常有直序和跳时两种方式。基于上述两种基本的多址方式，许多其他多址方式陆续被提出，主要包括以下几种。

(1) 伪混沌跳时(PCTH)多址方式。PCTH根据调制的数据，产生非周期的混沌编码，用它替代TH-PPM中的伪随机序列和调制的数据，控制短脉冲的发送时刻，使信号的频谱发生变化。PCTH调制不仅能减少对现有无线通信系统的影响，而且更不易被检测到。

(2) TH/DS-BPSK混合多址方式。此方式在跳时(TH)的基础之上，通过直接序列扩频码进一步减少多址干扰，其多址性能优于TH-PPM，与DS-BPSK相当，但在实现同步和抗远近效应方面，具有一定的优势。

(3) DS-BPSK/Fixed TH混合多址方式。此方式的特点是打破TH-PPM多址方式中采用随机跳时码的常规思路，利用具有特殊结构的固定跳时码，减少不同用户脉冲信号的碰撞概率。即使有碰撞发生，利用直接序列扩频的伪随机码的特性，也可以进一步削弱多址干扰。

此外，由于UWB脉冲信号具有极低的占空比，其频谱能够达到GHz的数量级，因而UWB在时域中具有其他调制方式所不具有的特性。当多个用户的UWB信号被设计成具有不同的正交波形时，根据多个UWB用户时域发送波形的正交性来区分用户，实现多址，这被称之为波分多址技术。

9.5.3 UWB技术的特点

从上述对超宽带信号时域与频域的描述中可以看出，超宽带信号在时域、频域两个方面都与传统无线电信号有着较大差异，正因为这些显著的差异，直接导致了超宽带信号有着传统无线电信号不具备的特性或优点，主要表现在以下几个方面。

(1) 发射机和接收机相对简单。不需要载波，且发送和接收设备简单，是 UWB 技术的重要特点。由于 UWB 信号是一些超短时的脉冲，其频率很高，故发射器可直接用脉冲激励天线，且不需要功放与混频器；同时在接收端也不需要中频处理，因此，必然会使发射机和接收机的结构简单化。

(2) 功耗低。信息论中关于信息容量的香农(Shannon)公式为

$$C=B\text{lb}\left(1+\frac{S}{N}\right) \tag{9-3}$$

式中，C 为信道容量(用传输速率度量)，B 为信号频带宽度，S 为信号功率，N 为白噪声功率。式(9-3)说明，在给定的传输速率 C 不变的条件下，频带宽度 B 和信噪比 S/N 是可以互换的，因此可通过增加频带宽度的方法，来降低系统对信噪比的要求，即当发射信号功率很小(如 50～70 mW)时，也可以保证在适当传输距离上实现正常通信。

正因如此，UWB 技术的平均发射功率很低，在短距离应用中，UWB 发射机的发射功率通常可以低于 1 mW，从而大大延长了电源的供电时间。FCC 规定，UWB 的发射功率谱密度必须低于美国发射噪音规定值－41.3 dBm/MHz，因此，从理论上来说，相对于其他通信系统，UWB 信号所产生的干扰仅相当于宽带白噪声。民用 UWB 设备的功率一般是传统移动电话所需功率的 1/100 左右，是蓝牙设备所需功率的 1/20 左右，而且军用 UWB 电台的耗电也很低。因此，UWB 设备在电池寿命和电磁辐射上，相对于传统无线设备有着很大的优越性。

(3) 传输速率高。超宽带脉冲信号和系统的频带极宽，一般在几百兆赫兹到几吉赫兹，即脉冲码元速率可达 10 Gb/s，这是一般通信体制无法达到的高速率。目前，超宽带通信已经可以在很低的信噪比门限下实现大于 100 Mb/s 的可靠高速无线传输，且其进一步的目标是 500 Mb/s 和 1 Gb/s。

一个相同作用范围的超宽带通信系统，其速率可以达到无线局域网 802.11b 系统的 10 倍以上，蓝牙系统的 100 倍以上。

(4) 隐蔽性与安全性好。隐蔽性好、安全性高是 UWB 技术的另一重要特点。由于 UWB 信号的带宽很宽，且发射功率很低，这必然使其具有低截获能力。另外，超宽带还采用了扩频技术，接收端必须在知道发射端扩频码的条件下才能解调出发送的数据信息，因而提高了安全性。

(5) 距离分辨率高。利用通信电波来回传输的时间长短确定距离的计算公式如式(9-4)所示。

$$d=\frac{\tau}{2}c \tag{9-4}$$

即传输的时间 $\tau=10^{-9}\sim10^{-12}$ s 时，距离 d 分辨率在厘米以内。

由于常规无线通信的射频信号大多为连续信号或其持续时间远大于多径传播时间，所以在这些通信系统中，多径传播效应限制了通信质量和数据传输速率。而在 UWB 系统中，从时域角度看，超宽带系统采用的脉冲宽度为几纳秒的窄信号，脉冲持续时间极短，而且具有极低的占空比，脉冲重复周期远远大于脉冲宽度，且远大于多径时延，这就使得所有时延大于脉冲宽度而小于脉冲周期的多径分量都可以明确地分辨出来。因此，超宽带信号具有很强的多径分辨能力。

(6) 能够克服多径干扰。由于 UWB 信号的带宽极宽，脉冲宽带一般为 ns～ps 量级(10^{-9}～10^{-12})，只要反射信号延时大于 2 ns，就能被相关接收机滤除，因而容易克服多径干扰。

另外，从频域的角度分析，所有信号在传输过程中一定会出现频率选择性衰落现象。然而，正是因为极宽的带宽，多径衰落只在某些频点出现，从整体上考虑，衰落掉的能量只是信号总能量中很小的一部分。

(7) 频带利用率高及信道容量大。从时域看，超宽带通信是对超窄脉冲进行调制，脉冲波形有梯形波、钟形波、锯齿波，脉冲可调参数有宽度、重复频率、上升下降时间等，即可供调制的参数比正弦型载波要多得多，在不占有现有频率资源的情况下，可带来一种全新的通信方式。

(8) 抗干扰能力强。在常用的直接序列扩频系统中，采用高速率的伪随机码和低速率的信息数据进行相关运算来实现扩频，扩频后的频谱一般为几十兆赫兹。超宽带通信系统采用的跳时扩频方式，是利用窄脉冲信号本身的频谱特性进行扩频，扩展后的频谱为几千兆赫兹，是一般扩频系统的一百倍。因此，在具有相同信息码速率的情况下，超宽带通信系统比一般扩频系统的处理增益大 20 dB 左右。另外，超宽带通信脉冲型载波可调参数多，差错率低，不同于常规的通信体制，所以具有更强的抗干扰能力，特别适用于军事信息对抗。

(9) 穿透能力强。超窄脉冲的频谱非常丰富，它能穿透冰层、海水、丛林、大地等，从而可以辨别隐藏在物体背后的目标，实现与深水潜艇的通信等，穿透深度的计算公式为

$$\delta=\sqrt{\frac{2}{\omega\pi\sigma}} \tag{9-5}$$

全球卫星定位系统只能定出可视范围内的目标位置，而超宽带脉冲极强的穿透能力可以定出地下等重要目标，特别是军事目标，也可以对存放在货架上的贵重物品进行跟踪监控。

9.5.4 UWB 技术的应用

由于 UWB 通信利用了一个相当宽的带宽，就好像使用了整个频谱，并且它能够与其他的应用共存，因此 UWB 可以应用在很多领域，如个域网、智能交通系统、无线传感网、成像系统、军事等。

1. UWB 在个域网中的应用

UWB 可以在限定的范围(如 4 m)内以很高的数据速率(如 480 Mb/s)、很低的功率(200 μW)传输信息，这比蓝牙好很多。蓝牙的数据速率是 1 Mb/s，功率是 1 mW。UWB 能够提供快速的无线外设访问来传输照片、文件、视频，因此特别适合于个域网。通过 UWB，可以在家里和办公室里方便地以无线的方式将视频摄像机中的内容下载到 PC 中进行编辑，然后送到 TV 中浏览，轻松地以无线的方式实现掌上电脑(PDA)、手机与 PC 数据同步，将游戏和音频/视频文件下载到 PDA，在 MP3 播放器与多媒体 PC 之间传送音频文件等，如图 9-8 所示。

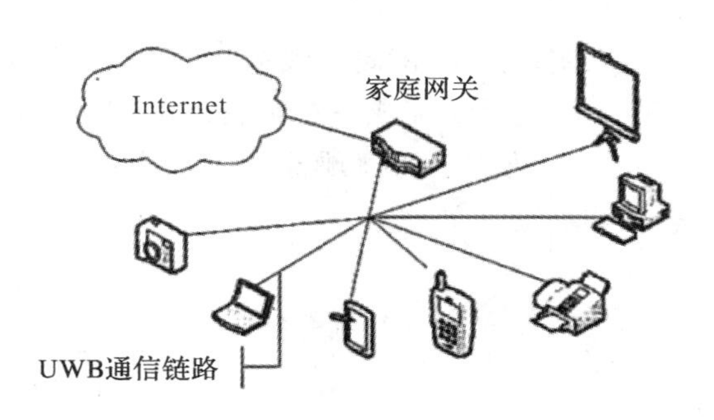

图 9-8　利用 UWB 技术构造的智能家庭网络示意图

2. UWB 在智能交通系统中的应用

UWB 技术具有大于 100 Mb/s 的数据速率，利用 UWB 可还以建立智能交通管理系统，这种系统应该由若干个站台装置和一些车载装置组成无线通信网，两种装置之间通过 UWB 进行通信完成各种功能。

例如，将公路上的信息(如路况、建筑物、天气预报等)发给路过汽车内的乘客，从而使行车更加安全、方便，也可实现不停车的自动收费、对汽车的定位搜索和速度测量等。

利用 UWB 的定位和搜索能力，可以制造防碰和防障碍物的雷达。装载了这种雷达的汽车会非常容易驾驶。当汽车的前方、后方、旁边有障碍物时，该雷达会提醒司机。在停车的时候，这种基于 UWB 的雷达是司机强有力的助手，如图 9-9 所示。

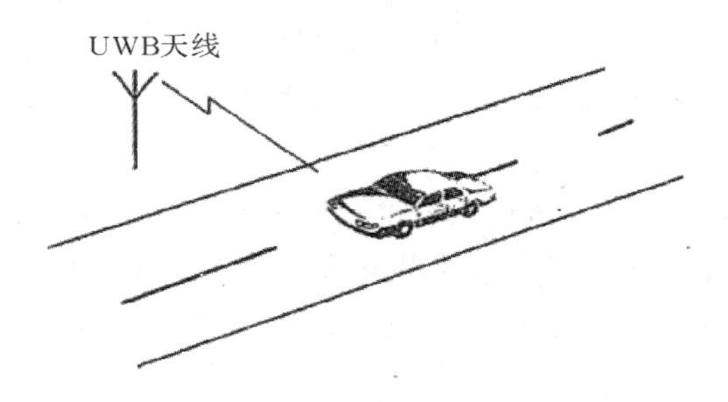

图 9-9　UWB 公路信息服务系统示意图

3. UWB 在无线传感网中的应用

利用 UWB 低成本、低功耗的特点，可以将 UWB 用于无线传感网。在大多数的应用中，传感器被用在特定的局域场所。传感器通过无线的方式而不是有线的方式传输数据将特别方便。用于无线传感网的通信技术必须是低成本的，同时还应该是低功耗的，以免频繁地更换电池。UWB 是无线传感网通信技术的最合适候选者。

4. UWB 在成像系统中的应用

UWB 具有较好的穿透墙、楼层的能力，可以应用于成像系统。利用 UWB 技术，可以制造穿墙雷达、穿地雷达。穿墙雷达可以用在战场上和警察的防暴行动中，定位墙后和角落的敌人；穿地雷达可以用来探测矿产，在地震或其他灾难后搜寻幸存者。基于 UWB 的成像系统也可以用于避免使用 X 射线的医学系统。

5. UWB 在军事中的应用

在军事方面，UWB 可用来实现战术/战略无线多跳网络电台，服务于战场自组织网络通信；也可用来实现非视距 UWB 电台，完成海军舰艇通信；还可以用于飞机内部通信，如有效取代有电缆的头盔。图 9－10 为空中防撞预警系统以及空中飞行器与地面的 UWB 数据传输示意图。

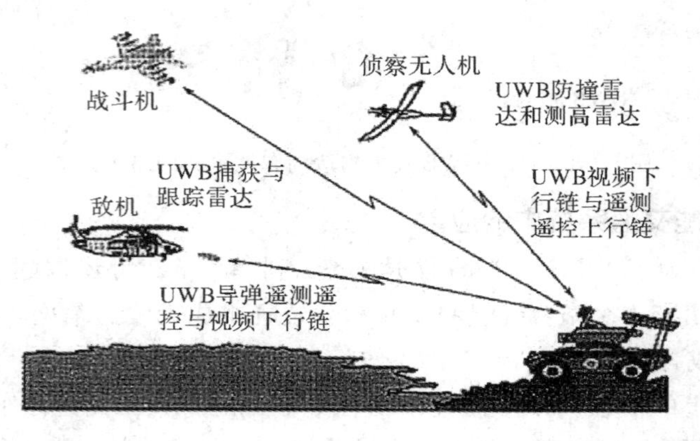

图 9－10　空中防撞预警系统以及空中飞行器与地面的 UWB 数据传输示意图

本章小结

短距离无线数据传输是一种线缆代替技术，在当前很多领域都得到了广泛的应用。短距离无线通信的三个重要特征和优势是低成本、低功耗和对等通信。本章分别对短距离无线通信技术中的几种常用技术进行介绍，包括无线局域网络、蓝牙技术、Wi-Fi 技术、ZigBee 技术和超宽带技术。

WLAN 是指以无线信道作为传输媒介的计算机局域网。它是无线通信和计算机网络技术相结合的产物，是有线联网方式的重要补充和延伸，并逐渐成为计算机网络中一个至关重要的组成部分。802.11 委员会制定了无线局域网络标准，规范了无线局域网络的 MAC 层及 PHY 层。

蓝牙是一种支持设备短距离通信的无线电技术，能在包括移动电话、PDA、无线耳机、笔记本电脑、相关外设等众多设备之间进行无线信息交换。蓝牙的标准是 IEEE 802.15，工作在 2.4 GHz 频带，带宽可达 3 Mb/s。

Wi-Fi 是一种可以将个人电脑、手持设备(如 PDA、手机)等终端以无线方式互相连接的技术。Wi-Fi 联盟已成为 802.11 标准产品互通性的事实上的权威性组织，Wi-Fi 也成为 802.11 标准的代名词。

ZigBee 是一种短距离、结构简单、低功耗、低数据速率、低成本和高可靠性的双向无线网络通信技术，非常适合于有大量终端设备的网络。

超宽带技术是利用超宽频带的电波进行高速无线通信的技术。超宽带信号有着传统无线电信号不具备的特性或优点。UWB 通信有相当宽的带宽，可以应用在很多领域，如个域网、智能交通系统、无线传感网、成像系统、军事等。

习题与思考题

一、填空题

1. IEEE 802.11 MAC 的基本存取方式称为________。

2. 蓝牙(Bluetooth)是一种________数据和语音传输的________技术规范，使得不同厂家生产的数字信息设备在近距离内不用电缆就可以实现相互操作与________。

3. 蓝牙工作在________ Hz ISM 开放频段，采用了________方式来扩展频谱，传送数据时，对应单时隙分组，蓝牙的跳频速率为________ hop/s。

4. 蓝牙模块由天线、________、________和________主机控制接口封装在一起构成，是整个蓝牙设备的核心。

5. 蓝牙系统采用一种灵活的________组网方式，蓝牙网络的拓扑结构有两种形式，即________和________。

6. 蓝牙中的基本联网单元是________，它由________台主设备和最多________台活跃的从设备组成。

7. ZigBee 网络拓扑结构为________、________、________及其共同组成的复合网结构。

8. ZigBee 网络信道接入方式采用________协议。

9. 在 ZigBee 网络中，FFD 通常的 3 种工作状态分别是________、________和________。

10. ZigBee 应用层由应用程序支持(APS)子层、________和制造商所定义的应用对象组成。

二、单项选择题

1. 蓝牙工作在全球通用的(　　)GHz ISM 频段。

   A. 2　　B. 2.4　　C. 2.5　　D. 3

2. 在理论上，蓝牙系统跳频每秒为(　　)次，系统有 78 个可能的信道。

   A. 217　　B. 800　　C. 1200　　D. 1600

3. 蓝牙技术当功率为(　　)mW 时，传输距离是 10 m。

   A. 100　　B. 10　　C. 2.5　　D. 1

4. 蓝牙 1.1/1.2 版本的传输速率可达(　　)Mb/s。

   A. 1　　B. 2　　C. 8　　D. 10

5. 蓝牙无线通信的根本目的是(　　)。

   A. 方便用户　　B. 终端可移动　　C. 替代电缆　　D. 设备共享

6. 蓝牙的突出优点是只要一部(　　)电话就能满足一个人的全部需求。

   A. 移动电话　　B. 超级耳机　　C. 即插卡　　D. 三合一

三、简答题

1. 无线局域网有哪些应用？

2. IEEE 802.11 标准族有哪些？

3. Wi-Fi 技术有哪些应用？Wi-Fi 与 WLAN 的区别是什么？

4. ZigBee 技术有哪些特点？

5. 试说明 FCC 发布的 UWB 信号的定义。

6. 试说明超宽带通信的特点。

第10章　移动通信系统

本章教学目标

- 了解移动通信系统的发展。
- 掌握GSM移动通信系统。
- 掌握3G移动通信系统。
- 熟悉4G移动通信系统。
- 了解卫星移动通信系统。

本章重点及难点

- GSM系统的结构。
- TD-SCDMA中的时隙。
- 4G移动通信系统的关键技术。

10.1　移动通信系统的发展

10.1.1　移动通信系统的演进过程

移动通信系统的发展演进经历了四代，从第一代模拟移动通信系统(First Generation，1G)，到第二代数字移动通信系统(Second Generation，2G)，再到第三代多媒体移动通信系统(Third Generation，3G)，目前第四代宽带移动通信系统(B3G/4G)使移动宽带得到增强，已经被人们大量运用，如今科学家们正研制第五代移动通信系统，以满足人类对信息社会的需求，其演进过程如图10-1所示。

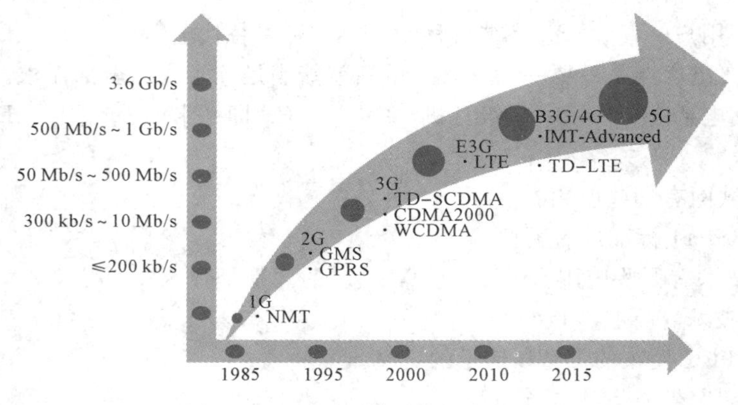

图10-1　移动通信系统的演进过程

第一代移动通信系统以模拟式蜂窝网为主要特征，于 20 世纪 70 年代末 80 年代初开始商用。其典型系统有北美的高级移动电话系统(Advanced Mobile Phone System，AMPS)、欧洲的全接入通信系统(Total Access Communication System，TACS)和日本的高容量移动电话系统(High Capacity Mobile Telephone System，HCMTS)等。第一代移动通信系统主要采用模拟技术和频分多址(Frequency Division Multiple Access，FDMA)技术，由于受到传输带宽的限制，它不能进行移动通信的长途漫游，只能是一种区域性的移动通信系统。我国主要采用的是 TACS。第一代移动通信系统有很多不足之处，如容量有限、制式太多、互不兼容、保密性差、通话质量不高、不能提供数据业务、不能提供自动漫游等。

第二代移动通信系统主要采用数字的时分多址(Time Division Multiple Access，TDMA)技术和码分多址(Code Division Multiple Access，CDMA)技术，它的主要业务是语音，主要特性是提供数字化的语音业务及低速数据业务。它克服了模拟移动通信系统的弱点，语音质量、保密性得到很大提高。正如第一代没有全球范围内的标准一样，第二代移动通信在发展过程中也没有形成统一的国际标准。使用的系统有四种：D－AMPS、GSM、CDMA 和 PDC。PDC 只用于日本，它基本上是为了与日本的第一代模拟系统向后兼容而修订的 D－AMPS。由于第二代移动通信系统采用不同的制式，标准不统一，用户只能在同一制式覆盖的范围内漫游，无法全球漫游。

第三代移动通信系统于 1985 年由国际电信联盟(International Telecommunication Union，ITU)提出。第三代移动通信技术标准化工作的主要目标是制定一个通用的网络架构，能够支持现有和将来的服务。2000 年 5 月，ITU 全会通过了五个正式的第三代移动通信系统(IMT 2000)无线接口标准：IMT－DS(即 WCDMA/UTRA－FDD)、IMT MC(即 CDMA2000)、IMT－TD(包括 UTRA－TDD 作为高码片速率选项和 TD－SCDMA 作为低码片速率选项)、1MT－SC(UWC－136)、IMT FT(E－EDCT)，其中 IMT－SC 和 IMT FT 将只作为区域性标准，用于 IS－136 和 DECT 系统的升级。WiMax 的 802.16e 在 2007 年 10 月被 ITU 接纳为 3G 标准之一。因此到目前为止，3G 技术标准主要包括欧洲提出的 WCDMA、中国提出的 TD－SCDMA、美国提出的 CDMA2000 和 WiMax 的 802.16e 这四大标准。第三代移动通信系统有 5 MHz 以上的传输带宽，传输速度最低为 384 kb/s，最高可达 2 Mb/s，支持语音和数据业务。第三代移动通信系统的主要特点是能实现高速数据传输和宽带多媒体服务，但第三代移动通信系统仍是基于地面的、标准不一的区域性通信系统。

第四代移动通信系统提出的目标是提供宽带移动多媒体服务，满足第三代移动通信系统尚未达到的在覆盖范围、质量、造价上支持的高速数据和高分辨率多媒体服务的需要。不同的标准化组织在不断发展完善 3G 标准的同时，也积极开展 B3G/4G 的标准化工作。第三代合作伙伴计划(The 3rd－Generation Partnership Project，3GPP)的 WCDMA、TD－SCDMA分别发展为 LTE FDD 和 TD－LTE，第三代合作伙伴计划 2(3rd Generation Partnership Project 2，3GPP2)的 CDMA2000 演进为 AIE，移动 WiMax 也发展成为一项准 4G 技术。

从 2004 年年底至今，3GPP 一直在进行称为 3G 系统长期演进(Long Term Evolution，LTE)的研究项目。与原来 3G 系统的技术更新不同，LTE 引入了“革命性”的技术。其中，标志性的就是改变了 3G 时期 CDMA 的空中接口技术，采用了基于正交频分复用(Orthogonal Frequency Division Multiplexing，OFDM)的新的多址方式，同时在包括网络架构、交换模式等系统设计的各个方面都进行了大量、大幅度的优化。LTE 也将作为向 4G 发展的工作基础，通过技术增强来满足 ITU 对 4G 的要求，并最终作为 3GPP 向 ITU 提交的 4G 候选提案。

2005 年 3 月，3GPP2 启动了针对 CDMA2000 演进技术的研究与标准化工作，其空中接口技术的演进称为 AIE(Air Interface Evolution)。为了满足不同市场的需求，降低开发的复杂度，3GPP2 将 AIE 的工作分为两个阶段。第一阶段是针对 CDMA2000 1 x EV-DO Rev. B 的标准制定工作，该版本于 2006 年 3 月正式发布，标准中引入多载波以及其他关键技术，提高前反向峰值速率。AIE 的第二阶段是针对超移动宽带(UMB)的标准制定工作，其目标是进一步提高系统传输频谱效率，同时满足运营商对于网络演进、网络部署、业务融合过渡和性能方面的相关需求。

2006 年 12 月，IEEE 启动了称为 802.16 m 的工作。根据它的系统需求文件，802.16 m 将基于 WiMax(802.16e)进行增强，以适应下一代移动通信网络的需求。其中明确提出系统将以满足 ITU 对于 4G 的需求为目标，相关成果将根据 ITU 的工作流程，作为 4G 的候选技术向 ITU 提交演进项目，UMB 是针对 CDMA2000 系列的演进项目。

B3G 是 Beyond 3G 的缩写。2005 年 10 月，B3G(或者称为 4G)被正式命名为 IMT Advanced。相对于 3G，B3G 系统具有更高的数据传输速率，可以更好地满足用户日益增长的多媒体和高速数据业务需求。那些面向 IMT Advanced 的标准化项目——LTE-A(LTE-Advanced，也称 LTE+)、UMB+、802.16m 都属于 B3G 的范畴。

E3G 与 B3G 的关系可简要地通过图 10-2 来说明。3GPP、3GPP2 演进型 3G 的目标与 B3G 的演进接近，采用相同的核心技术。同时，E3G 阶段有利于将来向 B3G 的演进工作，为众多研究 B3G 的组织和项目提供了将现在的研究成果输出成为标准的舞台。因此包括 FuTURE 和 WINNER 在内的 B3G 研究项目都在积极参与 E3G 的工作，使得 E3G 朝着有利于向 B3G 演进的方向发展。

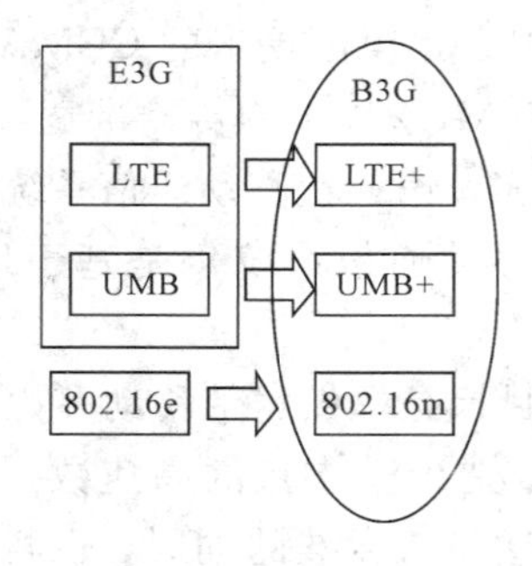

图 10-2　E3G 与 B3G 的关系示意图

10.1.2　移动通信系统的发展趋势

随着科学技术的不断进步、市场需求的不断提高，移动通信在广泛普及的同时，也正不断向前发展。其发展趋势体现在以下几个方面。

1. 小型化

目前世界各国均把移动台小型化、微型化作为技术发展的一个主要目标，大量采用超

大规模集成电路(ASIC)、表面贴装、微处理器等技术，使移动台的体积、重量和能耗等大大下降，集成了微处理器、基带和 RF(射频)组件的单芯片手机也已诞生。

2. 宽带化

近十几年来，蜂窝移动通信在无线通信领域的发展可谓一枝独秀，但随着宽带业务的迅速发展，移动化和宽带化成为了整个通信和网络技术领域的两大发展趋势。移动与宽带的结合恰恰代表着两个发展最快、最具发展前景的技术和业务趋势。“移动宽带化、宽带移动化”正是这种趋势的真实写照，如图 10－3 所示。

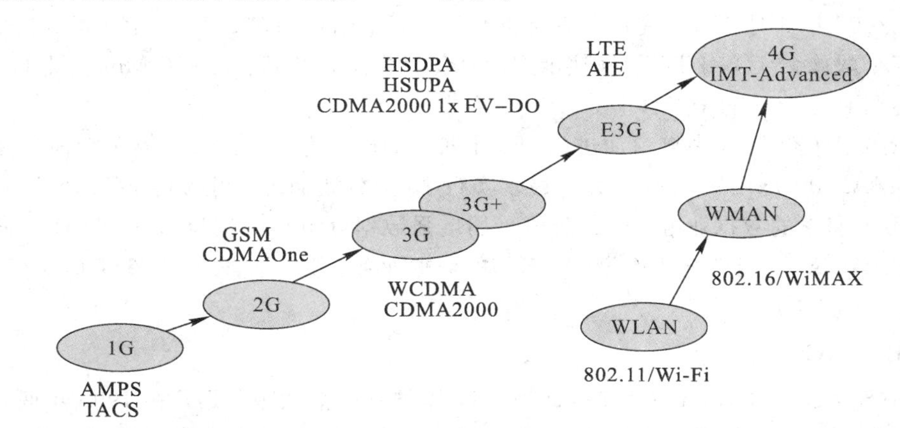

图 10－3 无线移动通信发展趋势

1) 3G 的进一步演进

互联网应用及多媒体业务的大规模普及使得移动通信宽带化的需求越来越强烈，虽说 3G 一开始就着眼于多媒体业务，但它仍定位于语音通信与手机数据业务。作为手机数据业务的 3G 系统在支持 IP 数据业务时频谱效率低，其面向连接固定带宽的结构不适应突发式 IP 数据业务的需求。3GPP 和 3GPP2 都认识到目前的系统提供互联网接入业务的局限性，试图在原来的体系框架内，在下行链路中采用分组接入技术，大幅度提高 IP 数据下载和流媒体速率。3GPP 在 R5 规范中增加了高速下行分组接入(HSDPA)，通过采用自适应调制与编码(AMC)技术、HARQ 技术、快速调度等，使得下行速率可以达到 10 Mb/s 以上。随后进一步在 R6 规范中增加高速上行分组接入(HSUPA)，以解决上行链路分组化问题，提高上行速率，使之达到理论峰值速率 5.8 Mb/s、实际峰值速率 2 Mb/s 以上的水平；同时进一步引入自适应波束成形和 MIMO 等天线阵处理技术，将下行峰值速率提高到 30 Mb/s 左右。在 HSDPA 第三阶段，通过引入 OFDM 空中接口技术和 64 QAM 等，更是将下行峰值速率提高到 100 Mb/s 以上。而 3 GPP2 阵营的 CDMA2000 1x EV－DO 也已推出两个版本，即 Rel 0 和 Rel A。Rel 0 支持的前、反向峰值速率分别为 2.4Mb/s 和 153.6 kb/s。而 CDMA2000 1x EV－DO Rel A 在 Ix EV－DO Rel 0 的基础上对前、反向链路进行改进和增强，引入新的技术，使支持的前向链路峰值速率达到 3.1 Mb/s、反向链路峰值速率达到 1.8 Mb/s。

在“移动宽带化”的同时，宽带固定无线接入也在向着移动化方向发展，即“宽带移动化”。随着 WLAN/IEEE 802.11，特别是 WiMax/802.16 无线城域网(WMAN)等无线宽带接入技术的逐渐普及和应用，整个无线通信领域由此开始了新一轮的技术竞争，从而加速了蜂窝移动通信技术演进的步伐。为了提高 3G 在新兴的宽带无线接入市场的竞争力，3GPP 和 3GPP2 分别在 2004 年底和 2005 年初开始了 3G 演进技术 E3G 的标准化工作。其中 3GPP 启动了长期演进(LTE)计划，提出的技术要求是实现下行速率达到 100 Mb/s、上行速率达到 50 Mb/s，频谱效率比 R6 版本高 2～4 倍，能更好地支持 IP 传输业务，而且成本更低。2007 年 6 月 3GPP 完成了其标准化工作。中国移动在 2010 年上海世界博览会上率先建设了全球首个 TD-LTE 规模演示网，为众多游客带来了下行 100 Mb/s、上行 50 Mb/s 速率的宽带移动通信的全新体验。

3GPP2 则提出了空中接口演进(AIE)计划。AIE 分为两个阶段，第一个阶段采用多载波和 CDMA2000 1x EV-DO 技术，最多实行 15 个载波捆绑，可支持下行 46.5 Mb/s、上行 27 Mb/s 速率的数据业务；第二阶段采用增强数据分组空中接口(E-PDAI)，将支持下行 100～1 Gb/s、上行 50～100 Mb/s 速率的数据业务。第一阶段在 2006 年初发布，第二阶段则在 2007 年 4 月完成。

2) B3G/4G

B3G(Systems Beyond 3G)又被称为 4G，是国际电信联盟(ITU)在 1999 年底随着第三代移动通信系统技术标准的尘埃落定之后提出的，它面向 3G 进一步增强下一代/第四代移动通信技术。2000 年 10 月 6 日国际电信联盟(ITU)在加拿大蒙特利尔市成立了“IMT-2000 and Beyond”工作组，开始了对 4G 的研究，同时，欧洲、日本、韩国对 4G 的研究也陆续展开，我国在 2002 年 3 月也正式宣布启动对 4G 通信系统的研究工作。

4G 移动通信系统具备以下特征：

(1) 具有很高的数据传输速率。对于大范围高速移动用户(250 km/h)，4G 移动通信系统数据速率为 2 Mb/s；对于中速移动用户(60 km/h)，4G 移动通信系统数据速率为 20 Mb/s；对于低速移动用户(室内或步行者)，4G 移动通信系统数据速率达 100 Mb/s。

(2) 实现真正的无缝漫游。4G 移动通信系统应实现全球统一的标准，能使各类媒体、通信主机及网络之间进行“无缝连接”，真正实现一部手机在全球的任何地点都能进行通信。

(3) 高度智能化的网络。采用智能技术的 4G 通信系统将是一个高度自治、自适应的网络。采用智能信号处理技术对信道条件不同的各种复杂环境进行自适应，有很强的智能性、适应性和灵活性。

(4) 良好的覆盖性能。4G 移动通信系统应具有良好的覆盖性能并能提供高速可变速率传输。对于室内环境，由于要提供高速传输，小区的半径会更小。

(5) 基于 IP 的网络。4G 移动通信系统采用 IPv6，在 IP 网络上实现话音和多媒体业务。

(6) 实现不同 QoS 的业务。4G 移动通信系统通过动态带宽分配和调节发射功率等来提供不同质量的业务。

(7) 先进的技术应用。4G 移动通信系统以几项突破性技术为基础，如 OFDM 多址接入方式、智能天线和空时编码技术、无线链路增强技术、软件无线电技术、高效的调制解调

技术、高性能的收发信机和多用户检测技术等。

3. 网络融合化、泛在化和业务综合化

随着移动通信和互联网的迅猛发展，以及固定与移动通信宽带化的发展趋势，通信网络和业务正发生着根本性的变化。这些变化体现在两大方面：一是提供的业务将从以传统的话音业务为主向提供综合信息服务的方向发展；二是通信的主体将从人与人之间的通信，扩展到人与物、物与物之间的通信，渗透到人们日常生活的方方面面，最终形成以无所不在、无所不包、无所不能为基本特征，以实现在任何时间、任何地点、任何人、任何物都能顺畅地通信为目标的“泛在网”(U 网络)。

顺应这一发展趋势，相关行业将逐步融合，通过一系列新的技术、新的业务和应用来满足市场的需求。未来实现网络融合、业务融合、接入综合的网络如图 10-4 所示。融合将是全方位、多层次的，包括网络融合、业务融合和终端的融合。特别是固定网与移动网的融合，通信、计算机、广播电视和传感器网、物联网的融合成为发展的大趋势，而且已经在技术基础、市场需求和设备方面日益具备条件。

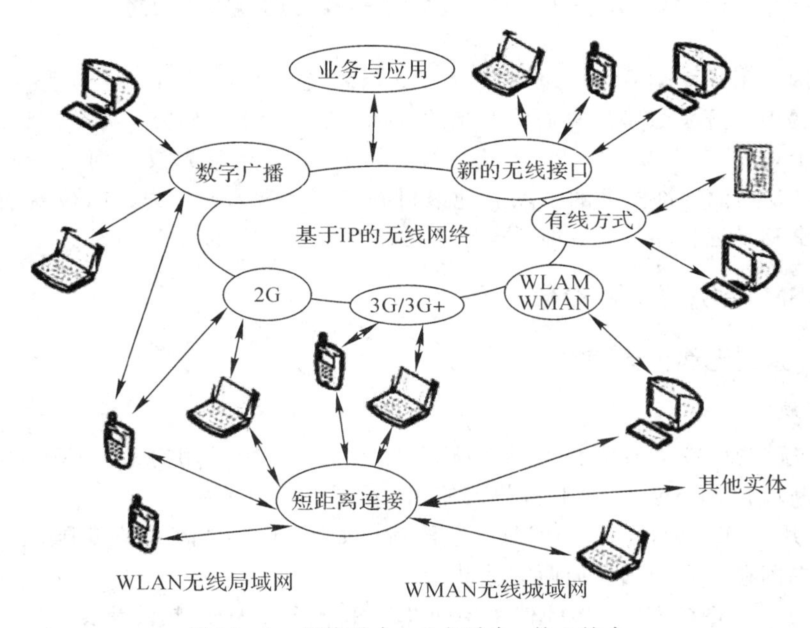

图 10-4　网络融合、业务融合、接入综合

同时采用多种无线接入技术和固定接入技术将是实现上述目标的必由之路，包括蜂窝移动通信技术(广域网)、宽带无线接入技术(城域网)和各种短距离无线技术(如 RFID、UWB 和蓝牙等)，它们与各种固定的宽带共同接入基于 IP 的同一个核心网络平台，通过网络的无缝切换，实现无处不在、无所不能的最佳服务。

4. 智能化和软件化

微处理器技术、计算机技术在移动通信中得到广泛应用，移动通信网中的交换、控制、监测、管理等均已智能化，操作更加简便、功能更加齐全、性能更加可靠的新一代移动通信设备和系统正不断涌现。软件无线电技术在移动通信中的广泛应用，更进一步加快了移动通信设备小型化、智能化、业务综合化的进程。目前，采用软件无线电技术的 GSM/

CDMA/GPRS/ WCDMA/TD-SCDMA 双模、多模手机基站均已投入使用，融合数码相机、PDA、MP3/MP4、GPS 导航等功能的智能手机也越来越受到人们的喜爱。

5. 个人化

社会对通信要求的不断提高，促使了通信方式和通信技术的产生和发展。公用电话网、公用数据网、计算机通信网、蜂窝移动电话网、专用集群网、无线寻呼、移动互联网等，都使人们的信息交流更为方便、迅捷。但到目前为止，通信系统给人类提供的仅是终端与终端之间的通信，而未能真正实现用户个人间的通信。随着经济社会的发展，人们对通信方式不断提出更高的要求，通信个人化成为人类通信的最高目标，以实现无论任何人(Whoever)在任何时间(Whenever)和任何地点(Wherever)都能和任何人(Whomever)以任何方式(Whatever)进行通信的愿望，即"5W"。以往人们曾把这种愿望称之为幻想，然而随着当前科学技术的发展，这种愿望已经不是幻想，而是可以实现的。这被称为"个人通信"，实现个人通信的网络称之为个人通信网(PCN)。

10.2 GSM 蜂窝移动通信系统

欧洲各国为了建立全欧统一的数字蜂窝通信系统，在 1982 年成立了移动通信特别小组(GSM)，提出了开发数字蜂窝通信系统的目标。在进行大量研究、实验、现场测试、比较论证的基础上，于 1988 年制定出 GSM 标准，并于 1991 年率先投入商用，随后在整个欧洲、大洋洲以及其他许许多多的国家和地区得到了广泛普及，成为目前覆盖面最大、用户数最多的蜂窝移动通信系统，占据了全球移动通信市场 80%以上的份额。

10.2.1 GSM 系统的主要参数

1. GSM 系统无线传输特性

1) 工作频段

GSM 系统包括 900 MHz 和 1800 MHz 两个频段。早期使用的是 GSM 900 频段，随着业务量的不断增长，GSM 1800 频段投入使用，构成"双频"网络。

GSM 使用的 900 MHz、1800 MHz 频段信息如表 10-1 所示。在我国，上述两个频段又被分给了中国移动和中国联通两家移动运营商。

表 10-1 GSM 使用的 900 MHz、1800 MHz 频段信息

	900 MHz 频段(E-GSM)	1800 MHz 频段
频率范围	890～915 MHz(移动台发，基站收) 935～960 MHz(移动台收，基站发)	1710～1785 MHz(移动台发，基站收) 1805～1880 MHz(移动台收，基站发)
频带宽度	25 MHz	75 MHz
信道带宽	200 kHz	200 kHz
频道序号	1～124	512～885
中心频率	$f_U=890.2+(N-1)\times 0.2$ MHz $f_D=f_U+45$ MHz $N=1\sim 124$	$f_U=1710.2+(N-512)\times 0.2$ MHz $f_D=f_U+95$ MHz $N=512\sim 885$

2）多址方式

GSM 蜂窝系统采用时分多址/频分多址、频分双工(TDMA/FDMA、FDD)方式。频道间隔为 200 kHz，每个频道采用时分多址接入方式，共分为 8 个时隙，时隙宽为 0.577 ms。8 个时隙构成一个 TDMA 帧，帧长为 4.615 ms。当采用全速率话音编码时，每个频道提供 8 个时分信道；当采用半速率话音编码时，每个频道将能容纳 16 个半速率信道，从而达到提高频率利用率、增大系统容量的目的。收发采用不同的频率，一对双工载波上、下行链路各用一个时隙构成一个双向物理信道，根据需要分配给不同的用户使用。移动台在特定的频率上和特定的时隙内，以突发方式向基站传输信息，基站在相应的频率上和相应的时隙内，以时分复用的方式向各个移动台传输信息。

2. 无线空中接口信道定义

1）物理信道

GSM 的无线接口采用 TDMA 接入方式，即在一个载频上按时间划分为 8 个时隙构成一个 TDMA 帧，每个时隙称为一个物理信道，通常一个物理信道的时隙在时间上不是邻接的。每个用户在指定载频和时隙的物理信道上接入系统并周期性地发送和接收脉冲突发序列，完成无线接口上的信息交互。每个载频的 8 个物理信道记为信道 0～7(时隙 0～7)，当采用半速率话音编码后，每个频道可容纳 16 个半速率信道。当需要更多的物理信道时，就需要增加新的载波，因而 GSM 实质上是一个 FDMA 与 TDMA 混合的接入系统。

2）逻辑信道

根据无线接口上移动台(MS)与网络间传送的信息种类，GSM 定义了多种逻辑信道传递这些信息。逻辑信道在传输过程中映射到某个物理信道上，最终实现信号的传输。逻辑信道可分为两类，即业务信道(TCH)和控制信道(CCH)，如图 10-5 所示。

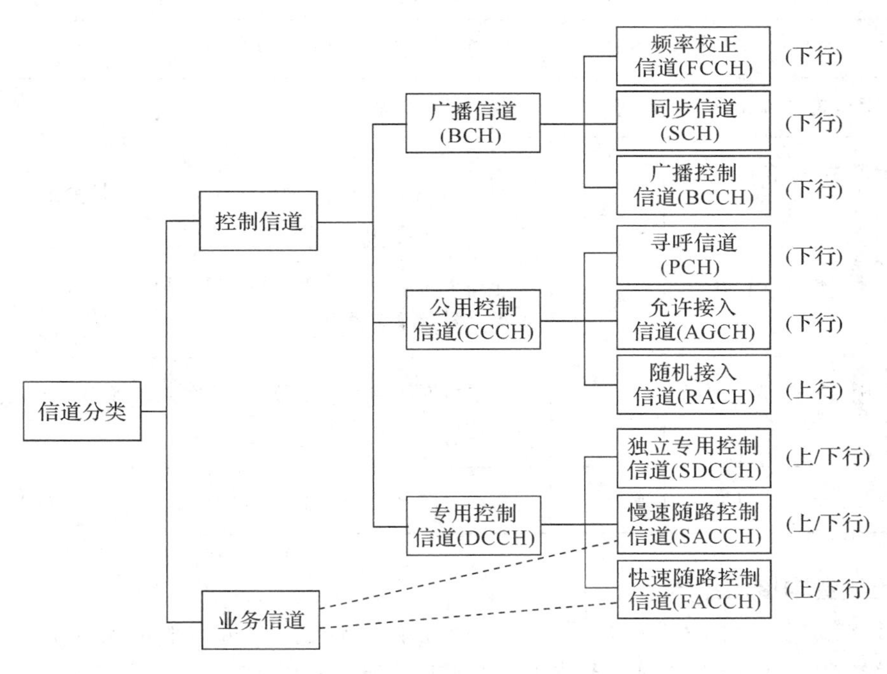

图 10-5　GSM 系统的信道分类

(1) 业务信道。业务信道(TCH)主要传送数字话音或用户数据，在前向链路和反向链路上具有相同的功能和格式。GSM 业务信道又可以分为全速率业务信道(TCH/F)和半速率业务信道(TCH/H)。当以全速率传送时，用户数据包含在每帧的一个时隙内；当以半速率传送时，用户数据映射到相同的时隙上，但是在交替帧内发送。也就是说，两个半速率信道用户将共享相同的时隙，但是每隔一帧交替发送。目前使用的是全速率业务信道，采用低比特率话音编码器后可使用半速率业务信道，从而在信道传输速率不变的情况下，信道数目可加倍，也就是系统容量加倍。

因此一个频道可提供 8 个全速率或 16 个半速率业务信道(或两者的组合)并包括各自所带有的随路控制信道。

(2) 控制信道。控制信道(CCH)用于传送信令和同步信号。某些类型的控制信道只定义给前向链路或反向链路。GSM 系统中有三种主要的控制信道：广播信道(BCH)、公共控制信道(CCCH)和专用控制信道(DCCH)。每个信道由几个逻辑信道组成，这些逻辑信道按时间分布提供 GSM 必要的控制功能。

CCH 类型总结如表 10-2 所示。

表 10-2　CCH 类型

信道名称	方向	功能与任务
频率校正信道(FCCH)	下行	给移动台提供 BTS 频率基准
同步信道(SCH)	下行	BTS 的基站识别及同步信息(TDMA 帧号)
广播控制信道(BCCH)	下行	广播系统信息
允许接入信道(AGCH)	下行	SDCCH 信道指配
寻呼信道(PCH)	下行	发送寻呼消息，寻呼移动用户
小区广播信道(CBCH)	下行	发送小区广播消息
独立专用控制信道(SDCCH)	上/下行	TCH 尚未激活时在 MS 与 BTS 间交换信令消息
慢速随路控制信道(SACCH)	上/下行	在连接期间传输信令数据，包括功率控制、测量数据、时间提前量及系统消息等
快速随路控制信道(FACCH)	上/下行	在连接期间传输信令数据(只在接入 TCH 或切换等需要时才使用)
随机接入信道(RACH)	上行	移动台向 BTS 的通信接入请求

3. 无线空中接口技术

GSM 无线接口上的信息传输需经多个处理单元才能安全可靠地送到空中无线信道上传输。无线空中接口接收端的处理过程与之相反。涉及的技术有话音编解码、信道编译码、

交织、加密与解密、均衡、不连续发射(DTX)、跳频等。

10.2.2　GSM 的网络结构

GSM 蜂窝通信系统的主要组成部分可分为移动台(MS)、基站子系统(BSS)和网络子系统(NSS)，如图 10-6 所示。基站子系统(BSS)由基站收发信机(BTS)组和基站控制器(BSC)组成；网络子系统由移动交换中心(MSC)和操作维护中心(OMC)以及归属位置寄存器(HLR)、访问位置寄存器(VLR)、鉴权中心(AUC)和设备识别寄存器(EIR)等组成。除此之外，GSM 网中还配有短信息业务中心(SC)，既可实现点对点的短信息业务，也可实现广播式的公共信息业务以及语音留言业务，从而提高网络接通率。

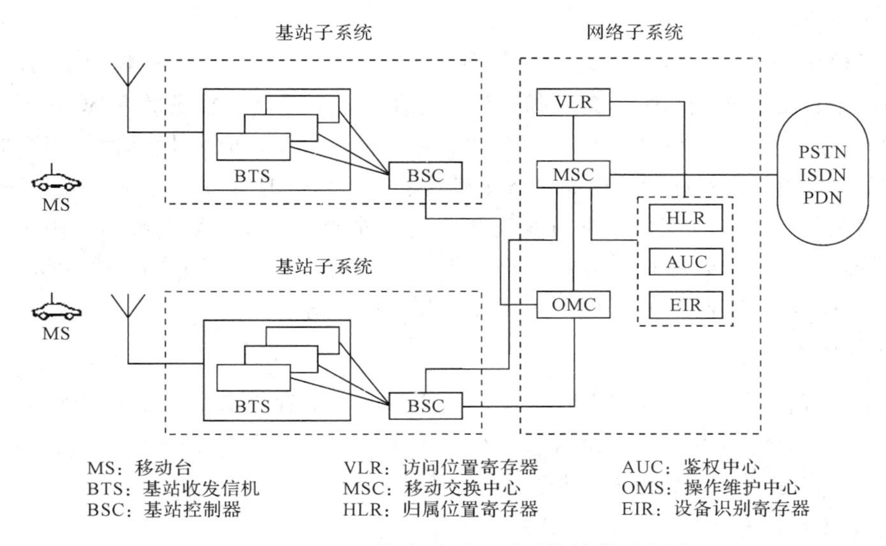

图 10-6　GSM 蜂窝移动电话系统结构示意图

1. 移动台

移动台即便携台(手机)或车载台，它包括移动终端(MT)和用户识别模块(SIM 卡)两部分，其中移动终端可完成话音编码、信道编码、信息加密、信息调制和解调以及信息发射和接收等功能，SIM 卡则存有确认用户身份所需的认证信息以及与网络和用户有关的管理数据。只有插入 SIM 卡后移动终端才能入网，同时 SIM 卡上的数据存储器还可用作电话号码簿，支持手机银行、手机证券等 STK 增值业务。

2. 基站子系统

基站子系统(BSS)包括基站收发信机(BTS)和基站控制器(BSC)。该子系统由 MSC 控制，通过无线信道完成与 MS 的通信，主要负责无线信号的收发以及无线资源管理等功能。

1) 基站收发信机

基站收发信机(BTS)包括无线传输所需要的各种硬件和软件，如多部收发信机、支持各种小区结构(如全向、扇形)所需要的天线、连接基站控制器的接口电路以及收发信机本身所需要的检测和控制装置等。它实现对服务区的无线覆盖，并在 BSC 的控制下提供足够的与 MS 连接的无线信道。

2）基站控制器

基站控制器（BSC）是基站收发信机（BTS）和移动交换中心之间的连接点，也为BTS和操作维护中心（OMC）之间交换信息提供接口。一个基站控制器通常控制几个BTS，完成无线网络资源管理、小区配置数据管理、功率控制、呼叫和通信链路的建立和拆除、本控制区内移动台的过区切换控制等功能。

3. 网络子系统

网络子系统（NSS）主要提供交换功能以及进行用户数据与移动管理、安全管理等所需的数据库功能。它由一系列功能实体构成。

1）移动交换中心

移动交换中心（MSC）是蜂窝通信网络的核心，主要功能是对位于本MSC控制区域内的移动用户进行通信控制、话音交换和管理，同时也为本系统连接别的MSC和其他公用通信网络（如公用交换电信网（PSTN）、综合业务数字网（ISDN）和公用数据网（PDN））提供链路接口，完成交换功能、计费功能、网络接口功能、无线资源管理与移动性能管理功能等，具体包括信道的管理和分配、呼叫的处理和控制、过区切换和漫游的控制、用户位置信息的登记与管理、用户号码和移动设备号码的登记和管理、服务类型的控制、对用户实施鉴权、保证在用户转移或漫游的过程中实现无间隙的服务等。

2）归属位置寄存器

归属位置寄存器（HLR）是GSM系统的中央数据库，存储着其控制区内所有移动用户的管理信息。其中包括用户的注册信息和有关各用户当前所处位置的信息等。每一个用户都应在入网所在地的HLR中登记注册。

3）访问位置寄存器

访问位置寄存器（VLR）是一个动态数据库，记录着当前进入其服务区内已登记的移动用户的相关信息，如用户号码、所处位置区域信息等。一旦移动用户离开该VLR服务区而在另一个VLR中重新登记时，该移动用户的相关信息即被删除。

4）鉴权中心

鉴权中心（AUC）存储着鉴权算法和加密密钥，在确定移动用户身份和对呼叫进行鉴权、加密处理时，提供所需的三个参数（随机数（RAND）、符号响应（SRES）、密钥（Kb）），用来防止无权用户接入系统和保证通过无线接口的移动用户通信的安全。

5）设备识别寄存器（EIR）

设备识别寄存器（EIR）也是一个数据库，用于存储移动台的有关设备参数，主要完成对移动设备的识别、监视、闭锁等功能，以防止非法移动台的使用。

6）操作维护中心

操作维护中心（OMC）用于对GSM系统的集中操作维护与管理，允许远程集中操作维护与管理，并支持高层网络管理中心（NMC）的接口。具体又包括无线操作维护中心（OMC-R）和交换网络操作维护中心（OMC-S）。OMC通过X.25接口对BSS和NSS分别进行操作维护与管理，实现事件告警管理、故障管理、性能管理、安全管理和配置管理功能。

4. 系统接口

GSM 系统在制定技术规范时对其子系统之间及各功能实体之间的接口和协议做了比较具体的定义，使不同的设备供应商提供的 GSM 系统基础设备能够符合统一的 GSM 技术规范而达到互通、组网的目的。为使 GSM 系统实现国际漫游功能和在业务上迈入面向 ISDN的数据通信业务，必须建立规范和统一的信令网络以传递与移动业务有关的数据和各种信令信息。因此，GSM 系统引入了七号信令系统和信令网络。

GSM 系统接口示意图如图 10－7 所示。

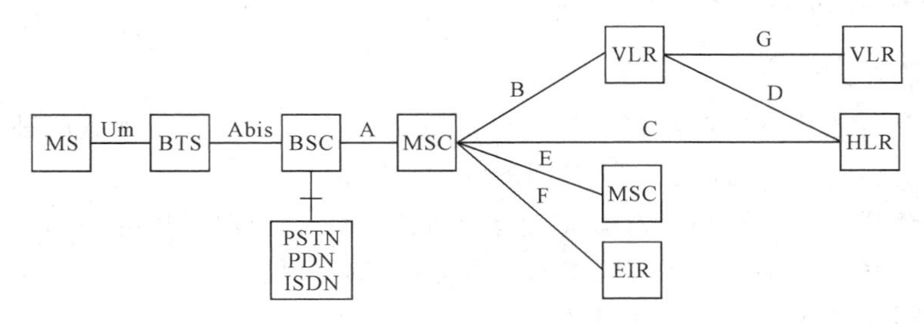

图 10－7　GSM 系统接口示意图

GSM 系统内部的主要接口有以下几种。

1）Um 接口

Um 接口是移动台(MS)与 BTS 之间的接口，采用 Dm 信道的链路接入规程(LAPDm)，用于移动台与 GSM 系统的固定部分之间的互通。采用 TDMA 多址方式和 GMSK 调制方式。在该接口上主要传递无线资源管理、移动性管理和接续管理等信息。

2）Abis 接口

Abis 接口是 BTS 与 BSC 之间的接口，采用 D 信道的链路接入规程(LAPD)，物理链路是标准的 2.048 Mb/s PCM 数字链路。此接口支持所有向用户提供的服务，并支持对 BTS 无线设备的控制和无线频率的分配。

Abis 接口是私有接口，GSM 系统技术规范并没有对 Abis 接口做出详细的规定，因而导致各厂家接口的协议会有所不同，并且信道结构亦不同。一般说来，厂家 A 的 BTS 不能与厂家 B 的 BSC 一起使用。

3）A 接口

A 接口是 NSS 与 BSS 之间的接口，采用七号信令系统(No.7)。从系统上来讲，A 接口就是 MSC 与 BSC 之间的接口，物理链路采用标准的 2.048 Mb/s PCM 数字传输链路来实现。该接口传送有关移动呼叫处理、基站管理、移动台管理、信道管理等信息，并与 Um 接口互通，在 MSC 和移动台之间互传信息。

4）子系统内部接口

除以上各子系统间的接口外，GSM 系统还有许多子系统内部物理实体间的接口，包括 VLR 与 MSC 之间的 B 接口、HLR 与 MSC 之间的 C 接口、HLR 与 VLR 之间的 D 接口、相邻区域的不同 MSC 之间的 E 接口、MSC 与 EIR 之间的 F 接口、两个 VLR 之间的 G 接口等。这些接口的物理链路通常都采用标准的 2.048 Mb/s PCM 数字传输链路来实现。

通常，实际的 GSM 系统结构一般把 VLR 和 MSC 集成在同一实体内，大多数厂商的 GSM 900/GSM 1800 系统都采用这种结构。相应地，B 接口变成一设备内部接口，C 接口和 D 接口可以走同一物理连接，E 接口和 G 接口可以走同一物理连接。B 至 G 这六个接口都是由 MAP(移动应用部分)支持的，又称为 MAP 接口。

5) MSC/VLR、HLR、AUC、BSC 与 OMC 之间的接口

MSC/VLR、HLR、AUC、BSC 与 OMC 之间的接口原则上使用 Q3 协议。

10.2.3 GSM 的特殊技术

1. 越区切换

切换是指将行进中的呼叫转换到另一个信道或小区的过程。GSM 有四种切换方式：

(1) 同一个小区内不同信道(时隙)间的呼叫转移；

(2) 同一个基站控制器范围内小区(各基站收发信机)之间的呼叫转移；

(3) 同一个移动交换中心下不同基站控制器间的呼叫转移；

(4) 不同移动交换中心间的呼叫转移。

前两种切换称为内部切换，都在一个基站控制器内进行。为节省信令带宽，它们都由基站控制器管理而不通过移动交换中心，除非要通报切换完成。后两种切换称为外部切换，要通过 MSC 进行。

GSM 并不指定切换所必需的算法。有两种基本算法都与功率控制有关。

(1) 最小可接受性能算法。将功率控制优先于切换，所以当信号衰落至某一点时，移动台的功率电平会增加，假如进一步的增加不能改善信号，才会考虑切换。这是简单且很常用的方法，但可能会出现这样的情况：当一个移动台以峰值功率发送时，其位置可能超出原来的小区而进入到另一个小区。

(2) 功率预算方法。使用切换去维护或改善一个固定在相同或更低的功率电平上的信号质量水平。这样使切换优先于功率控制，避免了“抹去”小区边界的问题，减少了同信道干扰，但技术相当复杂。

2. 位置更新与呼叫路由选择

MSC 提供 GSM 移动网与公用固定网之间的接口。从固定网络角度看，MSC 正是另一个交换节点。然而，由于 MSC 必须知道现在移动台漫游在什么地方——GSM 系统甚至会在另一个国家，因此移动网的交换会更复杂一些。GSM 通过使用两个位置寄存器来进行位置登记和呼叫路由选择，一个是本地用户寄存器(HLR)，另一个是外来用户寄存器(VLR)。

位置登记由移动台开始。当它通过监视控制信道注意到位置区域广播与原先储存在移动台中的位置信息不同时，它会向新的 MSC 发出一个更新请求，与 IMSI 或原先的临时移动用户识别号(TMSI)一起送到新的 VLR。新的 VLR 将一个 MSRN 分配给移动台并送到移动台入网登记地的 HLR 中(它总是保存着最新的位置信息)。HLR 送回必要的呼叫控制参数，并且也送一个删除信息到老的 VLR，这样原来的 MSRN 可以被再分配。最后，一个新的 TMSI 被分配并送给移动台，以便将来的寻呼或呼叫请求。将移动台的漫游号转换成 TMSI 的过程如图 10-8 所示。

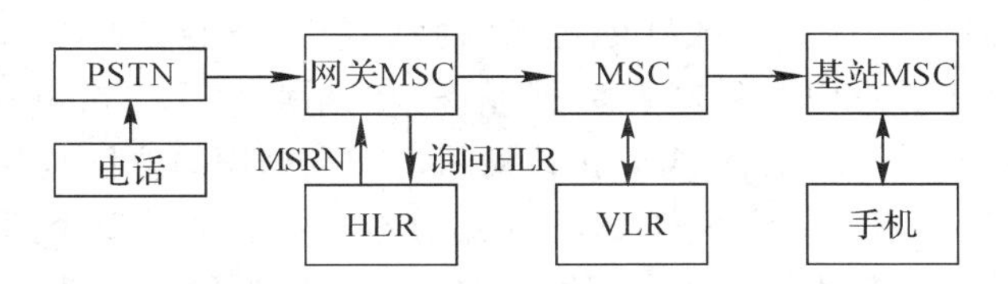

图 10-8　将移动台的漫游号转换成 TMSI

3. 鉴权管理

鉴权的作用是保护网路，防止非法盗用。同时通过拒绝假冒合法客户的“入侵”而保护 GSM 移动网路的客户。鉴权数据组由三个数字组成：

(1) RAND(Random Challenge，随机数)：由随机数发生器产生，长度为 16 B，主要作为计算三元组中其他两个参数的基础。

(2) SRES(Signed Response，符号响应)：签字应答，对 RAND 和鉴权密钥 Ki 通过 A3 算法计算得出，长度为 4 B，用来判断鉴权是否通过。

(3) CK(Cipher Key，密码密钥)：对 RAND 和 Ki 通过 A8 算法计算得出，长度为 8 B，用于空间无线信道加密的密钥。

鉴权数据组中的三个值彼此相互联系，即某个 RAND 和 CK 通过某种算法总是产生某个 SRES 和一个 CK。鉴权的过程如图 10-9 所示，当移动客户开机请求接入网路时，MSC/VLR 通过控制信道将三参数组的一个参数伪随机数 RAND 传送给客户，SIM 卡收到 RAND 后，用此 RAND 与 SIM 卡存储的客户鉴权键 Ki，经同样的 A3 算法得出一个响应数 SRES，传送给 MSC/VLR。MSC/VLR 将收到的 SRES 与三参数组中的 SRES 进行比较。由于是同一 RAND，同样的 Ki 和 A3 算法，因此结果与 SRES 应相同。MSC/VLR 比较的结果相同时就允许接入，否则为非法客户，网路拒绝为此客户服务。

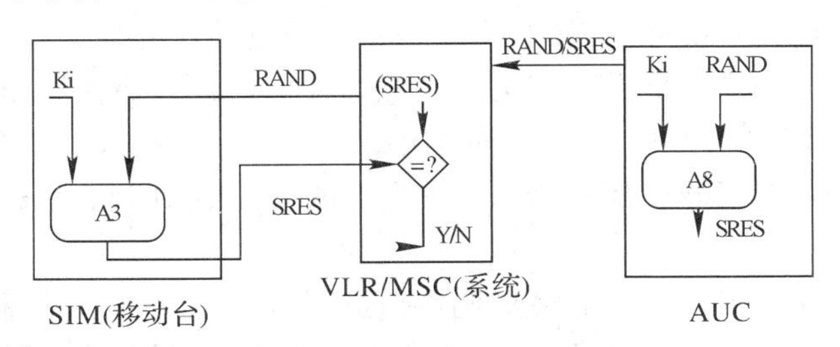

图 10-9　鉴权过程

10.2.4　GPRS 系统

1. GPRS 的概念

GPRS(General Packet Radio Service)中文全称为通用无线分组业务，作为第二代移动通信 GSM 向第三代移动通信(3G)的过渡技术，是由英国 BT Cellnet 公司在 1993 年提出的。GPRS 是 GSM Phase2+(1997 年)规范实现的内容之一，是一种基于 GSM 的移动分组数据业务，面向用户提供移动分组的 IP 或者 X.25 连接。

GPRS 在现有的 GSM 网络基础上叠加了一个新的网络，同时在网络上增加了一些硬件设备并进行了软件升级，形成一个新的网络逻辑实体，提供端到端的、广域的无线 IP 连接。通俗地讲，GPRS是一项高速数据处理的科技，它以分组交换技术为基础，用户通过GPRS可以在移动状态下使用各种高速数据业务，包括收发E-mail、进行Internet浏览等。GPRS是一种新的GSM数据业务，在移动用户和数据网络之间提供一种连接，给移动用户提供高速无线IP和X.25服务。GPRS采用分组交换技术，每个用户可同时占用多个无线信道，在同一无线信道又可以由多个用户共享，资源被有效地利用。使用GPRS，数据实现分组发送和接收，用户永远在线且按流量、时间计费，迅速降低了服务成本。

构成GPRS系统的方法如下：

(1) 在GSM系统中引入如下三个主要组件：GPRS服务支持节点(Serving GPRS Supporting Node，SGSN)、GPRS网关支持节点(Gateway GPRS Support Node，GGSN)、分组控制单元(PCU)。

(2) 对GSM的相关部件进行软件升级。ETSI指定了GSM 900、GSM 1800和GSM 1900三个工作频段用于GSM；相应地，GPRS也工作于这三个频段。现有的GSM移动台(MS)不能直接在GPRS中使用，需要按GPRS标准进行改造(包括硬件和软件)才可以用于GPRS系统。GPRS被认为是2G向3G演进的重要一步，不仅被GSM支持，同时也被北美的IS-136支持。

通过GPRS网络为Internet提供无线接入，使制约移动数据通信发展的各种问题逐步得到解决，并推动了移动数据通信的发展。同时，进行GPRS网络的建设不仅是业务本身的迫切需求，也可以促进移动通信网络向第三代的平滑过渡。

2. GPRS业务的具体应用

GPRS的业务主要有如下几类：

(1) 信息业务。传送给移动电话用户的信息内容非常广泛，如股票价格、体育新闻、天气预报、航班信息、新闻标题、娱乐信息、交通信息等。

(2) 交谈。人们更加喜欢直接进行交谈，而不是通过枯燥的数据进行交流。目前聊天组是互联网上非常流行的应用。有共同兴趣和爱好的人们已经开始使用非语音移动业务进行交谈和讨论。由于GPRS与互联网的协同作用，GPRS将允许移动用户完全参与到现有的互联网聊天组中，而不需要建立属于移动用户自己的讨论组。因此，GPRS在这方面具有很大的优势。

(3) 网页浏览。移动用户使用电路交换数据进行网页浏览无法获得持久的应用。由于电路交换传输速率比较低，因此数据从互联网服务器到浏览器需要很长的一段时间，故GPRS更适合于互联网浏览。

(4) 文件共享及协同性工作。移动数据使文件共享和远程协同性工作变得更加便利，这就可以使在不同地方工作的人们同时使用相同的文件工作。

(5) 分派工作。非语音移动业务能够用来给外出的员工分派新的任务并与他们保持联系，同时业务工程师或销售人员还可以利用它使总部及时了解用户需求的完成情况。

(6) 企业E-mail。在一些企业中，往往由于工作的缘故需要大量员工离开自己的办公桌，因此通过扩展员工办公室里的PC上的企业E-mail系统，使员工与办公室保持联系就非常重要。GPRS能力的扩展，可使移动终端接转PC上的E-mail，扩大企业E-mail应用范围。

(7) 互联网E-mail。互联网E-mail可以转变成为一种信息不能存储的网关业务，或

能够存储信息的信箱业务。在网关业务的情况下，无线 E－mail 平台将信息从 SMTP 转化成 SMS，然后发送到 SMS 中心。

（8）交通工具定位。该应用综合了无线定位系统，能够告诉人们所处的位置，并且利用短消息业务转告其他人其所处的位置。任何一个具有 GPS 接收器的人都可以接收他们的卫星定位信息以确定其位置，且可以对被盗车辆进行跟踪等。

（9）静态图像。照片、图片、明信片、贺卡和演讲稿等静态图像能在移动网络上发送和接收。使用 GPRS 可以将图像从与一个 GPRS 无线设备相连接的数字相机直接传送到互联网站点或其他接收设备，并且可以实时打印。

（10）远程局域网接入。当员工离开办公桌外出工作时，他们需要与自己办公室的局域网保持连接，远程局域网包括所有应用的接入。

（11）文件传送。包括从移动网络下载数量比较大的数据的所有形式。

GPRS 分组型数据业务与 GSM 电路型数据业务的比较如表 10－3 所示。

表 10－3　GPRS 分组型数据业务与 GSM 电路型数据业务的比较

比较对象和内容	电路型数据业务(9.6 kb/s 以下数据业务及 HSCSD)	分组型数据业务(GPRS)
无线信道	专用，最多 4 个时隙捆绑	共享，最多 8 个时隙捆绑
链路建立时间	长	短，有“永远在线”之称
传输速率(kb/s)	低，9.6～57.6	最大为 171.2
网络升级费用	初期投资少，需增加互联功能单元(IWF)及对 BTS/BSC 进行软件升级	费用稍大，需增加网络设备，但节省基站投资
提供相同业务的代价	价格昂贵、占用系统的资源多	价格便宜、占用系统的资源少

3. GPRS 网络结构

GPRS 网络结构简图参见图 10－10。

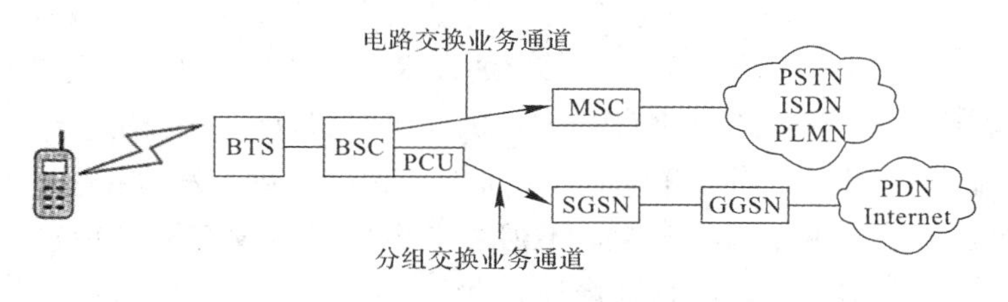

图 10－10　GPRS 网络结构简图

GPRS 网络是基于现有的 GSM 网络实现分组数据业务的。GSM 是专为电路型交换而设计的，现有的 GSM 网络不足以提供支持分组数据路由的功能，因此 GPRS 必须在现有的 GSM 网络的基础上增加新的网络实体，如 GPRS 网关支持节点(GGSN)、GPRS 服务支持节点(SGSN)和分组控制单元(PCU)等，并对部分原 GSM 系统设备进行升级，以满足分组数据业务的交换与传输。同原 GSM 网络相比，新增或升级的设备有以下几种。

(1) 服务支持节点(SGSN)。SGSN 的主要功能是对 MS 进行鉴权、移动性管理和进行路由选择，建立 MS 到 GGSN 的传输通道，接收 BSS 传送来的 MS 分组数据，通过 GPRS 骨干网传送给 GGSN 或进行反向操作，并进行计费和业务统计。

(2) 网关支持节点(GGSN)。GGSN 主要起网关作用，与外部多种不同的数据网如 ISDN、PDN、LAN 等相连。对于外部网络，它就是一个路由器，因而也称为 GPRS 路由器。GGSN 接收 MS 发送的分组数据包并进行协议转换，从而把这些分组数据包传送到远端的 TCP/IP 或 X.25 网络，或进行相反的操作。另外，GGSN 还具有地址分配和计费等功能。

(3) 分组控制单元(PCU)。PCU 通常位于 BSC 中，用于处理数据业务，将分组数据业务在 BSC 处从 GSM 语音业务中分离出来，在 BTS 和 SGSN 间传送。PCU 增加了分组功能，可控制无线链路，并允许多个用户占用同一无线资源。

(4) 原 GSM 网络设备升级。GPRS 网络使用原 GSM 基站，但基站要进行软件更新；GPRS 要增加新的移动性管理程序，通过路由器实现 GPRS 骨干网互联；GSM 网络系统要进行软件更新和增加新的 MAP 信令和 GPRS 信令等。

(5) GPRS 终端。必须采用新的 GPRS 终端。GPRS 移动台有三种类型：

A 类——可同时提供 GPRS 服务和电路交换承载业务的能力，即在同一时间内既可进行 GSM 语音业务，又可以接收 GPRS 数据包。

B 类——可同时侦听 GPRS 和 GSM 系统的寻呼信息，同时附着于 GPRS 和 GSM 系统上，但同一时刻只能支持其中的一种业务。

C 类——要么支持 GSM 网络，要么支持 GPRS 网络，通过人工方式进行网络选择更换。GPRS 终端也可以做成计算机 PCMCIA 卡，用于移动 Internet 接入。

4. GPRS 系统综述

1) GPRS 系统的优点

综上所述，GPRS 主要有如下五个优点。

(1) 瞬间上网。GPRS 的用户一开机，就始终附着在 GPRS 网络上，每次使用时只需一个激活的过程，一般只需要 2～3 s 的时间就能登录至互联网，而固定拨号方式接入互联网需要拨号、验证用户名密码、登录服务器等过程，至少需要 10～15 s 甚至更长的时间。

(2) 永远在线。GPRS 由于使用了“分组”的技术，用户上网可以免受断线的痛苦，因为 GPRS 是“永远在线”的，只要用户的 GPRS 手机处于开机状态，就随时与移动 GPRS 网络保持联系。举个例子，用户访问互联网时，手机就在无线信道上发送和接收数据，就算没有数据传送，手机还一直与网络保持连接，不但可以由用户侧发起数据传输，还可以从网络侧随时自动进行 PUSH 类业务，不像普通拨号上网那样断线后还得重新拨号才能上网冲浪。

(3) 快速传输。GPRS 采用分组交换的技术，无线网络的传输速率达到了 56～144 kb/s，但实际速度受到编码和手机终端的限制可能会有所不同。只有同时启用 8 个信道进行 GPRS 传送时，用户使用 GPRS 技术进行数据传输的速率才能达到 114 kb/s，而一般情况下进行语音传送时，只会用 1～4 个信道进行 GPRS 应用，因此实际传输速率一般为 56 kb/s 左右，CSD 电路交换数据业务速率为 9.6 kb/s。因此电路交换数据业务与 GPRS 的关系就像

是 9.6 kb/s Modem 和 56 kb/s Modem 的区别一样。

当利用 GPRS 手机浏览 WAP 网站时，页面打开速度明显加快，几乎没有延时。而在利用 GPRS 终端加上笔记本访问互联网时，当网络业务量不高时，40～50 kb/s 的速度可轻易达到，夜间速度更快，较之 GSM 所提供的 9.6 kb/s 理论速度有了明显的提高。这个速度与用固定电话 56.6 kb/s Modem 拨号上网的速度已经比较接近了，对于无线网络而言，这种传输速率已经相当不错了。

(4) 按流量计费。利用 CSD 访问 WAP 或者互联网时，用户必须根据连接时间来缴纳费用，这是阻碍 WAP 技术跨入市场主流的一道门槛，用户只要开始连接，哪怕是在输入字符时都要进行计费。这种不受欢迎的计费方式使很多用户都尽量控制使用 WAP 的连接时间。

GPRS 技术是一种面向非连接的技术，用户只有在真正收发数据时才需要保持与网络的连接，因此大大提高了无线资源的利用率。GPRS 技术同时向"Always Online"的无线上网目标迈进了一步，使用了 GPRS 后，数据实现分组发送和接收，这意味着用户总是在线且按流量计费，迅速降低了服务成本。

用户可以一直在线，按照用户接收和发送数据包的数量来收取费用，没有传递数据流量时，用户即使挂在网上，也是不收费的。这对于用户来说更加公平，用户可以更多地关注所需的信息内容而无需关心拨入时间的长短，由于不按时间计费也就可以慢慢进行输入，避免了操作匆忙造成的失误。

(5) 自由切换。使用 GPRS 上网的方法与以前的 CSD 上网方式并不相同，用 CSD 上网就如同使用 Modem 进行拨号连接，上网后便不能同时使用该电话线，但 GPRS 就较为优越，它具有数据传输与语音传输可同时进行或切换进行的优势。也就是说，用户在用移动电话上网冲浪的同时，可以接收语音电话，而原来的电话拨号上网，接入之后就不能再打电话，也不能接电话。因此，GPRS 就类似于 ISDN 的概念，上网和通话是可以同时进行的，并且可以自由进行切换，通话上网两不误。

2) GPRS 系统存在的问题

与此同时，GPRS 技术由于其本身的原因，还存在一些问题，主要包括如下几个方面。

(1) 发生包丢失现象。由于分组交换连接的可靠性比电路交换连接差，使用 GPRS 可能会发生一些包丢失现象。而且，由于语音和 GPRS 业务无法同时使用相同的网络资源，用于专门提供 GPRS 使用的时隙数量越多，能够提供给语音通信的网络资源就越少。

GPRS 确实会对网络现有的小区容量产生影响，对于不同的用途而言只有有限的无线资源可供使用。例如，语音和 GPRS 呼叫都使用相同的网络资源，这势必会相互产生一些干扰。其对业务影响的程度主要取决于时隙的数量。当然，GPRS 可以对信道采取动态管理，并且能够通过在 GPRS 信道上发送短信息来减少高峰时的信令信道数。

(2) 实际速率比理论值低。GPRS 数据传输速率要达到理论上的最大值 172.2 kb/s，就必须只有一个用户占用所有的 8 个时隙，并且没有任何防错保护。但运营商将所有的 8 个时隙都给一个用户使用显然是不太可能的。

另外，最初的 GPRS 终端预计可能仅支持 1 个、2 个或 3 个时隙，一个 GPRS 用户的带宽因此将会受到严重的限制，所以理论上的 GPRS 最大速率将会受到网络和终端现实条件的制约。

(3) 终端不支持无线终止功能。目前还没有任何一家主要手机制造厂家宣称其 GPRS 终端支持无线终止接收来电的功能。启用 GPRS 服务时，用户将根据服务内容的流量支付费用，GPRS 终端会装载 WAP 浏览器。但是，未经授权的内容也会发送给终端用户，这意味着用户将要为这些垃圾内容付费。

(4) 调制方式不是最优。GPRS 采用基于 GMSK(Gaussian Minimum Shift Keying)的调制技术，相比于 3G 采用的 8PSK(eight - Phase - Shift Keying)技术，它允许的无线接口支持速率要低一些，且频谱利用率也差一些。网络营运商如果想过渡到第三代，必须在某一阶段改用新的调制方式。

10.3 3G 移动通信系统

10.3.1 第三代移动通信系统概述

20 世纪 80 年代末，第二代移动通信系统的出现将移动通信带入了数字化的时代，但第二代移动通信也只实现了区域内制式的统一，而且数据能力很有限，随着 Internet 应用的快速普及，用户迫切希望有一种能够提供真正意义的全球覆盖，具有宽带数据能力，业务更为灵活，同时其终端设备又能在不同制式的网络间漫游的新系统。为此国际电联(ITU)提出了 FPLMTS(未来公共陆地移动通信系统)概念，这就是第三代移动通信系统的前身。1996 年，FPLMTS 被正式更名为 IMT 2000，即国际移动通信系统，工作于 2000 MHz 频段，2000 年左右投入商用。从此，第三代移动通信开始了其不断发展之路。

1. 第三代移动通信系统的目标

第三代移动通信系统的主要目标是实现 IT 网络全球化、业务综合化和通信个人化。IMT 2000 不但要满足多速率、多环境、多业务的要求，还应能将现存的通信系统集成为统一的可替代的系统。因此，它应具有以下特点，实现以下目标：

(1) 提供全球无缝覆盖和漫游(见图 10 - 11)。

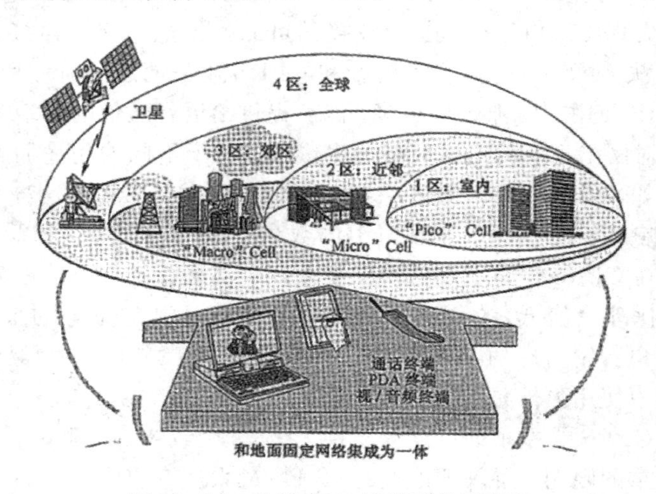

图 10 - 11　IMT 2000 网络覆盖示意图

(2) 提供高质量的话音、图像、可变速率的数据等多种多媒体业务。

(3) 多重小区结构、多种接入方式，适应陆地、航空、海域等多种运行环境。

(4) 系统管理和配置灵活，业务组织灵活。

(5) 移动终端轻便、成本低，满足通信个人化的要求。

(6) 高频谱利用率，足够的系统容量。

(7) 全球范围设计上的高度一致，与现有网络之间各种业务的相互兼容，支持系统平滑升级和现有系统的演进。

为实现上述目标，对其无线传输技术提出了以下要求。

(1) 高速传输速率以支持多媒体业务：室内环境至少 2 Mb/s；室外步行环境至少 384 kb/s；室外车辆运动中至少 144 kb/s。

(2) 传输速率能够按需分配。

(3) 上、下行链路能适应不对称业务的需求。

2. 第三代移动通信系统结构与标准

1) 简要发展历程

第三代移动通信系统 IMT 2000 标准化的研究工作由 ITU 负责和领导，其最初的研究工作始于 1985 年，ITU - R 成立临时工作组，提出了未来公共陆地移动通信系统(FPLMTS)的概念。1996 年，FPLMTS 被正式更名为 IMT 2000，由 ITU - R 完成无线传输技术的标准化工作，而 ITU - T 则负责网络部分。经过一系列的会议讨论、技术融合，在 2000 年 5 月的 ITU - R 全会上，正式通过了“第三代移动通信系统(IMT 2000)无线接口技术规范”建议——IMT. SRC，即 ITU - R M. 1457。第三代移动通信无线传输技术(RTT)包括三种 CDMA 标准，即 MC - CDMA(即 CDMA2000)、DS - CDMA(即 WCDMA)和 CDMA TDD(即 TD - SCDMA)。

2) 系统结构

为使现有的第二代移动通信系统能够顺利地向第三代移动通信系统过渡，保护已有投资，要求 IMT 2000 系统在结构组成上应考虑不同无线接口和不同网络。于是 ITU - T 提出了“IMT 2000 家族”的概念，允许各地区性标准化组织有一定的灵活性，使它们能根据市场、业务需求上的不同，提出各个国家和地区向第三代系统演进的策略。IMT 2000 家族就是 IMT - 2000 系统的联合体，为用户提供 IMT 2000 业务。家族的特点在于它具有向任何其他家族成员的漫游用户提供业务服务的能力，以满足 IMT 2000 的全球漫游业务需求。

ITU 建议的 IMT 2000 的一个主要特点是将依赖无线传输技术的功能和不依赖无线传输技术的功能分离，网络的定义尽可能独立于无线传输技术。

IMT 2000 的系统结构如图 10 - 12 所示。它分为终端侧和网络侧。终端侧包括用户识别模块(UIM)和移动终端(MT)；网络侧设备分为两个网：无线接入网(RAN)和核心网(CN)。

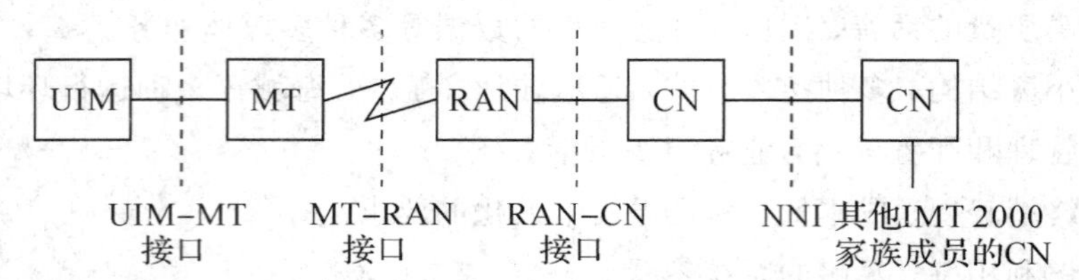

UIM：用户识别模块 MT：移动终端 RAN：无线接入网 CN：核心网

图 10-12 IMT 2000 的系统结构与接口

UIM 对应于 GSM/CDMA 系统的 SIM/UIM 卡，其功能是支持用户的安全和业务。MT 的作用是提供与 UIM 和 RAN 通信的能力，支持用户的各种业务和终端的移动性。RAN 对应于 GSM/CDMA 系统的基站子系统(BSS)，提供与 MT 和 CN 两个方向上的信息传递与处理，并根据核心网络与移动终端间交换信息的需求，在二者之间起桥接、路由选择器以及关口作用。CN 对应于 GSM/CDMA 系统的网络子系统(NSS)，具有与 RAN 以及其他家族成员系统的 CN 通信的能力，并提供支持用户业务和用户移动性的各项功能。

为了使不同 IMT 2000 家族成员的各个系统能实现系统间的互操作，以支持无缝的全球漫游和业务传递，ITU 对 IMT 2000 家族成员系统的接口做了规定和定义。如图 10-12 所示，IMT 2000 系统中，有核心网络与核心网络间的接口(NNI)、无线接入网络与核心网络间的接口(RAN-CN)、移动终端与无线接入网络间的接口(MT-RAN)以及用户识别模块与移动终端间的接口(UIM-MT)。

NNI 接口主要应用于 IMT 2000 系统不同核心网络间的连接和信息传递，是不同家族成员之间的标准接口，是保证互通和漫游的关键接口。

RAN-CN 接口位于 RAN 与 CN 之间，一个 RAN 可连接到不同的 CN。该接口也可支持固定无线电、无绳电话终端、卫星及有线系统等。在 RAN 与 CN 间设置接口有助于对语音、数据等承载业务进行交换，便于控制信息(如呼叫、移动性等)以及数据安全与资源管理信息的交换。

MT-RAN 接口是 MT 与 RAN 之间的无线接口。它支持 MT 和 RAN 间的通信功能。MT-RAN 接口在移动终端和无线接入网络间传送信息，支持数据保护和资源管理。

UIM-MT 接口是用户的可卸式 UIM 与移动终端之间的物理接口。其功能是在 UIM 至 MT 或 CN 间传递信息，信息包括 UIM 接入控制、标识号管理、鉴权控制、业务控制以及人机接口控制。

3) 推荐标准

ITU-R 最终推荐的第三代移动通信标准中包括三种 CDMA 标准，即 WCDMA、CDMA2000 和 TD-SCDMA，这三个标准的核心差异在于无线传输技术(RTT)，即多址技术、调制技术、信道编码与交织、双工技术、物理信道结构和复用、帧结构、RF 信道参数等方面的差异。这三种推荐标准将在后续小节中讨论，其主要特性对比如表 10-4 所示。

表 10-4 IMT 2000 标准三种无线传输技术特性对比

	WCDMA	CDMA2000	TD-SCDMA
信道带宽/MHz	5/10/20	N×1.25(N=1，3，6，9，12)	1.6
码片速率	3.84 Mchip/s	N×1.2288 Mchip/s	1.28 Mchip/s
多址方式	单载波 DS-CDMA	单载波 DS-CDMA	单载波 DS-CDMA+TD-SCDMA
双工方式	FDD/TDD	FDD	TDD
帧长/ms	10	20	10
多速概念	可变扩预因子和多码 RI 位测；高速率业务盲检；低速率业务	可变扩预因子和多码盲检；低速率业务	可变扩预因子和多时多码 RI 位测
FEC 编码	卷积码 R=1/2，1/3；K=9RS 码(数据)	卷积码 R=1/2，1/3，3/4；K=9 Turbo 码	卷积码 R=1/4～1；K=9
交织	卷积码：帧内交织 RS 码：帧间交织	块交织(20 ms)	卷积码：帧内交织 Turbo RS 码(数据)
扩频	前向：Walsh(信道化) +Gold 序列 2^{18}(区分小区) 反向：Walsh(信道化) +Gold 序列 2^{41}(区分用户)	前向：Walsh(信道化) +M 序列 2^{15}(区分小区) 反向：Walsh(信道化) +M 序列 $2^{41}-1$(区分用户)	前向：Walsh(信道化) +PN 序列 2^{15}(区分小区) 反向：Walsh(信道化) +PN 序列 $2^{41}-1$(区分用户)
调制	数据调制：QPSK/BPSK 扩频调制：QPSK	数据调制：QPSK/BPSK 扩频调制：QPSK/OQPSK	接入信道：DQPSK 接入信道：DQPSK/16QAM
相干解调	前向：专用导频信道(TDM) 反向：专用导频信道(TDM)	前向：公共导频信道 反向：专用导频信道(TDM)	前向：专用导频信道(TDM) 反向：专用导频信道(TDM)
语音编码	ARM	CELP	EFR(增强全速率语音音码)
最大数据速率	达 384 kb/s 室内高达 2.048 Mb/s	1x 最高为 2.048 Mb/s 1x EV 支持 2.5 Mb/s	最高为 2.048 Mb/s
功率控制	FDD：开环+快速闭环(1.6 kHz) TDD：开环+慢速闭环	开环+快速闭环(800 kHz)	开环+快速闭环(200 kHz)
基站同步	可选同步(需 GPS) 异步(不需 GPS)	同步(需 GPS)	同步(主从同步，需 GPS)

驱动3G发展的一大动力是目前可供2G网络使用的无线频率资源有限。为了发展第三代移动通信系统，首先要解决适合第三代移动通信系统运营的频谱问题。因此研究第三代移动通信系统的频谱利用，合理地分配和划分相应的频段，是提高系统性能，高效率地利用频谱资源，满足移动通信发展需要的基础。ITU关于3G频谱的划分是建议性的，世界各国和地区频率分配的方式各不相同。依据国际电联(ITU)有关第三代公众移动通信系统(IMT 2000)频率划分和技术标准，按照我国无线电频率划分规定，结合我国无线电频谱使用的实际情况，我国对第三代公众移动通信系统的频率规划如下。

(1) 主要工作频段：

频分双工(FDD)方式：1920～1980 MHz、2110～2170 MHz，共2×60 MHz；

时分双工(TDD)方式：1880～1920 MHz、2010～2025 MHz，共55 MHz。

(2) 补充工作频段：

频分双工(FDD)方式：1755～1785 MHz、1850～1880 MHz，共2×30 MHz；

时分双工(TDD)方式：2300～2400 MHz，与无线电定位业务共用，均为主要业务。

(3) 卫星移动通信系统工作频段：1980～2010 MHz/2170～2200 MHz。

目前已规划给第二代公众移动通信系统的825～835 MHz/870～880 MHz、885～915 MHz/930～960 MHz和1710～1755 MHz/1805～1850 MHz频段，同时规划为第三代公众移动通信系统FDD方式的扩展频段，上、下行频率使用方式不变。

10.3.2 TD-SCDMA

TD-SCDMA是时分同步码分多址的英文缩写，是由原中国电信技术研究院(现大唐电信股份有限公司)于1999年正式提出、具有中国独立知识产权的新技术，被ITU正式批准为第三代移动通信标准之一，是我国通信业发展的一个新的里程碑，它打破了国外厂商在专利、技术、市场方面的垄断地位，促进了民族移动通信产业的迅速发展。

同WCDMA标准一样，TD-SCDMA标准的制定与演进也是在3GPP组织内进行的，并纳入到3GPP出版标准中，3GPP R4、R5、R6等版本都包含了完整的TD-SCDMA无线接入技术。由于双工方式的差别，TD-SCDMA的所有技术特点和优势得以在空中接口的物理层体现，即TD-SCDMA与WCDMA最主要的差别体现在无线接口物理层技术方面。在核心网方面，TD-SCDMA与WCDMA采用完全相同的标准规范，这些共同之处保证了两个系统之间的无缝漫游、切换、业务支持的一致性，提供了QoS保证，也保证了TD-SCDMA和WCDMA在标准技术的后续演进上保持相当的一致性。

在实际的标准制定与演进中，TD-SCDMA标准具有鲜明的特征。它基于GSM系统，其基本设计思想是使用较窄的带宽(1.2～1.6 MHz)和较低的码片速率(不超过1.35 Mchip/s)用同步CDMA、软件无线电、智能天线、现代信号处理等技术来达到IMT 2000的要求。

TD-SCDMA系统采用时分双工(TDD)、TDMA/CDMA多址方式工作，基于同步CDMA、智能天线、多用户检测、正交可变扩频系数、Turbo编码、软件无线电等新技术，工作在1880～1920 MHz、2010～2025 MHz等非成对频段上。

1. TD-SCDMA的技术特点

TD-SCDMA的主要特点如下。

(1) 频谱灵活性好，频谱效率高。如图10-13所示，TD-SCDMA采用时分双工(TDD)

方式，不需要成对的频率，并且仅需要 1.6 MHz 的最小带宽，因而它对频谱的使用非常灵活，将来可以利用逐步空置出来的第二代系统频率开展第三代业务，有效地使用日益宝贵的频谱资源(如空置出的 8 个连续 GSM 频点就可安排一个 1.6 MHz 的 TD-SCDMA 载波)。TD-SCDMA 以较低的码片速率和较窄的带宽就能满足 IMT 2000 的要求，因而它的频谱利用率很高，可以达到 GSM 的 3～5 倍，能够解决人口密集地区频率资源紧张的问题。相对而言，FDD 方式的 WCDMA 占用 2/5 MHz 带宽，CDMA2000 1x 占用 2×1.25 MHz 带宽。

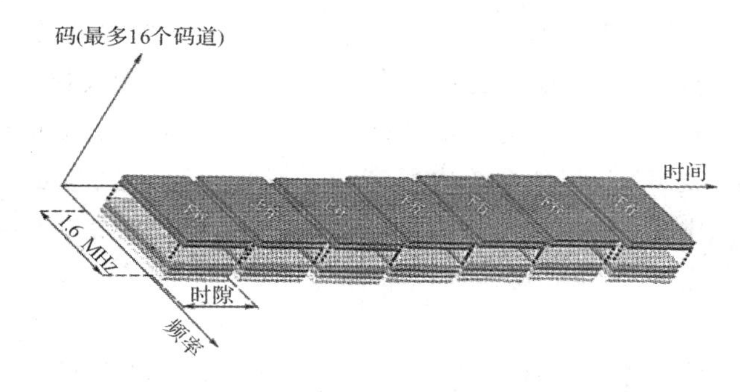

图 10-13　TD-SCDMA 原理示意图

(2) 易于采用智能天线等新技术。时分双工(TDD)上、下行链路工作于同一频率、不同的时隙，因而上、下行链路的电波传播特性基本一致，易于使用智能天线等新技术。

(3) 特别适合不对称业务。在第三代移动通信中，数据业务将是主要业务，尤其是不对称的 IP 业务。TDD 方式灵活的时隙配置可高效率地满足上、下行不对称、不同传输速率的数据业务的需要，大大提高了资源利用率，在互联网浏览等非对称移动数据和视频点播等多媒体业务方面具有突出优势。业务发展初期，为适应语音业务上下对称的特点可采用 3∶3(上行∶下行)的对称时隙结构；数据业务进一步发展时，可采用 2∶4 或 1∶5 的时隙结构。

(4) 易于数字化集成，可降低产品成本和价格。

(5) 采用软件无线电技术。

(6) 与第二代移动通信系统 GSM 兼容，可由 GSM 平滑演进。

2. TD-SCDMA 的技术演进

如同其他 3G 技术一样，TD-SCDMA 技术也在不断演进，其演进过程如图 10-14 所示。演进过程大体分为单载波/多载波 TD-SCDMA 系统、单载波/多载波 HSDPA+上行 HSUPA 系统、长期演进(TD-LTE)和 TDD 未来演进系统四个阶段，其中每个阶段又可以分为不同的层次。

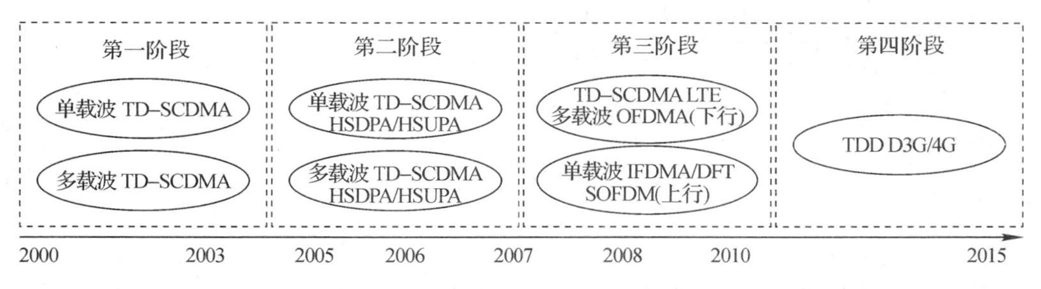

图 10-14　TD-SCDMA 的演进

10.3.3 WCDMA

宽带码分多址(WCDMA)技术主要由欧洲 ETSI 和日本 ARIB 提出，经多方融合而形成，是在 GSM 系统基础上发展的一种技术，其核心网基于 GSM - MAP。支持这一标准的电信运营商、设备制造商形成了 3GPP 阵营。

1. UMTS 系统

采用 WCDMA 空中接口技术的第三代移动通信系统通常称为通用移动通信系统(UMTS)，它采用了与第二代移动通信系统类似的结构，包括无线接入网(RAN)和核心网(CN)。其中 RAN 处理所有与无线有关的功能，而 CN 从逻辑上分为电路交换域(CS 域)和分组交换域(PS 域)，处理 UMTS 系统内所有的话音呼叫和数据连接，并实现与外部网络的交换和路由功能。UMTS 陆地无线接入网(UTRAN)、CN 与用户设备(UE)一起构成了整个 UMTS 系统，其系统结构如图 10 - 15 所示。

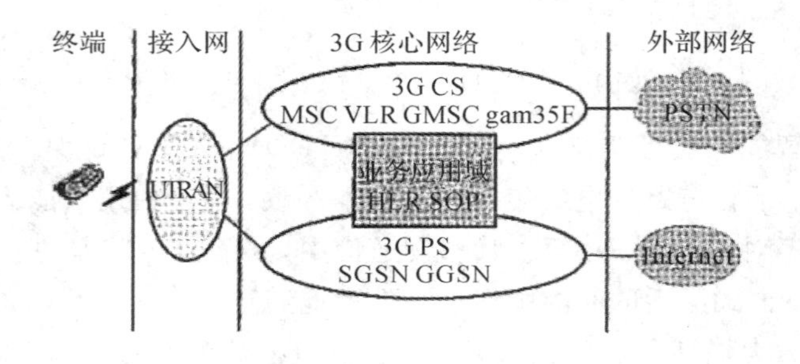

图 10 - 15 UMTS 系统结构

通过 3GPP 的标准化工作，UMTS 的技术也在不断地更新和增强。为了尽快将 WCDMA 系统商用，3GPP 对 UMTS 的系列规范划定了不同的版本。首先完成标准化工作的版本是 R99，也称为 WCDMA 第一阶段。随后 3GPP 在 R99 的基础上进行了技术更新和增强，推出了 R4、R5、R6 等版本。R99 版本的 UMTS 网络单元构成如图 10 - 16 所示。

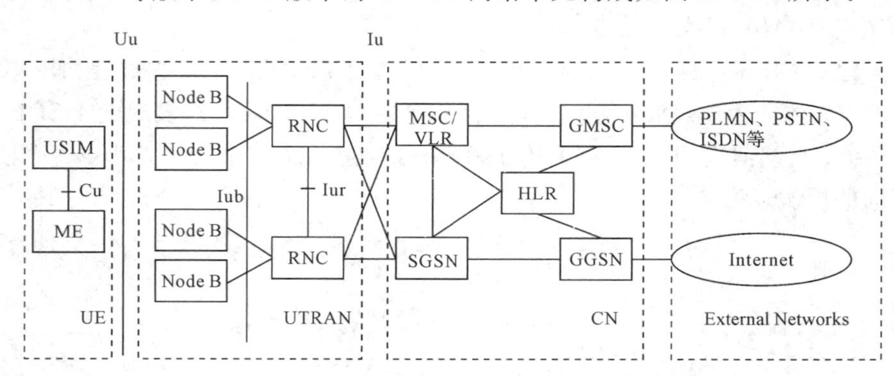

图 10 - 16 UMTS 网络单元构成

1) UE

UE 是用户终端设备，它主要包括射频处理单元、基带处理单元、协议栈模块以及应用

层软件模块等。UE 通过 Uu 接口与网络设备进行数据交互，为用户提供电路域和分组域内各种业务功能。

2）UTRAN

UTRAN 即陆地无线接入网，分为基站(Node B)和无线网络控制器(RNC)两部分。

Node B 是 WCDMA 系统的基站(即无线收发信机)，包括无线收发信机和基带处理部件，通过标准的 Iub 接口和 RNC 互联，主要完成 Uu 接口物理层协议的处理。Node B 由 RF 收发放大、射频收发系统(TRX)、基带(BB)部分、传输接口单元、基站控制部分等几个逻辑功能模块构成，其主要功能是扩频、调制、信道编码及解扩、解调、信道解码，还包括基带信号和射频信号的相互转换等功能。

RNC 是无线网络控制器，主要完成连接建立和断开、切换、宏分集合并、无线资源管理控制等功能，具体如下：

(1) 执行系统信息广播与系统接入控制功能。

(2) 执行切换和 RNC 迁移等移动性管理功能。

(3) 执行宏分集合并、功率控制、无线承载分配等无线资源管理和控制功能。

3）CN

核心网(CN)负责与其他网络的连接以及对 MS 通信的管理。它分成两个子系统：电路交换域(CS 域)和分组交换域(PS 域)。CS 域为用户提供电路型业务或提供相关信令连接，CS 域特有的实体包括 MSC、GMSC、VLR、IWF；PS 域为用户提供分组型数据业务，PS 域特有的实体包括 SGSN 和 GGSN。其他设备如 HLR(或 HSS)、AUC、EIR、智能网设备(SCP)等为 CS 域与 PS 域共用。

在 3GPP R99 网络中核心网(CN)采用了与第二代的 GSM/GPRS 相同的定义，这样可以实现 GSM/GPRS/WCDMA 的平滑过渡，可利用现有网络资源，如各级汇接网和信令网等快速建成 3G 网络，并推向市场。此外，在第三代网络建设的初期就可以实现全球漫游。

R5 版本相对于 R4 版本在多方面进行了扩充，引入了 HSDPA 和 ALL IP 的概念。HSDPA支持高速的下行分组数据业务，引入自适应调制和编码技术，支持二层快速调度，通过混合的 ARQ 方式，支持数据的重传，提供高速数据业务，峰值数据速率可高达 8～10 Mb/s。ALL IP 的概念主要有两重含义，一是在接入网中，支持基于 IP 的传送。随着 IP 技术的发展，3GPP 在 UTRAN 的承载网引入了 IP 的概念，AMR 码流、数据业务和信令可透过 UDP、SCTP，通过 IP 传送。二层机制可以是 PPP、以太网或其他任何机制，大大扩充了二层传送机制的选项。ALL IP 的另一含义是在分组域，R99 和 R4 版本中，分组域只提供有一定 QoS 服务质量保证的带宽，但无法支持面向连接，业务局限于带宽类和消息类业务。随着 NGN 概念的流行，SIP 信令的普及，3GPP 对 SIP 信令进行了适应性增强，将其引入到分组域，希望在分组域支持更多的面向连接的多媒体服务。

在核心网，R5 协议引入了 IP 多媒体子系统，简称 IMS。IMS 叠加在分组域网络之上，由 CSCF(呼叫状态控制功能)、MGCF(多媒体网关控制功能)、MRF(媒体资源功能)和 HSS(归属地用户服务器)等功能实体组成。IMS 的引入，为开展基于 IP 技术的多媒体业务创造了条件，代表了未来业务的发展方向。

2. WCDMA 技术的特点

宽带码分多址(WCDMA)技术具有以下特点。

(1) 高度的业务灵活性。WCDMA 允许每个 5 MHz 载波提供从 8 kb/s 到 2 Mb/s 的混合业务。另外在同一信道上既可进行电路交换业务也可以进行分组交换业务，分组和电路交换业务可在不同的带宽内自由地混合，并可同时向同一用户提供。每个 WCDMA 终端能够同时接入多达 6 个不同业务，可以支持不同质量要求的业务(例如语音和分组数据)并保证高质量和完美的覆盖。

(2) 频谱效率高。WCDMA 能够高效利用可用的无线电频谱。由于它采用单小区复用，因此不需要频率规划。利用分层小区结构、自适应天线阵列和相干解调(双向)等技术，网络容量可以得到大幅提高。

(3) 容量和覆盖范围大。WCDMA 射频收发信机能够处理的话音用户是典型窄带收发信机的 8 倍。每个射频载波可同时处理 80 个语音呼叫，或者每个载波可同时处理 50 个 Internet数据用户。在城市和郊区，WCDMA 的容量差不多是窄带 CDMA 的两倍。更大的带宽以及在上行链路与下行链路中使用相干解调和快速功率控制允许更低的接收机门限，有利于提高覆盖范围。

(4) 网络规模的经济性好。通过在现有数字蜂窝网络(如 GSM)增加 WCDMA 无线接入网，同一核心网络可被复用，并使用相同的站点。WCDMA 接入网络与 GSM 核心网络之间的链路使用了最新的 ATM 模式的微型小区传输规程 AAL2，这种高效地处理数据分组的方法将标准 El/T1 线路的容量由 30 个提高到了大约 300 个话音呼叫，传输成本将节约 50%左右。

(5) 卓越的话音能力。尽管下一代移动接入的主要目的是高比特率多媒体通信，但话音通信仍是它的一项重要业务。在 WCDMA 网络中每个小区将能够处理至少 192 个话音呼叫，而在 GSM 网络中每个小区只能处理大约 100 个话音呼叫。

(6) 无缝的 GSM/WCDMA 接入。双模终端将在 GSM 网络和 WCDMA 网络之间提供无缝的切换和漫游。

(7) 快速业务接入。为了支持多媒体业务的即时接入，开发了一种新的随机接入机制，它利用快速同步来处理 384 kb/s 分组数据业务。在移动用户和基站之间建立连接只需零点几毫秒。

(8) 从 GSM 平滑升级，技术成熟、风险低。日本和欧洲已经对 WCDMA 试验、测试、评估了多年，技术非常成熟。

(9) 终端的经济性和简单性。WCDMA 手机所要求的信号处理大约是复合 TD/CDMA 技术的十分之一。技术成熟、简单、经济的终端易于进行大规模生产，为此带来了更高的规模经济、更多的竞争，网络运营公司和用户也将获得更大的选择余地。目前，终端市场上 WCDMA 在终端种类、性价比、数量等方面都占有相当大的优势。

10.3.4 CDMA2000

CDMA2000 是由窄带 CDMA IS－95 向上演进的技术，经融合形成了现有的 3GPP2 CDMA2000。IMT 2000 标准中 CDMA2000 包括“1x”和“Nx”两部分，对于射频带宽为 Nx 1.25 MHz 的 CDMA2000 系统(N=1、3、6、9、12)，采用多个载波来利用整个频带。

1. CDMA2000 的主要技术特点

表 10-5 归纳了 IMT 2000 标准中 CDMA2000 系列的主要技术特点。

表 10-5　CDMA2000 系列的主要技术特点

名　称	CDMA2000 1x	CDMA2000 3x	CDMA2000 6x	CDMA2000 9x	CDMA2000 12x
带宽/MHz	1.25	3.75	7.5	11.5	15
无线接口来源于	IS-95				
业务演进来源于	IS-95				
最大用户比特率 b/s	307.2 k	1.0368 M	2.0836 M	2.4576 M	
码片速率/(Mb/s)	1.2288	3.6864	7.3728	11.0592	14.7456
帧的时长/ms	典型为 20，也可选 5，用于控制				
同步方式	IS-95(使用 GPS，使基站之间严格同步)				
导频方式	IS-95(使用公共导频方式，与业务码复用)				

与 CDMAOne 相比，CDMA2000 有下列技术特点：

(1) $N\times1.25$ MHz 多种信道带宽。

(2) 可以更加有效地使用无线资源。

(3) 具备先进的媒体接入控制，从而有效地支持高速分组数据业务。

(4) 可在 CDMAOne 的基础上实现向 CDMA2000 系统的平滑过渡。

(5) 核心网协议可使用 IS-41、GSM-MAP 以及 IP 骨干网标准。

(6) 采用了前向发送分集、快速前向功率控制、Turbo 码、辅助导频信道、灵活帧长、反向链路相干解调、选择较长的交织器等技术，进一步提高了系统容量、增强了系统性能。

正如上一节所述，严格意义上来讲 CDMA2000 1x 系统只能算是 2.5G 系统，其后续演进走上了一条新的发展之路。3GPP2 从 2000 年开始在 CDMA2000 1x 基础上制定 1x 的增强技术——1x EV 标准，通常人们认为从此开始 CDMA2000 才真正进入 3G 阶段。

2. 1x EV

1x EV 是一种依托在 CDMA2000 1x 基础上的增强型技术，能在与前期 CDMA2000 1x 相同的 1.25 MHz 带宽情况下使数据业务能力达到 ITU 规定的第三代移动通信业务速率标准 2 Mb/s 以上，并与 IS-95A 和 CDMA2000 1x 网络后向兼容。1x EV 原本又分为 CDMA2000 1x EV-DO 和 CDMA2000 1x EV-DV。CDMA2000 1x EV-DV 一度作为 CDMA2000 1x EV-DO 的后续演进技术，标准草案于 2002 年完成，但由于支持的厂商较少，在 2005 年已遭废止。

1x EV-DO 与现有的 IS-95 和 CDMA2000 1x 网络兼容，可沿用现有网络规划及射频部件，基站可与 IS-95 或 CDMA2000 1x 合一，从而很好地保护了 IS-95 及 CDMA2000 1x 运营商的现有投资，成本低廉，广为 CDMA 运营商所采用，中国电信基于 CDMA2000 1x EV-DO Rel. A 的 3G 网络也于 2009 年 5 月商用。

除利用1x增强技术大幅提升数据业务能力外，1x增强技术也能用于大幅提高系统的话音业务容量，具体包括推出采用增强型声码器、干扰消除、移动台分集接收等技术的移动终端，升级基站信道卡等手段。

10.3.5 基于3G通信技术的智能交通系统应用

随着我国经济的飞速发展和城市化进程的加快，城市人口和车辆快速增加，导致城市交通流量不断加大，事故频频发生，违规违章、拥堵现象日益严重。如何利用现代科技手段科学合理组织交通，发展智能交通系统，最大限度挖掘现有交通设施的潜力，提高城市交通运行管理的现代化水平和系统的整体运转效率，遏制交通违章，打击涉车犯罪，保证交通安全，减少交通延误，提高运输效益是对城市智能交通提出的新要求。

我国大中型城市中交通路口众多，交通流量较大，违章事件频繁，基于3G通信技术的智能交通系统能为交通违章行为的监控、排查、打击起到很大的作用。

与前两代系统相比，第三代移动通信系统的主要特征是可提供丰富多彩的移动多媒体业务，其传输速率在高速移动环境中支持144 kb/s，步行慢速移动环境中支持384 kb/s，静止状态下支持2 Mb/s。其设计目标是为了提供比第二代系统更大的系统容量、更好的通信质量，而且要能在全球范围内更好地实现无缝漫游及为用户提供包括话音、数据及多媒体等在内的多种业务，同时也要考虑与已有第二代系统的良好兼容性。

基于3G通信技术的智能交通系统应用如下。

1. 无线电子警察、监控系统

基于3G通信技术的无线电子警察、监控系统主要由3G数据通信链路、监控中心和多个前端组成。

3G数据通信链路采用标准的TCP/IP协议，可直接运行在管理部门的内部无线局域网上。前端摄像机的抓拍图片、识别信息、视频信号等通过3G数据传输模块传输到监控中心。系统可以根据现场情况和用户的需求配置不同的外围硬件设备。监控前端使用的系统外围设备有摄像机、前端主机、3G数据传输模块、数字解码器、高速云台和可变镜头等，完成监控中心所需的前端车辆抓拍识别信息的实时传输和前端图像监控。监控中心使用的系统外围设备有识别服务器、后台中心软件、主控台、3G无线路由器、主交换机、视频服务器、电视墙等，具体可根据用户要求进行灵活配置。

系统可以组成多级系统，监控中心还可以通过级联的方式构成多级交通监控系统，以扩大交通监控范围和系统容量。监控主机将采集的图像、图片信息实时地传送给服务器并通过服务器向外广播发送，相关客户只要通过浏览器打开网页便能实时地进行监控和查看。

2. 移动查车、稽查系统

移动查车、稽查系统(车载测速仪)主要由摄像机、视频采集卡、控制主机、无线通信设备及相关软件构成。

系统主要功能如下：

(1) 车牌识别功能：系统可以自动识别来往车辆的号牌号码、号牌颜色，警车在巡逻或定点时，系统实时识别过往车辆号牌，比对“黑名单”数据库，报告车辆状态，声讯报警提示，并详细列出报警原因。

(2) 自动测速功能：使用雷达测速仪自动检索车辆是否超速，在巡查过往车辆的同时，如有车辆超速，则立即声讯报警，并自动捕获和识别，自动检索数据库资料获取该车辆信息。

(3) 手动抓拍违章：在巡查过往车辆的同时，如遇到有逆向行驶、占用公交车道、闯红灯等违章行为的车辆，可启动抓拍或录像，抓拍时点击一次抓拍一帧，录像时点击一次录取一段点击前的影像，具有历史追忆功能。

(4) 档案查询功能：系统可对识别的车辆进行档案查询，可查询基本登记档案、违章历史、检车情况、是否为盗抢车辆、是否为交通事故逃逸车辆等。

3. 移动无线图像传输系统

移动无线图像传输系统采用车载的形式，适用于日常巡逻、突发性事件或其他特殊情况的现场处理和控制。现场情况需要实时而迅速地传回指挥中心，而事发地点又通常具有不确定性，车载实时监控系统发挥出强劲的技术优势，通过无线视频技术将现场情况及时传回指挥中心，便于远程指挥和调度，可以极大地缩短反应时间，便于快速远程调度指挥。

系统工作流程：启动 3G 车载无线视频终端(含摄像头)，设备按照设定的参数自动运行，通过摄像头进行视频采集，并在本地进行压缩编码，同时连接 3G 无线网络，建立数据链路。视频传输设备通过 3G 无线链路将编码后的视频信息实时传送到监控中心的视频管理服务器，运行在视频管理服务器中的视频处理程序将接收到的视频信息重新合成，通过发布程序进行视频实时发布。用户根据权限，使用客户端软件，就可以观看实时的视频。

系统应用范围如下：

(1) 行政执法：在日常巡逻和行政执法过程中，通过车载视频系统，实时将现场实际情况传送到监控指挥中心。

(2) 突发事件：当发生突发事件时，车辆到达现场后，通过车载视频系统，第一时间将现场实际情况传送到监控指挥中心。

(3) 本地指挥：车内指挥人员根据车载视频系统监控，通过车内语音广播对现场进行指挥。

(4) 远程指挥：通过车载视频系统实时监控巡逻周边现场情况，监控指挥中心根据现场情况进行远程监控管理和指挥。

总之，3G 通信网很好地解决了前端监控点位置分散、现场布线困难等难题，为智能交通系统组网提供了一种新的选择。

基于 3G 通信技术的智能交通系统很好地解决了智能交通系统数据传输中存在的问题。3G 技术的发展，给智能交通的信息传输带来无限机遇，今后会有更广阔的应用空间。

10.4　4G 移动通信系统

10.4.1　第四代移动通信系统概述

1. 4G 的愿景

对于无线通信，人们很早就提出过美好的愿景，那就是“在任何时间、任何地点与任何人进行任何类型的信息交换”。

应当到了说第一代通信工具大哥大的时候，它把人们从电话线的束缚中解脱出来，人们终于可以边走边打电话了，然而，有限的网络覆盖，七国八制的通信标准，使得在任何地方都能打电话还只是一个梦想。为了解决覆盖问题，摩托罗拉提出了一个颇有点理想化主义色彩的“铱星计划”，号称全球无缝覆盖，然而铱星计划最终因为成本远远高出了用户的承受能力而破产。

不能支持漫游，保密性差，到一种网络换一种终端，随着用户的快速发展，传统的模拟移动通信的缺点体现得越来越明显。痛定思痛，欧洲的 ETSI 终于打算结束这种杂乱无章的局面，开始制定 GSM 标准，GSM 的全称是 Global System of Mobile Communication(全球移动通信系统)，看这个名字就能知道其野心，无非是想建立一个全球统一的通信系统。可惜，北美的 CDMA 搅了 GSM 的好局，GSM 虽然三分天下有其二，毕竟未能实现一统。不过，GSM 的广泛应用和全面覆盖使得“任何地点”能够打电话终于基本得以实现。接下来的问题就是要解决传递“任何信息”的问题，GSM 通过升级到 GPRS 和 EDGE，使得无线通信网不再是一张单纯的话音网络，而是具备了数据功能。但无论是 GPRS 也好，EDGE 也罢，其上网速率都太慢了，如果想开展视频点播或者其他需要高速率支持的数据业务，就显得力不从心，对于“任何信息”而言，只能算是实现了一部分。

到了 3G 时代，WCDMA、CDMA2000 EV-DO、TD-SCDMA 分别支持 14.4 Mb/s、3.1 Mb/s、2.8 Mb/s 的数据传输速率。这样高的速率对于绝大多数的数据业务而言都足够了，到此为止，“任何信息”总算是实现了。

虽然 WCDMA 以及其他两大 3G 标准很好地实现了最初的梦想，但是从 WCDMA→HSPA-LTE→LTE-Advanced，人们并没有满足，其要求越来越高，想法越来越多，其实也唯有如此，才能推动无线通信技术不断向前进步。我们来看看 LTE-Advanced 具体有哪些想法和要求。

1）速率与时延

毕竟 LTE-Advanced 定位是“无线的宽带化”，作为宽带，上行、下载速率对视频类和下载类业务关系重大，而时延与交互类游戏的体验息息相关，大家想一下自己上网的体验，就知道这两个指标的分量。

在峰值速率上，LTE-Advanced 要求低速移动的情况下下行能达到 1 Gb/s，上行峰值速率为 500 MHz。大家可以发现一个有意思的现象，LTE 当初提需求的时候就是下行 100 Mb/s，上行 50 Mb/s，LTE-Advanced 的这两个要求恰好是 LTE 的 10 倍；而在高速移动的条件下，要求上行峰值速率为 100 Mb/s，下行峰值速率达到 1 Gb/s 是 4G 技术的重要标志，从 HSPA 到 LTE，一直都没有越过 M 这个数量级，现在终于到 G 了，这是一个里程碑般的数字。

在 LTE 时代，对时延的要求是从空闲状态到连接状态时延小于 100 ms，从睡眠状态到激活状态转换时延低于 50 ms；而到了 LTE-Advanced，从空闲状态到连接状态时延小于 50 ms，从睡眠状态到激活状态转换时延低于 10 ms。

2）有效支持新频段和大带宽

频谱资源在全世界都稀缺，LTE 需要的频谱资源又多，着实令人为难。因此 ITU 四处

搜集空闲的频谱，与此同时也要求 LTE-Advanced 能够支持多个频段。都有哪些频段呢？其中包含了 450～470 MHz、698～862 MHz、790～862 MHz、2.3～4.2 GHz、4.4～4.99 GHz。能凑出这么多频段也极为不易。3G 的传统频段集中在 2.1 GHz，现在到了 4G，开始出现了多个频段共存，且高低分化的局面。LTE-Advanced 的大量频谱资源集中在 3.4 GHz 以上的高频段上。在 2.1 GHz 的 3G 频段上，就已经出现了覆盖能力和穿透建筑物的能力不够的情况，更不用说更高的频段。

因此 ITU 在规划频段的时候，就考虑了在不同的场景下应用不同的频段。当前数据业务呈现了明显的不均匀分布的状况，大部分的容量需求集中在室内和热点区域，据日本的 NTT DOCOMO 统计，80％的数据流量是发生在室内的。因此，高频段就可以用于室内覆盖场景，提供大容量高速率业务，从而可以弥补它穿透力不足和覆盖、移动性方面的弱点。

在图 10-17 中，采用高频段专门用来覆盖室内和热点区域内的低速移动用户，将大部分容量都吸收到高频段中，从而可以将覆盖效果比较好、穿透能力比较强的低频段频谱节省下来用于覆盖室外的广域区域以及高速移动用户。

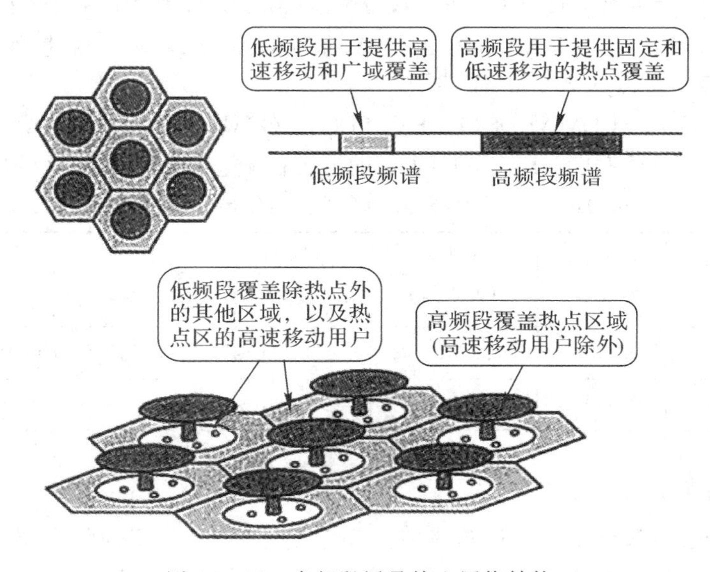

图 10-17　多频段层叠接入网络结构

我们可以把 LTE-Advanced 理解为一个“分层”的结构，底层采用低频段，以保证更广的覆盖，保证每一个用户能够接入。而在这张网络之上，又选取若干热点，在这些热点上叠加高频段，用来保证容量。通过多个频段的紧密协作，就可以有效地满足 LTE-Advanced 在高容量和广覆盖方面的双重需求。既然这两个需求单纯用高频段(覆盖效果差)和单纯用低频段(频谱资源少，容量不够)都没法解决，那么我们就采取兼容并包的方式来处理。

3）高频谱效率

应当说就单条链路而言，HSPA 已经很接近单条链路的香农极限了。如果没有 MIMO，想提升上、下行速率只能通过更多的频谱资源的消耗来换取。对于频谱资源很稀缺的无线通信而言，这种奢侈的方法显然是耗不起的，幸好有了 MIMO，我们才可以在不消耗更多频谱资源的情况下不断提升峰值速率。

LTE-Advanced 要求系统下行峰值频谱速率为 30 b/s/Hz，上行峰值速率为 15 b/s/Hz，并且希望这时的下行天线配置为 8×8 或者更少，上行天线配置为 4×4 或者更少。更多的天线场景在实际应用中难以碰到，如果只是在实验室实现那就没有太多意义了。

4G 是集 3G 与 WLAN 于一体，并能够传输高质量视频图像的，它的图像传输质量与高清晰度电视不相上下。4G 系统能够以 100 Mb/s 的速度下载，上传的速度也能达到 20 Mb/s，并能够满足几乎所有用户对于无线服务的要求。

2. 4G 的优势

如果说 2G、3G 通信对于人类信息化的发展是微不足道的话，那么 4G 通信却给了人们真正的沟通自由，并彻底改变了人们的生活方式甚至社会形态。4G 通信具有下面的特征。

1）通信速度更快

由于人们研究 4G 通信的最初目的就是提高蜂窝电话和其他移动装置无线访问 Internet 的速率，因此 4G 通信给人印象最深刻的特征莫过于它具有更快的无线通信速度。从移动通信系统数据传输速率做比较，第一代模拟式移动通信系统仅提供语音服务；第二代数字式移动通信系统传输速率也只有 9.6 kb/s，最高为 32 kb/s，如 PHS；而第三代移动通信系统数据传输速率可达到 2 Mb/s；第四代移动通信系统数据传输速度可以达到 10～20 Mb/s，甚至最高可以达到 100 Mb/s。

将无线蜂窝技术：CDMA2000（1x EV-DO）、GSM（EDGE）、TD-SCDMA（HSPA）、WCDMA（HSPA）、TD-LTE、FDD-LTE 等的上、下行速率进行归纳，得到表 10-6。

表 10-6　几种无线蜂窝技术的上、下行速率

无线蜂窝制式	GSM（EDGE）	CDMA 2000 1x	CDMA2000（EV-DO）	TD-SCDMA（HSPA）	WCDMA（HSPA）	TD-LTE	FDD-LTE
下行速率	384 kb/s	153 kb/s	3.1 Mb/s	2.8 Mb/s	14.4 Mb/s	100 Mb/s	150 Mb/s
上行速率	118 kb/s	153 kb/s	1.8 Mb/s	2.2 Mb/s	5.76 Mb/s	50 Mb/s	40 Mb/s

2）网络频谱更宽

4G 通信达到了 100 Mb/s 的传输速率，通信营运商是在 3G 通信网络的基础上进行了大幅度的改造和研究，使 4G 网络在通信带宽上比 3G 网络的蜂窝系统的带宽高出许多。每个 4G 信道占有 100 MHz 的频谱，相当于 WCDMA 3G 网络的 20 倍。

3）通信更加灵活

从严格意义上说，4G 手机的功能，已不能简单划归“电话机”的范畴，毕竟语音资料的传输只是 4G 移动电话的功能之一而已，因此 4G 手机更应该算得上是一台小型电脑了，而且 4G 手机从外观和样式上有更惊人的突破，任何一件你能看到的物品都有可能成为 4G 终端。4G 通信使我们不仅可以随时随地通信，更可以双向下载传递资料、图画、影像，当然更可以和从未谋面的陌生人网上联线对打游戏。也许你有被网上定位系统永远锁定无处遁形的苦恼，但是与它据此提供的地图带来的便利和安全相比，这简直可以忽略不计。

4）智能性更高

第四代移动通信的智能性更高，不仅表现在 4G 通信的终端设备的设计和操作具有智能化，例如对菜单和滚动操作的依赖程度将大大降低，更重要的是 4G 手机实现了许多难以想象的功能。例如 4G 手机能根据环境、时间以及其他设定的因素来适时地提醒手机的主人此时该做什么事，或者不该做什么事；4G 手机可以将电影院票房资料直接下载到 PDA 上，这些资料能够把目前的售票情况、座位情况显示得清清楚楚，可以根据这些信息在线购买自己满意的电影票；4G 手机可以被看作是一台手提电视，用来看体育比赛之类的各种现场直播。

5）兼容性能更平滑

4G 通信之所以能如此快地被人们接受，除了它的强大功能外，还由于原有通信的基础，能让更多的原有通信用户在投资最少的情况下轻易地过渡到 4G 通信。因此，从这个角度来看，第四代移动通信系统具备全球漫游、接口开放、能跟多种网络互联、终端多样化以及能从第三代平稳过渡等特点。

6）提供各种增值服务

4G 通信并不是从 3G 通信的基础上经过简单的升级而演变过来的，它们的核心建设技术根本就是不同的。3G 移动通信系统主要是以 CDMA 为核心技术，而 4G 移动通信系统则以正交频分多址（OFDM）技术最受瞩目，利用这种技术人们可以实现无线区域环路（WLL）、数字音讯广播（DAB）等方面的无线通信增值服务。不过考虑到与 3G 通信的过渡性，第四代移动通信系统不仅仅只采用 OFDM 一种技术，CDMA 技术也应用于第四代移动通信系统中，与 OFDM 技术相互配合以便发挥出更大的作用，甚至第四代移动通信系统也有新的整合技术如 OFDM/CDMA 产生，前文所提到的数字音讯广播，其实它真正运用的是 OFDM/FDMA 的整合技术，同样是利用两种技术的结合。因此以 OFDM 为核心技术的第四代移动通信系统也结合了两项技术的优点，一部分是CDMA的延伸技术。

7）实现更高质量的多媒体通信

尽管第三代移动通信系统也能实现各种多媒体通信，但 4G 通信能满足第三代移动通信尚不能达到的在覆盖范围、通信质量、造价上支持的高速数据和高分辨率多媒体服务的需要。第四代移动通信系统提供的无线多媒体通信服务将包括语音、数据、影像等在内的大量信息通过宽频的信道传送出去，为此第四代移动通信系统也称为“多媒体移动通信”。第四代移动通信不仅仅增加了用户数，更重要的是，满足了多媒体的传输需求，当然还包括通信品质的要求。

8）频率使用效率更高

相比第三代移动通信技术来说，第四代移动通信技术在开发研制过程中使用和引入了许多功能强大的突破性技术。例如一些光纤通信产品公司为了进一步提高无线因特网的主干带宽，引入了交换层级技术，这种技术能同时涵盖不同类型的通信接口，也就是说第四代移动通信系统主要运用了路由技术（Routing）为主的网络架构。由于利用了几项不同的技术，所以无线频率的使用比第二代和第三代系统有效得多。

9）通信费用更加便宜

4G 通信不仅解决了与 3G 通信的兼容性问题，让更多的通信用户能轻易地升级到 4G 通信，还引入了许多尖端的通信技术，这些技术保证了 4G 通信能提供一种灵活性非常高的系统操作方式，因此相对其他技术来说，4G通信系统部署起来要迅速得多；同时在建设4G通信网络系统时，通信营运商们考虑了直接在3G通信网络的基础设施之上，采用逐步引入的方法，这样就能够有效地降低运行者和用户的费用。

3. 4G推出之初遇到的问题

起初4G通信显得很神秘，不少人都认为第四代无线通信网络系统是人类有史以来发明的最复杂的技术系统，的确，第四代无线通信网络在具体实施的过程中出现了大量技术问题，这些问题多和互联网有关，并且花费了好几年的时间才得以解决。总的来说，4G通信在实施中遇到了以下困难：

(1) 标准难以统一。虽然从理论上讲，4G手机用户在全球范围都可以进行移动通信，但是由于没有统一的国际标准，各种移动通信系统彼此互不兼容，给手机用户带来诸多不便。因此，第四代移动通信系统必须首先解决通信制式等需要全球统一的标准化问题。

(2) 技术难以实现。据研究这项技术的开发人员称，要实现4G通信的下载速度面临着一系列技术问题。例如，如何保证楼区、山区及其他有障碍物等易受影响地区的信号强度等问题。日本DoCoMo公司表示，为了解决这一问题，公司将对不同编码技术和传输技术进行了测试。另外在移交方面存在的技术问题，使手机很容易在从一个基站的覆盖区域进入另一个基站的覆盖区域时和网络失去联系。由于第四代无线通信网络的架构相当复杂，这一问题显得格外突出。

(3) 容量受到限制。人们对4G通信印象最深的莫过于它的通信传输速度得到了极大提升，从理论上说其所谓的每秒100 MB的宽带速度，比原来手机信息传输速度每秒10 KB要快1万多倍，但手机的速度将受到通信系统容量的限制，如系统容量有限，手机用户越多，速度就越慢。

(4) 设施难以更新。在部署4G通信网络系统之前，覆盖全球的大部分无线基础设施都是基于第三代移动通信系统建立的，如果要向第四代通信技术转移的话，那么全球的许多无线基础设施都需要经历大量的变化和更新，这种变化和更新势必减缓4G通信技术全面进入市场、占领市场的速度。

(5) 其他相关困难。随着手机的功能越来越强大，无线通信网络也变得越来越复杂，同样4G通信在功能日益增多的同时，它的建设和开发也会遇到比以前系统建设更多的困难和麻烦。例如每一种新的设备和技术推出时，其后的软件设计和开发必须及时跟上步伐，才能使新的设备和技术得到快速的推广和应用，另外费率和计费方式对于4G通信的移动数据市场的发展尤为重要。还有4G通信不仅需要区分语音流量和互联网数据，还需要具备能在数据传输速度很慢的第三代无线通信网络上平稳使用的性能，这就需要通信营运商们必须能找到一个很好地解决这些问题的方法，而要解决这些问题就必须首先在大量不同的设备上精确执行4G规范。4G通信开始推行时，熟悉4G通信业务的经验丰富的专门技术人才还不多，这样会延缓4G通信在市场上迅速推广的速度，因此对于设计、安装、运营、维护4G通信的专门技术人员还需早日进行培训。

10.4.2 4G的关键技术

LTE相对于3G技术而言，名为“演进”，实为“革命”，其空口技术发生了翻天覆地的改变，如OFDMA、MIMO技术等。这些技术充分采用了20年来信号处理技术的成果，以

至于到了 LTE－Advanced 的时候，一时也拿不出什么革命性的技术。

所以 LTE－Advanced 相对 LTE 而言，在空口技术上没有发生太大的变化，依然沿用了 OFDM 和 MIMO 技术。这样做也有其他的考虑，LTE 本来就带有 4G 技术的特征了，只需要在其基础上进行修改，即可满足 IMT Advanced 的要求，这个时候进行大的变动，对产业链上已经开始进行 LTE 商业运作的合作伙伴是一种打击，不利于 LTE 的产业化和商业部署。

基于这样的考虑，3GPP 规定，LTE－Advanced 系统应支持原来 LTE 的全部功能，并支持与 LTE 的前后向兼容性。也就是说，LTE 的终端可以接入未来的 LTE－Advanced 网络，而 LTE－Advanced 终端也能接入 LTE 系统。我们知道，从 GSM 到 WCDMA，从 WCDMA到 LTE，都是需要更换终端的，更换终端带来了高昂的成本。而 3GPP 做出前后向都兼容的决定，无疑是在告诉产业链的上下游，可以放心大胆地投入到 LTE 的商业运营上去，芯片商赶紧生产 LTE 的芯片，到 4G 时代这条流水线也不用停下来；运营商部署的 LTE 网络，能很好地对接 4G 网络。

由于高速数据业务大多发生在室内和热点地区，因此 LTE－Advanced 准备重点对室内和热点场景进行优化，为了实现这个目的，它引入了中继站、家庭式基站、分布式天线等多种手段来扩展高频段的覆盖；在系统带宽的支持上，由于 LTE－Advanced 最大支持 100 MHz的连续频谱很难找到，因此提出了载波聚合（Carrier Aggregation，CA）的概念，LTE－Advanced 的关键技术还包括协同多点、演进型家庭基站、增强型 MIMO、中继等。

1. 4G 时代提出的新技术

1）零散的资源能放到一起用吗——载波聚合

LTE－Advanced 的频段高低分布不匀。高频段具有的频谱资源丰富，从而能提供大带宽、高容量的优点，同时它又具有覆盖能力不足、穿透能力差的弱点；低频段具有覆盖能力强、穿透性能好的特点，但同时频谱资源又非常有限，无法提供更多的带宽。

所以 LTE－Advanced 采取了“多频段层叠建网”的思路，把低频段用于广覆盖，用来给所有用户提供接入服务，用以弥补高频段在覆盖和支持高速移动方面的不足；同时在此基础上用高频段来对室内和热点覆盖，用来弥补低频段在频谱资源上的不足。有时候可以把它理解为“广域网”和“局域网”的差别，现在中国三大运营商的 3G 建设基本都采取了这种模式，即“3G＋Wi-Fi”，用 3G 来提供一个广覆盖，保证用户能随时随地上网，而在高铁、机场、咖啡厅等热点场所用 Wi-Fi 叠加一个覆盖，由于 Wi-Fi 能提供高达 54 Mb/s 的下行带宽，因此能有效缓解 3G 网络的压力。LTE－Advanced 高频段资源在热点的应用场景和 Wi-Fi 是很相似的，不过能够提供比 Wi-Fi 高得多的性能。

除此之外，LTE－Advanced 在频谱方面还遇到了别的问题，大家都知道 LTE 支持的带宽是 20 MHz，但是 LTE－Advanced 为了实现更高的峰值速率，需要最大可以支持 100 MHz 的带宽。现在很多国家频谱资源都非常紧张，要找出一些 20 MHz 的连续带宽已极为不易，何况 100 MHz 很多时候会遇到一些不连续的零散频段，中间可能有一些频谱资源已经被分配出去了，面对这种问题，我们该怎么办呢？

为了解决这个问题，LTE－Advanced 采用了载波聚合的方式。所谓载波聚合，其实就是一种资源的整合，其实我们不妨把它类比成单位捐款，现在需要捐款 1 万元，但哪个个人要拿出这么一笔数字都比较困难。怎么办呢？一人捐一点合到一起就解决了。LTE - Advanced 采取的正是这种模式。

在 LTE - Advanced 里，可以用载波聚合来实现连续/不连续频谱的资源整合。载波聚合的时候首先应该考虑将相邻的数个小频带整合为一个较大的频带，这样对于终端而言滤波器需要滤波的频段比较集中，不需要在一个很大的范围内去滤波，这样实现起来比较容易，如图 10 - 18 所示。如果相邻频段资源不够，那就要考虑去非相邻频段来整合资源了，在这么大跨度内整合资源有一个问题横亘在面前，那就是滤波器，如果这些频段之间间隔很大(很多频段相隔数百兆赫兹)，那么对于滤波器而言就比较难实现。

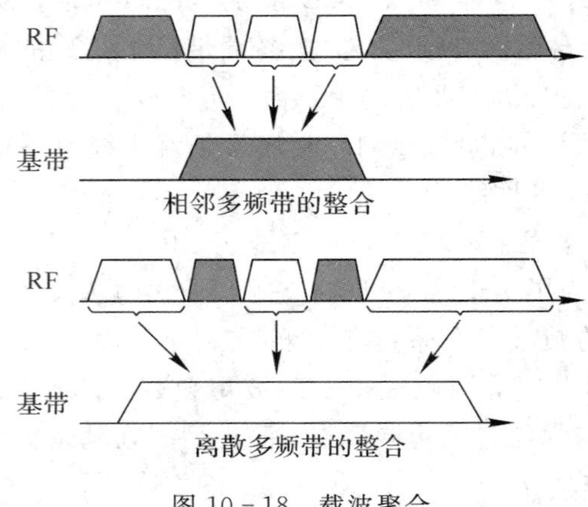

图 10 - 18　载波聚合

实现载波整合后，LTE 的终端可以接入其中一个载波单元(LTE 的最大带宽为 20 MHz，因此这个频谱资源块不超过 20 MHz)，而 LTE - Advanced 的终端可以接入多个载波单元，把这些载波单元聚合起来，实现更高的带宽。载波聚合的优点十分明显，LTE - Advanced 可以沿用 LTE 的物理信道和调制编码方式，这样标准就不需要有太大的改动，从而实现从 LTE 到 LTE - Advanced 的平滑过渡。

2) 打破部门墙——CoMP

企业中的一个常见弊病就是部门墙太厚，出于自己部门绩效的考虑，各个部门各扫门前雪，对于部门之间交叉的工作处理起来效率和质量就极其低下。通常认为解决部门墙的办法就是设置一致的目标和 KPI(关键业绩指标)，使得部门之间能够有效协作起来，共同完成工作。

无线通信制式很多时候也是这样，由于比较关注峰值速率，因此当终端在小区边缘的时候，基站容易消耗更多的资源去克服衰落带来的影响。LTE 由于很多时候采取的是同频组网，所以小区间干扰比较大，由于小区间干扰往往发生在小区边缘，属于多个基站的覆盖区域，靠单个基站的努力效果比较有限，因此需要多个基站的协作。

为了提高小区边缘性能和系统吞吐量，改善高数据速率带来的干扰问题，LTE - Advanced引入了一种叫做协同多点(Coordinated Multi - Point，CoMP)传输的技术。

(1) 基站间协同。用来进行协同多点传输技术的基站有两种，其中一种就是利用原来的 eNode B 来对用户一起传数据。这种方式会带来一个问题，就是用来进行协作传输的相

邻 eNode B 之间需要铺设光纤，原来的相邻 eNode B 之间的 X2 接口是通过 Mesh 相连的，Mesh 是一种无线组网方式，大家只要理解为原来的 eNode B 之间是通过无线技术对接的即可，由于 Mesh 技术较复杂，在这里不展开讨论。既然是通过无线技术实现基站间互联的，那么大家也想象得到，其所能传输的数据量是有限的，其传输时延也是比较长的。基站之间很难实现数据业务之间的协同，而只能实现控制面的信令交流。

现在基站间通过 RoF(Radio - over - Fiber)光纤直接相连，光纤传输数据的能力大大高于无线的 Mesh 网络。因此，X2 接口可以从一个单纯的控制面接口扩展为一个用户面/控制面综合接口。

除了将现有基站的 X2 口采用光纤互联，扩大其传输能力，从而实现基站间协调传输以外，还有一种方式能实现多点协同通信，那就是采用分布式天线。

(2) 分布式天线。分布式天线是一种从“小区分裂”角度来考虑的新型网络架构，其核心思想就是通过插入大量新的站点来拉近天线和用户之间的距离，实现“小区分裂”。这种方式听起来与图 10 - 19 所采用的方式类似，图 10 - 20 也是对小区进行分裂了，有 4 个基站，区别在哪里呢？

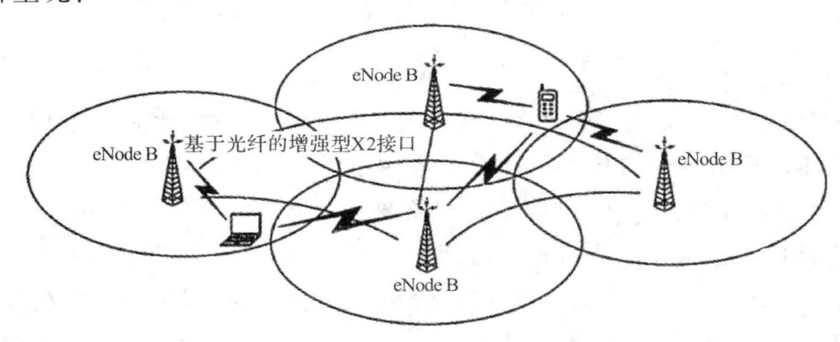

图 10 - 19　基于现有站点的协同传输

那就是分布式天线新增的天线站只包含射频模块，类似一个无线远端单元(Radio Remote Unit，RRU)，而所有的基带处理仍集中在基站，形成集中的基带单元(Base Band Unit，BBU)。除了“主站点”，其他分站点不再有 BBU，这就是最根本的区别。而 BBU 生成的中频或者射频信号通过 RoF 光纤传送到各个天线站。不妨把天线站看成基站的多个扇区(因为这些站点本来就没有 BBU)，既然是一个基站下的多个扇区，那么自然进行协同就非常容易。分布式系统的多站点协调如图 10 - 20 所示。

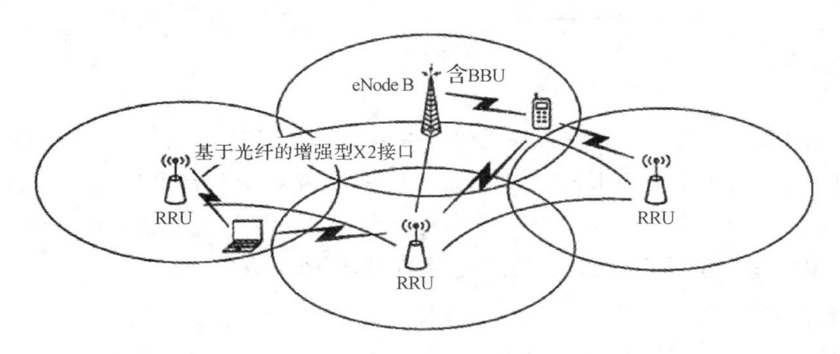

图 10 - 20　分布式系统的多站点协调

我们在上面知道了，协同多点传输既可以采用现有站点用 RoF 光纤联合起来工作，也可以从现有站点用光纤拉远 RRU 进行覆盖，实现“扇区内”的联合工作。然后，无论是采用 eNode B 也好，采取 RRU 也罢，之间的协作具体是怎么实现的呢？

首先，在 LTE - Advanced 中，CoMP 定义了两个集合，分别是协作集和报告集。协作集指的是直接和间接参与协作发送的节点集合；报告集指的是需要测量其与终端之间链路信道状态信息的小区的集合。LTE - Advanced 的 CoMP 中，传输物理下行控制信道的小区为了服务小区，为了和 LTE 兼容，CoMP 中只有一个服务小区。

3）4G 时代的二传手——中继（Relay）

所谓中继，就是基站不直接将信号发送给终端（没办法，频段这么高，覆盖盲区肯定有一些），而是先发给一个中继站（Relay Station，RS），然后再由中继站发送给终端的技术，如图 10 - 21 所示。

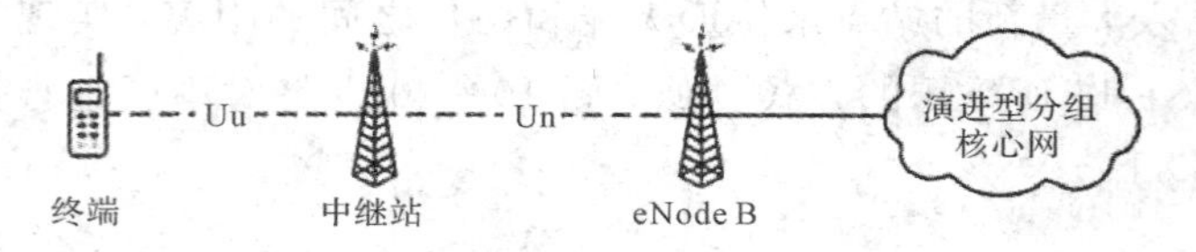

图 10 - 21　中继

中继通过 Un 接口连接到 eNode B，同时通过 Uu 接口连接到终端，中继相当于在终端和 eNode B 之间扮演了一个二传手的角色。请注意，Un 接口也即 eNode B 和中继站的接口，采取的是无线传输方式，这是与 RRU 光纤拉远方式一个重要的区别。

Relay 是 LTE - Advanced 采取的一项重要技术，一方面，LTE - Advanced 系统提出了很高的系统容量要求；另一方面，可供获得大容量的大带宽频谱可能只能在较高频段获得，而这样高的频段的路径损耗和穿透损耗都比较大，很难实现好的覆盖。比如在图 10 - 22 所示的场景中，基站的信号到笔记本电脑终端所在区域衰耗已经比较大，那我们就可以在这之间加一个中继，将接收信号再放大一次，由于中继可以灵活选择位置，因此可以实现对终端的较好的覆盖。

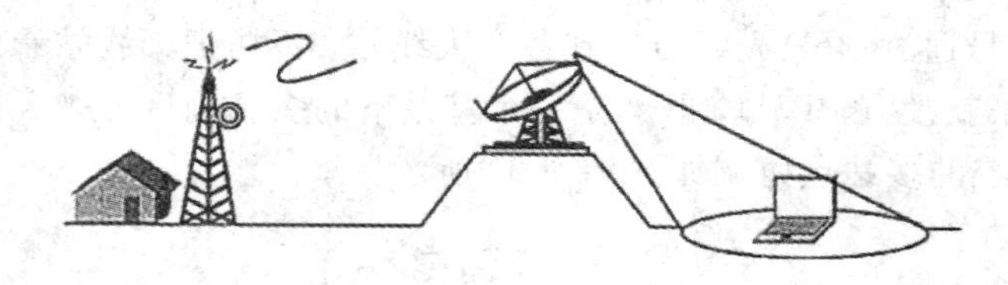

图 10 - 22　中继应用场景

无论是 RRU 拉远也好，中继也罢，解决的基本都还是较大范围的覆盖问题，如果现在某个人家里的信号不好，请问该怎么办？传统的解决方案一般是采用天线方位调整、功率调整、参数调整等方式，但家庭的数量实在是太大了，这种方式只能顾及极少部分家庭，未来如果要实现家庭级别的良好覆盖，必须还得有其他解决方案。

4）家里也可以布放基站——femto

我们知道，无论运营商的网络覆盖有多好，要照顾到每一个家庭几乎是一个不可能完

成的任务，因为电磁波的传播实在是太难以控制了，而城市的建筑物也是在不断拔地而起，每一栋大楼的建起都会改变周边的电磁环境，要指望基站都能随之改变，实在是一件很困难的事情。或许是在家庭里开始广泛应用的 Wi-Fi 无线路由器给了 3GPP 启示。既然有互联网的地方就可以有 Wi-Fi(用无线路由器把有线宽带信号转成 Wi-Fi 信号)，那么有互联网的地方，是不是都可以有 LTE 信号呢？

这是一个令人振奋的想法，因为有线宽带用户正在快速增长，越来越多的家庭用户拥有了固定宽带。如果能够在信号不好、又需要改善覆盖的家庭也装这么个即插即用的小基站，而且就像 Wi-Fi 路由器一样便捷，那该有多好。

3GPP 对这种想法很感兴趣，因为 LTE - Advanced 需要很高的带宽，这意味着很多时候需要运行在高频段，因为只有高频段才有丰富的频谱资源供它使用。但是高频段对于室内的信号质量而言不是什么好消息，很多室内信号质量的改善可能有赖于室内覆盖，但是室内覆盖并不是那么容易实现的，而且成本高昂。于是，3GPP 开始推动制定家庭基站标准的工作，由于 LTE 是全 IP 化的网络，因此家庭基站可以通过 IP 网络来实现信号的回传，而现在的互联网也是基于 IP 的，这就意味着家庭基站可以利用家庭的宽带来把手机信号回传到运营商的机房(如图 10 - 23 所示)，这实在是非常便捷。

图 10 - 23　家庭基站的梦想

这种产品很快就开发出来了，大小跟一个 Wi-Fi 路由器差不多，发射功率 10～100 mW，也与之很接近。这种家庭基站有一个很好听的名字，叫做“femtocell”，所谓 femto，在英文里的意思是千万亿分之一，也就说明它是一个很小很小的基站，在国内也通常把它叫做“飞蜂窝”，现在 femto 已经不仅仅在 LTE - Advanced 上采用，在 UMTS 上也开始广泛使用，图 10 - 24 就是一个 UMTS 的 femto。

图 10 - 24　家庭基站

家庭基站，顾名思义，设备是布放在家庭里面的。由于家庭用户都是非专业用户，你不能指望他们能像专业技术人员一样对基站进行配置和调测。所以这种小基站采用了傻瓜式的操作方法——只要往网线口上一插，接下来就不用管它了，数据的配置、参数的优化都由它自己完成，如图 10-25 所示。

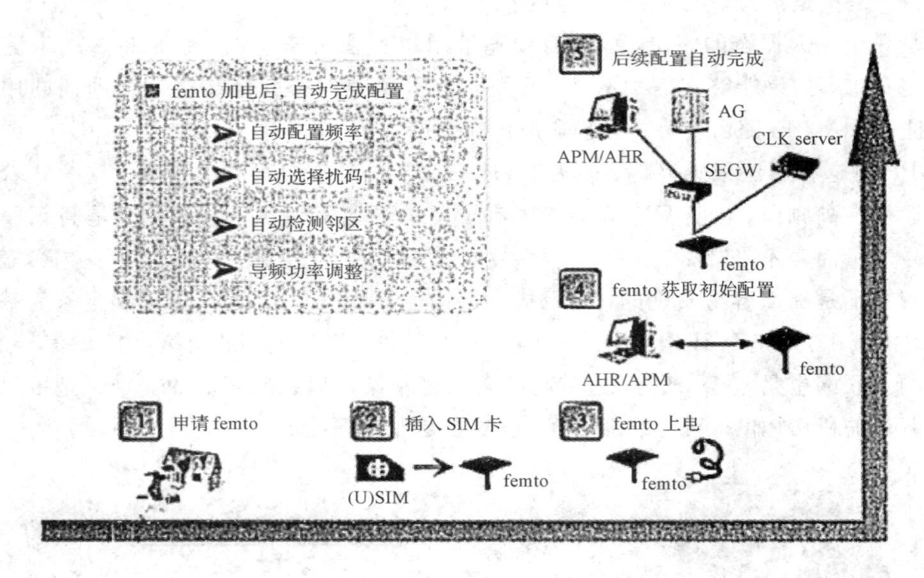

图 10-25　傻瓜式的 femto 基站操作

其实这种飞蜂窝不止可以用于家庭，还可以用于西餐厅、KTV、会所等一些装修比较好的高档场所，传统的室分施工对装修会有一定程度的破坏，因此室分进场常常会遇到阻力。而这些场所出于提升档次的需要，通常会采用大量大理石，大理石对信号的阻隔作用非常明显，但这些地方通常都会有宽带，这就为 femto 的进入奠定了良好契机。

一个比较典型的案例发生在上海外滩的某著名银行(如图 10-26 所示)，如果参加旅行团游上海，这通常是外滩的一个必去的景点。该大楼是政府指定的历史保护文物，不能进

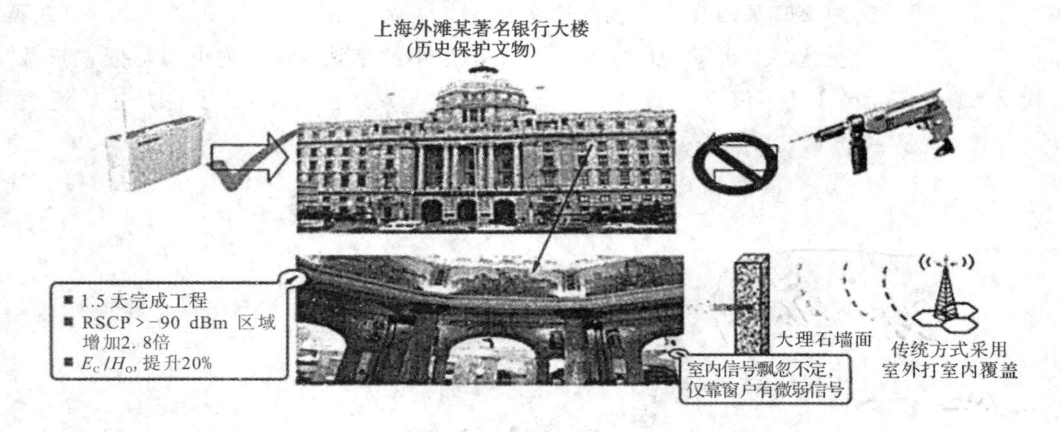

图 10-26　上海外滩浦发银行采取 femto 覆盖

行室内覆盖施工。传统的信号覆盖方法都是依靠室外站来覆盖室内，然而该银行装修极为富丽堂皇，用大理石做墙体，室内信号飘忽不定，时有时无。通过用 femto 进行 3G 覆盖，仅一天半就完成了施工，达到了良好的覆盖效果。

讨论了 femto 的用途之后，我们接下来看看 femto 的网络结构，如图 10－27 所示。

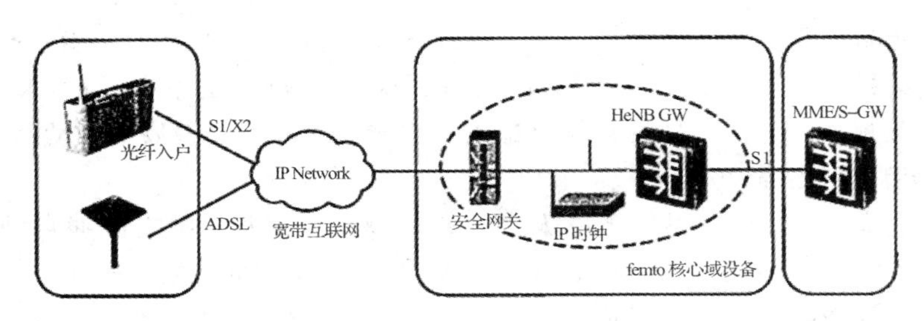

图 10－27　femto 网络结构

我们看到，为了避免 femto 基站对现在的核心网组织架构造成冲击，从而使得改动可以最小，在 MME/S－G W 这个 LTE－Advanced 的核心网与 eNode B 之间，还横插进来了一个 femto 的核心域，这个核心域的作用就是对 femto 基站进行管理，然后把数据转发到 LTE－Advanced 的核心网上去。

对于 femto 基站的介绍就到这里，femto 的引入，为 LTE－Advanced 的室内覆盖提供了一个有效的手段，但同时又带来了一个新的问题，就是当基站进入家庭之后，如此庞大数量的 femto 该怎样去管理？该怎样去维护？

5）网络可以自己规划和优化——SON 网络

移动网络技术发展迅速，从 2G 到 3G 再到 LTE，在带来更高的数据吞吐率以及网络响应速度的同时，由于 LTE－Advanced 信号处于高频段，相比 2G、3G 信号具有更高的路损和穿透损耗，为保证良好的无线覆盖质量，无线小区数量将比以前更多，尤其是家庭基站(femto)大量使用以后，网络将变得更加庞大。

此外，一家运营商同时运营多代无线网络也对运营成本构成了极大的压力。怎样降低网络的运营成本，成了 LTE－Advanced 时代必须面对和解决的问题。

在一般人模糊的印象里，可能以为资本性支出或者说建设成本(CAPEX)是运营商最大的支出，实际上，运营成本(OPEX)在当前运营商总成本中的占比已达到 60%，而其中维护和能耗成本又占到运营成本的 60%，所以尽力降低维护成本，对于运营商而言是一件非常重要的事情。在 LTE－Advanced 时代，由于站点数量的大量增加，如果还要采取当前这种纯人工维护的方式，成本会更加高昂。

除了网络运营成本的挑战，宽带无线接入的爆发式增长使得运营维护工作量和网络复杂度明显提高。传统的以人工经验为主的组网及网络优化方式实时性差、调整力度小、出错概率大且人工要求高，将无法适应上述变化。与此同时，从 3G 开始，移动运营商的工作重心就逐步从网络基础设施运维转向网络业务和应用的开发及商业模式的推广，以博取竞争优势及商业收益。因此，如果高效的网络运维能主要由网络自身来实现，将可以帮助运营商减少相关投入，将更多的资金和精力投入到市场竞争中去。

基于这样的背景，3GPP 开始研究自组织网络(Self - Organizing Network，SON)，并将其引入 LTE 和 LTE - Advanced 中。这种网络包含四个特点，即网络自配置、网络自优化、网络自愈和网络节能。

(1) 网络自配置。如果大家装过 Windows 系统，相信对此深有感触。以前装 Windows 的时候，每一步都需要人工操作，填写某些相关数据，非常麻烦，后来出了一个 Ghost 盘之后，把盘插进光驱，只需要一键就能搞定。传统的基站配置需要人工一步步执行，非常复杂，要配置大量数据，比如传输配置、邻区设置、容量和硬件配置等。而 SON 网络可以把这一切工作都集成到网管上，现场只需要配置极少量数据，其他参数都自动从网管上下载，就如 Ghost 安装盘一般简单方便。

(2) 网络自优化。网络变得越来越庞大和越来越复杂之后，网络能够自动优化就变得非常重要。对于网络自动优化而言，最重要的又是邻区的自动优化。有过维护和优化经验的人都知道，在网络建设和优化的过程中，一个比较耗费人力的工作就是处理邻区关系。在部署了 LTE - Advanced 网络，尤其是部署了家庭型基站 femto 以后，网络会更庞大，邻区关系的优化就会变得更加复杂。由于 LTE - Advanced 无线网络的庞大规模，手动维护邻区关系是一个十分巨大的工程，邻区关系自动优化需求变得极为迫切。对于 SON 来说，自动邻区关系(Automatic Neighbor Relation，ANR)是最重要的功能之一。ANR 必须支持来自不同厂商的网络设备，因此 ANR 是 SON 功能中最早在 3GPP 组织内得以实施标准化的功能之一。当建立一个新的 eNode B 或者优化邻区列表时，ANR 将会大大减少邻区关系的手动处理，从而能够提高成功切换的数量并且降低由于缺少邻区关系而产生的掉话。降低掉话这一点非常重要，因为掉话是用户最糟糕的通信体验之一，也是 KPI 考核中一项重要的指标。在 LTE - Advanced 网络中，不再通过网管来配置邻区，而是通过终端来自动进行 ANR 的维护，这一点非常特殊。因为 LTE - Advanced 的终端不再需要邻区列表，而是通过终端上报的测量报告来获得邻小区的情况。我们通过图 10 - 28 和图 10 - 29 来比较传统的加邻区维护方式和 LTE - Advanced 中的自动邻区关系维护方式。

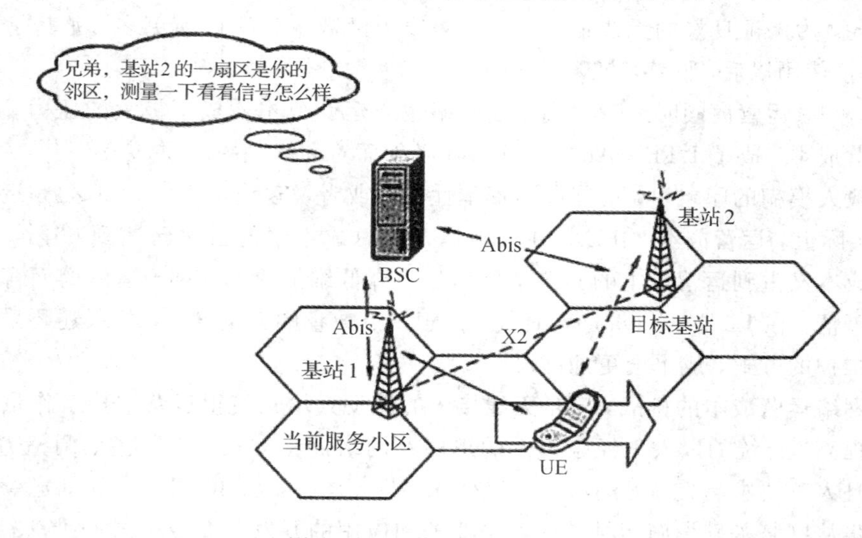

图 10 - 28　传统的邻区方式

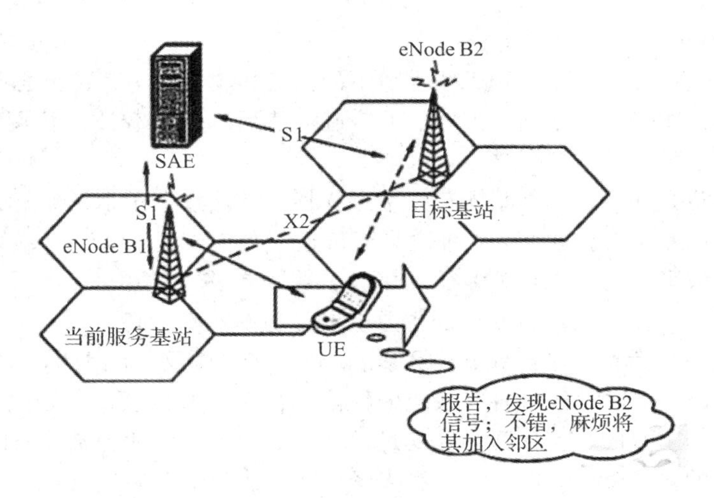

图 10－29　LTE－Advanced 中的 ANR

（3）网络自愈。网络自愈指的是网络自身应能够感知、识别、定位并关联告警，并启动自愈机制消除相应的故障，恢复正常工作状态。

（4）网络节能。一个传统无线网络的 OPEX（运营支出）中能源消耗占到 30%～40%，是最大的开销项目。而根据测算，这其中 90%的能源消耗都发生在网络没有数据传输的状态下，节能潜力巨大。所谓网络节能，其主要的节能手段就是根据具体网络负荷变化控制无线资源的开闭，在满足用户使用的同时尽量避免网络资源的空转。通俗一点说，就是通过判断负荷的高低来决定开启资源的多少。如 GSM 网络中，某小区有 4 个载波，如果打电话的用户多，可能 4 个载波都开启，如果打电话的用户少，就关闭其他 2～3 个载波，从而达到节能的目的。

SON 通过自配置、ANR、自愈合、节能等多种方式降低了运营成本，对于运营商而言非常重要。

LTE－Advanced 的概要介绍到此告一段落。LTE－Advanced 在制定之初，就提出了很高的目标，下行峰值速率达到 1 Gb/s，上行峰值速率达到 500 Mb/s。这样高的速率必定需要很多的频谱资源，由于连续的频谱资源并不多见，LTE－Advanced 采用了多个频段共存的方案，从高频到低频都有，分布很不均衡。由于频谱资源可能比较零散不连续，所以 LTE－Advanced 中开发了载波聚合技术，用以将零散的频谱聚合起来使用。除了关注上、下行峰值速率以外，LTE－Advanced 也很关注处在小区边缘的用户的体验，在这些区域的用户想得到更好的体验，通常靠功率控制的用处并不大，因此可以通过多站点协作传输的方式来取得最佳的效率。除了峰值速率和边缘吞吐率外，由于 LTE－Advanced 多数频谱资源处于高频段，覆盖也是个很大的问题，LTE－Advanced 通过中继（Relay）、RRU 拉远、femto 基站等多种方式来提升覆盖质量。有过建设和维护经验的人都知道，高频段意味多建站，建站数量的增多意味着管理起来非常麻烦，为了降低运维成本，LTE－Advanced 采用了自组织网络（SON），通过自动配置、自动优化、自动故障处理、自动节能来尽最大可能地降低成本。

2. 4G 继承的一些关键技术

4G 的关键技术除了以上详细讲到的以外，还继承了 LTE 等的如下技术。

1）OFDM 技术

OFDM(正交频分复用)是一种无线环境下的高速传输技术，其主要思想就是在频域内将给定信道分成许多正交子信道，在每个子信道上使用一个子载波进行调制，各子载波并行传输。

尽管总的信道是非平坦的，即具有频率选择性，但是每个子信道是相对平坦的，在每个子信道上进行的是窄带传输，信号带宽小于信道的相应带宽。OFDM 技术的优点是可以消除或减小信号波形间的干扰，对多径衰落和多普勒频移不敏感，提高了频谱利用率，可实现低成本的单波段接收机。OFDM 的主要缺点是功率效率不高。

移动通信业务从话音扩展到数据、图像、视频等多媒体业务，因此，对服务质量和传输速率的要求越来越高。这对移动通信系统的性能提出了更高的要求。因此，必须采用先进的技术有效地利用宝贵的频率资源，以满足高速率、大容量的业务需求；同时克服高速数据在无线信道下的多径衰落，降低噪声和多径干扰，达到改善系统性能的目的。在各类无线通信系统中，ISI(符号间干扰)一直是影响通信质量的重要因素。目前许多移动通信系统采用自适应均衡器来解决这一问题，但是用户数越多，多径越严重，均衡器的抽头数就越多，这对硬件的处理速度提出了很高的要求，并将大大提高设备的复杂程度和成本。因此，当同样能够有效对抗 ISI 的 OFDM 技术推出时，就因其频谱利用率高、抗多径衰落性能好、成本低而被普遍看好。

OFDM 其实是多载波调制技术的一种，20 世纪 60 年代开始主要用于军事通信中，但因其结构复杂限制了进一步推广。20 世纪 70 年代，人们提出了采用离散傅氏变换实现多载波调制，由于 FFT 和 IFFT 易用 DSP 实现，同时格栅编码技术、软判决技术、信道自适应等技术的应用，使 OFDM 技术开始走向实用化。如图 10－30 所示，OFDM 在频域把信道分成许多正交子信道，各子信道间保持正交，频谱相互重叠，这样减少了子信道间干扰，提高了频谱利用率。同时在每个子信道上信号带宽小于信道带宽，虽然整个信道的频率选择性是非平坦的，但是每个子信道是平坦的，大大减少了符号间干扰。此外，通过在 OFDM 中添加循环前缀可增强其抗多径衰落的能力。由于 OFDM 把整个信道分成相互正交的子信道，因此抗窄带干扰能力很强，因为这些干扰仅仅影响到一部分子信道。正是由于 OFDM 具有抗多径能力强、频谱利用率高的优点，因此受到广泛关注，人们不但认为在宽带无线接入领域采用 OFDM 是发展的趋势，而且认为它是未来移动通信系统的核心技术。

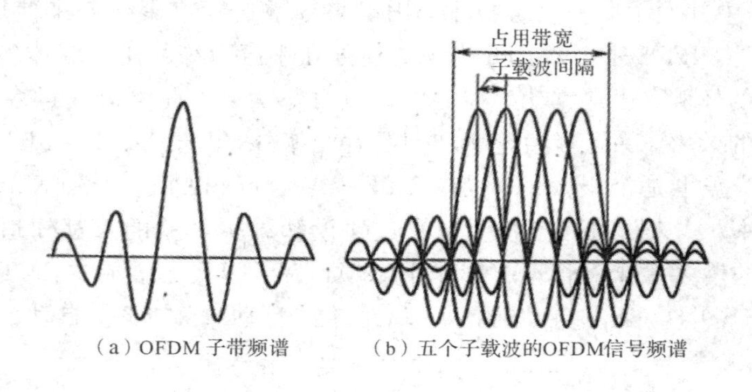

(a) OFDM 子带频谱　　(b) 五个子载波的OFDM信号频谱

图 10－30　OFDM 频谱

图 10－31 所示是 OFDM 的原理图。在发送端，串行高速数据码流经串/并变换变成 N 路低速并行数据码流，通过 IFFT 得到时域信号，再插入循环前缀以克服多径效应引起的 ISI，最后经发送滤波器形成 OFDM 信号；信号经过信道后，通过 FFT 变换得到频域信号，再经过检测、并/串变换得到原始高速数据码流。

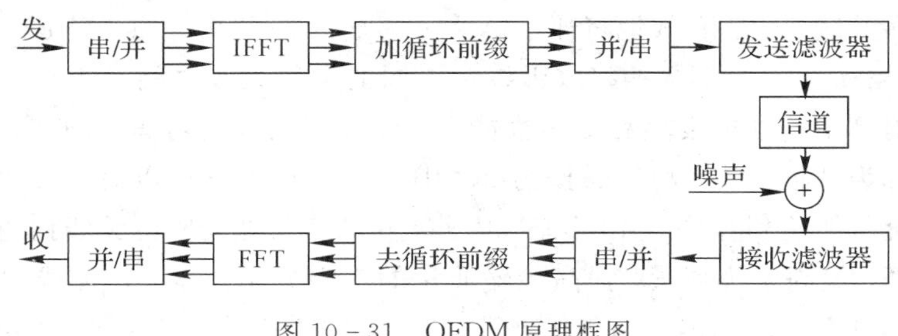

图 10－31　OFDM 原理框图

OFDM 技术之所以越来越受关注，是因为 OFDM 有很多独特的优点。

(1) 频谱利用率很高。OFDM 的频谱效率比串行系统几乎高一倍，这在频谱资源有限的无线环境中尤为重要。OFDM 信号的相邻子载波相互重叠，从理论上讲其频谱利用率可以接近 Nyquist 极限。

(2) 抗衰落能力强。OFDM 把用户信息通过多个子载波传输，在每个子载波上的信号时间就相应地比同速率的单载波系统上的信号时间长很多倍，使 OFDM 对脉冲噪声和信道快衰落的抵抗力更强。同时，通过子载波的联合编码，达到了子信道间的频率分集的作用，也增强了对脉冲噪声和信道快衰落的抵抗力。因此，如果衰落不是特别严重，就没有必要再添加时域均衡器。

(3) 适合高速数据传输。OFDM 自适应调制机制使不同的子载波可以按照信道情况和噪声背景的不同使用不同的调制方式。当信道条件好的时候，采用效率高的调制方式，当信道条件差的时候，采用抗干扰能力强的调制方式。再有，OFDM 加载算法的采用，使系统可以把更多的数据集中放在条件好的信道上以高速率进行传送。因此，OFDM 技术非常适合高速数据传输。

(4) 抗码间干扰能力强。码间干扰是数字通信系统中除噪声干扰之外最主要的干扰，它与加性的噪声干扰不同，是一种乘性的干扰。造成码间干扰的原因有很多，实际上，只要传输信道的频带是有限的，就会造成一定的码间干扰。OFDM 由于采用了循环前缀，因此抗码间干扰的能力很强。

OFDM 也有其缺点。例如对频偏和相位噪声比较敏感、功率峰值比均值大而导致射频放大器的功率效率较低、负载算法和自适应调制技术增加了系统复杂度等。

目前，OFDM 技术良好的性能使其在很多领域得到了广泛的应用，如 HDSL、ADSL、DAB 和 DVB，无线局域网 IEEE 802.11 和 HIPerLAN2，以及无线城域网 IEEE 802.16 等系统。同时，OFDM 也已成为下一代宽带无线移动通信系统的核心技术。将 OFDM 技术与 MIMO 技术结合，可以在不增加系统带宽的情况下提供更高的数据传输速率、获得更高的频谱效率；同时通过 MIMO 技术的分集特性可以达到很高的可靠性，如果把合适的数字信号处理技术应用到 MIMO＋OFDM 系统中则能更好地增强系统的稳定性。因而在 LTE、

B3G、4G、MBWA(移动宽带无线接入)等未来宽带无线移动通信中均毫无例外地采用这种技术作为核心技术。

2) MIMO技术

MIMO(多输入多输出)技术是指利用多发射、多接收天线进行空间分集的技术，它采用的是分立式多天线，能够有效地将通信链路分解成为许多并行的子信道，从而大大提高容量。信息论已经证明，当不同的接收天线和不同的发射天线之间互不相关时，MIMO系统能够很好地提高系统的抗衰落和噪声性能，从而获得巨大的容量。例如，当接收天线和发送天线数目都为8根，且平均信噪比为20 dB时，链路容量可以高达42 b/(s·Hz^{-1})，这是单天线系统所能达到容量的40多倍。因此，在功率带宽受限的无线信道中，MIMO是实现高数据速率、提高系统容量、提高传输质量的空间分集技术。在无线频谱资源相对匮乏的今天，MIMO系统已经体现出其优越性，也会在4G移动通信系统中继续应用。

MIMO技术是无线链路增强技术之一。

可以提高容量和覆盖的无线链路增强技术主要有以下几种。

(1) 分集技术。如通过空间分集、时间分集(信道编码)、频率分集和极化分集等方法来获得最好的分集性能。

(2) 多天线技术。如采用2或4个天线来实现发射分集，或者采用多输入多输出(MIMO)技术来实现发射和接收分集。

要提高系统的吞吐量，一个很好的方法是提高信道的容量。MIMO可以成倍地提高衰落信道的信道容量。根据信息论最新研究成果，假定发送天线数为m、接收天线数为n，在每付天线发送信号能够被分离的情况下，信道容量为

$$C=m\mathrm{lb}\left(\frac{n}{m}\times\mathrm{SNR}\right),\quad n\geqslant m \tag{10-1}$$

式中，SNR是每个接收天线的信噪比。

根据式(10-1)，对于采用多天线阵发送和接收技术的系统，在理想情况下信道容量将随着发射天线的数目线性增加，从而提供了目前其他技术无法达到的容量潜力。其次，由于多天线阵发送和接收技术本质上是空间分集与时间分集技术的结合，因而有很好的抗干扰能力。进一步将多天线发送和接收技术与信道编码技术结合，可以极大地提升通信系统的性能。这也促进了空时编码技术的产生和MIMO技术的应用。

MIMO是一种能够有效提高衰落信道容量的新技术。MIMO在发射端和接收端分别使用多付发射天线和接收天线，信号通过发射端和接收端的多个天线传送和接收，从而改善每个用户的服务质量(误比特率或数据速率)，如图10-32所示。MIMO可以看成是双天线分集的扩展，但不同之处在于MIMO中有效使用了编码重用技术，用相同的信道编码和扰码调制多个不同的数据流。若基站使用M付天线、N个扩频码，则一个数据流可以被分成$M\times N$个子数据流，每个扩频码对M个子数据流进行扩频，然后这些数据将被加上相互正交的导频并被同一扰码加扰，最后分别被送入M付天线。这样，发送端发送的各路子数据流所使用的扩频码、发射天线不会完全相同，减少了干扰。接收端也使用了多付天线且天线数M满足$M>M$。

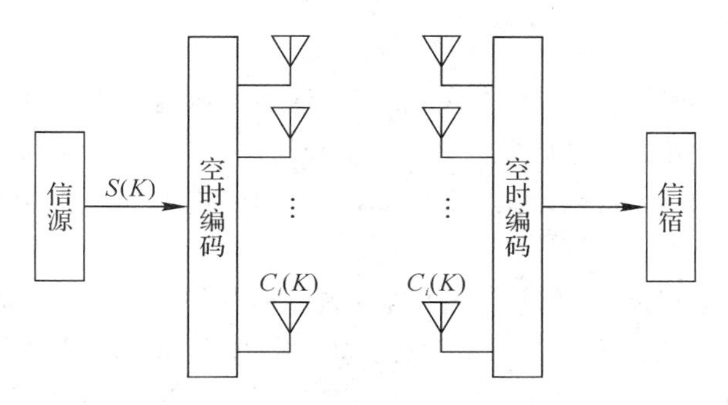

图 10-32　MIMO 原理框图

在接收端使用不同扩频码的子数据流可以利用扩频码的正交性分离出来，对于采用相同扩频码的子数据流，需要利用不同天线的非相关性来区分。为了保证相同扩频码的各个子数据流能够有效分离，各个天线之间必须保持较大的距离，以防止信号的相关干扰。

MIMO 系统可以大大提高数据传输速率(达到 14.4～21.6 Mb/s)，同时也能提高系统容量。然而，MIMO 天线会增加移动台和基站的复杂度。研究表明，配有 4 付天线的移动台的复杂度是单天线移动台的 2 倍。

MIMO 技术已成功应用于宽带无线接入中。目前，朗讯、松下、金桥和 NTT DoCoMo 等公司都在积极倡导 MIMO 技术在蜂窝移动通信中的应用。在 3GPP 的高速下行链路分组接入(HSDPA)方案中已使用了 MIMO 天线系统，这种系统在发送和接收方都有多付天线，可以认为是双天线分集的进一步扩展。另外，在 3GPP 的 WCDMA 协议中，涉及了六种发射分集方法，即空时发射分集(STTD)、时间切换发射分集(TSTD)、两种闭环分集发射模式、软切换中的宏分集以及站点选择发射分集(SSDT)。

3) 调制与编码技术

4G 移动通信系统采用新的调制技术，如多载波正交频分复用调制技术以及单载波自适应均衡技术等，以保证频谱利用率和延长用户终端电池的寿命。4G 移动通信系统采用更高级的信道编码方案(如 Turbo 码、级联码和 LDPC 等)、自动重发请求(ARQ)技术和分集接收技术等，从而在低 E_b/N_0 条件下保证系统足够的性能。

4) 高性能的接收机

4G 移动通信系统对接收机提出了很高的要求。Shannon 定理给出了在带宽为 BW 的信道中实现容量为 C 的可靠传输所需要的最小 SNR。按照 Shannon 定理，可以计算出，对于 3G 系统如果信道带宽为 5 MHz，数据速率为 2 Mb/s，则所需的 SNR 为 1.2 dB；而对于 4G 系统，要在 5 MHz 的带宽上以 20 Mb/s 的速率传输数据，则所需要的 SNR 为 12 dB。可见对于 4G 系统，由于速率很高，对接收机的性能要求也要高得多。

5) 智能天线技术

智能天线具有抑制信号干扰、自动跟踪以及数字波束调节等智能功能，被认为是未来移动通信的关键技术。智能天线应用数字信号处理技术，产生空间定向波束，使天线主波束对准用户信号到达方向，旁瓣或零陷对准干扰信号到达方向，达到充分利用移动用户信号并消除或抑制干扰信号的目的。这种技术既能改善信号质量又能增加传输容量。

6）软件无线电技术

目前移动通信的多种标准并存，新标准不断演进，不同标准采用不同的工作频段、不同的编码调制方式、不同的多址方式、不同的业务速率等，造成系统间难以兼容，给移动用户的漫游带来很大的限制，也给运营商的网络升级和演进增加了投资，而软件无线电是一种最有希望解决这些问题的技术。

软件无线电的基本思路是研制出一种基本的可编程硬件平台，只要在这个硬件平台上改变相应软件即可形成不同标准的通信设施，如不同技术标准的基站和终端等。换而言之，不同系统标准的基站和移动终端都可以由建立在相同硬件基础上的不同软件来实现，这样无线通信新体制、新系统、新产品的研制开发将逐步由硬件为主转变为以软件为主。软件无线电的关键思想是尽可能在靠近天线的部位（中频，甚至射频）进行宽带A/D和D/A变换，然后用高速数字信号处理器（DSP）进行软件处理，以实现尽可能多的无线通信功能。

软件无线电技术大大提高了3G系统的灵活性和互操作性（兼容性），大大降低了3G不断演进的成本和开发风险，并构筑了通向4G的桥梁。目前，基于软件无线电技术的多频段、多模式的移动终端及基站已投入使用，并进一步得到广泛应用。

7）基于IP的核心网

移动通信系统的核心网（CN）是一个基于全IP的网络，同已有的移动网络相比具有根本性的优点，即可以实现不同网络间的无缝互联。核心网独立于各种具体的无线接入方案，能提供端到端的IP业务，能同已有的核心网和PSTN兼容。核心网具有开放的结构，能允许各种空中接口接入核心网；同时核心网能把业务、控制和传输等分开。采用IP后，所采用的无线接入方式和协议与核心网协议、链路层是分离独立的。IP与多种无线接入协议相兼容，因此在设计核心网时具有很大的灵活性，不需要考虑无线接入究竟采用何种方式和协议。

8）多用户检测技术

多用户检测是宽带通信系统中抗干扰的关键技术。在实际的CDMA通信系统中，各个用户信号之间存在一定的相关性，这就是多址干扰存在的根源。由个别用户产生的多址干扰固然很小，可是随着用户数的增加或信号功率的增大，多址干扰就成为宽带CDMA通信系统的一个主要干扰。传统的检测技术完全按照经典直接序列扩频理论对每个用户的信号分别进行扩频码匹配处理，因而抗多址干扰能力较差；多用户检测技术在传统检测技术的基础上，充分利用造成多址干扰的所有用户信号信息对单个用户的信号进行检测，从而具有优良的抗干扰性能，解决了远近效应问题，降低了系统对功率控制精度的要求，因此可以更加有效地利用链路频谱资源，显著提高系统容量。随着多用户检测技术的不断发展，各种高性能且不是特别复杂的多用户检测器算法不断提出，在4G实际系统中采用多用户检测技术将是切实可行的。

10.4.3 4G标准

1. LTE

LTE（Long Term Evolution）项目是3G的演进，它改进并增强了3G的空中接入技术，采用OFDM和MIMO作为其无线网络演进的唯一标准。

主要特点：在 20 MHz 频谱带宽下能够提供下行 100 Mb/s 与上行 50 Mb/s 的峰值速率，相对于 3G 网络大大提高了小区的容量；同时将网络延迟大大降低，内部单向传输时延低于 5 ms，控制平面从睡眠状态到激活状态迁移时间低于 50 ms，从驻留状态到激活状态的迁移时间小于 100 ms。并且这一标准也是 3GPP 长期演进(LTE)项目，是近两年来 3GPP 启动的最大的新技术研发项目，其演进的历史如下：

GSM→GPRS→EDGE→WCDMA→HSDPA/HSUPA→HSDPA+/HSUPA+→FDD-LTE

传输速率长期演进如下(单位：b/s)：

GSM：9k→GPRS：42k→EDGE：172k→WCDMA：364k→HSDPA/HSUPA：14.4M→HSDPA+/HSUPA+：42M→FDD-LTE：300M

由于 WCDMA 网络的升级版 HSPA 和 HSPA+均能够演化到 FDD-LTE 这一状态，所以这一 4G 标准获得了最大的支持，也是 4G 标准的主流。TD-LTE 与 TD-SCDMA实际上没有关系，不能直接向 TD-LTE 演进，该网络提供媲美固定宽带的网速和媲美移动网络的切换速度，网络浏览速度大大提升。

LTE 终端设备当前有耗电太大和价格昂贵的缺点，按照摩尔定律测算，估计至少还要 6 年后，才能达到当前 3G 终端的量产成本。

2. LTE-Advanced

从字面上看，LTE-Advanced 就是 LTE 技术的升级版，那么为何两种标准都能够成为 4G 标准呢？LTE-Advanced 的正式名称为 Further Advancements for E-UTRA，它满足 ITU-R 的 IMT-Advanced 技术征集的需求，是 3GPP 形成欧洲 IMT-Advanced 技术提案的一个重要来源。LTE-Advanced 是一个后向兼容的技术，完全兼容 LTE，是演进而不是革命，相当于 HSPA 和 WCDMA 的关系。LTE-Advanced 的相关特性如下：

(1) 带宽：100 MHz。

(2) 峰值速率：下行 1 Gb/s，上行 500 Mb/s。

(3) 峰值频谱效率：下行 30 b/(s・Hz^{-1})，上行 15 b/(s・Hz^{-1})。

(4) 针对室内环境进行优化。

(5) 有效支持新频段和大带宽应用。

(6) 峰值速率大幅提高，频谱效率有限的改进。

严格地讲，LTE 作为 3.9G 移动互联网技术，那么 LTE-Advanced 作为 4G 标准更加确切一些。LTE-Advanced 入围，包含 TDD 和 FDD 两种制式，其中 TD-SCDMA 将能够进化到 TDD 制式，而 WCDMA 网络能够进化到 FDD 制式。移动主导的 TD-SCDMA 网络期望能够直接绕过 HSPA+网络而直接进入到 LTE。

3. WiMax

WiMax(Worldwide Interoperability for Microwave Access)即全球微波互联接入，WiMax 的另一个名字是 IEEE 802.16。WiMax 的技术起点较高，WiMax 所能提供的最高接入速度是 70 Mb/s，这个速度是 3G 所能提供的宽带速度的 30 倍。

对无线网络来说，这的确是一个惊人的进步。WiMax 逐步实现宽带业务的移动化，而 3G 则实现移动业务的宽带化，两种网络的融合程度会越来越高，这也是未来移动世界和固定网络的融合趋势。

802.16 工作的频段是无需授权频段，范围在 2 GHz 至 66 GHz 之间，而 802.16a 则是一种采用 2 GHz 至 11 GHz 无需授权频段的宽带无线接入系统，其频道带宽可根据需求在 1.5 MHz至 20 MHz 范围进行调整，具有更好的高速移动下无缝切换功能的 IEEE 802.16m 的技术正在研发。因此，802.16 所使用的频谱可能比其他任何无线技术更丰富。WiMax 具有以下优点：

(1) 对于已知的干扰，窄的信道带宽有利于避开干扰，而且有利于节省频谱资源。

(2) 灵活的带宽调整能力，有利于运营商或用户协调频谱资源。

(3) WiMax 所能实现的 50 km 的无线信号传输距离是无线局域网所不能比拟的，网络覆盖面积是 3G 发射塔的 10 倍，只要建设少数基站就能实现全城覆盖，能够使无线网络的覆盖面积大大提升。

虽然 WiMax 网络在网络覆盖面积和网络的带宽上优势巨大，但是其移动性却有着先天的缺陷，无法满足高速(大于 50 km/h)下的网络的无缝链接，从这个意义上讲，WiMax 还无法达到 3G 网络的水平，严格地说并不能算作移动通信技术，而仅仅是无线局域网的技术。

但是 WiMax 希望 IEEE 802.11m 技术能够有效地解决这些问题，也正是因为有中国移动、英特尔、Sprint 各大厂商的积极参与，WiMax 成为呼声仅次于 LTE 的 4G 网络技术。

WiMax 全球用户超过 1300 万。WiMax 其实是最早的 4G 通信标准，大约出现于 2000 年。

4. Wireless MAN - Advanced

Wireless MAN - Advanced 事实上就是 WiMax 的升级版，即 IEEE 802.16m 标准，802.16 系列标准在 IEEE 正式称为 Wireless MAN，而 Wireless MAN - Advanced 即为 IEEE 802.16m。802.16m 最高可以提供 1 Gb/s 的无线传输速率，还将兼容未来的 4G 无线网络。802.16m 可在“漫游”模式或高效率/强信号模式下提供 1 Gb/s 的下行速率。该标准还支持“高移动”模式，其优势如下：

(1) 提高网络覆盖，改建链路预算。

(2) 提高频谱效率。

(3) 提高数据和 VoIP 容量。

(4) 低时延和 QoS 增强。

(5) 节省功耗。

Wireless MAN - Advanced 有五种网络数据规格，其中极低速率为 16 kb/s，低速率数据及低速多媒体速率为 144 kb/s，中速多媒体速率为 2 Mb/s，高速多媒体速率为 30 Mb/s，超高速多媒体速率则达到了 30 Mb/s～1 Gb/s。

但是该标准可能会率先被军方所采用，IEEE 方面表示军方的介入能够促使 Wireless MAN - Advanced 更快地成熟和完善，而且军方的今天就是民用的明天。

5. 国际标准

2012 年 1 月 18 日下午 5 时，国际电信联盟在 2012 年无线电通信全会全体会议上，正式审议通过将 LTE - Advanced 和 Wireless MAN - Advanced(802.16m)技术规范确立为 IMT - Advanced(俗称“4G”)国际标准，中国主导制定的 TD - LTE - Advanced 和 FDD - LTE - Advance 同时并列成为 4G 国际标准。

4G 国际标准的制定工作历时三年。从 2009 年年初开始，ITU 在全世界范围内征集 IMT - Advanced 候选技术。2009 年 10 月，ITU 共计征集到了六项候选技术提案，分别来自北美标准化组织 IEEE(802.16m)、日本(两项分别基于 LTE - A 和 802.16m)、欧洲标准化组织 3GPP(FDD - LTE - Advance)、韩国(基于 802.16m)和中国(TD - LTE - Advanced)。

这六个技术基本上可以分为两大类，一是基于 3GPP 的 FDD - LTE - Advance 的技术，中国提交的 TD - LTE - Advanced 是其中的 TDD 部分。另外一类是基于 IEEE 802.16m 的技术。

ITU 在收到候选技术以后，组织世界各国和国际组织进行了技术评估。2010 年 10 月，在中国重庆，ITU - R 下属的 WP5D 工作组最终确定了 IMT - Advanced 的两大关键技术，即 LTE - Advanced 和 802.16m。中国提交的候选技术作为 LTE - Advanced 的一个组成部分，也包含在其中。在确定了关键技术以后，WP5D 工作组继续完成了国际电联建议的编写工作，以及各个标准化组织的确认工作。此后 WP5D 将文件提交上一级机构审核，SG5 审核通过以后，再提交给全会讨论通过。

在此次会议上，TD - LTE - Advanced 正式被确定为 4G 国际标准，也标志着中国在移动通信标准制定领域再次走到了世界前列，为 TD - LTE 产业的后续发展及国际化提供了重要基础。

日本软银、沙特阿拉伯 STC 和 Mobily、巴西 Sky Brazil、波兰 Aero2 等众多国际运营商已经开始商用 TD - LTE 网络。审议通过后，有利于 TD - LTE 技术进一步在全球推广。同时，国际主流的电信设备制造商基本全部支持 TD - LTE，而在芯片领域，TD - LTE 已吸引 17 家厂商加入，其中不乏高通等国际芯片市场的领导者。

10.5 卫星移动通信系统

随着 21 世纪的到来，卫星通信将进入个人通信时代，这个时代的最大特点是卫星通信终端达到手持化，个人通信实现全球化。个人通信是移动通信的进一步发展，是人类通信的最高目标，它采用各种可能的网络技术，实现任何人在任何地点、任何时间与任何人进行任何种类的信息交换。

近年来，地面移动通信发展十分迅速，蜂窝移动电话等相关技术在工业化国家普及率已相当高。但是地面网仅能覆盖业务密集的城市地区，距离十分有限。利用卫星通信可以覆盖全球的特点，通过卫星系统与地面移动通信系统的结合才能实现真正的全球个人通信。

10.5.1 基本概念

卫星通信是在地面微波接力通信和空间技术的基础上发展起来的一种特殊形式的微波中继通信。在国际通信中，卫星通信承担了 1/3 以上的远洋通信业务，并提供了几乎世界上所有的远洋电视业务，卫星通信系统已构成了全球数据通信网络不可缺少的通信链路。

卫星移动通信是指利用地球静止轨道卫星或中、低轨道卫星作为中继站，实现区域乃至全球范围的移动通信。它一般包括三部分：通信卫星，由一颗或多颗卫星组成；地面站，包括系统控制中心和若干个信关站(即把公共电话交换网和移动用户连接起来的中转站)；移动用户通信终端，包括车载、舰载、机载终端和手持机。

卫星移动通信系统的主要特点包括：可实现移动平台的“动中通”；可提供多种业务，如话音传输、数据传输、定位和寻呼等，而且通信传输延时短，无需回音抵消器；可与地面蜂窝状移动通信系统及其他通信系统相结合，组成全球覆盖无缝通信网；对用户的要求反应速度快，适用于应急通信和军事通信等领域。

随着通信业务量的增加，要求无线电通信系统有更大的带宽，因此通信频率也要更高。但高频率的电磁波具有直线传播的特性，在地球表面进行通信时，受天线高度的限制，一般的通信距离只能在半径为 50 km 的范围内。

人造地球卫星的出现，使通信天线可以脱离地面达到几百千米到几万千米的高度。只要在卫星上装上一套通信设备，地面上相当大的区域内可以通过卫星上的通信设备进行相互之间的通信。这种利用通信卫星作为中继站的中继通信方式称为卫星通信(Satellite Communication)。主要用于通信的卫星称为通信卫星，地球上直接与卫星进行通信的一整套通信装置(包括发射机、接收机、天线等)称为地球站(Globe Station)或地面站。

图 10－33 是一个最简单的卫星通信示意图。来自地面通信线路的各类数据信号在地球站 A 中集中，由地球站 A 的发射机通过定向天线向通信卫星发射，这个信号被通信卫星内的转发器所接收，由转发器进行处理(如放大、变频等)后，再通过卫星天线发回地面，被地球站 B 中的接收机接收，再分送到地面的通信线路中，实现了利用通信卫星进行 A 地与 B 地之间的信号传递。同样，地球站 B 也可以通过卫星转发器向地球站 A 发送信号。

通信卫星按一定的轨道绕地球运行。卫星距地面的高度越低，绕地球一周所需的时间就越短。当卫星距地球表面的高度是 35 860 km 时，卫星绕地球一周的时间正好是 24 小时(地球自转一周的时间)，如果这个卫星的轨道在地球赤道平面上，那么这个卫星的位置相对于地面站来说是静止的，这样的卫星称为静止卫星或同步卫星。位于赤道平面上(0 纬度)、距地球表面 35 860 km 的圆形轨道称为地球同步轨道。

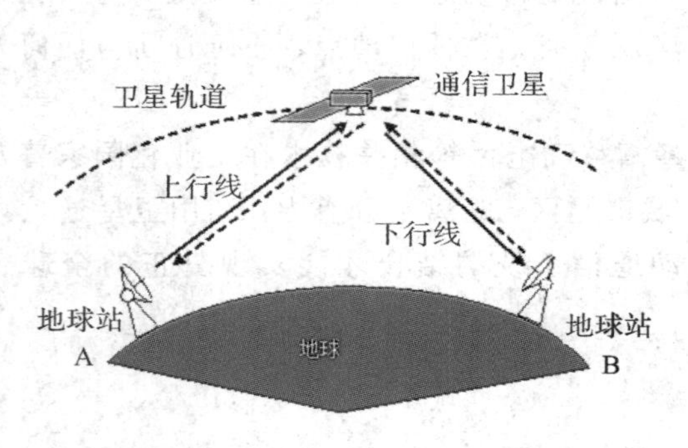

图 10－33　卫星通信示意图

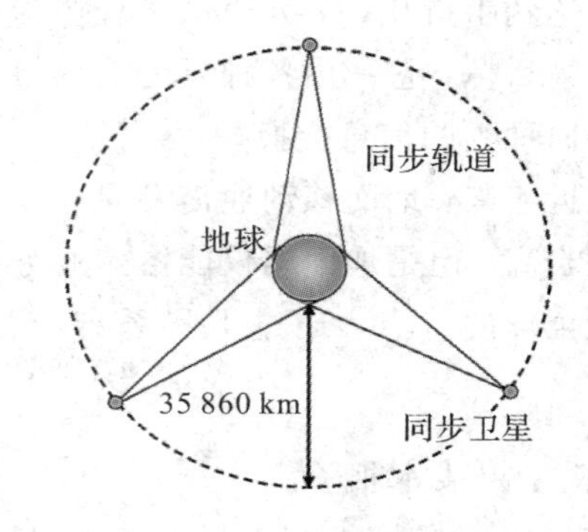

图 10－34　三颗同步卫星覆盖全球

当同步卫星的通信天线指向地球时，天线发射的波束最大可以覆盖超过地球表面 1/3 的面积，同样该天线也可以接收来自这些区域的各个地球站的信号。三颗同步卫星按 120° 间隔配置可以使除两极外的整个地球所有地区都处于同步卫星的覆盖区(如图 10－34 所

示)，并且有一部分地区处于两颗卫星的重叠覆盖区，在这些地区设置的地球站可以使两颗卫星进行相互通信。这样，同步卫星覆盖区内的所有地面站之间都可以进行相互通信。两极区域配上地面通信线路或利用移动卫星进行信号的转发，可以间接地纳入同步卫星的覆盖区。

除了同步轨道外，在其他地球轨道上的卫星相对于地面来说都是在运动的，这样的卫星称为移动卫星或非同步卫星。一般移动卫星都处于距离地面几百千米以上的低轨道上。移动卫星位置低，信号传输损耗小，对地面站的发射功率和接收灵敏度要求不高，地面站的体积与重量都可以很小，甚至可以用手机与卫星进行通信，很适合地面移动体之间或移动体与固定站之间的通信(简称卫星移动通信)。

10.5.2 卫星通信系统的组成

卫星移动通信系统包括空间和地面两大部分，其中空间部分主要是转发器和天线，并且一颗通信卫星可以有多个转发器，但通常这些转发器会共用一付或少量几付天线；地面部分也就是地球站的主体部分，主要是大功率的无线电发射机、高灵敏度接收机和高增益天线等。一颗卫星可以与多个地球站进行通信。

1. 卫星转发器

转发器(Transponder)是通信卫星中直接起中继作用的部分，是通信卫星的主体。它接收和放大来自各地面站的信号，经频率变换后再发回地面，所以它实际上是一部高灵敏度、宽频带、大功率的接收与发射机。转发器的工作方式是异频全双工，接收与发射的信号频率不同，通常收发共用天线，由双工器进行收发信号的分离。

对卫星转发器的基本要求是：以最小的附加噪声和失真，并以足够的工作频带和输出功率来为各地面站有效而可靠地转发无线电信号。

2. 卫星地面发射站

地面站大功率发射系统组成框图如图 10－35 所示。来自地面数字通信网的数据基带信号经过基带处理后都加到调制器中。对基带信号的处理主要有加密、差错控制编码、扩频编码等。

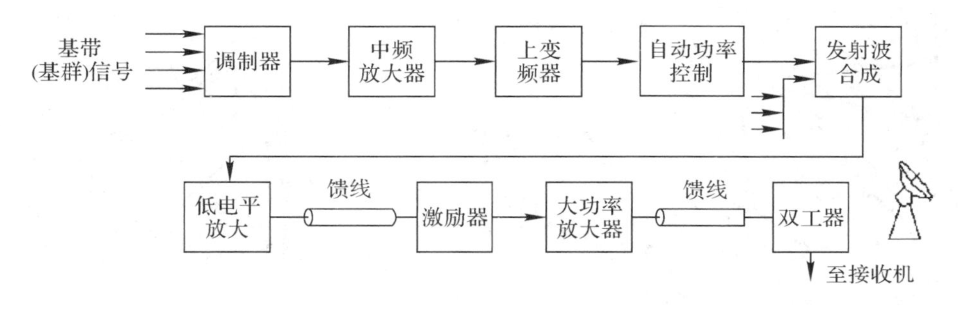

图 10－35 地面站大功率发射系统组成框图

早期的数字卫星通信系统主要采用 2PSK 调制方式，它的特点是在较低的信噪比条件下仍能保持较低的误码率，但主要的缺点是频率利用率不高。随着人们对通信容量需求的增加及卫星转发器输出功率的提高，提高频率利用率成为选择调制方式时的首要考虑，开始使用多进制相移键控(MPSK)技术以及各种改进的调制方式如偏移四相相移键控(SQPSK)、最小频移键控(MSK)等。目前这几种调制方式都有应用的实例。

用于调制的载波频率为70 MHz。已调信号在中频放大器和中频滤波器中进行放大并滤除干扰，然后在上变频器中变换成微波频段的射频信号。

如果地球站需要发射多个已调波，就必须在发射波合成设备中将多个已调波信号合成为一个复合信号。最后，由功率放大器将它放大到所需的发射电平上，通过双工器送到定向天线。由于各个已调波信号的载频并不相同，复合信号在频谱上不重叠，因此便于卫星转发器或地球站在接收后进行分离。

卫星通信系统对地面和星上发射机的发射功率有严格的要求，国际卫星通信临时委员会(ICSC)规定，除恶劣气候条件外，卫星方向的辐射功率应保持在额定值的±0.5 dB范围内，所以大多数地面站的大功率发射系统都装有自动功率控制(APC)电路。

尽管在一颗通信卫星的覆盖区内有很多个地球站可与之通信，但从单个卫星地球站的角度看，它与通信卫星之间的通信是点对点的通信，地球站选用方向性好、增益高的天线既可以在发射信号时将尽可能多的能量集中到卫星上，又可以在接收时从卫星方向获得更多的信号能量，同时由于天线的方向性好，可以有效地抑制来自其他方向的干扰。因此天线是影响卫星地球站性能的重要设备。

目前常用于卫星通信的天线是一种双反射镜式微波天线，因为它是根据卡塞格伦望远镜的原理研制的，所以一般称为卡塞格伦天线。图10-36是卡塞格伦天线的结构示意图。它包括一个抛物面反射镜(主反射面)和一个双曲面反射镜(副反射面)。副反射面与主反射面的焦点重合。由一次辐射器——馈源喇叭辐射出来的电磁波，首先投射到副反射面上，再由主反射面平行地反射出去，使电磁波以最小的发散角辐射。

在一些小型的地球站中还常用到如图10-37所示的抛物面天线，它只用了一次反射，结构较简单，成本低，但馈线长，损耗大。一些只用于接收的地球站往往直接将低噪声的高频头置于馈源位置上。

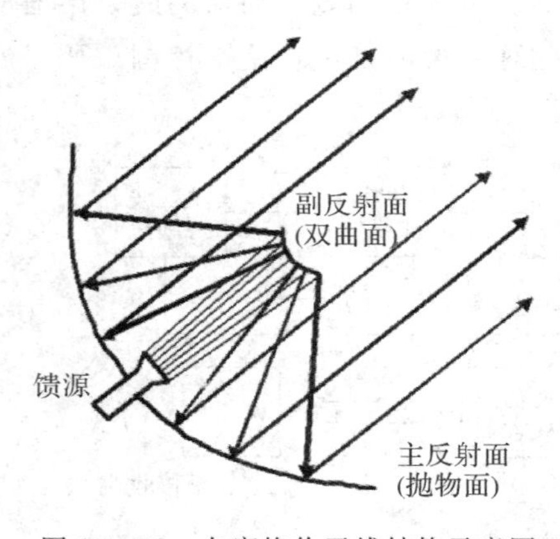

图10-36 卡塞格伦天线结构示意图

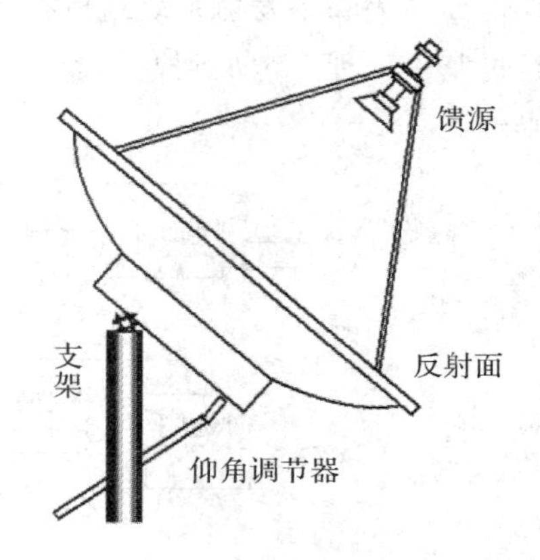

图10-37 一次反射的抛物面天线

馈电设备接在天线主体设备与发射机接收机之间。它的作用是把发射机输出的射频信号馈送给天线，同时将天线接收到的电磁波馈送给接收机，即起着传输能量和分离收、发电波的作用。为了高效率传输信号能量，馈电设备的损耗必须足够小。

3. 卫星地面接收机

卫星地面接收机的作用是接收来自卫星转发器的信号。由于卫星重量受到限制，因此卫星转发器的发射功率一般只有几瓦到几十瓦，而卫星上的通信天线的增益也不高，因而卫星转发器的有效全向辐射功率一般情况下比较小。卫星转发下来的信号，经下行线路约 40 000 km 的远距离传输后要衰减 200 dB 左右(在 4 GHz 频率上)，因此当信号到达地面站时就变得极其微弱，地面站接收系统的灵敏度必须很高，才能从干扰和噪声中把微弱信号提取出来，并加以放大和解调。

卫星地面接收机的组成方框图如图 10－38 所示。由图中可以看出，接收系统的各个组成设备是与发射系统相对应的，而相应设备的作用又是相反的。

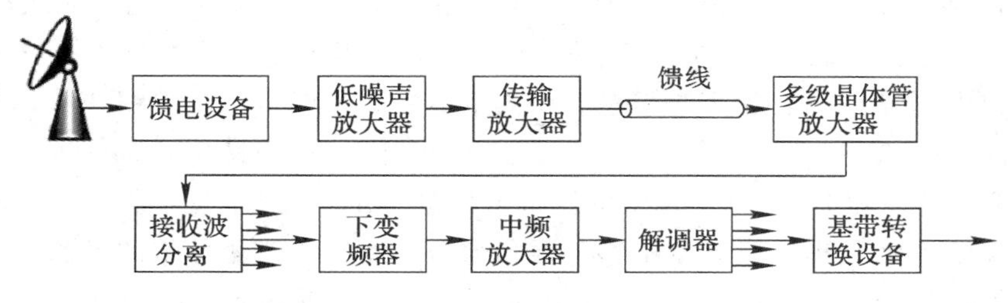

图 10－38　地面站接收系统组成方框图

由地面站接收系统收到的来自卫星转发器的微弱信号，经过馈电设备，首先加到低噪声放大器进行放大。因为信号很微弱，所以要求低噪声放大器要有一定的增益和低的噪声温度。

从低噪声放大器输出的信号，在传输放大器中进一步放大后，经过波导传输给接收系统的下变频器。为了补偿波导传输损耗，在信号加到下变频器之前，需要经过多级晶体管放大器进行放大。如果接收多个载波，还要经过接收波分离装置分配到不同的下变频器去。下变频器把接收载波变成中频信号，对于 PSK 信号，采用相干解调器或差分相干解调器。解调后的基带信号被送到基带转换设备中。

10.5.3　卫星通信的工作频段

目前大部分国际通信卫星业务使用两个频段：C 波段(4/6 GHz)和 Ku 波段(12/14 GHz)，其中前一个频率称为下行频率(从卫星到地面)，频率范围为 C 波段：3.7～4.2 GHz，Ku 波段：11.7～12.2 GHz，后一个频率称为上行频率(从地面到卫星)，频率范围为 C 波段：5.925～6.425 GHz，Ku 波段：14.0～14.5 GHz，卫星转发器的总带宽为 500 MHz。C 波段的通信频率与地面微波接力通信网的频率重叠，存在相互间干扰，Ku 波段不仅干扰小，而且由于波长短，可减小地球站的接收与发射天线尺寸。

10.5.4　卫星移动通信系统介绍

1. 分类

卫星移动通信系统的应用环境包括海上、空中和地面，因此按其应用环境可分为：海事卫星移动通信系统(MMSS)、航空卫星移动通信系统(AMSS)和陆地卫星移动通信系统(LMSS)。按系统采用的卫星轨道可分为同步轨道和非同步轨道卫星通信系统。非同步轨道卫星通信系统又可分为高轨道(HEQ)、中轨道(MEO)和低轨道(LEO)系统。

2. 应用

卫星移动通信具有机动性强、覆盖范围大、可靠性好、传输效率高等特点，是保障作战行动的有效通信方式。自英阿马岛战争后，卫星移动通信技术和系统广泛应用于“精选力量”、“持久自由”、“伊拉克自由”等历次军事行动中，其应用环境遍及山地、沙漠、盆地、丛林、城市等各种恶劣和复杂的作战地区，应用范围贯穿于战役、战术等各种规模的作战之中，应用对象包括多种作战平台、师旅团营甚至单兵等各级作战单位和单元。在作战应用的实践过程中，卫星移动通信技术与军事需求紧密联系、不断完善，成为确保战场指挥控制、通信互联的重要手段。

1976年，Marisat海事卫星移动系统正式开始商业运营，为船只提供无线电话和电传服务。从此，卫星移动通信逐步扩大其服务范围。1979年7月16日，世界上第一个卫星移动通信服务的提供者——国际海事卫星组织诞生，并于1982年2月1日正式运营。最初该组织从美国通信卫星公司租用了一颗海事卫星(Marisat)，后来又从欧洲空间组织租用了两颗Marecs卫星和4颗Intelsat卫星上的海事通信包。由这7颗卫星组成了第一代Inmarsat卫星通信系统，为船只提供全球卫星移动通信服务。随着通信业务量的增长，Inmarsat从1990年开始发射第二代卫星Inmarsat-2，至1992年，4颗Inmarsat-2已全部投入运行。此外，澳大利亚的AUSSAT Pty公司建立了MOBILESAT系统，其卫星装有L波段转发器，主要为国内移动用户提供服务。加拿大电信移动卫星公司(TMI)与美国移动卫星公司(AMSC)联合建立北美卫星移动通信系统(MSAT)，在北美为陆地、海上和空中移动用户提供服务。加、美两国分别在1994至1995年各发射一颗MSAT卫星，两星互为备份，以保证服务的可靠性。随着通信业务量的增长，业务种类的扩展，出现了高、中、低3种轨道并存的卫星移动通信系统。以下只介绍同步静止轨道(GEO)卫星移动通信系统。

3. 同步静止轨道(GEO)卫星移动通信系统

同步静止轨道(GEO)卫星移动通信系统使用位于赤道上方35 784 km的对地同步卫星开展通信业务。在这个高度上，一颗卫星几乎可以覆盖整个半球，形成一个区域性通信系统，该系统可以为其卫星覆盖范围内的任何地点提供业务。在GEO卫星系统中，只需要一个国内交换机对呼叫进行选路，信令和拨号方式比较简单，任何移动用户都可以被呼叫，无需知道其所在地点。同时，移动呼叫可以在任何方便的地点落地，而不需昂贵的长途接续，卫星通信费用与距离无关，它与提供本地业务的陆地系统的费用相近。当卫星对地面台站的仰角较大时，移动天线具有朝上指向的波束，可以与地面的反射区分开，这样就几乎能完全避免在陆地系统中常见的深度多径衰落。

GEO卫星移动通信系统可以提供两种普通的业务：一种为公用卫星电话，另一种是专用卫星电话，前者需连接公用交换电话网，使移动台可以呼叫世界上任一个固定电话，反之亦然。后者只在一个移动台和它的调度员之间进行。这两种业务都可以传送电话、寻呼、数据和定位信息。这两种业务也可结合起来形成特有的通信能力。

北美卫星移动通信系统(MSAT)是世界上第一个区域性卫星移动通信系统。1983年，加拿大通信部和美国宇航局达成协议，联合开发北美地区的卫星移动业务，加拿大TMI公司和美国AMSC公司负责该系统的实施和运营。MSAT是加拿大经营的第一颗卫星。该系统可服务于公众通信，也可服务于专用通信。

最早的 GEO 卫星移动系统是海事卫星移动系统(Inmarsat)，由美国通信卫星公司(COMSAT)利用 Marisat 卫星进行卫星通信，是一个军用卫星通信系统。20 世纪 70 年代中期，为增强海上船只的安全保障，将 Marisat 卫星的部分资源提供给远洋船只使用。1982 年形成了以国际海事卫星组织(Inmarsat)管理的 Inmarsat 系统，开始提供全球海事卫星通信服务。1985 年对公约作了修改，决定把航空通信纳入到业务之内，1989 年又决定把业务从海事扩展到陆地。目前它已是一个有 72 个成员国的国际卫星移动通信组织，控制着 135 个国家的大量话音和数据系统。中国交通部和中国交通通信中心分别代表中国参加了该组织。

Inmarsat 组成如图 10－39 所示。该系统由船站、岸站、电话局、网络协调站和卫星组成。

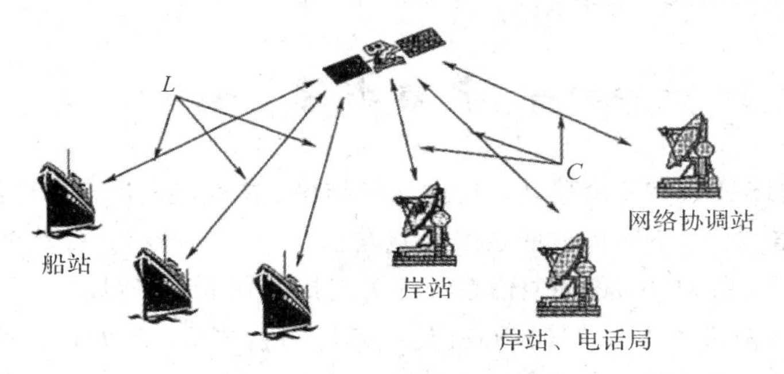

图 10－39　Inmarsat 组成原理

Inmarsat 业务的发展如表 10－7 所示。其中移动性更强的 Inmarsat－C 及 Inmarsat－M 的开发是借助该组织发射 Inmarsat－3 卫星的结果，Inmarsat－A/B 的体积相当于衣箱大小，Inmarsat－C/M 相当于公文包大小。

表 10－7　Inmarsat 业务的发展

业　务	时间	使用终端
Inmarsat－A	1982 年	初期的话音和数据终端
Inmarsat－Aero	1990 年	航空话音和数据终端
Inmarsat－C	1991 年	公文包式数据终端
Inmarsat－M	1993 年	公文包式数字电话终端
Inmarsat－B	1993 年	数字全业务终端
全球寻呼	1994 年	袖珍式传呼机
导航业务	1995 年	各种专用业务终端
音频广播	90 年代中期	正在探索中的一种可能性
Inmarsat－P	1998—2000	手持卫星电话

Inmarsat 在 1991 年底推出了 Inmarsat－C 终端，它采用信息存储转发方式进行通信，移动用户可事先在显示屏上编辑好电文，然后以数据形式通过卫星发往所需的地面站，地

面站收到最后一组数据包后，对数据包进行复原处理，然后通过国际电信网在几秒钟内将电报送到用户手中。用户还可以利用陆地通信网中各种通信方式发送数据。Inmarsat－C终端把接收机、发射机、天线三者集成在一个仅有16开书本大小的公文包内，重量约3～5 kg，其天线使用小型的定向或全向性天线，很易于指向卫星。

Inmarsat－M终端是Inmarsat于1992年底推出的，它是通向全球个人移动通信的桥梁。它可提供直接拨号、双向电话、第三类传真(GROUP－3)和数据通信功能，提供单跳、全国范围内的移动、稀路由电话服务，具有直接与国际电信网连接的选择能力。该终端广泛用于各类船舶、航空用户以及各种类型的车辆，其天线能够自动跟踪船舶、飞机、车辆，在行进中其天线能够随时保持与卫星的联系。随着世界网络信令系统的发展，Inmarsat－M终端将提供单一号码的入口接续，并与蜂窝系统互联。

本章小结

本章首先对GSM数字蜂窝移动系统的网络结构、技术演进进行了详细介绍，然后围绕着系统目标、网络结构、不同标准的技术特点与演进路线，对第三代移动通信系统及其演进进行了详细介绍，并对4G移动通信系统的关键技术做了详细阐述。

移动通信发展演进的历程，其核心就是不断地用新技术、新架构去增加系统容量、提高频谱利用率、增强数据传输能力，以良好的成本效率满足用户需求，为用户提供质量优良、种类丰富的通信业务和全球漫游能力。

卫星移动通信系统是采用微波(300 MHz～300 GHz)频段的电波进行信息传输的。由于地球曲面的影响以及空间传输的损耗，需要在地面上设置多个中继站，将电波放大转发以进行长距离的通信，这种方式称为微波中继通信；当中继站以卫星作为载体在空中进行中继通信时，称为卫星通信。本章最后介绍了同步静止轨道卫星移动通信系统。

习题与思考题

一、填空题

1. GSM系统常用的频率复用方式为________。

2. GSM系统基站子系统由________和________两大部分组成。

3. GSM系统的工作频段分为________频段和________频段。

4. GSM系统采用________双工方式。

5. 同GSM系统相比，GPRS网络中在BSC部分增加了________，在核心网部分增加了________和________。

6. TD－SCDMA单载波频带宽度是________MHz。

7. 3G核心网分成两个子系统：________和________。

8. 卫星通信是地球站之间利用________转发信号的无线电通信，是现代通信的重要手段。

二、单项选择题

1. GSM 采用的调制方式是(　　)。

A. SK　　B. B/SK　　C. GMSK　　D. OQPSK

2. 无线基地台(BTS)是属于哪个子系统?(　　)

A. 操作维护中心　　B. MSS

C. BSS　　D. OSS

3. 关于 GSM 系统中的接口下列叙述错误的是(　　)。

A. BSC 与 MSC 之间的接口为"A"接口

B. 移动交换中心与访问位置寄存器之间的接口为"B"接口

C. 移动交换中心与归属位置寄存器之间的接口为"E"接口

D. 访问位置寄存器之间的接口为"G"接口

4. 无线子系统的物理信道支撑着逻辑信道，以 GSM 系统为例，逻辑信道可分为业务信道和(　　)信道两大类。

A. 广播　　B. 专用　　C. 公共　　D. 控制

5. Class A GPRS 终端(　　)。

A. 可同时进行 GSM、GPRS 业务

B. 支持 GSM、GPRS 业务，但不能同时进行

C. 不支持 GSM 业务

D. 手动选择支持 GSM 或 GPRS 业务

6. TD-SCDMA 属于(　　)阵营。

A. 3GPP　　B. 3GPP2

C. 3GPP 和 3GPP2　　D. 以上都不是

7. 我国划分给 3G 频分双工(FDD)方式系统的频段为(　　)。

A. 1920～1980 MHz/2110～2170 MHz

B. 1710～1785 MHz/1805～1880 MHz

C. 825～840 MHz/870～885 MHz

D. 890～915 MHz/935～960 MHz

8. 俗称的 3.5G 是指(　　)。

A. WCDMA　　B. CDMA2000　　C. HSPA　　D. EDGE

9. 由于卫星通信大都工作于微波波段，所以地球站天线通常是(　　)。

A. 鞭天线　　B. 环形天线

C. 面天线　　D. 双极天线

10. 卫星通信系统中，(　　)的任务是对定点的卫星在业务开通前、后进行通信性能的监测和控制，以保证正常通信。

A. 空间分系统　　B. 通信地球站

C. 跟踪遥测及指令分系统　　D. 监控管理分系统

三、多项选择题

1. 3G后续演进中涉及的新名词有(　　)等。
   A. HSDPA/HSUPA　　B. CDMA2000 Ix EV/DO
   C. DMA2000 Ix EV/DO　　D. WiMax E. LTE
2. GSM网络子系统(NSS)包括移动交换中心(MSC)、(　　)和短消息中心。
   A. 访问位置寄存器(VLR)　　B. 归属位置寄存器(HLR)
   C. 鉴权中心(AUC)　　D. 设备识别寄存器(EIR)
3. 基站控制器主要的功能是(　　)。
   A. 进行无线资源管理
   B. 实施呼叫和通信链路的建立和拆除
   C. 对本控制区内移动台的越区切换进行控制
   D. 与其他通信网接口
4. GSM系统体系结构的子系统之间接口主要有(　　)。
   A. 移动台与BTS之间的接口，称之为GSM无线空中接口；
   B. BTS与BSC之间的接口，称之为Abis接口；
   C. BSC与MSC之间的接口，称之为A接口；
   D. BSS与MS之间的接口，称之为Um接口。
5. GSM控制信道可以分为(　　)。
   A. 广播信道(BCH)　　B. 同步信道(SCH)
   C. 公共控制信道(CCCH)　　D. 专用控制信道(DCCH)
6. 在GSM系统的基础上，GPRS系统新增了(　　)。
   A. 分组控制单元　　B. GPRS业务支持节点(SGSN)
   C. GPRS网关支持节点　　D. 鉴权中心(AUC)
7. GPRS系统支持(　　)。
   A. 同一用户占用多个时分信道
   B. 多个用户共享同一个时分信道
   C. 同一用户占用多个频道
   D. 同一用户占用多个码分信道
8. 3GPP R5版本相对于R4版本，引入了(　　)概念。
   A. HSDPA　　B. ALL IP　　C. MGW　　D. IMS
9. 目前，卫星通信使用的频段有(　　)。
   A. 4/6 GHz频段　　B. 7/8 GHz频段
   C. 11/14 GHz频段　　D. 20/30 GHz频段
10. 一个卫星通信系统是由(　　)组成的。
    A. 空间分系统　　B. 通信地球站
    C. 跟踪遥测及指令分系统　　D. 监控管理分系统

四、是非判断题

1. GSM系统中BSC和MSC之间的接口为A接口，A接口采用的是No.7协议。 (　　)

2. 随机接入信道(RACH)是一个前向链路信道。 (　　)

3. GPRS要在原有的GSM基础上新建基站，并采用新的GPRS移动台。 (　　)

4. GPRS使用GSM的无线基础设施，在核心网络内引入两个新的网络节点，以便提供所需要的分组交换功能。 (　　)

5. 除了采用现有的GSM频率、带宽、多址方式外，EDGE同时还利用了绝大部分现有的GSM/GPRS设备。 (　　)

6. 功率控制无助于提高系统容量。 (　　)

7. 在3GPP R4网络中，引入了承载与呼叫控制分离的概念。 (　　)

8. TD-SCDMA的双工方式是FDD。 (　　)

9. TD-SCDMA的显著优点之一是可使用非成对频谱。 (　　)

10. HSPA、HSPA＋中都采用了高效的高阶QAM调制。 (　　)

五、简答题

1. 试画出GSM系统的总体结构图。

2. 试画出GSM语音从输入到输出的处理过程框图。

3. GPRS系统在GSM系统的基础上主要增加了哪些功能单元？

4. 简述SGSN、GGSN的功能和作用。

5. GPRS移动台有哪几种类型？

6. 什么是EDGE？

7. 什么是远近效应？功率控制的主要作用是什么？

8. IS-95前/反向链路都包括哪些信道类型？

9. 什么是软切换？它有什么优点？

10. 试画出IMT 2000系统的网络结构与接口框图。

11. 3G移动通信系统有哪几种主流技术？

12. 4G移动通信系统有哪几种主流技术？

13. 智能天线的应用可以带来哪些好处？

14. WCDMA、CDMA2000、TD-SCDMA各自的演进路线分别是什么？

15. 卫星移动通信的特点有哪些？

附录A 缩 略 语

3G　3rd Generation mobile communication system　第三代移动通信系统
3GPP　3rd Generation Partnership Project　第三代移动通信合作伙伴计划
3GPP2　3rd Generation Partnership Project 2　第三代移动通信合作伙伴计划 2
4G　4th Generation mobile communication system　第四代移动通信系统

A

AAS　Adaptive Antenna System　自适应天线系统
ACK　Acknowledge　确认
ACL　Asynchronous ConnectionLess 异步无连接
ADPCM　Adaptive Differential Pulse Code Modulation　自适应差分脉冲编码调制
AGCH　Access Grant Channel　接入准许信道
AIE　Air Interface Evolution　空中接口演进
AM_ADDR　Active Member Address　活动成员地址
AMPS　Advanced Mobile Phone System　高级移动电话系统
AMC　Adaptive Modulation Code　自适应调制编码
AP　Access Point　接入点
API　Application Program Interface　应用程序接口
ARQ　Automatic Repeat reQuest　自动请求重传
AR_ADDR　Access Request Address　接入请求地址
ARQN　Acknowledge Indication　确认指示
ATM　Asynchronous Transfer Mode　异步转移模式
AUC　Authentication Center　鉴权中心
AWGN　Additive White Gaussian Noise　带限加性高斯白噪声

B

B3G　Beyond 3rd Generation　超 3G
BAPU　Basic. Access Protocol solUtions for Wireless　无线基本接入协议方案
BCH　Broadcast Channel　广播信道
BCCH　Broadcast Control Channel　广播控制信道
BD_ADDR　Bluetooth Device Address　蓝牙设备地址

BE　Best Effort　尽力而为
BPSK　Binary Phase Shift Keying　二元相移键控
BR　Bandwidth Request　带宽请求
BSC　Base Station Controller　基站控制器
BSN　Block Sequence Number　块序列
BSS　Base Station Subsystem　基站子系统
BSS　Basic Service Set　基本业务集
BTC　Block Turbo Code　分组 Turbo 编码
BTMA　Busy Tone Multiple Access　忙音多址
BTS　Base Transceiver Subsystem　基站收发信子系统
BWT　Basic Waiting Time　基本等待时间

C

CAC　Channel Access Code　信道接入码
CAZAC　Constant Amplitude Zero AutoCorrelation　恒定幅度零自相关
CCA　Clear Channel Assignment　清除信道分配
CCH　Control Channel　控制信道
CCCH　Common Control Channel　公共控制信道
CCK　Complementary Code Keying　补码键控
CDG　CDMA Development Group　CDMA 开发集团
CDMA　Code Division Multiple Access　码分多址
CFP　Contention Free Period　免竞争周期
CID　Connection Identity　连接标识
CP　Cyclic Prefix　循环前缀
CPS　Common Part Sublayer　公共部分子层
CR　Cognitive Radio　认知无线电
CRC　Cyclic Redundancy Check　循环冗余校验
CS　Convergence Sublayer　汇聚子层
CSC　Common Signalling Channel　公共信令信道
CSMA　Carrier Sense Multiple Access　载波侦听多址
CSMA/CD　Carrier Sense Multiple Access with Collision Detection
具有碰撞检测功能的载波侦听多址
CSMA/CA　Carrier Sense Multiple Access with Collision Avoidance
具有碰撞回避功能的载波侦听多址
CTC　Convolutional Turbo Code　卷积 Turbo 编码
CTS　Clear To Send　清除发送
CVSD　Continuously Variable Slope Delta　连续可变斜率增量

D

DA　Destination Address　目标地址
DAC　Device Access Code　设备接入码
DAMA　Demand Assignment Multiple Access　按需分配多址
DBTMA　Dual Busy Tone Multiple Access　双忙音多址
DCCH　Dedicated Control Channel　专用控制信道
DCF　Distributed Coordination Function　分布协调功能
DCD　Downlink Channel Descriptor　下行链路信道描述
DDN　Digital Data Network　数字数据网
DECT　Digital European Cordless Telephone　数字欧洲无绳电话
DFIR　Diffused Infrared　扩散红外传输
DFS　Dynamic Frequency Selection　动态频率选择
DH　Data High rate　高速率数据
DHCP　Dynamic Host Configuration Protocol　动态主机配置协议
DIAC　Dedicated Inquiry Access Code　专用查询接入码
DIFS　DCF - Inter Frame Spacing　DCF 的帧间隔
DIUC　Downlink Interval Usage Code　下行链路间隔用法编码
DL - MAP　Downlink - MAP　下行链路映射
DM　Data Medium rate　中速率数据
DPCM　Differential Pulse Code Modulation　差分脉码调制
DPSK　Differential Phase Shift Keying　差分相移键控
DRC　Data Rate Control　数据速率控制
DS　Data Sending　数据发送
DS　Direct Sequence　直接序列
DSA　Dynamic Addition Service　动态业务增加
DSC　Dynamic Service Change　动态业务改变
DSL　Digital Subscriber Line　数字用户线路
DSSS　Direct Sequence Spread Spectrum　直接序列扩频
DV　Data Voice　数据语音

E

EHF　Extreme High Frequency　极高频
EIA　Electronic Industry Association　电子工业协会
EIR　Equipment Identity Register　设备标识寄存器
EPIRBs　Emergency Position Indicating Radio Beacons　无线电紧急定位信标
ERP　Extended Rate PHY　增强速率物理层

ESN　　Electronic Sequence Number　　电子序列号
ESS　　Extended Service Set　　扩展业务集

F

FAMA　　Floor Acquisition Multiple Access　　基层捕获多址
FB　　Frequency Burst　　频率突发
FC　　Fragmentation Control　　分片控制
FCH　　Frame Control Header　　帧控制头
FCCH　　Frequency Correction Channel　　频率校正信道
FCS　　Frame Check Sequence　　帧校验序列
FDD　　Frequency Division Duplex　　频分双工
FDM　　Frequency Division Multiplexing　　频分复用
FDMA　　Frequency Division Multiple Access　　频分多址
FEC　　Forward Error Control　　前向差错控制
FH　　Frequency Hopping　　跳频
FHDC　　Frequency Hopping Diversity Coding　　跳频分集编码
FHS　　Frequency Hopping Synchronization　　跳频同步
FHSS　　Frequency Hopping SpreaD Spectrum　　跳频扩频
FIFO　　First In First Out　　先进先出
FSN　　Fragment Sequence Number　　片序列号
FUSC　　Full Usage of Sub Channel　　完全子信道用法

G

GIAC　　General Inquiry Access Code　　通用查询接入码
GMSK　　Gaussian Minimum Shift Keying　　高斯最小频移键控
GPS　　Global Positioning System　　全球定位系统
GPRS　　General Packet Radio　　通用分组无线业务
GPSN　　General Packet Satellite Network　　通用分组卫星网
GSM　　Global System for Mobile communications　　全球移动通信系统

H

HARQ　　Hybrid Automatic Repeat reQuest　　混合自动重传
HDR　　High Data Rate　　高速数据速率
HCS　　Header Check Sequence　　头校验序列
HEC　　Head Error Check　　头差错校验
HF　　High Frequency　　高频

HLR　Home Location Register　归属位置寄存器

HR/DSSS　HS-DSCH High Rate Direct Sequence SpreaD Spectrum　高速率直接序列扩频

HSDPA　High Speed Downlink Packet Access　高速下行链路分组接入

HS-DSCH　High Speed Dedicated Channel　高速专用信道

HS-SCCH　High Speed Shared Control Channel　高速共享控制信道

HSUPA　High Speed Uplink Packet Access　高速上行链路分组接入

HT　Header Type 头类型

HV　High-quality Voice　高质量语音

I

IAC　Inquiry Access Code　查询接入码

IE　Information Element　信息单元

IEEE　Institute of Electrical and Electronics Engineers　电气和电子工程师协会

IETF　Internet Engineering Task Force　互联网工程任务组

IFS　Inter Frame Spacing　帧间隔

IMEI　International Mobile Equipment Identity　国际移动设备识别码

IMT 2000　International Mobile Telecommunications 2000　国际移动电信 2000

IMTS　Improved Mobile Telephone Service　改进型移动电话服务

Inmarsat　International Maritime Satellite　国际海事卫星

IP　Internet Protocol　互联网协议

IR　Incremental Redundancy　增量冗余

IR　Infrared　红外(传输)

IrDA　Infrared Data Association　红外线数据协会

ISDN　Integrated Service Digital Networks　综合业务数字网

ISM　Industrial Scientific and Medical　工业、科学和医学(频段)

ITU　International Telecommunication Union　国际电信联盟

L

L2CAP　Logical Link Control and Adaptation Protocol　逻辑链路控制和适配协议

LAPD　Link Access Protocol for D Channel　用于 D 信道的链路接入协议

LAP　Lower Address Part　低地址部分

LF　Low Frequency　低频

LLC　Logical Link Control　逻辑链路控制

LMDS　Local Multipoint Distribution Service　本地多点分布业务

LMP　Link Management Protocol　链路管理协议

LOS　Line of Sight　视距

LSB Least Significant Bit 最低位比特
LTE Long Term Evolution 长期演进

M

MAC Medium Access Control 媒体接入控制
MACA Multiple Access Collision Avoidance 多址接入碰撞回避
MACAW MACA for Wireless LANs 无线局域网的多址接入碰撞回避
MAN Metropolitan Area Networks 城域网
MF Medium Frequency 中频
MILD Multiplicative Increase Linear Decrease 乘法增加线性减小
MIMO Multiple Input Multiple Output 多输入多输出
MISO Multiple Input Single Output 多输入单输出
ML Maximum Latency 最大延迟
MMDS Microwave Multipoint Distribution Service 微波多点分布业务
MRTR Minimum Reserved Traffic Rate 最小保留流量速率
MS Mobile Station 移动台
MSB Most Significant Bit 最高位比特
MSC Mobile Switching Center 移动交换中心
MSTR Maximum Sustained Traffic Rate 最大持续流量速率

N

NAK Negative AcKnowledge 否定确认
NAV Network Allocation Vector 网络分配矢量
NB Normal Burst 普通突发
NBFM Narrow Band Frequency Modulation 窄带调频
NID Network Identity 网络标识
NLOS Non - Line of Sight 非视距
NrtPS Non - real time Polling Service 非实时轮询服务
NSS Network SubSystem 网络子系统

O

OBEX OBject EXchange protocol 对象交换协议
OFDM Orthogonal Frequency Division Multiplexing 正交频分复用
OFDMA Orthogonal Frequency Division Multiplexing Access 正交频分复用接入
OSI Open System Interconnection 开放系统互联

P

P2P	Peer to Peer	对等网络
PAMAS	Power Aware Multiple Access protocol with Signaling	具有信令的节能意识多址接入协议
PCF	Point Coordination Function	点协调功能
PCG	Power Control Group	功率控制组
PCH	Paging Channel	寻呼信道
PCM	Pulse Code Modulation	脉冲编码调制
PCMA	Power Controlled Multiple Access	功率控制多址
PCN	Personal Communication Networks	个人通信网络
PCS	Personal Communication Services	个人通信业务
PDH	Plesiochronous Digital Hierarchy	准同步数字体系
PDMA	Polarity Division Multiple Access	极化区分多址
PDU	Protocol Data Unit	协议数据单元
PHY	Physical Layer	物理层
PHS	Payload Header Suppression	净荷头压缩
PIFS	PCF - Inter Frame Spacing	PCF 的帧间隔
PLCP	Physical Layer Convergence Procedure	物理层汇聚过程
PLMN	Public Land Mobile Network	公众陆地移动网
PM	Poll Mebit	轮询指示
PM_ADDR	Parked Member Address	休眠成员地址
PMD	Physical Medium Dependent	物理媒体相关
PMP	Point to Multiple Point	点对多点
PODA	Priority Oriented Demand Assignment	面向优先级的按需分配
PRMA	Packet Reservation Multiple Access	分组预约多址
PRN	Packet Radio Network	分组无线网络
PPM	Pulse Position Modulation	脉位调制
PPP	Point to Point Protocol	点对点协议
PS	Physical Slot	物理层时隙
PSK	Phase Shift Keying	相移键控
PSTN	Public Service Telephone Network	公众业务电话网络
PUSC	Partial Usage of Subchannels	部分子信道用法

Q

QAM	Quadrature Amplitude Modulation	正交幅度调制
QoS	Quality of Service	服务质量
QPSK	Quadrature Phase Shift Keying	正交相移键控

R

RA Reverse Active 反向激活
RAB Reverse Active Bit 反向激活比特
RAB Random Access Burst 随机接入突发
RCH Random Access Channel 随机接入信道
RD Ramp Down 发射功率下降期
RF Radio Frequency 射频
RFID Radio Frequency Identification 射频识别
RNC Radio Network Controller 无线网络控制器
RPC Reverse Power Control 反向功率控制
RRI Reverse Rate Indicator 反向速率指示
RS Reed - Solomon(一种以人名命名的信道编码方式)
RSS Received Signal Strength 接收信号强度
RTG Receive/transmit Transition Gap 接收/发射转换间隔
R/TP Request/Transmission Policy 请求/传送策略
RtPS Real - time Polling Service 实时轮询业务
RTS Request To Send 请求发送
RU Ramp Up 发射功率上升期
RxDS Receiver Delay Spread Clearing Interval 接收机延迟扩展清除间隔

S

SA Source Address 源地址
SAP Service Access Point 服务接入点
SB Synchronization Burst 同步突发
SC Single Carrier 单载波
SCO Synchronous Connection Oriented 面向同步连接
SCH Synchronization Channel 同步信道
SCPC Single Channel Per - Carrier 单信道每载波
SDH Synchronous Digital Hierarchy 同步数字体系
SDMA Space Division Multiple Access 空分多址
SDP Service Discovery Protocol 服务发现协议
SDU Service Data Unit 业务数据单元
SEQN Sequence Number 序列号
SFD Start of Frame Delimiter 起始帧定界
SFID Service Flow Identifier 业务流标识

SHF　Super High Frequency　超高频
SI　Slip Indicator　滑动指示
SID　System Identity　系统标识
SIFS　Short - Inter Frame Spacing　短帧间隔
SIM　Subscriber Identity Module　用户识别模块
SMS　Short Messaging Service　短消息服务
SNI　Service Node Interface　业务节点接口
SNMP　Simple Network Management Protocol　简单网络管理协议
SNR　Signal to Noise Ratio　信噪比
SPADE　Single-channel-per-carrier PCM multiple Access Demand assignment Equipment　单信道每载波脉码调制多址接入按需分配设备
SS　Spread Spectrum　扩展频谱
SSCS　Service Specific Convergence Sublayer　特定服务汇聚子层
SSMA　Spread Spectrum Multiple Access　扩频多址
SSTG　Subscriber Station Transition Gap　用户站转换间隔
STC　Space Time Coding　空时编码

T

TCM　Trellis Coded Modulation　网格编码调制
TCH　Traffic Channel　业务信道
TCS　Telephony Control protocol Specification　电话控制协议规范
TDD　Time Division Duplex　时分双工
TETRA　Terrestrial TrunkeD Radio　陆上集群无线电

U

UAP　Upper Address Part　高地址部分
UCD　Uplink Channel Descriptor　上行链路信道描述
UGS　Unsolicited Grant Service　主动授权服务
UHF　Ultra High Frequency　特高频
U - HS - DPCCH　Uplink High Speed Dedicated Physical Channel　上行链路高速专用物理控制信道
UIUC　Uplink Interval Usage Code　上行链路间隔用法编码
UL - MAP　Uplink - MAP　上行链路映射
UNI　User Network Interface　用户网络接口

V

VHF Very High Frequency 甚高频
VLF Very Low Frequency 甚低频
VLAN Virtual Local Area Networks 虚拟本地网络
VLR Visitor Location Register 访问位置寄存器
VSAT Very Small Aperture Terminal 甚小天线地球站

W

WAP Wireless Application Protocol 无线应用协议
WAE Wireless Application Environment 无线应用环境
WBFM Wide Band Frequency Modulation 宽带调频
WCDMA Wideband CDMA 宽带 CDMA
WDMA Wavelength Division Multiple Access 波分多址
WiMax Worldwide Interoperability for Microwave Access 全球微波互联接入
WLAN Wireless Local Area Networks 无线局域网
WPAN Wireless Personal Area Networks 无线个人局域网

X

xDSL X Digital Subscriber Line 数字用户线

附录 B 分贝和信号强度

1. 用分贝(dB)表示增益或损耗

在任何传输系统中，一个重要的参数是信号强度。当信号沿着传输媒体传播时，其强度会有损耗或衰减。为了补偿这些损耗，可以在不同的地点加入一些放大器，以使信号强度获得一个增益。

我们习惯用分贝(Decibel)来表示增益、损耗及相对值，原因如下：

(1) 信号强度通常以指数形式下降，因此用分贝很容易表示损耗，分贝是一个对数单位。

(2) 在一个串联的传输通道上，净增益或损耗可以用简单的加减法计算。

分贝是对两个信号电平之间的比值的一种度量，分贝增益计算为

$$G_{dB}=10\lg\frac{P_{out}}{P_{in}} \tag{B-1}$$

其中：G_{dB}——增益的分贝数；

P_{in}——输入功率值；

P_{out}——输出功率值；

lg——以 10 为底的对数。

表 B-1 给出了分贝值和 10 的乘方之间的关系。

表 B-1 分贝值与功率比的关系

功率比	分贝值/dB	功率比	分贝值/dB
10^1	10	10^{-1}	−10
10^2	20	10^{-2}	−20
10^3	30	10^{-3}	−30
10^4	40	10^{-4}	−40
10^5	50	10^{-5}	−50
10^6	60	10^{-6}	−60

在文献中术语增益(Gain)和损耗(Loss)在使用上有些不一致。如果G_{dB}的值为正，则表示功率上的一个实际的增益。例如，3 dB 的增益意味着功率增加一倍。如果G_{dB}的值为负，则表示功率上的一个实际的损耗。例如，−3 dB 的增益意味着功率减半，这是功率的损耗，通常这种情况下就说存在着 3 dB 的损耗。然而一些文献会说这是一个−3 dB 的损耗。将负增益对应成正损失更有意义。因而，分贝损耗计算为

$$L_{dB}=-10\lg\frac{P_{out}}{P_{in}}=10\lg\frac{P_{in}}{P_{out}} \tag{B-2}$$

例 B1　如果在传输线上加入一个功率值为 10 mW 的信号，并且在一定距离之外测得其功率为 5 mW，那么它的损耗就可以用式(B-3)表示。

$$L_{dB}=10\lg\frac{10}{5}=10\times0.3=3\ \text{dB} \tag{B-3}$$

注意，分贝是一个相对值的度量，而不是绝对差值的度量。从 1000 mW 到 500 mW 的损耗也是 3 dB。

分贝也可用于度量电压方面的差值，考虑到功率与电压的二次方成正比，功率计算为

$$P=\frac{V^2}{R} \tag{B-4}$$

式中：P——在电阻 R 上损耗的功率；

　V——电阻 R 两端的电压。

因此，有

$$L_{dB}=10\lg\frac{P_{in}}{P_{out}}=10\lg\frac{V_{in}{}^2/R}{V_{out}{}^2/R}=20\lg\frac{V_{in}}{V_{out}} \tag{B-5}$$

例 B2　分贝可用于确定经过一系列传输单元后的增益或损耗。考虑输入功率值为 4 mW的一个序列，其第一个单元是具有 12 dB 损耗(即－12 dB 的增益)的传输线，第二个单元是具有 35 dB 增益的放大器，第三个单元是具有 10 dB 损耗的传输线，则净增益为(－12＋35－10)＝13 dB。计算输出功率 P_{out} 有

$$G_{dB}=13=10\lg(P_{out}/4\ \text{mW})$$

$$P_{out}=4\times10^{1.3}\ \text{mW}=79.8\ \text{mW}$$

2. dBW 和 dBm

分贝值指的是相对量值或量值的变化，而不是绝对值。能用分贝表示功率或电压的绝对值是方便的，这样相对于初始信号值的增益及损耗就很容易计算了。dBW(分贝瓦)在微波应用中使用得非常广泛。我们选择 1 W 作为参考值，并定义其为 0 dBW。用 dBW 单位定义功率的绝对分贝值为

$$P_{dBW}=10\lg\frac{P_W}{1\ \text{W}} \tag{B-6}$$

例如，1000 W 的功率是 30 dBW，1 mW 的功率是－30 dBW。

另一个常用的单位是 dBm(分贝毫瓦)，它用 1 mW 作为参考值。这样 0 dBm＝1 mW，公式为

$$P_{dBm}=10\lg\frac{P_{mW}}{1\ \text{mW}} \tag{B-7}$$

注意下列关系：

$$+30\ \text{dBm}=0\ \text{dBW}$$

$$0\ \text{dBm}=-30\ \text{dBW}$$

参考文献

[1] 高健. 现代通信系统[M]. 北京：机械工业出版社，2009.
[2] 陶亚雄. 现代通信原理[M]. 北京：电子工业出版社，2009.
[3] 张卫钢. 通信原理与通信技术[M]. 西安：西安电子科技大学出版社，2012.
[4] [美]UYLESS BLACK. 现代通信最新技术[M]. 贺苏宁，译. 北京：清华大学出版社，2000.
[5] 潘焱. 无线通信系统与技术[M]. 北京：人民邮电出版社，2011.
[6] 孙友伟. 现代移动通信网络技术[M]. 北京：人民邮电出版社，2012.
[7] 杜思深. 无线数据通信技术[M]. 北京：电子工业出版社，2011.
[8] 刘正华. 现代通信与网络工程实用教程[M]. 北京：电子工业出版社，2012.
[9] 王均铭. 数字通信技术[M]. 北京：电子工业出版社，2002.
[10] 燕庆明. 物联网技术概论[M]. 西安：西安电子科技大学出版社，2012.
[11] 马建. 物联网技术概论[M]. 北京：机械工业出版社，2011.
[12] 王志良. 普通高等学校物联网工程专业知识体系和课程规划[M]. 西安：西安电子科技大学出版社，2011.
[13] 丁奇，阳桢. 大话移动通信[M]. 北京：人民邮电出版社，2011.